高等学校应用型本科规划教材

Jiegou Sheji Yuanli Xuexi Zhidao

结构设计原理学习指导

主编　安静波　刘俊玲
主审　杨美良

人民交通出版社

内 容 提 要

　　本书是高等学校应用型本科教材《结构设计原理》的配套教材。配合《结构设计原理》的章节安排，本书详细介绍了各部分知识的重点、难点，同时对一些常见问题进行了释义，每章还编写了综合训练及参考答案，以便加深学生对重点知识的理解和运用。

　　本书是高等学校应用型本科规划教材之一，适用于应用型本科院校学生、继续教育学院本专科学生和高职高专院校专升本学生，也可供其他相关专业学生参考。

图书在版编目（CIP）数据

结构设计原理学习指导 / 安静波，刘俊玲主编.—北京：
人民交通出版社，2007.4
高等学校应用型本科规划教材
ISBN 978 – 7 – 114 – 06468 – 5

Ⅰ. 结…　Ⅱ. ①安…②刘…　Ⅲ. 桥涵工程 – 结构设计 –
高等学校 – 教材　Ⅳ.U442.5

中国版本图书馆 CIP 数据核字（2007）第 041595 号

高等学校应用型本科规划教材

书　　　名：结构设计原理学习指导
著　作　者：安静波　刘俊玲
责任编辑：毛　鹏
出版发行：人民交通出版社
地　　　址：(100011)北京市朝阳区安定门外外馆斜街 3 号
网　　　址：http://www.ccpress.com.cn
销售电话：(010)59757973
总 经 销：人民交通出版社发行部
经　　　销：各地新华书店
印　　　刷：北京盈盛恒通印刷有限公司
开　　　本：787×1092　1/16
印　　　张：20.75
字　　　数：520 千
版　　　次：2007 年 4 月　第 1 版
印　　　次：2014 年 1 月　第 3 次印刷
书　　　号：ISBN 978 – 7 – 114 – 06468 – 5
定　　　价：35.00 元

（有印刷、装订质量问题的图书由本社负责调换）

21 世纪交通版
高等学校应用型本科规划教材
编 委 会

前　　言

《结构设计原理学习指导》主要是为了配合《结构设计原理》课程的教学而编写的，所依据的规范是交通部的《公路桥涵设计通用规范》（JTG D60—2004）、《公路钢筋混凝土及预应力混凝土桥涵设计规范》（JTG D62—2004）、《公路圬工桥涵设计规范》（JTG D61—2005）、《公路桥涵钢结构及木结构设计规范》（JTJ 025—86），同时参考现行国家标准《混凝土结构设计规范》（GB 50010—2002）、《钢结构设计规范》（GB 50017—2003）、《砌体结构设计规范》（GB 50003—2001）等。

本书是高等学校应用型本科规划教材之一，配套《结构设计原理》教材使用。为了满足应用型本科土木工程专业、道路桥梁与渡河工程专业及其相关专业学生学习的要求，本书根据多年的教学和工程实践经验，对《结构设计原理》各章内容进行认真分析，注重加强应用环节，同时也为学生学习新规范提供了指导，以满足学生的自学需要。

本书共分五篇二十一章，每章均由三大块组成：基本内容、问题释义与算例、综合训练与参考答案。基本内容部分是针对教学的重点和难点的提炼；问题释义与算例部分主要是针对重点和难点内容的深化理解，阐述相关理论的应用和产生的背景与条件，并列出了典型的计算题；综合训练与参考答案部分为学生巩固学习内容提供了自我检查。问题释义与算例、综合训练基本涵盖了本课程的主要内容。

参加本书编写的人员有：黑龙江工程学院宫旭黎（第二章、第四章）；李连志（第三章、第七章）；李淑英（第九章、第二十一章）；刘俊玲（第十六章、第十七章、第十八章、第十九章）；安静波（第一章、第六章、第八章、第十四章、第十五章、第二十章）；安徽理工大学王长柏（第五章、第十章、第十一章、第十二章、第十三章）。本书由黑龙江工程学院安静波和刘俊玲担任主编，由长沙理工大学杨美良教授主审。

由于编者水平有限，对有关规范理解还不够透彻，加之编写时间紧，所以难免有缺陷和疏漏之处，恳请广大读者提出宝贵意见、批评指正。

编　者
2007 年 1 月

目　　录

第一篇　钢筋混凝土结构

第二篇　预应力混凝土结构

第三篇　圬 工 结 构

第一篇　钢筋混凝土结构

第一章　钢筋混凝土总论

第一节　钢筋混凝土结构及特点

我国国家标准《工程结构设计基本术语和通用符号》(GBJ 132—90)规定，凡是以混凝土为主要材料制作的结构，称为混凝土结构。它既包括素混凝土结构，也包括钢筋混凝土结构、劲性混凝土结构、预应力混凝土结构等多种结构。

一、钢筋混凝土结构

素混凝土结构是由无筋或不配受力钢筋的混凝土制成的结构。钢筋混凝土结构是指由配置受力的普通钢筋、钢筋网或钢筋骨架的混凝土制成的结构。钢筋混凝土结构中，主要利用混凝土的抗压能力、钢筋的抗拉和抗压能力。

在钢筋混凝土结构或构件中，钢筋和混凝土不是任意结合的，是根据结构和构件的形式和受力特点，主要在受拉部位布置一定形式和数量的钢筋，有时也在受压部位布置钢筋。钢筋混凝土受弯梁中的受弯承载能力主要考虑受压区混凝土和钢筋的抗压能力、受拉区钢筋的抗拉能力，钢筋混凝土柱的承载能力主要考虑混凝土的抗压能力和钢筋的抗拉、抗压能力。

钢筋与混凝土为什么能共同工作，主要的原因是：首先，混凝土结硬后，能与钢筋牢固地粘结在一起，相互传递应力，粘结力是两种性质不同的材料能共同工作的基础；其次，钢筋的线膨胀系数为 $1.2 \times 10^{-5}/℃$，混凝土的线膨胀系数为 $(1.0 \sim 1.5) \times 10^{-5}/℃$，二者数值相近。因此，当温度变化时，钢筋与混凝土之间不存在较大的相对变形和温度应力而发生粘结破坏。此外，暴露在大气中的钢材很容易锈蚀，而包裹在混凝土中的钢筋，只要具有足够的混凝土保护层厚度和裂缝控制，便不会锈蚀，因此混凝土对钢筋具有良好的保护作用，使混凝土结构具有很好的耐久性。

混凝土结构不但可以采用圆钢筋配筋，而且可以采用角钢、槽钢、工字钢等型或钢板焊接成型钢形式的钢材配筋。由于型钢或用钢板焊接成的型钢刚度比圆钢筋大，因此将这种钢筋称为劲性钢筋，将用这种钢筋作成的混凝土结构称为劲性钢筋混凝土结构。我国有时也将这种结构称为"劲钢混凝土结构"；日本称其为"钢骨混凝土结构"；英、美等国称其为"钢—混凝土结构"或"外包混凝土的钢结构"。为了保证劲性钢筋与混凝土协同工作，充分发挥劲性钢筋的承载能力，在劲性钢筋混凝土结构中，要配置适量的纵向受力圆钢筋和箍筋。

由于混凝土的抗压强度高、抗拉强度低，抗压极限应变大、抗拉极限应变小，因此，钢筋混凝土结构在正常的使用荷载下有可能带裂缝工作。预应力混凝土结构是在结构承受荷载之前，在其可能开裂的部位，预先人为地施加压应力，以抵消或减少外荷载产生的拉应力，使构件在正常的使用荷载下不开裂，或者裂缝出现得晚一些、裂缝开展的宽度小一些的结构。

二、钢筋混凝土结构的特点

钢筋混凝土结构除了比素混凝土结构具有较高的承载力和较好的受力性能以外，与其他结构（如钢结构）相比还具有下列优点：

（1）就地取材。钢筋混凝土结构中，砂和石料所占比例很大，水泥和钢筋所占比例较小，砂和石料一般都可以由建筑工地附近提供。

（2）节约钢材。钢筋混凝土结构的承载力较高，大多数情况下可用来代替钢结构，因而节约钢材。

（3）耐久、耐火。钢筋埋放在混凝土中，经混凝土保护不易发生锈蚀，因而提高了结构的耐久性。当火灾发生时，钢筋混凝土结构不会像木结构那样被燃烧，也不会像钢结构那样很快达到软化温度而破坏。

（4）可模性好。钢筋混凝土结构可以根据需要浇筑成任意形状。

（5）现浇式或装配整体式钢筋混凝土结构的整体性好，刚度大。

钢筋混凝土结构也具有下述主要缺点：

（1）自重大。钢筋混凝土的重度约为 $25kN/m^3$，比砌体和木材的重度都大。尽管比钢材的重度小，但结构的截面尺寸较大，因而其自重远远超过相同跨度或高度的钢结构的重量。

（2）抗裂性差。混凝土的抗拉强度低，因此，普通钢筋混凝土结构经常带裂缝工作。尽管裂缝的存在并不一定意味着结构发生破坏，但是它影响结构的耐久性和美观。当裂缝数量较多和开展较宽时，还将给人造成一种不安全感。

（3）脆性。混凝土的脆性随混凝土强度等级的提高而加大。

综上所述不难看出，钢筋混凝土结构的优点多于其缺点。而且，人们已经研究出许多克服其缺点的有效措施。例如，为了克服钢筋混凝土自重大的缺点，已经研究出许多质量轻、强度高的混凝土和强度很高的钢筋；为了克服普通钢筋混凝土容易开裂的缺点，可以对它施加预应力；为了克服混凝土的脆性，可以在混凝土中掺入纤维作成纤维混凝土。

第二节　钢筋混凝土结构的应用

混凝土结构广泛用于房屋建筑、地下结构、桥梁工程、隧道工程、核电站、水利工程、港口、航道工程、水压机、机床、船舶等。

我国建国以来修建的大型混凝土结构举例：跨度为 444m 的重庆预应力混凝土斜拉长江二桥；广州 321.9m 高的中天广场大厦；上海"东方明珠"电视塔，塔高 468m；装机容量为 $2.715 \times 10^6 kW$ 的葛洲坝水电站；举世闻名的三峡水利枢纽工程。

国外著名混凝土工程举例：马来西亚吉隆坡 88 层 450m 高的石油双塔楼；朝鲜平壤市 105 层 319.8m 高的柳京饭店；加拿大和前苏联分别建成高为 549m 及 533m 的预应力混凝土电视塔；跨度为 530m 的挪威特隆赫姆预应力斜拉桥；跨度为 390m 的克罗地亚的亚克尔克 II 号拱桥；还有英国北海石油开采平台 24 个预应力混凝土储油罐在海下深达 216m，油罐直径 28m，地板毛面积为 16000m²。

第三节　问 题 释 义

1. 钢筋混凝土结构是何时出现的？

近代混凝土结构是随着水泥和钢铁工业的发展而发展起来的，至今已有约150年的历史。1824年英国人 Joseph Aspdin 发明了波特兰水泥并取得了专利；1850年法国人 L. Lanmbot 制成了铁丝网水泥砂浆的小船；1861年法国人 Joseph Monier 获得了制造钢筋混凝土板、管道和拱桥专利。

德国 Koenen 和 Wayss 于1886年发表了计算理论和计算方法，Wayss 和 J. Bauschinger 于1887年于发表了试验结果，Wayss 等人提出了钢筋应配置在受拉区的概念和板的计算方法。在此之后，钢筋混凝土的推广应用有了较快的发展。1891~1894年，欧洲各国的研究者发表了一些理论和试验研究结果，但是在1850~1900年的整整50年内，由于工程师们将钢筋混凝土的施工与设计方法视为商业机密，因此总的来说公开发表的研究成果不多。

在美国，Thaddens Hyatt 于1850年进行了钢筋混凝土梁的试验，但他的研究成果直到1877年才为人所知；E. L. Ransome 在19世纪70年代初即使用过某些形式的钢筋混凝土，并且于1884年成为第一个使用变形（扭转）钢筋和获得专利的人；1890年 Ransome 在旧金山建造了一幢两层高、95m 长的钢筋混凝土美术馆；从此以后，钢筋混凝土在美国获得了迅速的发展。

2. 近30年来混凝土结构的发展情况如何？

19世纪中期，在硅酸盐水泥研制成后不久，混凝土结构在法、英等国便开始出现。但是，在20世纪前，由于材料强度低，试验工作开展有限，人们对这类结构受力性能的认识较少，所以混凝土结构主要为梁、板、柱等简单构件和结构。

20世纪以来，特别是最近30年来，钢筋和混凝土材料的研制和混凝土结构计算理论等方面都得到了迅猛发展。在材料方面，过去一般采用低强度混凝土（低于20MPa）。现在已发展到采用中等强度（20~60MPa）和高强度混凝土（60MPa 以上）。目前已经研制成强度为200MPa 左右的混凝土。重度为 $14~18kN/m^3$ 的陶粒混凝土、浮石混凝土、泡沫混凝土、加气混凝土等轻质混凝土在世界各地也得到广泛的应用。各种低合金钢钢筋和高强度钢筋与钢丝也广泛地用于混凝土结构之中。轻质高强材料的采用，为高层建筑和大跨结构的发展提供了有利条件，从而收到减轻结构自重、节约材料用量和简化施工操作等效果。

在结构方面，已经由过去的简单结构发展到现在的大跨、高层等复杂结构。混凝土结构除广泛地用于桥梁、工业与民用建筑中外，还大量地用来建造水池、水塔、油罐、烟囱、筒仓、电视塔等。混凝土结构还逐步朝定型化、标准化和体系化方向发展。

在理论方面，各方面的设计规范日趋完善，电子计算机已广泛用于结构计算、绘图和辅助设计。

3. 英制计量单位与国际单位制计量单位如何换算？

近年来，许多高校在土木工程专业课程中使用原版英文教材进行教学，但英、美等国长期采用英制度量衡计量单位。为了帮助读者阅读和理解，将英制计量单位与国际单位制计量单位的换算关系列于表 1-1-1。

量的名称	英制		国际单位制		英制单位换算
	名称	符号	名称	符号	
长度	英寸	inch	米	m	0.0254m
	英尺	foot			0.3048m
	码	yard			0.9144m
面积	平方英寸	in²	平方米	m²	0.0006452m²
	平方英尺	foot²			0.0929m²
体积	立方英寸	in³	立方米	m³	0.00001639m³
	立方英尺	foot³			0.02832m³
质量	盎司	ounce	千克	kg	0.02835kg
	磅	pound			0.4536kg
	（短）吨	short ton			907.2kg
	（长）吨	long ton			1016.1kg
力、重力	磅力	pound	牛顿	N	4.4483N
面分布力（应力、压强）	磅每平方英寸	pis	兆帕斯卡	MPa	0.0069MPa
	千磅每平方英寸	kis			6.9MPa
力矩、弯矩	磅·英寸	pound inch	牛顿·米	N·m	0.1130N·m
	磅·英尺	pound foot			1.356N·m
体分布力（重度）	磅每立方英寸	Pound/in³	千牛顿每立方米	kN/m³	271.4kN/m³

表 1-1-1 英制计量单位与国际单位制计量单位的换算

4. 学习钢筋混凝土结构时应注意的问题。

在学习混凝土结构时，应该注意以下几点：

（1）混凝土结构通常是由钢筋和混凝土结合而成的一种结构。钢筋混凝土材料与理论力学中的刚性材料以及材料力学、结构力学中的理想弹性材料或理想弹塑性材料有很大的区别。为了对混凝土结构的受力性能与破坏特征有较好的了解，首先要求对钢筋和混凝土的力学性能要较好地掌握。

（2）混凝土结构在裂缝出现以前的抗力行为与理想弹性结构的相近。但是，在裂缝出现以后，特别是临近破坏之前，其受力和变形状态与理想材料有显著不同。混凝土结构的受力性能还与结构的受力状态、配筋方式和配筋数量等多种因素有关，暂时还难以用一种简单的数学模型和力学模型来描述。因此，目前主要以混凝土结构构件的试验和工程实践经验为基础进行分析。许多计算公式都带有经验性质。它们虽然不如数学或力学公式那样严谨，然而却能够较好地反映结构的真实受力性能。在学习本课程时，应该注意各计算公式与力学公式的联系与区别。

（3）我国的《公路钢筋混凝土及预应力混凝土桥涵设计规范》（JTG D62—2004）给出了各种常用钢筋和混凝土的强度、弹性模量等指标。鉴于实际情况的复杂性，建筑结构上的实际荷载和实际材料指标与规范规定的大小会有一定的出入。它们可能高于规范规定的数值，也可能低于规范规定的数值。此外，不同的结构重要性也不一样，结构的安全性、适用性和耐久性的要求各不相同。为了使混凝土结构设计满足技术先进、经济合理、安全适用、确保质量的要求，将混凝土结构各种分析公式用于设计时，考虑了上述各种因素的影响。学习本课程时，应该注意分析公式与设计公式之间的联系与区别，了解和掌握我国有关混凝土结构设计的技术和经济政策。

（4）进行混凝土结构设计时离不开计算，但是，现行的实用计算方法一般只考虑了荷载效应，其他影响因素，如：混凝土收缩、温度影响以及结构地基不均匀沉陷等，难于用计算公式来表达。根据长期的工程实践经验，《公路钢筋混凝土及预应力混凝土桥涵设计规范》(JTG D62—2004) 总结出一些构造措施来考虑这些因素的影响。因此，在学习时，除了要对各种计算公式了解掌握以外，对于各种构造措施也必须给予足够的重视。在设计混凝土结构时，除了进行各种计算以外，还必须检查各项构造要求是否得到满足。

（5）为了指导混凝土结构的设计工作，各国都制定有专门的技术标准和设计规范。它们是各国在一定时期内理论研究成果和实际工程经验的总结。在学习混凝土结构时，应该很好地熟悉、掌握和运用它们。但是也要了解，混凝土结构是一门比较年轻和迅速发展着的学科，许多计算方法和构造措施还不一定尽善尽美。也正因为如此，各国每隔一定时间都要将自己的结构设计标准或规范修订一次，使之更加完善合理。因此，我们在很好地学习和运用规范的过程中，也要善于发现问题，灵活运用，并且不断地进行探索与创新。

第二章　钢筋混凝土材料

本章重点

- 混凝土的组成、强度、变形性能和各项强度指标；
- 混凝土的徐变及影响因素；
- 混凝土的模量；
- 钢筋的强度指标与塑性指标；
- 钢筋混凝土结构对钢筋性能的要求；
- 钢筋与混凝土间的粘结能力及其影响因素。

本章难点

- 混凝土的徐变对钢筋混凝土的影响；
- 混凝土的模量；
- 钢筋与混凝土间的粘结能力及其影响因素。

第一节　混凝土的强度

一、混凝土的概念与要求

1. 混凝土的概念

将水泥、集料（砂子、碎石）用水拌和，或掺上外加剂（减水剂、早强剂、缓凝剂）等入模浇筑，经过凝固、硬化而制成的人工石材。

2. 对混凝土品质的要求

（1）和易性好：保证各成分均匀混合，在不发生分层离析的情况下，适合于搅拌、运输、浇灌、振捣、整平等工艺过程，从而获得均匀密实的混凝土的性能；

（2）强度要高；

（3）耐久性要好；

（4）经济上要节省。

二、混凝土的各项强度指标

混凝土的强度是指混凝土抵抗外力产生的某种应力的能力，即混凝土材料达到破坏或开裂极限状态时所能承受的应力。混凝土强度是混凝土的重要力学性能，是设计钢筋混凝土结构的重要依据，直接影响结构的安全和耐久性。

1. 混凝土的立方体抗压强度

混凝土在结构中主要承担压力，所以抗压强度是其最主要的力学性能。我国《公路钢筋混凝土及预应力混凝土桥涵设计规范》（JTG D62—2004）规定的立方体抗压强度标准值是以下面标准测得的。

标准条件：温度 20±30℃、相对湿度≥90％、龄期 28d；

标准试件：边长 150mm 的标准混凝土立方体试块；

标准试验方法：受压表面不涂润滑剂，按一定的加载速度；

保证率：95％。

注意：《公路钢筋混凝土及预应力混凝土桥涵设计规范》（JTG D62—2004）规定的混凝土强度等级是按边长为 150mm 的立方体抗压强度标准值确定的，并冠以 C 表示，如 C30 表示立方体强度标准值为 30MPa 的混凝土强度等级。

公路桥涵受力构件的混凝土强度等级可以采用 C30～C80，中间以 5MPa 进级，C50 以下为普通强度的混凝土，C50 以上为高强度的混凝土。

公路桥涵混凝土的强度等级的选择按以下的规定采用：

（1）钢筋混凝土构件不应低于 C20，当采用 HRB400、KL400 级钢筋配筋时，不应低于 C25；

（2）预应力混凝土构件不应低于 C40。

2. 棱柱体抗压强度

混凝土的抗压强度不仅与试件的尺寸有关，也与它的形状有关。在实际工程结构中，受压构件不是立方体而是棱柱体，所以，采用棱柱体试件（高度大于边长的试件称为棱柱体）比采用立方体试件能更好地反映混凝土构件的实际抗压能力，同时由于试件的高宽比较大，实际工程中高宽比 $h/b \approx 3 \sim 4$ 可以摆脱端部摩阻力的影响，所测强度趋于稳定。用棱柱体试件测得的抗压强度称为棱柱体抗压强度，或者称为轴心抗压强度。

我国采用 150mm×150mm×450mm 的柱体作为混凝土轴心抗压强度试验的标准试件，按与立方体试件相同的制作、养护条件和标准试验方法测得的具有 95％保证率的抗压强度。

实测所得的棱柱体抗压强度比立方体抗压强度低。混凝土轴心抗压强度随着混凝土强度等级提高而增加，总的趋势是混凝土轴心抗压强度与混凝土强度等级成正比。

3. 混凝土的轴心抗拉强度

混凝土试件在轴心拉伸下的极限抗拉强度，在结构设计中是确定混凝土抗裂度的重要指标，有时还可以通过混凝土轴心抗拉强度间接地作为衡量混凝土其他力学性能的指标，例如混凝土与钢筋之间的粘结强度等。

混凝土的轴心抗拉强度比抗压强度低得多，混凝土的抗拉强度约为立方体抗压强度的 $1/18 \sim 1/8$。一般采用劈裂试验、混凝土的小梁抗折试验进行测试。

混凝土强度等级越高，混凝土的轴心抗拉强度与抗压强度之比越小，亦即混凝土的强度等级提高后，其相应的抗拉强度却提高不多。

轴心受拉试件为 100mm×100mm×500mm 的柱体，两端预埋钢筋。试验机夹紧两端伸出的钢筋，使试件受拉，破坏时试件中部产生横向裂缝，其平均应力即为混凝土的轴心抗拉强度。

由于轴心受拉试件试验时对中比较困难，故国内外多采用立方体或圆柱体的劈裂试验测定混凝土的抗拉强度。这种试件与混凝土立方体试件相同，不需埋设钢筋，可用压力试验机进行。劈裂试验是通过 5mm×5mm 的方钢垫条，且在试件与方钢之间夹垫一层马粪纸，施加压力 F，试件中间截面除加力点附近很小的范围外，有均匀分布的拉应力。当拉应力达到混凝土的抗拉强度时，试件劈裂成两半。我国交通部颁布的标准《公路工程水泥混凝土试验规程》(JTJ 053) 规定：采用 150mm 立方体作为标准试件进行混凝土劈裂抗拉强度测定，按照规定的试验方法操作，则混凝土劈裂抗拉强度 f_L^P 可按下列公式计算：

$$f_L^P = \frac{2F}{\pi a^2} \tag{1-2-1}$$

4. 复合应力状态的混凝土的强度

在钢筋混凝土结构中，构件通常受到轴力、弯矩、剪力及扭矩等不同内力组合的作用，因此混凝土一般都处于复合受力状态。在复合受力状态下，混凝土的强度有明显变化。

第二节 混凝土的变形、混凝土的模量

一、混凝土的变形

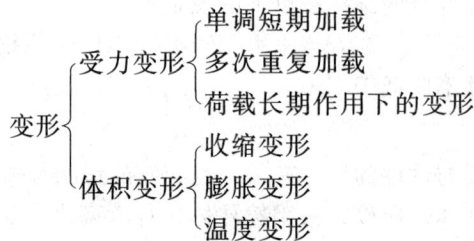

$$\text{变形} \begin{cases} \text{受力变形} \begin{cases} \text{单调短期加载} \\ \text{多次重复加载} \\ \text{荷载长期作用下的变形} \end{cases} \\ \text{体积变形} \begin{cases} \text{收缩变形} \\ \text{膨胀变形} \\ \text{温度变形} \end{cases} \end{cases}$$

1. 混凝土在一次短期加载时的应力—应变曲线

混凝土受压的应力—应变曲线，通常用 $h/b = 3 \sim 4$ 的棱柱体试件来测定。图 1-2-1 为典型的混凝土受压的应力—应变曲线。它的应力—应变曲线与钢材是完全不相同的。从总体来看，可以分为上升段和下降段两部分，并且包含三个重要特征值：

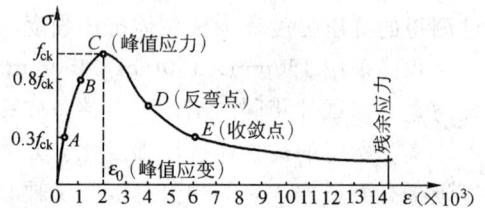

图 1-2-1 实测的混凝土受压应力—应变曲线

①最大应力值 σ_{max}；

②与 σ_{max} 相对应的应变值 ε_0；

③极限应变值 ε_{max}。

当应力 $\sigma \leqslant 0.3 f_{ck}$ 时，σ-ε 关系接近一根直线，混凝土处于弹性工作阶段。

当应力 $\sigma > 0.3 f_{ck}$ 后；随应力的增大，应力—应变曲线越来越偏离直线。任一点的应变 ε 可分为弹性应变 ε_e 和塑性应变 ε_p 两部分。

当应力接近于 $0.5 f_{ck}$ 后，曲线明显地呈弯曲状上升，即应变增量大于应力增量，呈现出材料的部分塑性性质。

当应力达到 $0.8 f_{ck}$ 后，塑性变形显著增大，应力—应变曲线的斜率急剧减小。当应力达到最大应力 σ_{max}（即棱柱体抗压强度标准值 f_{ck}）时，σ-ε 曲线的斜率已接近水平，相应的应变 ε_0 随混凝土强度的不同在（$1.5 \sim 2.5$）$\times 10^{-3}$ 间波动，通常取平均值 $\varepsilon_0 = 2 \times 10^{-3}$。应力从零到 σ_{max} 这一段曲线称为"上升段"曲线。

到达最大应力 σ_{max} 后（C 点），随应变的增长，应力逐渐下降。曲线下降段末端（D 点）的相应应变即为混凝土的极限应变值 ε_{max}。极限应变 ε_{max} 应包括弹性应变和塑性应变两个部分，塑性应变越大，表示混凝土材料的变形能力越大，亦即材料的延性越好。

2. 混凝土在重复荷载作用下的应力—应变曲线

在一次加载卸载过程中,混凝土的应力—应变曲线形成一个环状。见图 1-2-2a),混凝土在多次重复荷载作用下的应力—应变曲线见图 1-2-2b),当加载应力超过某一限值,经过几次加载和卸载后,应力—应变曲线越来越闭合,并接近一直线,混凝土呈现弹性工作性质;再经过多次重复加载卸载后,应力—应变曲线出现反向弯曲,到一定次数时,混凝土试件将因严重开裂或变形过大而破坏。这种因为荷载多次重复作用而引起的破坏成为疲劳破坏,桥梁工程中,通常要求能承受 200 万次以上的反复荷载并不得产生疲劳破坏,这一强度称为混凝土的疲劳强度 f_c^f。

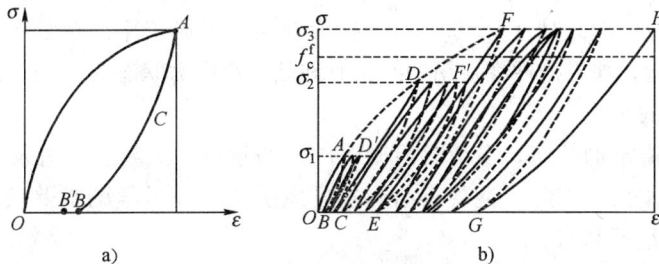

图 1-2-2 混凝土在重复荷载作用下的应力—应变曲线

a)一次加载;b)多次重复加载

3. 混凝土在长期荷载作用下的变形性能

1)徐变

定义:在长期荷载作用下,维持压应力不变,混凝土应变随时间增长而增长的现象。如图 1-2-3 所示为我国铁道部科学院所做的混凝土棱柱体试件徐变的试验曲线。

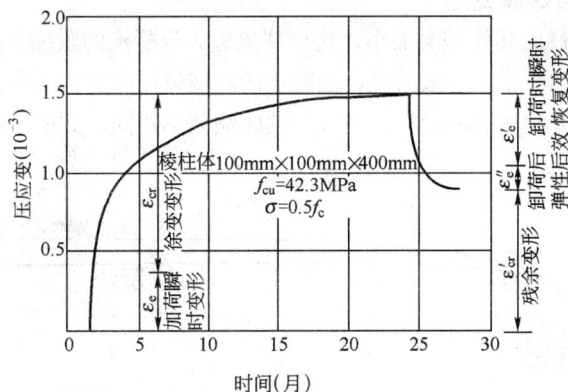

图 1-2-3 混凝土的徐变

由图可见,混凝土的总应变由两部分组成,即加载过程中完成的瞬时应变 ε_e 和荷载持续作用下逐渐完成的徐变应变 ε_{cr}。徐变开始增长较快,以后逐渐减慢,经过长时间后基本趋于稳定。通常在前 4 个月内增长较快,半年内可完成总徐变量的 70%~80%,第一年内可完成 90% 左右,其余部分持续几年才能完成。最终总徐变量约为瞬时应变的 2~4 倍。此外,图中还表示了两年后卸载时应变的恢复情况,其中 ε_e' 为卸载时瞬时恢复的应变,其值略小于加载时的瞬时应变 ε_e,ε_e'' 为卸载后的弹性后效,即卸载后经过 20d 左右又恢复的一部分应变约为总徐变量的 1/12，其余很大一部分应变是不可恢复的，称为残余应变 ε'_{cr}。

2）混凝土徐变对混凝土受力构件性能的影响

（1）将使构件的变形增加（如长期荷载下受弯构件的挠度由于受压区混凝土的徐变可增加一倍）；

（2）在截面中引起应力重分布（如使轴心受压构件中的钢筋应力增加，混凝土应力减少）；

（3）使预应力混凝土构件应力损失。

3）影响徐变的因素

（1）持续应力的大小。试验表明，混凝土的徐变与持续应力的大小有着密切的关系，持续应力越大，徐变也越大。当持续应力较小时（$\sigma_c < 0.5 f_c$），徐变与应力成正比，这种情况称为线性徐变；当持续应力较大时（$\sigma_c > 0.5 f_c$），徐变与应力不成正比，徐变比应力增长更快，称为非线性徐变。因此，如果构件在使用期间长时间处于高应力状态是不安全的。

（2）持续时间的长短。

（3）加载时混凝土的龄期。受荷时混凝土的龄期越短，混凝土中尚未完全结硬的水泥凝胶体越多，徐变也越大。因此，混凝土结构过早地受荷（即过早的拆除底模板），将产生较大的徐变，对结构是不利的。

（4）混凝土的组成对混凝土的徐变也有很大影响。水灰比越大，水泥水化后残存的游离水越多，徐变也越大；水泥用量越多，水泥凝胶体在混凝土中所占比重也越大，徐变也越大；集料越坚硬，弹性模量越高，以及集料所占体积比越大，则由水泥凝胶体流动后转给集料的压力所引起的变形也越小。

（5）外部环境对混凝土的徐变亦有重要影响。养护环境湿度越大，温度越高，水泥水化作用越充分，则徐变就越小。混凝土在使用期间处于高温、干燥条件下所产生的徐变比低温、潮湿环境下明显增大。

4. 混凝土的收缩与膨胀变形

混凝土在空气中结硬时其体积会缩小，这种现象称为混凝土的收缩；混凝土在水中结硬时体积会膨胀，称为混凝土的膨胀。一般来说，混凝土的收缩值比膨胀值大得多。相同设计强度的混凝土，在不同环境下，养护相同的龄期，混凝土的收缩值不相同。如图 1-2-4 所示。

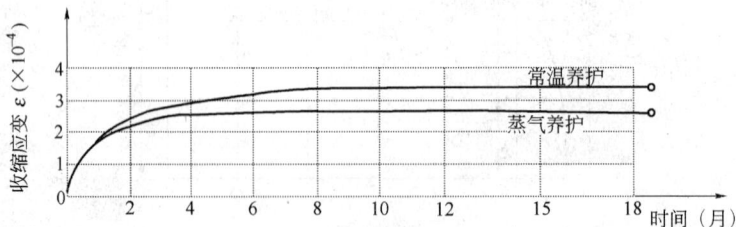

图 1-2-4　混凝土的收缩

混凝土产生收缩的原因，一般认为是由水泥凝胶体本身的体积收缩（凝缩）以及混凝土因失水产生的体积收缩（干缩）共同造成的。

图 1-2-4 所示为我国铁道部科学研究院所做混凝土自由收缩的试验曲线。由图可见收缩应变也是随时间而增长的。结硬初期收缩应变发展很快，以后逐渐减慢，整个收缩过程可延续两年左右。蒸气养护时，由于高温高湿条件能加速混凝土的凝结和结硬过程，减少混凝土的水分蒸发，因而混凝土的收缩值要比常温养护时小。一般情况下，混凝土的收缩应变终值约为 $(2 \sim 5) \times 10^{-4}$。

二、混凝土的模量

在实际工程中，为了计算结构的变形，必须要确定一个材料常数——弹性模量。见图 1-2-5，严格地说，混凝土棱柱体初次受荷后，其应变的增长很快，应力—应变之间并不存在线性弹性关系，所以，混凝土的变形模量不是弹性模量，而应该是包括塑性变形在内的弹塑性模量。

混凝土的总应变由弹性应变 ε_e 和塑性应变 ε_p 两部分组成，即 $\varepsilon_c = \varepsilon_e + \varepsilon_p$。

混凝土的变形模量是指应力增量 $d\sigma$ 与应变增量 $d\varepsilon$ 的比值。用几何关系表示时，即为在应力—应变曲线上某一点的切线与 ε 轴的交角 α 的正切值，即：

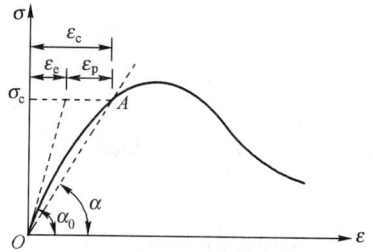

图 1-2-5 混凝土变形模量示意图

$$E_c = \frac{d\sigma}{d\varepsilon} = \tan\alpha \tag{1-2-2}$$

显然，混凝土的变形模量是个变数，应力愈大，变形模量愈小，这样使用上式是很不方便的。工程上为了实用，同时考虑到混凝土应力在 $(0.4 \sim 0.6) f_{ck}$ 以下时，变形模量变化不大，因此在钢筋混凝土结构中，通常近似地取压应力 $\sigma_c = 0.5 f_{ck}$ 时的变形模量作为混凝土的弹性模量。

《公路钢筋混凝土及预应力混凝土桥涵设计规范》（JTG D62—2004）给出的混凝土弹性模量见附表 2。混凝土的受拉弹性模量与受压弹性模量取相同的数值。

混凝土受剪弹性模量 G_c 按下式计算，即：

$$G_c = \frac{E_c}{2(1 + v_c)} \tag{1-2-3}$$

试验研究表明，混凝土的泊松比 v_c 随应力大小而变化，并非是常数。但是在应力不大于 $0.5 f_c$ 时，可以认为 v_c 为一定值。《公路钢筋混凝土及预应力混凝土桥涵设计规范》（JTG D62—2004）规定混凝土的泊松比 $v_c = 0.2$，剪变模量 $G_c = 0.4 E_c$。

第三节　钢筋分类、钢筋的强度、钢筋的塑性性能

一、钢筋分类

钢筋混凝土结构用的钢材，按直径粗细分钢筋和钢丝两类。凡直径 $d \geqslant 6\text{mm}$ 的，称为钢筋；直径 $d < 6\text{mm}$ 的，称为钢丝。

(1) 按外形分 $\begin{cases} \text{光面钢筋} \\ \text{螺旋式钢筋} \\ \text{人字式钢筋} \\ \text{月牙式钢筋} \end{cases}$

(2) 按化学成分分 $\begin{cases} \text{碳素钢钢筋} \begin{cases} \text{低碳钢（碳含量小于 0.25\%）} \\ \text{中碳钢（碳含量 0.25\%～0.6\%）} \\ \text{高碳钢（碳含量 0.6\%～1.4\%）} \end{cases} \\ \text{普通低合金钢} \end{cases}$

（3）按生产工艺、机械性能与加工条件的不同分 $\begin{cases} \text{热轧钢筋} \\ \text{冷拉钢筋} \\ \text{热处理钢筋} \\ \text{冷拔钢筋} \end{cases}$

热轧钢筋根据力学指标可分为 $\begin{cases} \text{R235} \\ \text{HRB335} \\ \text{HRB400} \\ \text{KL400} \end{cases}$

钢筋混凝土结构中的纵向钢筋一般应采用 R235、HRB335、HRB400 及 KL400 钢筋。R235 为光圆钢筋强度等级代号，其牌号为 Q235，相当于原标准 I 级钢筋，公称直径 $d=8\sim20mm$，以偶数 2mm 递增；HRB335、HRB400 为钢筋牌号，其中尾部数字为强度等级，HRB335 相当于原标准 II 级钢筋；HRB400 相当于原标准 III 级钢筋，该钢筋公称直径 $d=6\sim50mm$，其中 $d=22mm$ 以下以 2mm 递减，$d=22mm$ 以上为 25、28、32、36、40、50mm；KL400 为余热处理钢筋的强度等级代号，钢筋级别相当于原标准的 III 级钢筋，公称直径 $d=8\sim40mm$，尺寸进级情况与 HRB 相同。

二、钢筋的强度

钢筋的力学性能有强度和变形（包括弹性变形和塑性变形）等。单向拉伸试验是确定钢筋力学性能的主要手段。

1. 钢筋的拉伸应力—应变关系曲线

1）有明显流幅钢筋的应力—应变曲线

一般热轧钢筋属于有明显流幅（屈服点）的钢筋，工程上习惯称之为软钢。图 1-2-6 表示一条有明显流幅的钢筋应力—应变曲线。

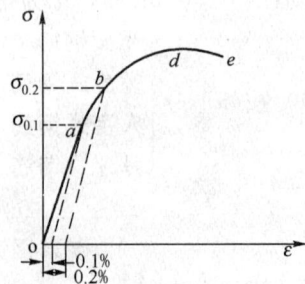

有明显流幅的钢筋拉伸时的应力—应变曲线显示了钢筋的主要物理力学指标，即屈服强度、抗拉极限强度和延伸率。屈服强度是钢筋混凝土结构设计计算中钢筋强度取值的主要依据。屈服强度与抗拉极限强度的比值称为屈强比，它可以代表材料的强度储备，一般屈强比要求不大于 0.8。延伸率是衡量钢筋拉伸时的塑性指标。

2）无明显流幅钢筋的应力—应变曲线

在拉伸试验中没有明显流幅的钢筋（各种类型的钢丝），一般又称之为硬钢，其应力-应变曲线如图 1-2-7 所示。这类钢筋的比例极限大约相当于其极限强度的 65%。硬钢一般取其极限强度的 80%，即残余应变为 0.2% 时的应力 $\sigma_{0.2}$ 作为协定的屈服点，又称条件屈服强度，取残余应变的 0.1% 处应力作为弹性极限强度。

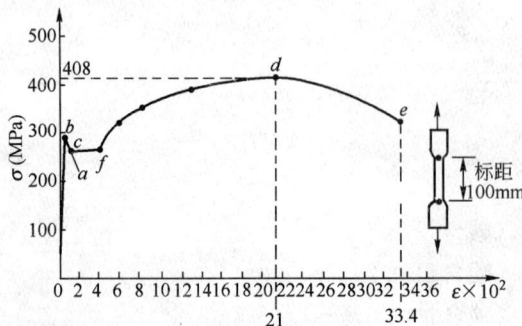

图 1-2-6　有明显流幅的钢筋应力—应变曲线　　　　图 1-2-7　无明显流幅的钢筋应力—应变曲线

2. 钢筋的强度指标

（1）屈服强度。钢材的受拉、受压及受剪屈服强度是钢材的主要强度指标。计算时一般近似地认为钢材的弹性工作阶段是以屈服点为上限，当应力小于屈服强度时，材料的变形是弹性的，卸载后可以完全恢复，而当应力达到屈服点后，材料将产生很大且卸载后不能恢复的变形。因此，在结构设计时，一般取屈服强度为钢材允许达到的最大应力。

（2）极限强度。钢材的极限强度（包括抗拉强度、抗压强度和抗剪强度）是材料能承受的最大应力。极限强度是材料强度的一个主要指标，与屈服强度相比，极限强度越高，材料的安全储备就越大。通常以屈强比（屈服强度/抗拉极限强度）来衡量钢材强度的安全储备，显然，屈强比越小，钢材的强度储备就越大。

三、钢筋的塑性指标

（1）伸长率。钢材的伸长率等于试件被拉断后原标距长度的伸长值与原标距比值的百分率，以符号 δ 表示。伸长率是反映钢材塑性变形能力的一个指标，显然伸长率大，钢材在拉断前有足够的预兆，延性较好。所谓延性也可以理解为耐受变形的能力。伸长率 δ 与试件原标距长度 l_0 和试件的直径 d_0 的比值有关，当 $l_0/d_0 = 10$ 时，记作 δ_{10}；当 $l_0/d_0 = 5$ 时，记作 δ_5，伸长率 δ 可按下式进行计算：

$$\delta = \frac{l_1 - l_0}{l_0} \times 100\% \tag{1-2-4}$$

（2）截面收缩率。截面收缩率是反映材料塑性变形能力的另一个指标，其值等于试件被拉断后颈缩区的断面面积缩小值与原断面面积比值的百分率，以符号 Ψ 表示。截面收缩率 Ψ 可按下式进行计算：

$$\Psi = \frac{A_0 - A_1}{A_1} \times 100\% \tag{1-2-5}$$

（3）冷弯性能。冷弯性能由常温下的冷弯实验来检验。实验时按照规定直径的弯心角把试件弯曲，当试件表面出现裂纹或分层时即为破坏。冷弯性能以冷弯的角度来衡量，当冷弯角度达到 180°时，钢材的冷弯性能合格。冷弯实验不仅检验了钢材是否具有构件制作过程中冷加工所要求的弯曲变形能力，还能够显示其内部的缺陷，鉴定钢材的质量，因此它是判别钢材塑性变形能力和质量的一个综合标准。

第四节　钢筋与混凝土粘结性能

一、钢筋与混凝土粘结的作用

1. 粘结力的定义

钢筋混凝土结构中，钢筋和混凝土这两种材料之所以能共同工作的基本前提是两者之间具有足够的粘结力，能承担由于变形差（相对滑移）沿其接触面上产生的剪应力。人们通常把这种剪应力称为钢筋和混凝土之间的粘结应力。

$$\tau = \frac{\mathrm{d}T}{\pi d \mathrm{d}x} = \frac{A_s}{\pi d} \cdot \frac{\mathrm{d}\sigma_s}{\mathrm{d}x} \tag{1-2-6}$$

从式（1-2-6）可以看出，钢筋与混凝土之间的粘结力随着钢筋应力的变化而变化。钢筋应力变化越大，需要的粘结力就越大；钢筋应力变化越小，需要的粘结力就越小；当钢筋应力没有变化时，钢筋与混凝土之间的粘结力等于零。

2. 粘结力的作用

钢筋与混凝土之间粘结力的作用主要体现在下述两个方面。

1）钢筋端部的锚固

见图 1-2-8a)，当钢筋在混凝土中锚入的深度较小时，在拉力作用下，由于混凝土和钢筋之间粘结力的破坏，钢筋将从混凝土中被拔出而产生锚固破坏；当钢筋在混凝土中锚入的深度很深时，在拉力作用下，钢筋和混凝土之间存在足够的粘结力，保证钢筋在外部拉力下屈服。保证钢筋受拉屈服的最小锚固深度与粘结性能有关。

钢筋拔出实验结果表明：粘结应力是曲线分布的，最大粘结应力出现在离端头某一距离处，并且随着拔出力的变化而变化；当锚固长度过长时，靠近钢筋尾部处粘结应力很小，甚至等于零。由此可见，为了保证钢筋在混凝土中的可靠锚固，钢筋应有足够的锚固长度，但是不必过长。

钢筋的锚固长度按粘结破坏极限状态平衡条件确定：

$$\pi d l_{a\tau} \geqslant \frac{\pi d^2}{4} f_y \qquad (1\text{-}2\text{-}7)$$

即

$$\frac{l_a}{d} \geqslant \frac{f_y}{4\tau} \qquad (1\text{-}2\text{-}8)$$

《公路钢筋混凝土及预应力混凝土桥涵设计规范》（JTG D62—2004）给出的不同混凝土强度等级时各类钢筋的最小锚固长度，见表 1-2-1。

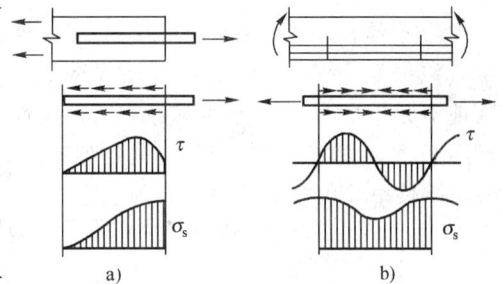

图 1-2-8 钢筋与混凝土粘结作用

a) 钢筋端部锚固；b) 裂缝间应力的传递

钢筋最小锚固长度 l_a（mm） 表 1-2-1

钢筋种类 项 目	R235				HRB335				HRB400 KL400			
	C20	C25	C30	C≥40	C20	C25	C30	C≥40	C20	C25	C30	C≥40
受压钢筋（直端）	$40d$	$35d$	$30d$	$25d$	$35d$	$30d$	$25d$	$20d$	$40d$	$35d$	$30d$	$25d$
受拉钢筋　直端	—	—	—	—	$40d$	$35d$	$30d$	$25d$	$45d$	$40d$	$35d$	$30d$
弯钩端	$35d$	$30d$	$25d$	$20d$	$30d$	$25d$	$25d$	$20d$	$35d$	$30d$	$30d$	$25d$

注：表中 d 为钢筋直径。

2）裂缝间应力的传递

钢筋混凝土梁的纯弯区两条裂缝中间的一段如图 1-2-8b) 所示，显然，在裂缝截面，由于受拉区的混凝土开裂，其承担的拉应力等于零，该截面受拉区的拉力完全由钢筋来承担。在离开裂缝一段距离截面的受拉区，由于钢筋与混凝土的粘结作用，混凝土逐渐承受拉力，因此钢筋承担的拉力就逐渐减小。随着离开裂缝截面距离的增大，混凝土的拉应力越大，钢筋拉应力减小程度也越大，当达到两条裂缝的中间时，混凝土拉应力达到最大值，钢筋的拉应力达到最小值。因此，在相邻两个裂缝的范围内，粘结力使得混凝土继续参加工作，钢筋和混凝土的应力变化以及裂缝的分布等受到粘结应力的影响，钢筋应力的变化幅度反映了裂缝间混凝土参加工作的程度。

二、粘结力的组成

钢筋和混凝土的粘结力主要由以下 4 个部分组成。

（1）钢筋与混凝土接触面上的化学吸附作用；

（2）混凝土收缩将钢筋紧紧握裹而产生的摩擦力；

（3）钢筋与混凝土之间机械咬合作用力，它是粘结力的主要来源；

（4）附加咬合作用。

如图 1-2-9 所示，在钢筋端部设置弯钩、弯折、加焊角钢或加焊短钢筋等，都可以提供钢筋混凝土之间在端部的附加咬合作用，提高锚固能力。在工程中，对锚固能力相对较差的光圆钢筋，或锚固长度受到限制而无法满足最小锚固长度要求的其他钢筋，采取端部加弯钩等措施，以提高其锚固能力。

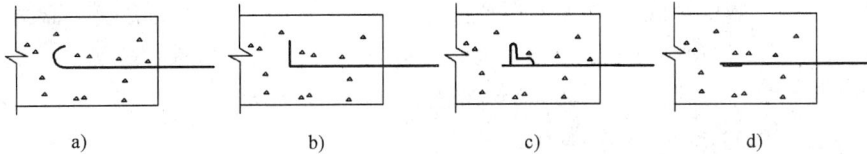

图 1-2-9　提高钢筋锚固能力的措施
a）加弯钩；b）弯折；c）焊角钢；d）焊短钢筋

三、影响粘结能力的主要因素

1. 钢筋表面形状

钢筋表面形状对钢筋和混凝土的粘结能力有很大的影响。变形钢筋的粘结能力明显高于光圆钢筋，因此变形钢筋所需要的锚固长度比光圆钢筋小。光圆钢筋一般要在端头加弯钩等。

2. 混凝土强度等级

钢筋和混凝土的粘结能力随着混凝土强度等级的提高而提高。实验表明，钢筋的粘结强度主要取决于混凝土的抗拉强度，粘结强度与抗拉强度近似成线性关系。

3. 浇注混凝土时钢筋的位置

钢筋和混凝土的粘结能力与浇筑混凝土时钢筋的位置有明显关系。对于混凝土浇筑深度超过 300mm 以上的"顶部"水平钢筋，其底面的混凝土由于水分、气泡的逸出和泌水下沉，与钢筋之间形成空隙，从而钢筋和混凝土之间的粘结能力削弱。

4. 保护层厚度和钢筋间距

混凝土保护层和钢筋间距对粘结能力也有重要影响。当混凝土保护层过薄时，保护层混凝土可能会产生径向劈裂，减少了钢筋与混凝土之间的咬合作用和摩擦作用，粘结能力降低；当钢筋净间距过小时，将可能出现水平劈裂裂缝，使钢筋外整个保护层崩落，钢筋和混凝土的粘结能力遭受严重损失。

5. 横向钢筋及侧向压力

混凝土构件中设置横向钢筋（如梁中的箍筋）可以延缓径向裂缝的发展和限制劈裂裂缝的宽度，从而提高粘结能力；当钢筋锚固区内作用有侧向压力时，粘结能力将会提高。

第五节　问题释义

1. 为什么采用混凝土的立方体抗压强度作为划分混凝土强度等级的主要标准？

混凝土的物理力学性能与其组成材料、施工方法等许多因素有关，同时还受到试件尺寸、加荷方法、加荷速度等因素的影响，为了设计、施工和质量检验的方便，必须对混凝土的强度规定统一的级别。

（1）混凝土是一种很好的抗压材料，在混凝土结构中主要用于承受压力。以混凝土立方体抗压强度作为划分混凝土的主要标准，可以较好地反映混凝土的主要受力特性。

（2）混凝土的其他力学性能，如轴心抗压强度和轴心抗拉强度等，都与混凝土立方体抗压强度有一定的关系。

（3）立方体抗压强度试验最简单，结果最稳定。

2. 为什么在确定轴心抗压强度时要求棱柱体试件的高宽比不能小于 2？

同样边长的混凝土试件，在由立方体变为棱柱体时，随着高度的增加，其抗压强度将下降，但当高宽比超过 2 以后，但在 6 的范围以内，降低的幅度不再很大。试验表明，用高宽比为 2～4 的棱柱体测得的抗压强度与以受压为主的混凝土构件中的混凝土抗压强度基本一致。因此，可将它作为以受压为主的混凝土结构构件的抗压强度，称为轴心抗压强度。

3. 混凝土收缩对混凝土结构有什么影响？

设置在混凝土中的钢筋对混凝土的收缩有很大影响，由于钢筋的存在，将会阻止混凝土的部分收缩，可使混凝土的收缩大约减少一半。

从受力分析，混凝土的收缩使混凝土受拉而钢筋受压，同时使构件内产生收缩内应力，这样对钢筋混凝土结构是不利的，尤其钢筋含量甚多时，则混凝土甚至会出现早期裂缝。

4. 混凝土徐变对钢筋混凝土结构的影响？

配筋混凝土构件的徐变和收缩一样，是混凝土受拉，钢筋受压，一般比无筋混凝土的徐变大约要减少 40%～50%，由于混凝土的徐变使钢筋和混凝土的既存应力发生应力重分布。

在受弯构件中，由于混凝土的徐变，在长期荷载作用下，梁的挠度可逐渐增大，徐变对单筋梁的影响比双筋梁要大，这是因为受压钢筋减小了受压区混凝土的徐变所致（随着时间的增加受压区混凝土的应力逐渐减小，钢筋的应力因混凝土的卸载而增大，而且是先快后慢）引起应力重分布现象。

第六节　综合训练及参考答案

一、综合训练

1. 填空题

（1）钢筋和混凝土结合在一起共同工作是因为钢筋和混凝土之间有可靠的（　　）。

（2）钢筋和混凝土结合在一起共同工作是因为钢筋和混凝土之间有大致相同的（　　）。

（3）钢筋被混凝土包住，可以保护钢筋免于生锈，保证结构的（　　）。

（4）《公路钢筋混凝土及预应力混凝土桥涵设计规范》（JTG D62—2004）规定，公路桥梁钢筋混凝土构件的混凝土强度等级不应低于（　　）。

（5）《公路钢筋混凝土及预应力混凝土桥涵设计规范》（JTG D62—2004）规定，公路桥梁钢筋混凝土构件，当采用 HRB400、KL400 级钢筋配筋时，混凝土强度等级不应低于（　　）。

（6）测定混凝土抗拉强度的试验方法是混凝土劈裂试验和（　　）。

（7）混凝土在长期荷载作用下，（　　）随着时间继续增长的现象称为混凝土的徐变。

（8）混凝土在三向受压应力状态下，混凝土的强度会有所（　　）。

（9）混凝土的变形可分为混凝土的体积变形和（　　）。

（10）混凝土的强度等级就是混凝土的（　　）强度标准值。

（11）钢筋按其化学成分可分为碳素钢和（　　）。

（12）钢筋按照加工方法的不同可分为热轧钢筋、冷拉钢筋、热处理钢筋和（　　）。

（13）热轧钢筋按外形可分为光面钢筋和（　　）。

（14）软钢的钢筋应力—应变曲线（　　）屈服点。

2. 简答题

（1）钢筋与混凝土能结合在一起共同工作的原因是什么？

（2）影响徐变的主要因素是什么？如何克服混凝土徐变对钢筋混凝土结构的影响？

（3）钢筋与混凝土之间的粘结力是由哪几部分组成的？

（4）影响粘结力的主要因素是什么？

（5）软钢和硬钢有什么不同？

（6）影响混凝土结构耐久性的因素有哪些？

（7）钢筋冷加工后，其机械性能有什么变化？

（8）影响混凝土收缩变形的因素有哪些？克服混凝土收缩对钢筋混凝土结构影响的措施有哪些？

二、参考答案

1. 填空题

（1）粘结力；（2）线膨胀系数；（3）耐久性；（4）C20；（5）C25；（6）轴拉试验；（7）应变；（8）提高；（9）受力变形；（10）立方体抗压；（11）普通低合金钢；（12）冷拔钢筋；（13）变形；（14）有；

2. 简答题

（1）答：①钢筋与混凝土之间有可靠的粘结力；

②钢筋与混凝土的线膨胀系数大致相同；

③钢筋被混凝土包住，从而防止了钢筋生锈，保证了钢筋的耐久性。

（2）答：影响因素：

①持续应力的大小；

②持续时间的长短；

③加载时混凝土的龄期、水泥用量，水灰比等。

控制措施：

①控制持续荷载的大小和时间。因为混凝土压应力增大，徐变增大，一般取（0.75～0.80）R_a 作为它们的长期极限强度，如果在整个使用期限，混凝土经常处于不变的高应力状态下是不安全的，需特别注意。

②控制加载时混凝土的龄期。

③混凝土的组成成分：水泥用量多，徐变大；水灰比大，徐变大；集料坚硬，徐变小。

④混凝土的制作方法和养护方法：养护的相对湿度高，徐变小；构件尺寸的加大，徐变值逐渐减小；养护时的温度将与混凝土加载龄期时硬化程度有密切关系。

（3）答：混凝土中水泥凝胶体与钢筋表面的化学胶结力；混凝土结硬时，体积收缩产生的摩擦力；钢筋表面粗糙不平、或带肋钢筋的表面凸出肋条产生的机械咬合力；附加咬合力。

（4）答：①混凝土的强度等级；

②钢筋的表面形状；

③钢筋间的净距；

④混凝土保护层厚度；

⑤横向配筋。

（5）答：①应力—应变曲线不同：软钢，存在明显的屈服点；硬钢，无明显的屈服点。

②屈服强度的取值不同：软钢，取屈服点处的应力值；硬钢，取残余变形为 0.2％所对应的应力值。

（6）答：①混凝土的碳化；

②化学侵蚀；

③碱集料反应；

④冻融破坏；

⑤温度变化的影响。

（7）答：通过冷拉或冷拉实效处理后，钢筋的屈服强度提高了，但其伸长率减小了，塑性降低了。冷拔可使钢筋的抗拉和抗压强度都得到提高，冷拉只能提高钢筋的抗拉强度。

（8）答：影响因素：

①水泥用量：水泥用量越多，收缩越大；水灰比越大，收缩越大；

②水泥品种：水泥强度等级高，收缩量大；

③集料品种：集料的弹性模量大，收缩小；

④养护环境：在混凝土结硬时，周围环境湿度大，则收缩小；

⑤混凝土的制作环境：混凝土越密实，收缩越小；

⑥使用环境：周围使用环境温、湿度大，收缩小；

⑦构件的"体积/表面积"的比值，比值大，收缩小。

克服混凝土收缩对钢筋混凝土结构影响的措施：

①采用蒸气养护。蒸气养护的收缩值要比常温养护时小，由于在高温、高湿条件下，可以大大促进水泥石的水化作用，因而可以加速混凝土的凝结和硬化时间，在高温高湿条件下，除一部分游离水被水泥分子进行水化作用而吸收外，另一部分水则由于高湿的缘故而迫使脱离试件表面而蒸发，因而使收缩应力减少。

由此看出，混凝土收缩，裂缝的发生和发展，与混凝土的养护条件有密切关系，混凝土试件如果处于完全自由变形的情况下，混凝土的收缩并不会产生裂缝，当试件的周界面上具有约束作用阻止自由收缩时，才会产生裂缝，因为混凝土中设有钢筋，它阻止混凝土收缩，则产生裂缝。

②控制水泥用量、水泥品种、集料品种等。

③在混凝土中设置水平纵向抗裂钢筋。

第三章　概率极限状态设计方法

本章重点

- 结构的功能要求及安全等级；
- 结构的失效概率和可靠指标；
- 材料强度的标准值和设计值；
- 结构上的作用、作用的代表值，作用的效应组合；
- 承载力极限状态、正常使用极限状态设计的基本表达式；
- 结构的承载力设计值；
- 承载能力极限状态设计法的设计步骤。

本章难点

- 结构的失效概率和可靠指标；
- 材料强度的标准值和设计值；
- 结构上的作用、作用的代表值，作用的效应组合；
- 承载力极限状态、正常使用极限状态设计的基本表达式。

以往，我国公路桥梁结构曾采用过多种计算方法，不论它们属于弹性理论还是非弹性理论，都是把影响结构可靠性的各种参数视为确定的量，结构设计的安全系数一般依据经验或主要依据经验来确定。这些方法被称为"定值设计法"。然而，影响结构可靠性的诸如作用（荷载）、材料性能、结构几何参数等因素，无一不是随机变化的不确定的量。1999 年颁布的国家标准《公路工程结构可靠度设计统一标准》（GB/T 50283—1999，以下简称《公路统一标准》）引入了结构可靠度理论，把影响结构可靠性的各种因素均视为随机变量，以大量调查实测资料和试验数据为基础，运用统计数学的方法，寻求各随机变量的统计规律，确定结构的失效概率（或可靠度）来度量结构的可靠性，这种方法称为"可靠度设计法"，用于结构的极限状态设计也可称为"概率极限状态设计法"。

新编《公路钢筋混凝土及预应力混凝土桥涵设计规范》（JTG D62—2004，以下简称《桥规》）是按概率极限状态设计法编写的。我国公路工程结构设计由长期沿用的、不甚合理的"定值设计法"转变为"概率极限状态设计法"，即在度量结构可靠性上由经验方法转变为运用统计数学的方法，这无疑是设计思想和设计理论的一大进步，使结构设计更符合客观实际情况。

本章内容是学习本门课程的一个理论基础，仅为概率理论为基础的极限状态设计方法提供一些基本的、宏观的知识，具有抽象、繁杂的特点，在学习过程中应注意对基本概念和基本原理的掌握，以点带面，理清脉络，并通过综合训练强化对基本理论和基本概念的理解。本章的重点放在设计方法中常用的计算指标、结构可靠指标、实用计算表达式以及作用效应组合等方面概念的建立上，不必过多地推求有关计算指标的来源。

正确理解结构设计中的不确定性因素（作用效应和结构承载力的随机性），这一内容直接决定对作用及材料强度的标准值、设计值和分项系数的掌握；此外，从概率极限状态设计法的基本原理（失效概率、可靠度、可靠指标）过渡到实用设计表达式（包括承载能力极限状态设计表达式、正常使用极限状态设计表达式）以及掌握实用设计表达式中各参数的含义也需要认真理解。

第一节 结构的功能要求、安全等级

一、结构的功能要求

结构设计的目的，就是要使所设计的结构，在规定的时间（设计基准期）内，在具有足够的可靠性前提下，完成全部功能的要求。结构的功能是由其使用要求决定的，具体有以下四个方面：

（1）结构应能承受在正常施工和正常使用期间可能出现的各种作用（荷载）、外加变形、约束变形等的作用；

（2）结构在正常使用条件下具有良好的工作性能；

（3）结构在正常使用和正常维护的条件下，在规定的时间内，具有足够的耐久性；

（4）在偶然作用（荷载）（如地震、强风）作用下或偶然事件（如碰撞、爆炸）发生时和发生后，结构仍能保持整体稳定性，不发生倒塌。

上述四项要求中，第（1）、（4）两项通常是指结构的强度、稳定性，关系到人身安全，称为结构的安全性；第（2）项指结构的适用性；第（3）项指结构的耐久性。

二、公路桥涵安全等级

按照《公路统一标准》的规定，公路桥涵进行持久状况承载能力极限状态设计时，应将其划分为三个设计安全等级，以体现不同情况的桥涵的可靠度差异。《桥规》5.1.2规定：持久状况承载能力极限状态，应根据桥涵破坏可能产生的后果的严重程度，按表1-3-1划分为三个安全的等级进行设计。

表1-3-1列出了不同安全等级其对应的桥涵类型。那么，设计时如何判断现实中的特大桥，大、中、小桥呢？从结构的可靠度出发，可按《公路桥涵设计通用规范》（JTG D60—2004）给出的表1-3-2中单孔跨径来判定；对于不等跨多跨桥梁，以其中最大跨径为准。设计工程师也可根据桥梁的具体情况，经与业主商定或按照自己的经验确定，但不宜低于规范规定的安全等级。表1-3-1中冠以"重要"大桥和小桥，一般系指高速公路和一级公路上、城市附近交通繁忙的城郊公路上以及国防公路上的桥梁。

公路桥涵安全等级　　表1-3-1

安全等级	桥涵类型
一级	特大桥、重要大桥
二级	大桥、中桥、重要小桥
三级	小桥、涵洞

桥涵分类　　表1-3-2

桥涵类型	多孔跨径总长 L（m）	单孔跨径 L_K（m）
特大桥	$L>1000$	$L_K>150$
大桥	$100 \leqslant L \leqslant 1000$	$40 \leqslant L_K<150$
中桥	$30<L<100$	$20 \leqslant L_K<40$
小桥	$8 \leqslant L \leqslant 30$	$5 \leqslant L_K<20$
涵洞	——	$L_K<5$

在一般情况下，同一座桥梁只宜取用一个设计安全等级，但对个别构件，也允许在必要时作安全等级的调整，但调整后的级差不应超过一个等级。

第二节　极限状态、结构的失效概率和可靠指标

一、极限状态

结构的功能要求决定着结构的可靠性。在设计中，结构的安全性、适用性和耐久性是采用功能极限状态作为判别条件的。所谓功能极限状态，是指整个结构构件的一部分或全部超过某一特定状态就不能满足设计规定的某一功能要求时，此特定状态为该功能的极限状态。

《桥规》1.0.5规定公路桥涵应进行承载能力极限状态和正常使用极限状态设计。

1. 承载能力极限状态

所谓承载能力极限状态是对应于桥涵及其构件达到最大承载能力或出现不适于继续承载的变形或变位的状态。它是结构的安全性功能极限状态。当结构或构件出现下列状态之一时，应认为超过了承载能力极限状态：

（1）结构或结构的一部分作为刚体失去平衡（如：倾覆等）；

（2）结构、结构构件或其连接因超过材料强度而破坏，（包括疲劳破坏，或因过度的塑性变形而不能继续承载）；

（3）结构转变为机动体系；

（4）结构或结构构件丧失稳定（如：压屈）。

超过结构承载能力极限状态将导致人身伤亡和经济损失，因此任何结构和结构构件均需避免出现这种状态。为此，在设计时应控制出现承载能力极限状态的概率，使其处于很低的水平。

2. 正常使用极限状态

所谓正常使用极限状态是对应于桥涵及其构件达到正常使用或耐久性的某项限制的状态。它是结构的适用性和耐久性功能极限状态。当结构或结构构件出现下列状态之一时，应认为超过了正常使用极限状态：

（1）影响正常使用或外观的变形；

（2）影响正常功能使用或耐久性的局部破坏（例如，钢筋混凝土构件的裂缝宽度超过了某个限值）；

（3）影响正常使用的振动；

（4）影响正常使用的其他特定状态。

各种结构或结构构件都有不同程度的结构正常使用极限状态要求。当结构超过正常使用极限状态时，虽然它已不能满足适用性和耐久性功能要求，但结构并没有破坏，不会导致人身伤亡。因此，出现正常使用极限状态的概率允许大于承载能力极限状态出现的概率。

二、极限状态方程

《桥规》1.0.4规定：采用以概率理论为基础的极限状态设计方法，按分项系数的设计表达式进行设计。那么，我们就有必要，对概率理论、极限状态设计方法和分项系数等作详尽的了解。

当结构处于极限状态时，影响结构可靠度的各种变量的关系式称为极限状态方程。$M_d \leqslant M_{du}$ 即为极限状态方程，其中 M_d、M_{du} 分别为弯矩组合设计值函数和结构的材料强度抗力值函数。从极限状态方程出发，表 1-3-3 列出了各种情况下结构构件的设计判别式。

从表 1-3-3 中可以看出，设计判别式的表达式有三类：

(1) 内力值≤承载力值；

(2) 应力值≤材料强度；

(3) 最大裂缝宽度、挠度≤相应的允许限值。

以上三种形式又可概括地用一个形式来表达，即：

$$\gamma_0 S \leqslant R \qquad\qquad (1\text{-}3\text{-}1)$$

$$R = R(f_d, a_d) \qquad\qquad (1\text{-}3\text{-}2)$$

结构构件的设计判别式

表 1-3-3

极限状态的类型			判　别　式	说　　明
承载能力极限状态	承载力	受拉 受压 受弯 受剪 受扭	$N_d \leqslant N_{du}$ $N_d \leqslant N_{du}$ $M_d \leqslant M_{du}$ $V_d \leqslant V_{du}$ $T_d \leqslant T_{du}$	N_d、M_d、V_d、T_d 为构件截面上的作用效用组合 N_{du}、M_{du}、V_{du}、T_{du} 为构件截面上的承载力
		疲劳	$\sigma^f \leqslant f^f$	σ^f 为疲劳荷载作用下的应力 f^f 为材料的疲劳强度
正常使用极限状态	变形	挠度 侧移	$f \leqslant [f]$	f 为最大挠度值 $[f]$ 为允许挠度值
	裂缝	抗裂	$\sigma_c \leqslant f_{td}$	σ_c 为混凝土中的应力 f_{td} 为混凝土轴心抗拉强度设计值
		裂缝宽度	$W_{fk} \leqslant [W]$	W_{fk} 为最大裂缝宽度 $[W]$ 为允许裂缝宽度
		钢筋应力	$\sigma_s \leqslant f_{sd}$	σ_s 为钢筋应力 f_{sd} 为钢筋抗拉强度设计值

三、结构的失效概率和可靠指标

结构的概率极限状态设计法，是从概率的观点来研究结构的可靠性，按极限状态设计法来设计结构。《桥规》2.1.2 把结构的可靠度定义为：结构在规定的时间内，在规定的条件下，完成预定功能的概率。结构的可靠度是结构可靠性的概率度量，它是建立在统计数学的基础上，经过调查、统计、计算分析确定的。

结构的可靠性是结构的安全性、适用性和耐久性的统称。结构可靠性定义为：结构在规定的时间内，在规定的条件下，完成预定功能的能力。

那么结构可靠性的研究，就是围绕着"完成预定功能的能力"而开展的，因为研究"能力"问题必然涉及到"规定的时间"和"规定的条件"，最后对各种功能的"能力"必须给出适当的数量化指标。

结构能够完成预定功能（即 $S \leqslant R$ 或 $Z \geqslant 0$）的概率称为"可靠概率"，用 P_s 表示，不能完成预定功能（$S > R$ 或 $Z < 0$）的概率称为"失效概率"，用 P_f 表示。显然 $P_s + P_f = 1.0$ 或 $P_s = 1 - P_f$。按概率论的观点，所谓结构可靠是指结构的可靠度达到了预定的要求。当然，这并不意味着结构绝对可靠，而是指结构的失效概率足够小，小到人们预先确定的可以接受的程度。由此，结构可靠度的计算可转化为结构失效概率的计算。

现以一个简单的功能函数为例说明失效概率的概念。此功能函数仅包含两个服从正态分布的基本变量 S 和 R，且其极限状态方程为线性方程。S 代表由施加在结构上外部因素产生的效应，简单地说就是构件上各个截面上的内力；R 代表各结构构件所具有的结构抗力，简单地说就是各个截面的承载力；作用效应 S 与结构抗力 R 之间的关系可用同一平面直角坐标系内的两条概率分布曲线（图 1-3-1）表示。从图 1-3-1 可以看出，结构抗力 R 值在大多数情况下可能出现大于作用效应 S 值的情况。但在两条曲线重叠范围内仍有可能出现结构抗力 R 值小于作用效应 S 值的情况。如图中重叠区的 A 点，以概率 P_A 出现的抗力 R_A 值就低于其右侧阴影线范围内的 S 概率分布曲线所出现的作用效应 S 值，这就意味着在阴影线范围内结构是不安全的，或者说结构可能失效。如果在作用效应不变的情况下，增加构件截面尺寸、提高配筋率或提高材料强度，使结构抗力提高，则结构抗力分布曲线将向右移，与作用效应分布曲线的距离拉开，使两个概率分布曲线的重合面积减小，即出现 $S>R$ 的概率减小。由此可见，图中重叠部分面积的大小，反映了失效概率的高低。重叠面积愈小，失效概率愈低。即使这种情况出现的概率很小，但总还是存在的，要完全消除重叠区是不可能的。即失效的可能性要完全消失是不可能的，只能减小到最低限度。也就是说，结构不可能绝对可靠，只存在相对的可靠。

由于这里讨论的 S 和 R 是服从正态分布的随机变量，且极限状态方程是线性的，其平均值和标准差分别为 μ_S、μ_R 和 σ_S、σ_R，由随机变量的基本运算法则可知，功能函数亦服从正态分布，其平均值和标准差分别为：

$$\left.\begin{array}{l} \mu_Z = \mu_R - \mu_S \\ \sigma_Z = \sqrt{\sigma_R^2 + \sigma_S^2} \end{array}\right\}$$

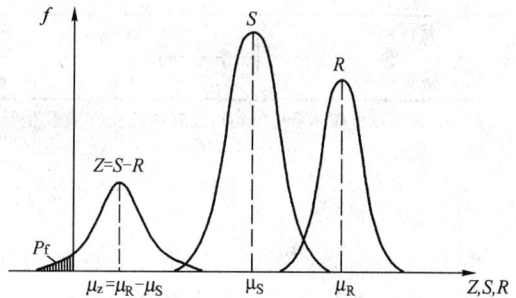

图 1-3-2 列出了 Z、S、R 的概率密度函数的图形，其中 $Z<0$ 部分的面积就是失效概率 P_f，即

$$P_f = P(R-S<0) = \int_{-\infty}^{0} f(Z)\mathrm{d}Z$$

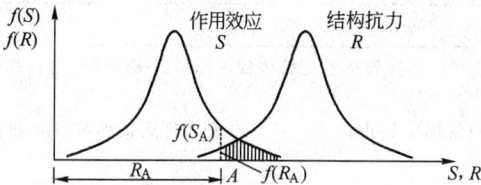

图 1-3-1　作用效应 S 与结构抗力 R 的概率分布曲线　　图 1-3-2　概率密度函数 Z、S、R 的图形

结构的失效概率 P_f 与功能函数 Z 的平均值 μ_Z 到坐标原点的距离有关。令 $\mu_Z = \beta\sigma_Z$，由图 1-3-3 可见，P_f 和 β 之间存在着相应关系。β 值愈小，则 P_f 值愈大；β 值愈大，则 P_f 值愈小。P_f 和 β 之间的数值关系列于表 1-3-4。

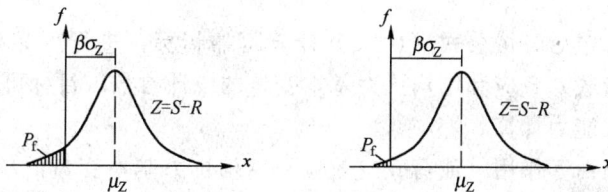

图 1-3-3　β 和 P_f 的关系图

β	1.0	1.5	2.0	2.5	3.0	3.5	4.0	4.5
P_f	158.7×10^{-3}	66.81×10^{-3}	22.75×10^{-3}	6.21×10^{-3}	1.35×10^{-3}	0.232×10^{-3}	0.317×10^{-4}	0.034×10^{-4}

由于其中 β 值和 P_f 值之间有明确的对应关系，所以 β 值可作为衡量结构可靠性的一个指标，称为结构的"可靠指标"。根据定义 $\mu_z = \beta\sigma_z$，得：

$$\beta = \frac{\mu_z}{\sigma_z} = \frac{\mu_R - \mu_S}{\sqrt{\sigma_R^2 + \sigma_S^2}} \tag{1-3-3}$$

从上式可以看出，可靠指标 β 直接与基本变量 R、S 的平均值 μ_S、μ_R 和标准差 σ_S、σ_R 有关，并可考虑其概率分布类型。这概括了各有关基本变量的统计特征，从而较全面地反映了各种影响因素的变异性。这与按经验采用的传统安全系数的方法有本质上的区别。如所设计的结构 μ_R 和 μ_S 的差值愈大，或 σ_S 和 σ_R 值愈小，则可靠指标 β 就愈大，也就是失效概率 P_f 愈小，结构愈可靠。反之，结构愈不可靠。

合理解决一个结构构件的设计问题，就是要使这个结构构件可能发生的失效概率低于允许水平，也就是要小于允许失效概率 $P_{f,K}$，表示为 $P_f \leqslant P_{f,K}$。当用可靠指标表示时，则为结构构件的设计可靠指标 β 不得小于要求的目标可靠指标 β_k，即 $\beta \geqslant \beta_k$。《公路统一标准》根据《公路钢筋混凝土及预应力混凝土桥涵设计规范》（JTG D62—2004）进行的"校准"，并参照工业与民用建筑工程和铁路桥梁的有关规定，给出了公路桥梁结构的目标可靠指标列于表 1-3-5。

公路桥梁结构的目标可靠指标   表 1-3-5

结构安全等级 构件破坏类型	一级	二级	三级
延性破坏	4.7	4.2	3.7
脆性破坏	5.2	4.7	4.2

注：1. 表中延性破坏系指结构构件有明显变形或其他预兆的破坏；脆性破坏系指结构构件无明显变形或其他预兆的破坏。

    2. 当有充分依据时，各种材料桥梁结构设计规范采用的目标可靠指标值，可对本表的规定值作幅度不超过 ± 0.25 的调整。

目标可靠指标，理论上应根据各种结构构件的重要性，破坏性质（延性、脆性）及失效后果等因素，并结合国家技术政策以优化方法分析确定。但是，限于目前统计资料还不够完备，并考虑到规范的现实继承性，一般采用"校准法"，并结合工程经验加以确定。所谓"校准法"就是根据各种变量的统计参数和概率分布类型，运用可靠度的计算方法，揭示以往规范隐含的可靠度，以此作为确定目标可靠指标的主要依据。这种方法总体上承认了以往规范的设计经验和可靠度水平，同时也考虑了渊源于客观实际的调查统计分析资料，是比较现实和稳妥的。

目标可靠指标选定后，按公式（1-3-3）计算可靠指标，进行可靠指标验算，或进一步建立包括作用（或荷载）效应和结构抗力基本变量的统计参数、目标可靠指标的极限状态方程，进行结构的承载能力计算。

应该指出，目前由于作用（或荷载）效应和结构抗力基本变量的统计资料还很不充分，概率模式和统计参数还很不完善，直接采用可靠指标 β 进行具体设计是有困难的。为了实际工作的需要，必须在可靠指标计算公式的基础上建立近似的实用概率极限状态设计法。

第三节 材料强度的标准值和设计值

一、材料强度标准值

由于钢筋和混凝土的强度都是随即变量，而且一般呈正态分布，因此强度标准值应按概率统计确定。

1. 混凝土强度标准值 f_{ck}

《桥规》规定，混凝土强度标准值取其概率分布的 0.05 分位值确定，其保证率为 95%。

2. 钢筋强度标准值 f_{sk}

为了保证钢材的质量，我国冶金工业部门规定了一个检验用的废品限值。根据全国主要钢厂生产的钢材试样的统计，废品限值约相当于钢材屈服强度的平均值减去 2 倍均方差，其保证率为 97.73%。为了与国家冶金系统颁布的钢材检验标准一致，《桥规》规定，受拉热轧钢筋强度标准值取等于屈服强度的废品限值。无明显屈服台阶的钢绞线、碳素钢丝强度标准值取等于极限强度的限值。

二、材料分项系数

1. 混凝土材料分项系数 γ_c

混凝土材料分项系数可通过对轴心受压构件作可靠度分析确定。《桥规》给出的混凝土材料分项系数，是采用"校准法"按新老规范轴心受压构件承载能力相等的原则换算而得的。

2. 钢筋材料分项系数 γ_s

钢筋材料分项系数可通过轴心受拉构件作可靠度分析确定。由于试验统计资料不足，各类钢筋的材料分项系数还不可能全部由可靠度分析确定。《桥规》给出的钢筋材料分项系数也是采用"校准法"，按新老规范轴心受拉构件承载力相等的原则换算后，并结合工程实践确定的。

三、材料强度的设计值

材料强度的设计值由材料强度的标准值除以材料分项系数而得。

混凝土的抗压强度设计值：
$$f_{cd} = \frac{f_{ck}}{\gamma_c}$$

钢筋的抗拉强度设计值：
$$f_{sd} = \frac{f_{sk}}{\gamma_s}$$

第四节 结构上的作用、作用的代表值，作用的效应组合

一、作用、作用效应

在公式（1-3-1）中，不等式的左侧为作用效应组合，那么我们就有必要先了解作用与作用效应的概念及其分类。

施加在结构上的集中力或分布力如行人、车辆、结构自重等，或引起结构外加变形及约束变形的原因如地震、基础不均匀沉降、温度变化等，统称为作用。前者为直接作用，也可称为荷载；后者为间接作用（不宜称为荷载）。

作用效应是指结构对受作用后所产生的反应，如由作用产生的结构或构件的轴向力 N、弯矩 M、剪力 V、应力 σ、裂缝 W、变形 f 等。

二、作用的代表值及其选用

结构上的作用按其时间的变异性和可能性分为永久作用、可变作用和偶然作用。

结构或结构构件设计时，为了便于作用的统计和表达，简化设计公式，通常以一些确定的值来表达这些不确定的作用量，这些确定的值即称为作用的代表值。它应是根据对作用统计得到的概率分布模型，按照概率的方法确定的。结构设计时，《桥规》规定，应根据各种极限状态的设计要求，采取不同的作用代表值。

永久作用的代表值采用标准值；可变作用的代表值有标准值、准永久值和频遇值，其中标准值为基本代表值；偶然作用的代表值采用标准值。

1. 作用的标准值

作用的标准值（有时也称为特征值）是结构设计的主要参数，是作用的基本代表值，符号下角标为 k，如：S_{Gk}、S_{Qk} 分别表示永久作用标准值和可变（汽车）作用标准值。其量值应取结构设计规定期限内可能出现的最不利值，是一个定值，但来源于实际调查，经数理统计分析，已赋予概率意义。一般按照在设计基准期内最大概率分布 $F_{QT}(x)$ 的某一分位值确定，如图 1-3-4 所示。对永久作用，由于其变异性不大（统计平均值与按规范计算的标准值之比为 1.021：2），标准值以其平均值，即 0.5 分位值确定，可以按照结构设计尺寸和材料确定，或按照结构构件的平均重度确定。

对于可变作用，目前其最大作用概率分布 $F_{QT}(x)$ 的分位无统一规定，同时由于一些作用的统计资料不足，某些作用的标准值尚不能够完全用概率的方法确定，而是依据已有工程经验，通过分析判断规定的一个公称值作为标准值。桥涵结构可变作用的标准值可从《公路桥涵设计通用规范》（JTG D60—2004）中查得，对某些特殊情况下的作用，也可以通过调查统计按照同类工程经验取值。

2. 作用的准永久值

作用的准永久值是对可变作用而言的。对可变作用，标准值仅在概率意义上规定了可能达到的最大量值，但没有考虑可变作用持续稳定的程度。作用的准永久值一般是依据作用出现的累计持续时间（考虑到出现的频率程度和每次出现持续时间）而定，即按照在设计基准期内作用达到或超过该值的总持续时间（图 1-3-5 中 $\sum_{i=1}^{n} t_i$）与整个设计基准期 T 的比值确定。目前国际上一般取该比值为 0.5，这相当于取准永久值为任意时点作用概率分布的 0.5 分位值。《桥规》规定，可变作用准永久值为可变作用标准值乘以准永久值系数 ψ_2 得到。汽车荷载（不计冲击力）$\psi_2 = 0.4$，人群荷载 $\psi_2 = 0.4$，风荷载 $\psi_2 = 0.75$，温度梯度作用 $\psi_2 = 0.8$，其他作用 $\psi_2 = 1.0$。

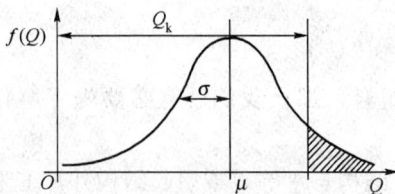

图 1-3-4　作用标准值的确定　　　　　　图 1-3-5　作用准永久值的确定

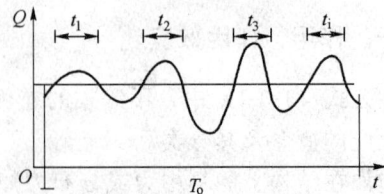

3. 作用的频遇值

作用的频遇值也是对可变作用而言的。结构或构件按正常使用极限状态作用长期效应组合设计时，采用的另一种可变作用代表值，其值可根据在足够长观测期内作用任意时点概率分布的 0.5（或略高于 0.5）分位值确定。这是因为，当结构上同时作用两种或两种以上的可变作用时，它们同时以各自作用的标准值出现的可能性极小，可变作用应取小于其标准值的频遇值为作用的代表值。《桥规》规定，可变作用的频遇值为可变作用标准值乘以频遇值系数 ψ_1。汽车荷载（不计冲击力）$\psi_1 = 0.7$，人群荷载 $\psi_1 = 1.0$，风荷载 $\psi_1 = 0.75$，温度梯度作用 $\psi_1 = 0.8$，其他作用 $\psi_1 = 1.0$。

4. 作用代表值的选用

永久作用应采用标准值作为代表值。

可变作用应根据不同的极限状态分别采用标准值、频遇值或准永久值作为其代表值。承载能力极限状态设计及按弹性阶段计算结构强度时应采用标准值为可变作用的代表值。正常使用极限状态按短期效应（频遇）组合设计时，应采用频遇值为可变作用的代表值；按长期效应（准永久）组合设计时，应采用准永久值作为可变作用的代表值。

偶然作用取其标准值作为代表值。

三、作用设计值

作用设计值是作用标准值乘以作用分项系数后的值。符号下角标为 d，如 S_{Gd}、S_{Qd} 分别表示永久作用设计值和可变（汽车）作用设计值。分项系数分为作用分项系数和材料分项系数两类，是为保证所设计的结构具有规定的可靠度，而在结构极限状态设计表达式中采用的系数。永久作用分项系数 $\gamma_G = 0.5 \sim 1.4$，与作用类别和是否对结构承载力有利相关。汽车荷载效应（含汽车冲击力、离心力）的分项系数，取 $\gamma_{Q1} = 1.4$；风荷载的分项系数取 $\gamma_{Qj} = 1.1$。

四、作用效应组合

结构上几种作用分别产生的效应的随机叠加称之为作用效应组合。

这里我们应该注意"几种"和"随机"。在确定作用效应时，应对所有可能同时出现的诸作用产生的效应加以组合，求出组合后在结构中的总作用效应。由于作用的变化，这种组合可以多种多样，因此还必须在所有可能的组合中取其中一组最不利的，使结构的可靠指标最低（此时的结构的失效概率最高）的作用效应组合作为设计依据。

第五节　承载力极限状态、正常使用极限状态设计的基本表达式

一、按承载力极限状态设计作用效应组合

《桥规》规定，公路桥涵结构按承载能力极限状态设计时，应采用以下两种作用效应组合。

1. 作用效应基本组合

承载能力极限状态设计时，永久作用设计值效应与可变作用设计值效应相组合，其效应组合表达式为：

$$\gamma_0 S_d = \gamma_0 \left(\sum_{i=1}^{m} \gamma_{Gi} S_{Gik} + \gamma_{Q1} S_{Q1k} + \psi_c \sum_{j=2}^{n} \gamma_{Qj} S_{Qjk} \right) = \gamma_0 \left(\sum_{i=1}^{m} S_{Gid} + S_{Q1d} + \psi_c \sum_{j=2}^{n} S_{Qjd} \right) \quad (1\text{-}3\text{-}4)$$

由此可见，作用效应基本组合是隐含了可靠度的组合公式，它将可靠指标转化为分项系数嵌入到了组合中。

2. 作用效应偶然组合

承载能力极限状态设计时，永久作用标准值效应与可变作用某种代表值效应、一种偶然作用标准值效应相组合。偶然作用的效应分项系数取 1.0，与偶然作用同时出现的可变作用，可根据观测资料和工程经验取用适当的代表值，地震作用标准值及其表达式按《公路工程抗震设计规范》规定采用。

二、按正常使用极限状态设计作用效应组合

《桥规》规定，公路桥涵结构按正常使用极限状态设计时，应根据不同的设计要求，采用以下两种效应组合。

1. 作用短期效应组合

正常使用极限状态设计时，永久作用标准值效应与可变作用频遇值效应相组合，其效应组合表达式为：

$$S_{sd} = (\sum_{i=1}^{m} S_{Gik} + \sum_{j=1}^{n} \psi_{1j} S_{Qjk}) \tag{1-3-5}$$

2. 作用长期效应组合

正常使用极限状态设计时，永久作用标准值效应与可变作用准永久值效应相组合，其效应组合表达式为：

$$S_{1d} = (\sum_{i=1}^{m} S_{Gik} + \sum_{j=1}^{n} \psi_{2j} S_{Qjk}) \tag{1-3-6}$$

当结构构件需要进行弹性阶段截面应力计算时，除特别指明外，各作用效应的分项系数及组合系数均取为 1.0，各项应力限值按各设计规范规定采用。

验算结构的抗倾覆、滑移稳定时，稳定系数、各作用的分项系数及摩擦系数应根据不同结构按各有关桥涵设计规范的规定确定。构件在吊装、运输时，构件重力应乘以动力系数 1.2 或 0.85，并可视构件具体情况作适当增减。

需要注意的是在承载力极限状态设计时，作用效应基本组合采用的是作用设计值；而在正常使用极限状态设计时，作用短期或长期效应组合采用的均是作用的标准值。

第六节　结构的承载力设计值

在公式 (1-3-1) 中，不等式的右侧为结构的承载力设计值，它是结构或构件按承载能力极限状态设计时，用材料强度设计值计算的结构或构件极限承载能力。

上述作用效应应该考虑永久作用和可变作用的组合。结构抗力也应考虑构件由钢筋和混凝土两种材料组成的特点进行组合。如：简支梁计算中的结构抗力 $M_{du} = f_{sd} A_s \left(h_0 - \dfrac{x}{2}\right) = f_{sd} A_s$

$\left(h_0 - \dfrac{f_{sd} A_s}{2 f_{cd} b}\right)$，就是钢筋和混凝土的材料强度及截面几何参数的函数，称为结构构件的抗力函数。若结构抗力系截面的承载力，则称为承载力函数。

承载力设计值是材料强度设计值及截面几何参数的函数，其一般表达式为 $R = R\,(f_{cd},$ $f_{sd},\ a_s \cdots)$，其中，f_{cd}、f_{sd} 分别表示混凝土和钢筋的强度设计值。

第七节　承载能力极限状态设计法的设计步骤

承载能力极限状态的整个设计步骤如图 1-3-6 所示。

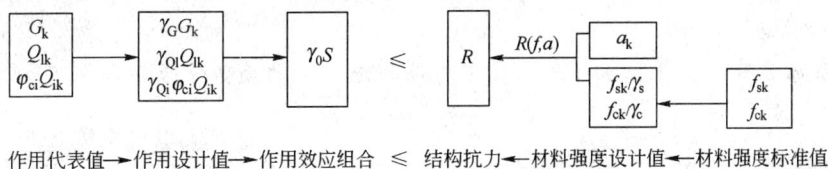

作用代表值→作用设计值→作用效应组合　≤　结构抗力←材料强度设计值←材料强度标准值

图 1-3-6　承载能力极限状态设计步骤示意

具体做法如下：

（1）将材料强度标准值 f_k 除以相应的材料强度分项系数 γ_f 后，求得材料强度设计值 $f_d = f_k / \gamma_f$；

（2）将材料强度设计值与几何参数 a_k 代入抗力函数求出结构抗力设计值 R；

（3）由作用标准值乘以作用分项系数，确定作用设计值；

（4）将作用设计值代入内力计算公式，然后再乘上结构构件重要性系数 γ_0，求得荷载效应组合设计值 $\gamma_0 S$。必须确保结构抗力设计值大于或等于荷载效应组合设计值。

由此可以看出，使结构构件具有规定的设计可靠度是通过作用和材料强度标准值的保证率系数，γ_0、γ_Q、γ_f 三种分项系数，以及抗力函数的取值调整等几个方面共同实现的。

第八节　问　题　释　义

1. 正态分布曲线有哪些特点？

正态分布曲线具有以下四个特点：

（1）曲线上有一个高峰，而且只有一个高峰；

（2）曲线有一根对称轴；

（3）当 x 趋于 $+\infty$ 或 $-\infty$ 时，曲线的纵坐标均趋向于零；

（4）对称轴左、右两边各有一个反弯点，反弯点也对称于对称轴。

2. 正态分布有哪三个特征值？写出它们的计算式，并对其中符号的意义进行解释。

正态分布曲线有三个特征值：

1）平均值 μ

平均值为随机变量取值的平均水平。它表示随机变量取值的集中位置。

平均值的计算公式为：

$$\mu = \frac{1}{n} \sum_{i=1}^{n} x_i$$

式中：x_i——第 i 个随机变量的值；

n——随机变量的个数。

平均值 μ 愈大，则分布曲线的高峰点离纵坐标轴的水平距离愈远。

2）标准差 σ

标准差是随机变量方差的正二次方根，它表示随机变量取值的离散程度。

标准差的计算公式为：$\sigma = \sqrt{\dfrac{1}{n-1}\sum\limits_{i=1}^{n}(x_i-\mu)^2}$，式中符号意义同前。

标准差 σ 在几何上的意义表示分布曲线顶点到曲线反弯点之间的水平距离，亦即，平均值相同、标准差不同时，标准差愈大，分布曲线愈扁平，说明变量分布的离散性愈大。

3）变异系数 δ

变异系数为随机变量标准差除以其平均值的绝对值的商。它表示随机变量取值的相对离散程度。

变异系数 δ 的计算公式为：$\delta = \dfrac{\sigma}{\mu}$，式中符号意义同前。

由公式可知，如果有两批数据，它们的标准差相同，但平均值不相同，则平均值较小的这组数据中，各观测值的相对离散程度较大。

平均值、标准差和变异系数三个特征值，决定了正态分布曲线的基本形状特征。

3. 什么情况为结构可靠？什么情况为结构实效？

设 R 为结构抗力，S 为作用效应，我们将 $Z=R-S$ 称为结构的功能函数。随着条件的变化，结构的功能函数 Z 有下面三种可能性：

（1）$Z>0$，即结构抗力大于作用效应，意味着结构可靠；

（2）$Z<0$，即结构抗力小于作用效应，意味着结构失效；

（3）$Z=0$，即结构抗力等于作用效应，意味着结构处于极限状态。

因此结构安全可靠的基本条件是：$Z \geqslant 0$ 或 $R \geqslant S$。

4. 什么是混凝土结构的耐久性？

混凝土结构的耐久性是指在正常维护的条件下，在预计的使用时间内，在指定的工作环境中保证结构满足既定的功能要求。所谓正常维护，是指不因耐久性问题而需花过高的维修费用。预计设计使用时，也称设计使用寿命，例如保证使用 50 年、100 年等，这可根据建筑物的重要程度或业主需要而定。指定的工作环境，是指建筑物所在地区的环境及工业生产形成的环境等。

耐久性设计涉及面广，影响因素多，主要考虑以下几个方面：

（1）环境分类，针对不同环境，采取不同的措施；

（2）耐久性等级或结构寿命等；

（3）耐久性计算对设计寿命或既存结构的寿命做出预计；

（4）保证耐久性的构造措施和施工要求等。

5. 为什么要引入作用（或荷载）分项系数？

结构设计以材料性能标准值、几何参数标准值以及作用代表值为基本参数。但是，对于不同的极限状态和不同的设计情况，要求的结构可靠度并不相同。在各类极限状态的表达式中，引入了材料性能分项系数和作用分项系数等多个分项系数来反映不同情况下的可靠度要求。因此，分项系数是极限状态设计时，为了保证所设计的结构或构件具有规定的可靠度，而在计算模式中采用的参数。设计表达式中的各分项系数，可以在作用代表值以及材料性能和其他基本变量的标准值为既定的前提下，根据规定的可靠指标来确定。即，在恒载和汽车荷载标准值已给定的前提下，选取一级分项系数 γ_G、γ_Q，使所设计的各构件的可靠指标与规定的目标可靠指标 β_k 之间总体上误差最小。

第九节　综合训练及参考答案

一、综合训练

1. 选择题

(1) 承载能力极限状态下结构处于失效状态时，其功能函数（　　）。

    A. 大于零　　　　　　B. 等于零　　　　　　C. 小于零　　　　　　D. 以上都不是

(2) 作用效应按其随时间的变化分类时，存在一种作用称为（　　）。

    A. 固定作用　　　　　B. 动态作用　　　　　C. 静态作用　　　　　D. 偶然作用

(3) 以下使结构进入承载能力极限状态的是（　　）。

    A. 结构的一部分出现倾覆　　　　　　B. 梁出现过大的挠度

    C. 梁出现裂缝　　　　　　　　　　　D. 钢筋生锈

(4) 关于正态分布，以下说法正确的是（　　）。

    A. 两个参数并不能唯一确定一个正态分布

    B. 标准正态分布的密度函数只有一个

    C. 正态分布的密度函数不能用显函数表达

    D. 正态分布的概率分布函数可用显函数表达

(5) 结构抗力指标（　　）。

    A. 随结构抗力的离散性的增大而增大

    B. 随结构抗力的离散性的增大而减小

    C. 随结构抗力的均值的增大而减小

    D. 随作用效应均值的增大而增大

2. 填空题

(1) 近几十年来钢筋混凝土结构计算理论的发展，主要是由容许应力法向（　　）发展。

(2) 容许应力法计算的基础是弹性假定，而事实上混凝土结构在破坏之前，一般都有塑性表现，针对容许应力法存在的问题，首先是在（　　）设计中提出新的计算方法。

(3) 从世界上看，混凝土设计理论的发展阶段大致可分为如下四个阶段即（　　）、（　　）、（　　）和（　　）。

(4) 在我国的钢筋混凝土设计中，普通钢筋混凝土梁一般按（　　）法设计。铁路房屋建筑结构则按照工业与民用建筑规范采用（　　）法计算。

(5) 容许应力法以（　　）和（　　）的假定为基础。还采用受拉区混凝土不参与工作和模量比 n 为常数两项近似假定。

(6) 极限状态可分为（　　）和（　　）两类。

(7) 作用与材料强度都服从正态分布，且要求其标准值具有 95% 的保证率，则作用的标准值等于其均值（　　）其标准差；而材料强度的标准值等于其均值（　　）其标准差。

(8) 当结构的状态函数 Z 服从正态分布时，其可靠指标与 Z 的（　　）成正比；与其（　　）成反比。

(9) 钢筋混凝土构件的抗力与其材料（　　）和（　　）有关；而与其上的作用值的大小（　　）。

（10）结构转变为机动体系属于（　　）极限状态；而裂缝过大属于（　　）极限状体。

（11）当永久作用的效应对结构安全不利时，其作用分项系数取（　　）；当其对结构安全有利时取（　　）。

（12）出现下列状态之一，即认为结构或构件超过了承载能力极限状态（　　）、（　　）、（　　）、（　　）和（　　）。

（13）在极限状态法设计中，ε_u 是指（　　）。

（14）在极限状态法设计中，ε_u 可取（　　）。

3. 名词解释

（1）极限状态；

（2）可靠度；

（3）设计基准期；

（4）承载能力极限状态；

（5）正常使用极限状态；

（6）作用；

（7）作用效应；

（8）作用标准值；

（9）作用设计值；

（10）作用效应组合；

（11）安全等级；

（12）结构重要性系数；

（13）材料强度标准值；

（14）材料强度设计值；

（15）承载力设计值；

（16）作用效应组合设计值；

（17）作用短期效应组合；

（18）作用长期效应组合；

（19）作用频遇值；

（20）分项系数。

4. 简答题

（1）结构上的作用如何分类，并举例说明。

（2）结构的可靠度为什么要用概率理论来度量？

5. 简算题

（1）表 1-3-6 是两批（各抽取 10 根）钢筋试件的抗拉强度试验结果。试判断哪批钢筋的质量较好。

时间抗拉强度（MPa）　　　　　　　　　表 1-3-6

批　号	试 件 号 i									
	1	2	3	4	5	6	7	8	9	10
第一批	1100	1200	1250	1250	1250	1300	1300	1300	1350	1400
第二批	900	1000	1200	1250	1250	1300	1350	1450	1450	1450

（2）在上例中，若钢筋抗拉强度服从正态分布，试求保证率为95％时两批试件的抗拉强度设计值（注：钢筋材料强度分项系数 $\gamma_s = 1.25$）。

二、参考答案

1. 选择题

（1）C　　（2）D　　（3）A　　（4）B　　（5）B

2. 填空题

（1）极限状态法

（2）工业与民用建筑

（3）容许应力法、破坏阶段法、界限状态法、统计概率法

（4）容许应力、极限状态

（5）平截面、弹性体

（6）承载能力极限状态、正常使用极限状态

（7）加上1.645倍、减去1.645倍

（8）平均值、标准差

（9）强度、几何尺寸、无关

（10）承载能力、正常使用

（11）1.2、1.0

（12）整个结构或结构的一部分作为刚体失去平衡、结构构件或其连接因超过材料强度而破坏（包括疲劳破坏）或因过大塑性变形而不适于继续承载、结构转变为机动体系、结构或结构构件丧失稳定性

（13）混凝土的极限压应变

（14）0.0033

3. 名词解释

（1）极限状态：是指整个结构构件的一部分或全部超过某一特定状态就不能满足设计规定的某一功能要求时，此特定状态为该功能的极限状态。

（2）可靠度：结构在规定的时间内，在规定的条件下，完成预定功能的概率。

（3）设计基准期：在进行结构可靠性分析时，考虑持久设计状况下各项基本变量与时间关系所采用的基准时间参数。

（4）承载能力极限状态：对应于桥涵及其构件达到最大承载能力或出现不适于继续承载的变形或变位的状态。

（5）正常使用极限状态：是对应于桥涵及其构件达到正常使用或耐久性的某项限制的状态。

（6）作用：施加在结构上的集中力或分布力如行人、车辆、结构自重等，或引起结构外加变形或约束变形的原因如地震、基础不均匀沉降、温度变化等，统称为作用。

（7）作用效应：作用效应是指结构对受作用后所产生的反应，如由作用产生的结构或构件的轴向力、弯矩、剪力、应力、裂缝、变形等，称为作用效应。

（8）作用标准值：作用的主要代表值。其值可根据设计基准期内最大值概率分布的某一分位值确定。

（9）作用设计值：极限状态法中对恒载、使用荷载、风载等各种设计荷载，分别规定其作用标准值和作用分项系数值，二者的乘积称为作用设计值。

（10）作用效应组合：结构上几种作用分别产生的效应的随机叠加。

（11）安全等级：为使桥涵具有合理的安全性，根据桥涵结构破坏所产生后果的严重程度而划分的设计等级。

（12）结构重要性系数：对不同安全等级的结构，为使其具有规定的可靠度而采用的作用效应附加的分项系数。

（13）材料强度标准值：设计结构或构件时采用的材料强度的基本代表值。该值可根据符合规定标准的材料，其强度概率分布的 0.05 分位值确定。

（14）材料强度设计值：材料强度标准值除以材料强度分项系数后的值。强度设计值是设计时所考虑的最不利的材料强度值。

（15）承载力设计值：结构或构件按承载力极限状态设计时，用材料强度设计值计算的结构或构件极限承载力。

（16）作用效应组合设计值：设计结构或构件时，有几种作用设计值分别引起的效应的组合。

（17）作用短期效应组合：结构或构件按正常使用极限状态设计时，永久作用效应与可变作用频遇值效应的组合。

（18）作用长期效应组合：结构或构件按正常使用极限状态设计时，永久作用效应与可变作用准永久值效应的组合。

（19）作用频遇值：结构或构件按正常使用极限状态短期效应组合设计时，采用的一种可变作用代表值，其值可根据任意时点（截口）作用概率分布的 0.95 分位值确定。

（20）分项系数：为保证设计的结构或构件具有规定的可靠度，在结构极限状态设计表达式中采用的系数；分为作用分项系数和材料分项系数等。

4. 简答题

（1）答：按时间的变异分为：

①永久作用，如：结构自重、土重和土侧压力、预加应力、水位不变的水压力、地基变形、混凝土收缩和徐变等；

②可变作用，如：车辆荷载、风荷载、雪荷载、冰荷载、水位变化的水压力、温度变化、车辆荷载及其冲击力、离心力和制动力、人群荷载等；

③偶然作用，如：罕遇地震、车辆或船舶的撞击作用。

按空间位置的变异分为：

①固定作用，如：恒荷载，固定的设备等；

②可动作用，如：车辆荷载、人群荷载等。

按结构的反应分为：

①静态作用，如：自重等；

②动态作用，如：汽车荷载、地震等。

（2）答：因为没有绝对安全的结构，结构的可靠性是与许多因素有关的随机变量或随机过程，只能用概率才能加以科学和合理的度量。

5. 简算题

（1）解：将表中第一批和第二批数值分别计算其平均值得

$$\mu_1 = \mu_2 = \frac{1}{n}\sum_{i=1}^{n}x_i = 1260 \text{（MPa）}$$

利用表中第一批和第二批数据及 μ_1、μ_2 计算其标准差得

$$\sigma_1 = \sqrt{\frac{1}{n-1}\sum_{i=1}^{n}(x_i - \mu)^2} = 84.33 \text{ (MPa)}$$

$$\sigma_2 = 188.27 \text{ (MPa)}$$

显然，第一批钢筋的标准差较小，即离散性较小，故其质量较高。

讨论：当均值相等时，离散性越大，质量越差。

（2）解：①求钢筋抗拉强度标准值

$$f_{sk1} = \mu_1 - 1.645\sigma_1 = 1260 - 1.645 \times 84.33 = 1221(\text{MPa})$$

$$f_{sk2} = \mu_2 - 1.645\sigma_2 = 1260 - 1.645 \times 188.27 = 950(\text{MPa})$$

②求钢筋抗拉强度设计值

$$f_{sd1} = \frac{f_{sk1}}{r_s} = \frac{1121}{1.25} = 896.8(\text{MPa})$$

$$f_{sd2} = \frac{f_{sk2}}{r_s} = \frac{950}{1.25} = 760(\text{MPa})$$

讨论：第一批钢筋的抗拉强度设计值高于第二批钢筋的抗拉强度设计值，同样说明了第一批钢筋质量较好。

第四章 受弯构件正截面承载力计算

本章重点

- 受弯构件构造要求；
- 受弯构件正截面工作的三个阶段及正截面破坏特征；
- 单筋矩形截面梁的正截面承载力计算；
- 双筋矩形截面梁的正截面承载力计算；
- T 形截面梁的分类及正截面承载力计算。

本章难点

- 受弯构件正截面工作的三个阶段及正截面破坏特征；
- T 形截面梁的承载力计算。

受弯构件是指截面上通常有弯矩和剪力共同作用而轴力可以忽略不计的构件。钢筋混凝土受弯构件的主要形式是板和梁，它们是组成工程结构的基本构件，在桥梁工程中应用很广。例如人行道板、行车道板、小跨径板梁桥、T 形桥梁的主梁、横梁以及柱式墩台中的盖梁等都属于受弯构件。

由于弯矩 M 的作用，构件可能沿弯矩最大的截面发生破坏，当受弯构件沿弯矩最大的截面发生破坏时，破坏截面与构件轴线垂直，称为沿正截面破坏。故需进行正截面承载力计算。进行梁和板的正截面承载力计算，目的是根据最大荷载效应 M 来确定钢筋混凝土梁和板截面上纵向受力钢筋的所需面积，并进行钢筋的布置。

第一节 受弯构件构造要求

一、板的构造要求

板是在两个方向上（长、宽）尺度很大，而在另一方向上（厚度）尺寸相对较小的构件，并且主要承受垂直于板面的荷载作用。

1. 截面形式

截面形式分为空心矩形、实心矩形，见图 1-4-1。

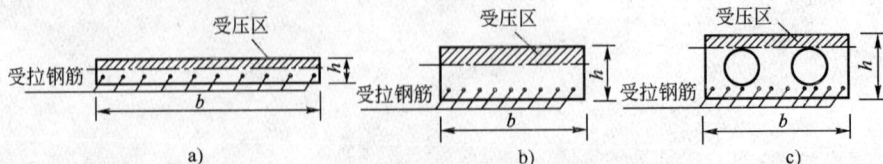

图 1-4-1 受弯构件板的截面形式
a) 整体式板；b) 装配式实心板；c) 装配式空心板

2. 截面尺寸

厚：行车道板，≮10 mm；

人行道板，就地浇筑≮80mm，预制≮60mm；

空心板桥的顶板和底板厚度，均不宜小于80mm。

宽：$b=1000$ mm（现浇）；预制990 mm。

3. 板内钢筋

1）受力钢筋（主钢筋）

位置：沿板的跨度方向布置在板的受拉区。

直径：行车道板内：≮10mm；

人行道板内：≮8mm。

间距：简支板跨中和连续板支点处，≯200 mm。

净保护层：≮20mm；对于钢筋网，≮15mm。

净距：三层及三层以下，≮30mm且≮d；

三层以上，≮40mm且≮1.25d。

根数：通过支点不弯起的钢筋，每米板宽内不小于3根，并不小于主钢筋面积的1/4。

2）分布钢筋

位置：垂直主钢筋放在主钢筋内侧，所有主钢筋弯折处，应设置分布钢筋。

作用：固定受力筋位置，将荷载更均匀地分配传递给受力钢筋，防止因混凝土收缩和温度变化出现裂缝。

行车道板：直径≮8 mm；间距≯200 mm；

人行道板：直径≮6 mm；间距≯200 mm；

固定方式：绑扎、点焊。

4. 板的分类

板分为单向板和双向板。

单向板：板为两边支承或虽为四边支承，但长边 l_2 与短边 l_1 的比值大于或等于 2（$l_2/l_1 \geqslant 2$），弯矩主要沿短边传递，所以主钢筋沿短边方向布置，长边只布置分布钢筋。

双向板：当板支承于四个边上，且 $l_2/l_1 < 2$ 时，两方向均匀布置受力主钢筋。

板内的钢筋构造见图1-4-2，单、双向板钢筋布置见图1-4-3。

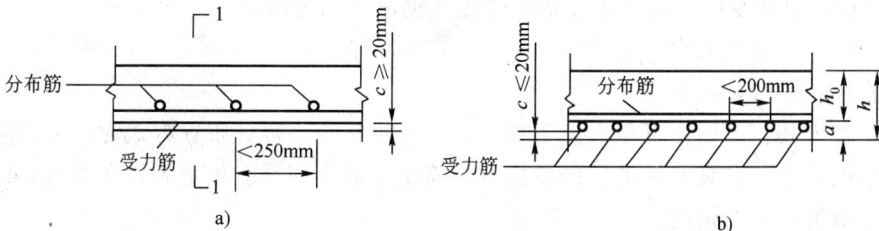

图 1-4-2　板内的钢筋构造

a）顺板跨方向；b）垂直于板跨方向（1—1）

二、梁的构造要求

长度与高度之比（l_0/h）大于或等于5的受弯构件，可按杆件考虑，通称为"梁"。

1. 截面形式

钢筋混凝土梁常采用矩形、箱形、T形、工字形等，如图1-4-4所示。

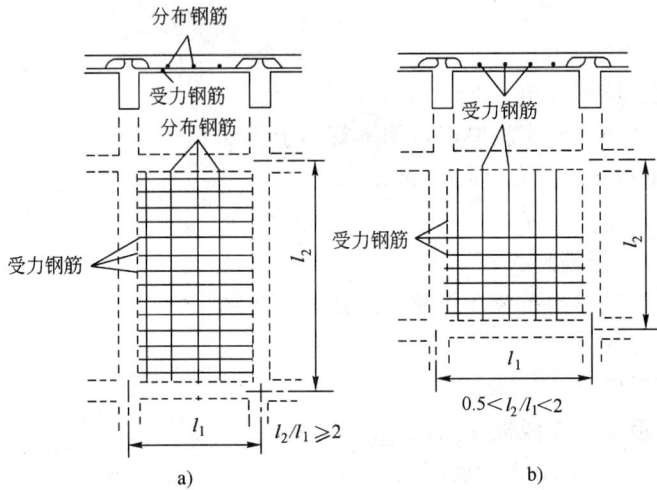

图 1-4-3　单、双向板钢筋布置图

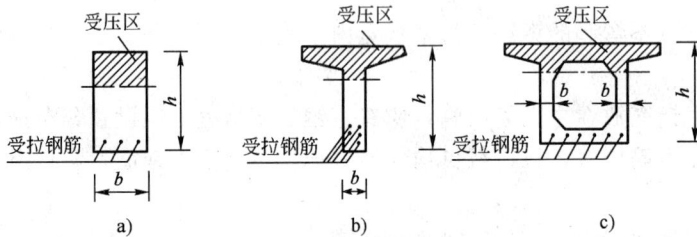

图 1-4-4　受弯构件梁的截面形式
a）矩形梁；b）T 形梁；c）箱形梁

2. 截面尺寸

宽：150mm、180mm、200mm、220mm、250 mm 等，以后以 50mm 为模数。

高：≤800mm 以 50mm 为模数，＞800mm 以 100mm 为模数。对于 T 形截面，高宽比 $h/b=2.5\sim4.0$，对于矩形截面，$h/b=2.0\sim3.5$。

3. 梁内配筋

梁内的钢筋有纵向受力钢筋、弯起钢筋、箍筋、架立钢筋、纵向水平钢筋等。

1）纵向受力钢筋（受拉钢筋、受压钢筋）

（1）作用：承受受拉区的拉力或帮助受压区混凝土承受压力。

（2）用量：根据内力大小由计算确定。

（3）直径：$d=14\sim32mm$。

（4）布置方式：原则由下至上，下粗上细，对称布置。常见布置方式为：主钢筋应尽量布置成最小的层数，在满足保护层的前提下，简支梁的主钢筋应尽量布置在梁底，以便利用最大的内力偶臂，节约钢筋。

（5）间距和保护层。

间距：三层或三层以下时，≮30mm 且≮d；三层以上时，≮40mm 且≮$1.25d$。

保护层：底 30mm≤c≤50mm；

　　　　　侧≥25mm（主筋），≥15mm（箍筋）。

对绑扎钢筋而言，主筋的层次不易多于 3～4 层。

（6）构造要求：当设计中考虑采用两种不同直径的钢筋时，两种钢筋的直径应相差

2mm 以上。在钢筋混凝土梁的支点处，应至少有两根并不少于 20% 的主拉钢筋通过。梁两侧的受拉主钢筋应伸出端支点截面以外，并弯成直角，顺梁高伸至顶部，两侧之间不向上弯曲的受拉主钢筋伸出支点截面的长度，对光圆钢筋 $\not< 10d$（并带半圆钩），对螺纹钢筋应 $\not< 10d$（带直角钩）。

2）弯起钢筋

（1）作用：满足斜截面抗剪强度要求，主要承受主拉应力，并增加钢筋骨架的稳定性。

（2）用量：根据内力大小由计算确定。

（3）来源：利用多余的主筋弯起；若将主钢筋弯起还不能满足斜截面抗剪强度要求，或者由于构造上的要求而增设斜筋时，则需另加专门的斜筋。

（4）直径：14～32mm。

（5）构造要求：弯起角度与梁纵轴成 45°（特殊情况下可取 $\not< 30°$ 或 $\not> 60°$），弯起钢筋以圆弧弯起，圆弧半径 $\not< 10d$（以钢筋轴线为准），不得采用不与主钢筋焊接的斜筋（浮筋）。

3）箍筋

（1）作用：除满足斜截面抗剪强度外（承受部分剪力），还起着联结受拉主筋和受压区混凝土，使其共同工作的作用，并且固定主筋位置，使梁内各种钢筋构成钢筋骨架。

（2）用量：根据计算和构造两方面确定。

（3）直径：$d \not< 8mm$ 且 $\not< 1/4d$。其配筋率 ρ_{sv}，R235 钢筋不应小于 0.18%，HRB335 钢筋不应小于 0.12%。

（4）间距：$S_k \not> 1/2h$ 且 $\not> 400mm$，如果所箍为受压钢筋时，则间距 $\not> 15d$ 且不应大于 400 mm，其原因是防止受压钢筋被压屈导致混凝土保护层崩落。

（5）形式：开口箍筋和闭口箍筋。开口箍筋适用于梁内只配有纵向受拉钢筋。闭口钢筋适用于梁内配有受拉、受压钢筋。箍筋一般采用单箍双肢箍筋的形式，当受拉钢筋一排多于 5 根、受压钢筋一排多于 3 根采用双箍四肢箍筋。梁内采用的箍筋形式如图 1-4-5 所示。

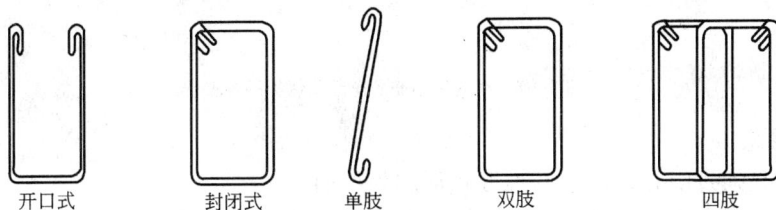

开口式　　封闭式　　单肢　　双肢　　四肢

图 1-4-5　箍筋的形式

（6）构造要求：

①每根箍筋所箍受拉钢筋应不多于 5 根，所箍受压钢筋每排不多于 3 根。

②为满足抗剪需要，支座中心向跨径方向相当于不小于一倍梁高的长度范围内，箍筋间距 $\not> 100$ mm。

③近梁端第一根箍筋应设置在距端面一个保护层的距离处。

④梁与梁或梁与柱的交叉范围内不设梁的箍筋。

⑤保护层：$\not< 15mm$。

4）架立钢筋

（1）作用：固定箍筋与主筋形成稳定钢筋骨架。

（2）用量：根据构造要求确定，一般为 2 根。

（3）直径：$d=10\sim22$mm。当采用焊接骨架，为了保证骨架具有一定的刚度，架立钢筋直径适当增大。

5）水平纵向抗裂钢筋

（1）设置位置：T形、I形或者箱形截面梁，沿腹板高度两侧。

（2）作用：抵抗温度应力和混凝土收缩应力引起的裂缝，同时与箍筋共同构成网格骨架，以利应力的扩散。

（3）直径：$d=6\sim8$mm。

（4）布置方式：下密上稀（由于在荷载作用下，简支梁中性轴以下混凝土受拉，而中性轴以上受压，所以应下密上稀）。

（5）用量：总面积为（$0.001\sim0.002$）bh。

（6）保护层：$\not<15$mm。

（7）间距：在受拉区不应大于腹板宽度，且不大于200mm，在受压区不应大于300mm。

梁内主钢筋的净距及保护层要求见图1-4-6。

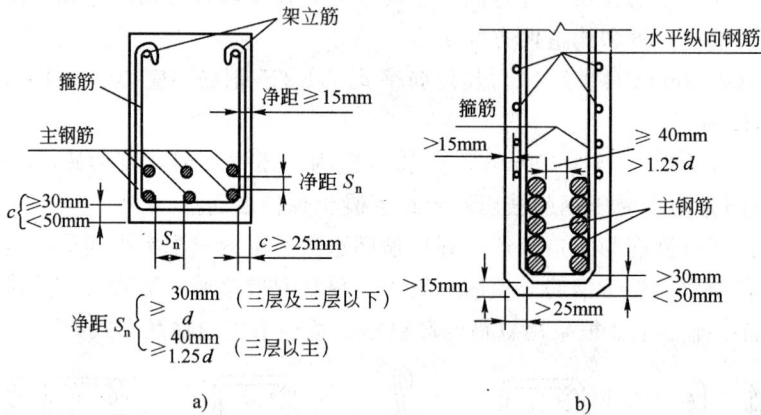

图1-4-6　梁内主钢筋的净距及保护层要求

4. 钢筋骨架

钢筋骨架是通过绑扎、焊接两种方式形成骨架的。

（1）绑扎骨架：由各个单根钢筋用铁丝绑扎成型的钢筋骨架。适用场合：它一般多用于现场浇制的整体或构件。

（2）绑扎材料和工具。

铁丝：钢丝（火烧丝）、镀锌钢丝（铅丝）；

绑扎工具：钢筋钩。

（3）需预备为保护层厚度和钢筋相对位置的水泥垫块、撑铁。

（4）预制钢筋网的绑扎：

垂直或平面的钢筋网可用一面顺扣绑扎；

预制小型钢筋可在工作台或平台上进行；

预制大型钢筋网可在地坪上画线，然后绑扎。

钢筋网的交叉点可以隔一根绑一处（纵横两向），但在外围以纵槽各两行的交叉点，每处都应绑扎。

（5）预制钢筋骨架的绑扎的工艺顺序：

①选择预制绑扎场地，一般可设置在钢筋加工场或使用钢筋骨架附近的空地上。

②根据骨架类型布置三角形钢筋绑扎架。

③将梁的受拉钢筋和弯起钢筋搁在横杆上，梁的钢筋一般是倒置绑扎的，故弯起钢筋也倒着放置，即受拉钢筋的弯钩。

第二节　受弯构件正截面工作的三个阶段、正截面破坏特征

一、正截面工作的三个阶段

钢筋混凝土梁的试验表明，一根配筋适当的钢筋混凝土梁，从加荷直至破坏，其正截面工作状态，大致可分为三个工作阶段。

1. 阶段 I——整体工作阶段

从加载开始到受拉区混凝土将要出现裂缝为止。

当刚开始加载时，由于荷载（或弯矩）很小，混凝土下缘应力小于抗拉极限强度，上缘应力远小于抗压极限强度。此时混凝土的工作性能与均质弹性体相似，应力与应变成正比，截面上的应力分布图接近三角形，如图 1-4-7a) 所示。一般当梁上所受的荷载约为破坏荷载的 20% 以下时，梁才处于弹性工作阶段，此时可称为"整体工作阶段初期"。

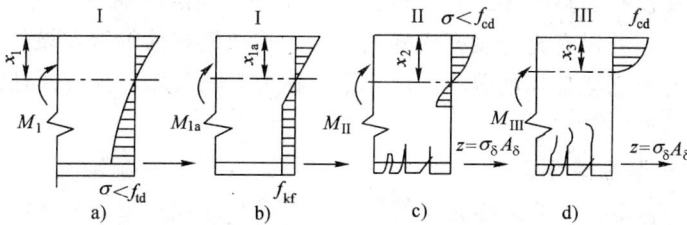

图 1-4-7　受弯构件正截面应力发展阶段

在截面的受压区，因混凝土的抗压强度很高，混凝土基本上仍属于弹性工作性质，受压区混凝土的应力图仍接近三角形，这时可称为"第 I 阶段末期"或"整体工作阶段末期"，如图 1-4-7b) 所示，这一阶段梁所承受的荷载大致在破坏荷载的 25% 以下。

在这一阶段，由于受拉区混凝土尚未开裂，钢筋与混凝土之间存在着可靠的粘结力，受拉钢筋的应变与其周围相邻混凝土的应变相等，其特点为全截面工作。

2. 阶段 II——带裂缝工作阶段

从受拉区混凝土开裂到受拉钢筋应力达到屈服强度为止。

这时梁进入"带裂缝工作阶段"，通常认为在已开裂的截面上，受拉区混凝土已退出工作，其拉力全部由钢筋承受。由于混凝土压应变不断增大，受压区混凝土也出现一定的塑性特征，应力图形呈平缓的曲线形，如图 1-4-7c) 所示。

带裂缝工作阶段的时间比较长，当所加荷载为破坏荷载的 85% 时，梁都处于这一工作阶段。因此，钢筋混凝土受弯构件在正常受力阶段都是在带裂缝情况下工作的。

3. 阶段 III——破坏阶段

从受拉钢筋应力达到屈服强度至受压混凝土被压碎。

在这个阶段里，钢筋的拉应变增加很快，但钢筋的拉应力一般维持在屈服强度不变，由于钢筋进入塑性阶段，所以钢筋的拉应力维持在屈服点而不再增加，其应变却剧增，这就促使裂缝急剧开展并向上延伸，混凝土受压区高度迅速减小，混凝土的应力随之达到抗压极限强度，紧接着混凝土即被压碎，甚至崩脱，梁即进入"破坏瞬间"，如图 1-4-7d) 所示。

二、正截面破坏特征

正截面破坏通常发生在弯矩最大的截面，或者发生在抗弯能力较小的截面。

梁的正截面破坏形态，可归纳为下列三种情况。

1. 适筋梁——塑性破坏

配筋率 ρ 适中（$\rho_{min} \leqslant \rho \leqslant \rho_{max}$）的梁，称为适筋梁。

其主要特点是受拉钢筋的应力首先达到屈服强度，裂缝开展很大，然后受压区混凝土应力随之增大而达到抗压极限强度，梁即告破坏。这种梁在完全破坏前，有明显的破坏预兆，破坏过程比较缓慢，一般称这种破坏为"塑性破坏"。钢筋与混凝土的强度均得到了充分发挥。

2. 超筋梁——脆性破坏

配筋率过大（$\rho > \rho_{max}$）的梁，称为超筋梁。

破坏特点是在受拉区钢筋应力尚未达到屈服强度之前，受压区混凝土边缘纤维的应力已达到抗压极限强度，压应变达到抗压极限应变值，因而受压区混凝土将先被压碎而导致梁的破坏。这种梁是在没有明显破坏预兆的情况下发生的，一般称这种破坏为"脆性破坏"。超筋梁配置钢筋过多，并没有充分发挥钢筋的作用，造成钢材的浪费，设计中尽量避免设计成超筋梁。适筋梁与超筋梁破坏的分界（$\rho = \rho_{max}$）称为界限破坏，其特征是钢筋屈服和混凝土压碎同时发生。

3. 少筋梁——脆性破坏

配筋率过小（$\rho < \rho_{min}$）的梁称为少筋梁。

破坏特点是受拉区混凝土一旦出现裂缝，受拉钢筋的应力立即达到屈服强度，裂缝迅速沿梁高延伸，裂缝宽度迅速增大，即使受压区混凝土尚未压碎，由于裂缝宽度过大，标志梁已告"破坏"。少筋梁承载能力相对很低，破坏过程发展迅速，是不安全的，在结构设计中是不准采用的。

第三节　正截面承载力计算的一般规定

假设受弯构件的截面宽度为 b，截面高度为 h，纵向受力钢筋截面面积为 A_s，从受压边缘至纵向受力钢筋截面重心的距离 h_0 为截面的有效高度，截面宽度与截面有效高度的乘积 bh_0 为截面的有效面积。构件的截面配筋率是指纵向受力钢筋截面面积与截面有效面积之比。

$$\rho = \frac{A_s}{bh_0} \tag{1-4-1}$$

上述公式是针对适筋梁的破坏状态导出的，截面的配筋率 $\rho = \dfrac{A_s}{bh_0}$ 必须满足下列条件：

$$\rho_{min} \leqslant \rho \leqslant \rho_{max} \tag{1-4-2}$$

《桥规》规定的混凝土结构中的纵向受拉钢筋（包括偏心受拉构件、受弯构件及偏心受压构件中受拉一侧的钢筋）的最小配筋百分率取为 $\rho_{\min} = 45f_{td}/f_{sd}$，且不小于 0.20，式中 f_{td} 是指混凝土轴心抗拉强度设计值。最小配筋率的限制，规定了少筋梁和适筋梁的界限。

对于钢筋和混凝土强度都已确定的梁来说，总会有一个特定的配筋率，使得钢筋的应力达到屈服强度的同时，受压区混凝土边缘纤维的应变也恰好达到混凝土的抗压极限应变值，通常将这种梁的破坏称为"界限破坏"，这一配筋百分率就是适筋梁的最大配筋百分率。最大配筋百分率的限制，一般通过受压区高度予以控制。

发生界限破坏时，由矩形应力图形计算得出界限受压区高度 x_b，x_b 的相对高度（x_b/h_0）称为截面相对界限受压区高度，用 ξ_b 表示，即 $\xi_b = x_b/h_0$。

这样，在上述针对适筋梁，混凝土受压区高度必须符合下列条件：

$$x \leqslant \xi_b h_0 \tag{1-4-3}$$

第四节　单筋矩形截面的计算公式、适用条件及公式的应用

一、基本假定

按极限状态设计法计算钢筋混凝土受弯构件正截面强度，采用第Ⅲ阶段应力图，并引入下列假设作为计算的基础：

（1）构件变形符合平截面假定，即混凝土和钢筋的应变沿截面高度符合线性分布；

（2）截面受压区混凝土的应力图形采用等效矩形，其压力强度取混凝土的轴心抗压强度设计值 f_{cd}，截面受拉混凝土的抗拉强度不予考虑；

（3）不考虑受拉区混凝土的作用，拉力全部由钢筋承担；

（4）极限状态时，受拉钢筋应力取其抗拉强度设计值 f_{sd}，受压区取其抗压强度设计值 f'_{sd}。

二、计算图示

如图 1-4-8 所示。

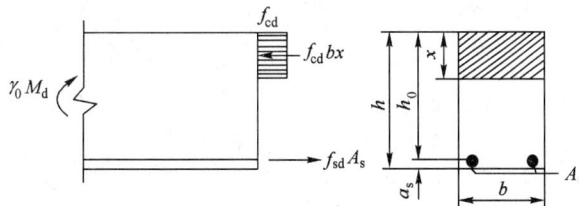

图 1-4-8　单筋矩形截面梁正截面强度计算简图

三、计算公式

由水平力平衡，即 $\sum X = 0$ 得：

$$f_{cd}bx = f_{sd}A_s \tag{1-4-4}$$

由所有的力对受拉钢筋合力作用点取矩的平衡条件，即 $\sum M_s = 0$，得：

$$\gamma_0 M_{\mathrm{d}} \leqslant f_{\mathrm{cd}} b x \left(h_0 - \frac{x}{2} \right) \tag{1-4-5}$$

由所有的力对受压区混凝土合力作用点取矩的平衡条件，即 $\sum M_{\mathrm{d}} = 0$，得：

$$\gamma_0 M_{\mathrm{d}} \leqslant f_{\mathrm{sd}} A_{\mathrm{s}} \left(h_0 - \frac{x}{2} \right) \tag{1-4-6}$$

四、公式适用条件

截面配筋率

$$\rho_{\min} \leqslant \rho \leqslant \rho_{\max} \tag{1-4-7}$$

混凝土受压区高度必须符合下列条件：

$$x \leqslant \xi_{\mathrm{b}} h_0 \tag{1-4-8}$$

五、公式应用

1. 控制截面的选择

钢筋混凝土受弯构件的正截面计算，一般仅需对构件的控制截面进行计算。

所谓控制截面，在等截面构件中是指计算弯矩（荷载效应）最大的截面；在变截面构件中则是指截面尺寸相对较小，而计算弯矩相对较大的截面。

2. 截面设计

截面设计是根据要求截面所承受的弯矩，选定混凝土强度等级、钢筋等级及截面尺寸，并计算所需要的钢筋截面面积。

1）第 1 种情况

已知弯矩组合设计值 M_{d}，钢筋、混凝土强度等级及截面尺寸 b、h，求所需的受拉钢筋截面面积 A_{s}。

解题思路：

A_{s}←公式（1-4-6）或公式（1-4-4）←x←公式（1-4-5）←h_0←a_{s}

（1）假定受拉钢筋合力作用点至受拉边缘的距离为 a_{s}

板：假定 $a_{\mathrm{s}} = 25\mathrm{mm}$

梁：单排假定 $a_{\mathrm{s}} = 35 \sim 45\mathrm{mm}$

      双排可假定 $a_{\mathrm{s}} = 60 \sim 80\mathrm{mm}$

      焊接骨架 $a_{\mathrm{s}} = 9 \sim 12\mathrm{mm}$

（2）求 h_0

$$h_0 = h - a_{\mathrm{s}}$$

（3）根据公式（1-4-5）求 x

解二次方程求得受压区高度 $x = h_0 - \sqrt{h_0^2 - \dfrac{2\gamma_0 M_{\mathrm{d}}}{f_{\mathrm{cd}} b}}$

（4）验算 $x \leqslant \xi_{\mathrm{b}} h_0$ 是否满足

若满足上式，进行第（5）步；

若 $x > \xi_{\mathrm{b}} h_0$，则此梁为超筋梁，则需要增大截面尺寸，主要是增加高度 h，或者提高混凝土的强度等级，重新进行计算。

（5）求所需的受拉钢筋截面面积 A_{s}

用式 (1-4-4) $f_{cd}bx = f_{sd}A_s$ 或者式 (1-4-6) $\gamma_0 M_d \leqslant f_{sd}A_s\left(h_0 - \dfrac{x}{2}\right)$ 求 A_s:

$$A_s = \frac{f_{cd}bx}{f_{sd}} \text{ 或 } A_s = \frac{\gamma_0 M_d}{f_{sd}\left(h_0 - \dfrac{x}{2}\right)}$$

(6) 从表中选择钢筋面积 A'_s,确定钢筋直径和根数

(7) 进行钢筋的布置

计算把钢筋布置下的最小梁宽:

$$b_{min} = 2 \times \text{保护层} + (n-1)\text{净距} + nd$$

(8) 根据所选钢筋计算实际的 a'_s 和 h'_0

(9) 验算 $\rho \geqslant \rho_{min}$ 是否满足。若不满足,则取 $\rho = \rho_{min}$,重新进行计算。

2)第 2 种情况

已知:弯矩组合设计值 M_d,钢筋、混凝土强度等级。

求:截面尺寸 b、h,所需的受拉钢筋截面面积 A_s。

解题思路:和第一种情况相比,多了两个未知数 b、h,实际存在四个未知数 b、h、A_s 及 x,问题将有多组解答,应该想办法减少未知数。

通常做法:先假定梁宽和配筋率 ρ(对矩形梁取 $\rho = 0.006 \sim 0.015$,板取 $\rho = 0.003 \sim 0.008$),这样就只剩下两个未知数。

因为:$x = \dfrac{f_{sd}A_s}{f_{cd}b} = \rho\dfrac{f_{sd}}{f_{cd}}h_0$,则 $\dfrac{x}{h_0} = \rho\dfrac{f_{sd}}{f_{cd}} = \xi$;若 $\xi \leqslant \xi_b$,则取 $x = \xi h_0$,将其代入式 (1-4-5),求得梁的有效高度:

$$h_0 = \sqrt{\frac{\gamma_0 M_d}{\xi(1-0.5\xi)f_{cd}b}} \tag{1-4-9}$$

梁宽 b 根据构造要求拟定。若构造上无特殊要求,一般可根据设计经验、常用的高宽比 (h/b) 及高跨比 (h/l) 等经验尺寸拟定。

计算步骤:

(1) 假设梁宽 b 和配筋率 ρ 值。

(2) 求出受压区相对高度 ξ:

$$\xi = \rho\frac{f_{sd}}{f_{cd}} \tag{1-4-10}$$

(3) 若 $\xi \leqslant \xi_b$,则取 $x = \xi h_0$,带入式 (1-4-5),求出 h_0:

$$h_0 = \sqrt{\frac{\gamma_0 M_d}{\xi(1-0.5\xi)f_{cd}b}}$$

(4) 设 a_s,则 $h = h_0 + a_s$,将梁高取整数,并注意尺寸模数化和检验梁的高宽比是否合适。

(5) 根据调整后的梁高 h' 和 a_s,求出现在的 h'_0。

(6) 求出实际的 x。

下面步骤同第一种情况 A_s。

3. 承载力复核

目的:在于验算已设计好的截面是否具有足够的承载力以抵抗荷载作用所产生的弯矩。

已知：截面尺寸 b、h_0，钢筋截面面积 A_s，材料规格 f_{cd}、f_{sd}、ξ_b，弯矩组合设计值 M_d，求：截面所能承受的最大弯矩 M_{du}，并判断是否安全。

解题思路：

$$M_{du} \leftarrow 式(1\text{-}4\text{-}5) \text{ 或式}(1\text{-}4\text{-}6) \leftarrow x \leftarrow 式(1\text{-}4\text{-}4)$$

由式（1-4-4）求 x：

$$x = \frac{f_{sd}A_s}{f_{cd}b} \tag{1-4-11}$$

若 $x \leqslant \xi h_0$，求得截面所能承受的最大弯矩 M_{du}

$$M_{du} = f_{cd}bx\left(h_0 - \frac{x}{2}\right) \tag{1-4-12}$$

或

$$M_{du} = f_{sd}A_s\left(h_0 - \frac{x}{2}\right) \tag{1-4-13}$$

若截面所能承受的弯矩 M_{du} 大于考虑了结构重要性系数后实际组合设计弯矩 $\gamma_0 M_d$，即 $M_{du} \geqslant \gamma_0 M_d$，则说明该截面的承载力是足够的，结构是安全的，反之为不安全。

第五节　双筋矩形截面的计算公式、适用条件及公式的应用

一、双筋使用的场合

（1）当某些构件在不同的作用组合情况下，截面需要承受正负号弯矩时，需采用双筋截面。

（2）当构件的截面尺寸受到了限制，采用单筋截面设计出现 $x > \xi_b h_0$ 时。

（3）由于结构本身受力图式的原因，例如连续梁的内支点处截面，将会产生事实上的双筋截面。

二、计算公式

计算图式如图 1-4-9a）所示。

由水平力平衡，即 $\sum X = 0$，得：

$$f_{cd}bx + f'_{sd}A'_s = f_{sd}A_s \tag{1-4-14}$$

由所有的力对受拉钢筋合力作用点取矩的平衡条件，即 $\sum M_{A_s} = 0$，得：

$$\gamma_0 M_d = f_{cd}bx\left(h_0 - \frac{x}{2}\right) + f'_{sd}A'_s(h_0 - a'_s) \tag{1-4-15}$$

由所有的力对受压钢筋合力作用点取矩的平衡条件，即 $\sum M_{A'_s} = 0$，得：

$$\gamma_0 M_d = f_{sd}A_s(h_0 - a'_s) - f_{cd}bx\left(\frac{x}{2} - a'_s\right) \tag{1-4-16}$$

双筋矩形截面梁正截面的抗弯承载力还可以理解为由下列两组抗弯力矩叠加组成。

第一组抗弯力矩是由受压混凝土的内力 $f_{cd}bx$ 及部分受拉钢筋 A_{s1} 的内力 $f_{cd}A_{s1}$ 所组成，如图 1-4-9b）所示，并以符号 M_{d1} 表示。其表达式与单筋梁完全相同，即：

$$\gamma_0 M_{d1} = f_{cd}bx\left(h_0 - \frac{x}{2}\right) \tag{1-4-17}$$

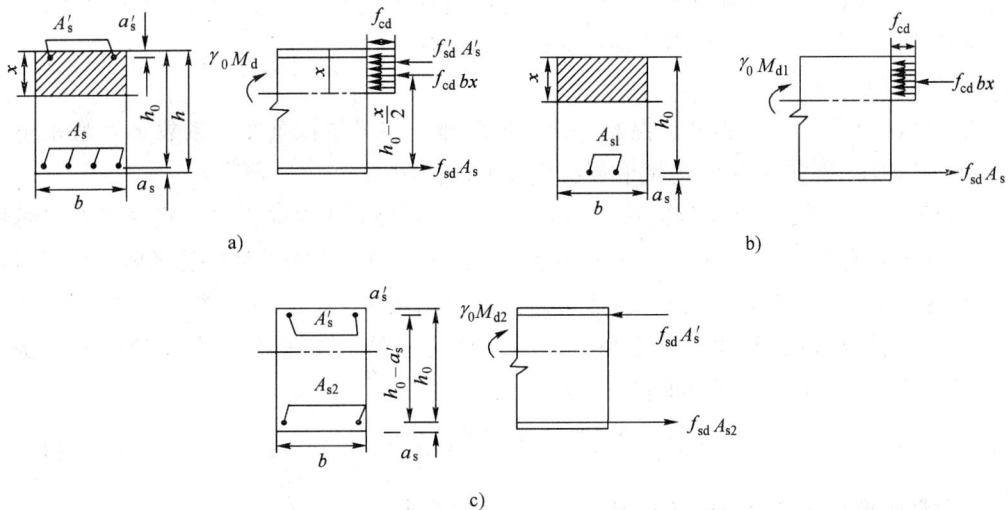

图 1-4-9 双筋矩形截面梁正截面承载力计算图示

$$f_{cd}bx = f_{sd}A_{sl} \tag{1-4-18}$$

第二组抗弯内力矩系由受压钢筋的内力 $f'_{sd}A'_s$，与剩余部分受拉钢筋 A_{s2}（即 $A_{s2} = A_s - A_{sl}$）的内力 $f_{sd}A_{s2}$ 所组成，并以符号 M_{d2} 表示，此组内力矩的内力偶臂为 $(h_0 - a'_s)$，如图 1-4-9c）所示，M_{d2} 的表达式为：

$$\gamma_0 M_{d2} = \gamma_0(M_d - M_{d1}) = f'_{sd}A'_s(h_0 - a_s) \tag{1-4-19}$$

$$f_{sd}A_{s2} = f'_{sd}A'_s \tag{1-4-20}$$

此两组内力矩同时作用在一个截面上，联合抵抗外部作用（荷载）所产生的弯矩 $\gamma_0 M_d$，于是得到：

$$\gamma_0 M_d = \gamma_0(M_{d1} + M_{d2}) = f_{cd}bx\left(h_0 - \frac{x}{2}\right) + f'_{sd}A'_s(h_0 - a'_s) \tag{1-4-21}$$

由水平力平衡，即 $\sum X = 0$，得：

$$f_{cd}bx + f'_{sd}A'_s = f_{sd}A_s \tag{1-4-22}$$

由所有的力对受压钢筋合力作用点取矩的平衡条件，即 $\sum M_{A'_s} = 0$，得：

$$\gamma_0 M_d = -f_{cd}bx\left(\frac{x}{2} - a'_s\right) + f_{sd}A_s(h_0 - a'_s) \tag{1-4-23}$$

其结论和直接用力学平衡方程得到的结论是一致的。

三、公式适用条件

应用以上公式时，必须满足下列条件：

（1）$x \leqslant \xi_b h_0$，是为了保证梁的破坏始于受拉钢筋的屈服，防止梁发生脆性破坏；

（2）$x \geqslant 2a'_s$，是为了保证在极限破坏时，受压钢筋的应力达到抗压强度设计值，如果 $x < 2a'_s$，表明受压钢筋离中性轴太近，梁破坏时，受压钢筋的应变不大，其应力达不到抗压强度设计值。

四、公式应用

1. 截面设计

双筋矩形截面的尺寸，一般是根据构造要求或总体布置预先确定的。因此双筋截面设计的任务主要是确定受拉钢筋截面面积 A_s 和受压钢筋截面面积 A'_s。有时由于构造的需要，受压钢筋截面面积已选定，仅需要确定受拉钢筋截面面积。

1）第 1 种情况

已知截面尺寸 b、h，钢筋、混凝土的强度等级，桥梁结构重要性系数 γ_0，弯矩组合设计值 M_d，求受压钢筋截面面积 A'_s 和受拉钢筋截面面积 A_s。

解题思路：由于式（1-4-14）～式（1-4-16）只是两个独立的基本公式（三方程线性相关），但其中含有 x、A_s 和 A'_s，三个未知数，故尚需补充一个条件后方能求解。为了尽量节约钢材，应充分利用混凝土的抗压强度，而且又能满足 $x \leqslant \xi_b h_0$ 的条件。因此可令 $x = \xi_b h_0$ 计算 A'_s，这样求得的 A'_s 才是最小值，从而可使对应的 $(A_s + A'_s)$ 设计的比较经济。将 $x = \xi_b h_0$ 代入式（1-4-15）即可求得 A'_s 为：

$$A'_s = \frac{\gamma_0 M_d - \xi_b f_{cd} b h_0^2 (1 - 0.5\xi_b)}{f'_{sd}(h_0 - a'_s)} \tag{1-4-24}$$

然后将所求得的 A'_s 及 $x = \xi_b h_0$ 代入式（1-4-14）求 A_s，则：

$$A_s = \frac{f_{cd} b \xi_b h_0 + f'_{sd} A'_s}{f_{sd}} \tag{1-4-25}$$

具体步骤如下：

（1）假定 a_s 和 a'_s

（2）求 h_0，$h_0 = h - a_s$

（3）判断是否需要双筋

取 $x_b = \xi_b h_0$

$$M_{db} = f_{cd} b x_b \left(h_0 - \frac{x_b}{2} \right)$$

若 $M_{db} \geqslant \gamma_0 M_d$，则为单筋，按单筋计算。

若 $M_{db} < \gamma_0 M_d$，则为双筋，按下面步骤进行。

（4）令 $x = \xi_b h_0$

将 $x = \xi_b h_0$ 代入式（1-4-15）即可求得：

$$A'_s = \frac{\gamma_0 M_d - \xi_b f_{cd} b h_0^2 (1 - 0.5\xi_b)}{f'_{sd}(h_0 - a'_s)}$$

（5）将 $x = \xi_b h_0$ 和 A'_s 代入式（1-4-14）即可求 A_s，即：

$$A_s = \frac{f_{cd} b \xi_b h_0 + f'_{sd} A'_s}{f_{sd}}$$

（6）从表中选择钢筋面积 A'_s，确定钢筋直径和根数，进行钢筋的布置

（7）验算公式适用条件

2）第 2 种情况

已知截面尺寸 b、h，钢筋、混凝土的强度等级，桥梁结构重要性系数 γ_0，弯矩组合设计值 M_d，受拉钢筋截面面积 A_s，求受压钢筋截面面积 A'_s。

解题思路：由于 A_s 为已知，在基本公式（1-3-14）和式（1-3-16）中，仅 x 和 A'_s 两个未知数，故可先由式（1-3-16）求解出 x，再将 x 代入式（1-3-14）即可解得 A'_s。化简公式这里不再给出，望同学自行推倒。只需注意在解 x 值时，有两个解，其中必有一个不满足边界条件，忽略此解即可。

五、承载力复核

已知 b、h，混凝土的强度等级及钢筋的级别，受压钢筋和受拉钢筋的截面面积 A_s 和 A'_s 等，验算截面所能承受的弯矩设计值 M_{du}。

进行承载力复核时，应首先由式（1-4-14）求得混凝土受压区高度：

$$x = \frac{f_{sd}A_s - f'_{sd}A'_s}{f_{cd}b} \qquad (1-4-26)$$

若满足 $2a'_s \leqslant x \leqslant \xi_b h_0$ 的限制条件，将其代入式（1-4-15）求得截面所能承受的最大弯矩设计值：

$$M_{du} = f_{cd}bx\left(h_0 - \frac{x}{2}\right) + f'_{sd}A'_s(h_0 - a'_s) \qquad (1-4-27)$$

若 $x > \xi_b h_0$，则令 $x = \xi_b h_0$，代入上式。

若 $x < 2a'_s$，因受压钢筋离中性轴太近，变形不能充分发挥，受压钢筋的应力不可能达到抗压设计强度。这时，截面所能承受的最大弯矩可由下列公式求得：

$$M_{du} = f_{sd}A_s(h_0 - a'_s) \qquad (1-4-28)$$

同单筋截面相同，若截面所能承受的弯矩设计值 M_{du} 大于考虑结构重要性系数后实际承受的弯矩组合设计 $\gamma_0 M_d$，即 $M_{du} > \gamma_0 M_d$，说明该截面的承载力是足够的，结构是安全的。

第六节　T 形截面的计算公式、适用条件及公式的应用

一、梁翼缘有效宽度 b'_f 的确定

《桥规》规定，T 形和工字形截面梁的梁翼缘有效宽度 b'_f，可取用下列三者之最小者。

（1）简支梁，取计算跨径的 1/3。对于连续梁，各中间跨和边跨正弯矩区段分别取该跨计算跨径的 0.2 倍和 0.27 倍，各中间支点负弯矩区段则取该支点相邻两跨计算跨径之和的 0.07 倍。

（2）当承托底坡 $h_h/b_h \geqslant 1/3$ 时，取 $(b + 2b_h + 12h'_f)$；当 $h_h/b_h < 1/3$ 时，取 $(b + 12h'_{f,m})$。此处 b、b_h、h'_f、$h'_{f,m}$ 为悬出于腹板以外的包括承托在内的截面面积除以板的悬出宽度。

（3）中梁为两腹板间中距，边梁为其腹板与相邻中梁腹板间中距的一半加边梁腹板宽度的一半再加 6 倍悬臂板平均厚度，但不大于边梁翼缘全宽。

对超静定结构进行作用（或荷载）效应分析时，T 形和工字形截面梁的翼缘宽度可取全宽。

二、计算公式及公式适用范围

T 形截面受压区很大，混凝土足够承担压力，一般不需设置受压钢筋，设计成单筋截面即可。

T 形截面受弯构件的计算方法随中性轴位置的不同可分为两种类型：中性轴位于翼缘内（$x \leqslant h'_f$）和中性轴位于梁肋内（$x > h'_f$）两种，如图 1-4-10 所示。

1. 第一类 T 形截面

第一类 T 形截面中性轴位于翼缘内，即受压区高度 $x \leqslant h'_f$，因中性轴以下部分的受拉混凝土不起作用，故与正截面承载力计算是无关的。因此，这种截面虽其外形为 T 形，但其受力机理却与宽度为 b'_f、高度为 h 的矩形截面相同，仍可按矩形截面进行正截面承载力计算，基本公式为：

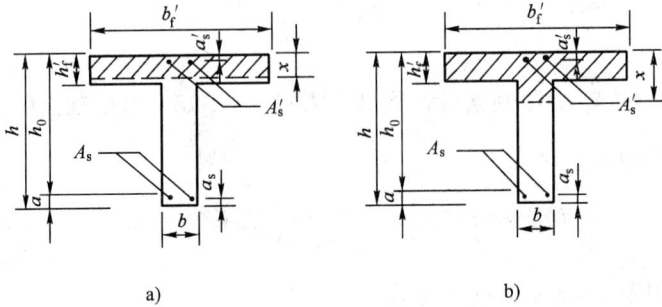

图 1-4-10　两类 T 形截面
a) 第一类 T 形截面；b) 第二类 T 形截面

$$f_{cd} b'_f x + f'_{sd} A'_s = f_{sd} A_s \qquad (1\text{-}4\text{-}29)$$

$$\gamma_0 M_d \leqslant f_{cd} b'_f x \left(h_0 - \frac{x}{2} \right) + f'_{sd} A'_s (h_0 - a'_s) \qquad (1\text{-}4\text{-}30)$$

$$\gamma_0 M_d \leqslant f_{sd} A_s \left(h_0 - \frac{x}{2} \right) + f'_{sd} A'_s \left(\frac{x}{2} - a'_s \right) \qquad (1\text{-}4\text{-}31)$$

公式适用范围：

应该满足 $\rho_{min} \leqslant \rho \leqslant \rho_{max}$ 的要求。因为 $x \leqslant h'_f$ 一般均能满足 $x \leqslant \xi_b h_0$ 的条件，故可不必验算 $\rho \leqslant \rho_{max}$。

2. 第二类 T 形截面

第二类 T 形截面中性轴位于梁肋内，即受压区高度 $x > h'_f$，受压区为 T 形，见图 1-4-10b) 所示。由水平力平衡条件，即 $\sum X = 0$ 得：

$$f_{cd} b x + f_{cd} (b'_f - b) h'_f = f_{sd} A_s \qquad (1\text{-}4\text{-}32)$$

由所有的力对受拉钢筋合力作用点取矩的平衡条件，即 $\sum M_s = 0$ 得：

$$\gamma_0 M_d = f_{cd} b x \left(h_0 - \frac{x}{2} \right) + f_{cd} (b'_f - b) h'_f \left(h_0 - \frac{h'_f}{2} \right) \qquad (1\text{-}4\text{-}33)$$

公式适用范围：

需要满足 $x \leqslant \xi_b h_0$ 和 $\rho \geqslant \rho_{min}$ 这两个条件。第二类 T 形截面的配筋率较高，在一般情况下 $\rho \geqslant \rho_{min}$ 均能满足，可不必验算。

三、公式应用

1. 截面设计

已知：截面尺寸，材料强度，弯矩组合设计值 M_d，求钢筋截面面积 A_s。

计算步骤如下：

（1）假设 a_s。

（2）判断 T 形截面类型。

取 $x = h'_f$，求出 $M'_d = f_{cd} b'_f h'_f \left(h_0 - \dfrac{h'_f}{2} \right)$

若 $M'_d \geqslant \gamma_0 M_d$，则 $x \leqslant h'_f$，中性轴位于翼缘板内，为第 I 类 T 形截面；

若 $M'_d < \gamma_0 M_d$，则 $x > h'_f$，中性轴位于梁肋内，为第 II 类 T 形截面。

（3）当为第二类设计 T 形截面时，应由式（1-4-33）解一元二次方程求得受压区高度 x。

$$x = h_0 - \sqrt{h_0^2 - \dfrac{2 \left[\gamma_0 M_d - f_{cd} (b'_f - b) h'_f \left(h_0 - \dfrac{h'_f}{2} \right) \right]}{f_{cd} b}} \tag{1-4-34}$$

（4）若 $h'_f < x \leqslant \xi_b h_0$，可将所得 x 值代入式（1-4-32），求得受拉钢筋截面面积 A_s；若 $x > \xi_b h_0$，则应修改截面，适当加大翼缘尺寸，或设计成双筋 T 形截面。

（5）选择钢筋直径和数量，按照构造要求进行布置。

2. 承载力复核

已知：受拉钢筋面积 A_s 及钢筋布置、截面尺寸和材料强度，求截面的抗弯承载能力。

（1）检查钢筋布置是否符合规范要求。

（2）判断 T 形截面的类型。一般是先按第一类 T 形截面，即宽度为 b'_f 的矩形截面计算受压区高度 x，若满足

$$x = \dfrac{f_{sd} A_s}{f_{cd} b'_f} \leqslant h'_f \tag{1-4-35}$$

则属第一类 T 形截面，否则属于第二类 T 形截面。

（3）当为第一类 T 形截面时，可按矩形截面的计算方法进行承载力计算。

（4）若 $x > h'_f$，中性轴位于梁肋内，则应按第二类 T 形截面计算。这时，应采用式（1-4-32）重新确定受压区高度：

$$x = \dfrac{f_{sd} A_s - f_{cd} (b'_f - b) h'_f}{f_{cd} b} \tag{1-4-36}$$

（5）验算是否满足 $x \leqslant \xi_b h_0$，若 $x \leqslant \xi_b h_0$，则可按式（1-4-33）求得截面所能承受的计算弯矩：

$$M_{du} = f_{cd} b x \left(h_0 - \dfrac{x}{2} \right) + f_{cd} (b'_f - b) h'_f \left(h_0 - \dfrac{h'_f}{2} \right) \tag{1-4-37}$$

按上式求得的截面所能承受的弯矩大于截面所承受的实际弯矩组合设计值，则认为结构是安全的。

第七节　问题释义与算例

一、问题释义

1. 双筋矩形截面正截面承载力计算中为什么要引入 $x \geqslant 2a'_s$ 的适用条件？

在进行双筋矩形截面正截面承载力计算中，引入 $x \geqslant 2a'_s$，是为了保证在极限破坏时，受压钢筋的应力达到抗压强度设计值，以符合计算时的假定。下面对 $x \geqslant 2a'_s$ 时受压钢筋可达到其抗压强度设计值进行推证。

根据基本假定，认为截面在变形过程中保持平面，由三角形相似关系可以得到：

$$\frac{\varepsilon'_s}{x_0 - a'_s} = \frac{\varepsilon_{cu}}{x_0} \tag{1-4-38}$$

所以

$$\varepsilon'_s = \left(1 - \frac{a'_s}{x_0}\right)\varepsilon_{cu} \qquad \varepsilon'_s = \left(1 - \frac{\beta_1 a'_s}{x}\right)\varepsilon_{cu} \tag{1-4-39}$$

$$\sigma'_s = \varepsilon'_s E_s = \left(1 - \frac{\beta_1 a'_s}{x}\right)\varepsilon_{cu} E_s \tag{1-4-40}$$

当受压钢筋的应力等于其抗压强度设计值时，$\sigma'_s = f'_y$，则有：

$$f'_y = \left(1 - \frac{\beta_1 a'_s}{x}\right)\varepsilon_{cu} E_s \tag{1-4-41}$$

这时的受压区高度为：

$$x = \frac{\beta_1 a'_s}{1 - \dfrac{f'_y}{\varepsilon_{cu} E_s}} \tag{1-4-42}$$

由上式可以看出，对于不同种类的钢材，受压钢筋达到其抗压强度设计值时的受压区高度各不相同。近似取 $\varepsilon_{cu} = 0.0033$，$\beta_1 = 0.8$，将不同级别的钢筋的抗压强度设计值和弹性模量带入上式，求得受压钢筋达到其抗压强度设计值时的受压区高度 x，如表 1-4-1 所示。

受压钢筋达到强度设计值时的受压区最小高度   表 1-4-1

钢种	f'_y(MPa)	E_s（MPa）	ε'_y	x
HRB235	210	2.1×10^5	0.001	$1.15a'_s$
HRB335	300	2.0×10^5	0.0015	$1.50a'_s$
HRB400	360	2.0×10^5	0.0018	$1.76a'_s$

从表 1-4-1 可以看出，在双筋矩形截面受弯构件正截面承载力计算中，只要能满足 $x \geqslant 2a'_s$ 的条件，构件破坏时受压钢筋均能达到其抗压强度设计值。如果 $x < 2a'_s$，表明受压钢筋离中性轴太近，梁破坏时，受压钢筋的应变不大，其应力达不到抗压强度设计值。

2. 截面的最小配筋率如何确定？

截面最小配筋百分率 $\rho_{\min}$ 可以这样确定：截面配筋百分率为 $\rho_{\min}$ 的钢筋混凝土梁，在破坏瞬间所能承受的弯矩（按第 III 阶段计算）应不小于同样截面的素混凝土梁在即将开裂时所能承受的弯矩（按第 I 阶段末期，即整体工作阶段末期计算），并考虑温度、收缩力和构造要求以及以往设计经验等因素予以确定。

3. 如何将受压区混凝土的应力图换算成等效的矩形应力图？

受弯构件的正截面承载力的计算简图，是以截面破坏时的应力图形为基础，简化以后得到的，受压区混凝土的实际压应力分布比较复杂，为了简化计算，用等效的矩形应力图形代替，见图 1-4-11。

所谓等效，是要求两个压应力的合力大小应该相等，而且要求两个压应力合力的作用点的位置必须相同。受弯构件受压区混凝土等效矩形应力图形中的参数可以根据这些条件来

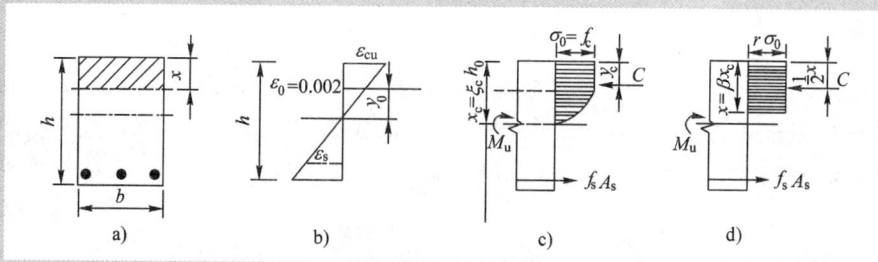

图 1-4-11 受弯构件承载力计算时的实际应力图形与等效矩形应力图

求。《桥规》规定：对 C50 及 C50 以下的中低强混凝土，可取 $\alpha=1.0$ 和 $\beta_1=0.8$。对强度等级 C50 以上的高强混凝土，则采用随强度的提高而逐渐降低系数 α 和 β_1 的方法来反映高强混凝土的特性，当混凝土强度为 C80 时，取 $\alpha_1=0.94$ 和 $\beta_1=0.74$；当混凝土的强度等级在 C50 和 C80 之间时，α_1 和 β_1 值由线性内插法或按表 1-4-2 取值。

α_1 和 β_1 的取值   表 1-4-2

混凝土的强度等级	≤C50	C55	C60	C65	C70	C75	C80
α_1	1.0	0.99	0.98	0.97	0.96	0.95	0.94
β_1	0.80	0.79	0.78	0.77	0.76	0.75	0.74

4. T 形截面梁应如何进行配筋的验算？

验算 $\rho \geq \rho_{\min}$ 时，应注意此处 ρ 是相对梁肋部分计算的，即 $\rho=A_b/bh_0$，而不是相应 $b'_f h_0$ 的配筋率。最小配筋率 $\rho_{\min}$ 是根据开裂后梁截面的抗弯承载能力应等于同样截面素混凝土梁抗弯承载能力这一条件得出的，而素混凝土梁的抗弯承载能力主要取决于受拉区混凝土强度等级，T 形截面素混凝土梁的抗弯承载能力与高度为 h、宽度为 b 的矩形截面素混凝土梁的抗弯承载能力相接近，因此，在验算 T 形截面的 $\rho_{\min}$ 值时，近似地取肋宽 b 来计算。

5. 试说明界限破坏与界限配筋率的概念，为什么界限配筋率又称为梁的最大配筋率？

随着配筋率的增大，钢筋应力到达屈服相对地推迟，受压区混凝土的应力相对增长较快，即屈服弯矩更接近于极限弯矩，当配筋率增大到钢筋的屈服与受压区混凝土的受压破坏同时发生时，称为界限破坏，相应的配筋率称为界限配筋率。如果此时配筋率继续增大，则将发生另一种性质的破坏，称为超筋梁破坏。界限配筋率是适筋梁和超筋梁两种破坏形式的界限情况，它是保证受拉钢筋达到屈服的最大配筋率。

6. 在受弯构件的正截面承载力计算中，为什么假定受拉钢筋合力作用点至受拉边缘的距离 a_s 作如下的假定？

板：假定 $a_s=25mm$；梁：单排假定 $a_s=35\sim45mm$，双排可假定 $a_s=60\sim80mm$；焊接骨架：$a_s=9\sim12mm$。

以单排配筋的梁为例：《桥规》规定梁的主钢筋底保护层厚最小为 30mm，主钢筋的直径在 $14\sim32mm$ 之间，则其重心的高度应在 $7\sim16mm$ 之间，所以受拉钢筋合力作用点至受拉边缘的距离 $a_s=30+（7\sim16）=37\sim46mm$ 之间，取整为 $35\sim45mm$。其他情况类似。

二、算例

[1] 已知：某钢筋混凝土单筋矩形截面梁，截面尺寸 $b \times h = 200mm \times 500mm$，截面处承受的弯矩组合设计值 $M_d = 84.8$ kN·m。C20 混凝土（$f_{cd} = 9.2MPa$，$f_{td} = 1.06MPa$），纵向钢筋采用 HRB335 级钢筋（$f_{sd} = 280MPa$），$\xi_b = 0.56$，$a_s = 40mm$，结构重要性系数 $\gamma_0 = 1.0$。

求：所需受拉钢筋截面面积，选择钢筋直径、根数并布置钢筋。

解：(1) 设 $a_s = 40mm$，则梁的有效高度 $h_0 = 500 - 40 = 460mm$，钢筋按一排布置估算。

(2) 由公式 $\gamma_0 M_d = f_{cd} b x \left(h_0 - \dfrac{x}{2} \right)$，代入数值得：

$$x = h_0 - \sqrt{h_0^2 - \frac{2\gamma_0 M_d}{f_{cd} b}} = 460 - \sqrt{460^2 - \frac{2 \times 1.0 \times 84.8 \times 10^6}{9.2 \times 2000}} = 114.4mm$$

(3) $x = 114.4mm < \xi_b h_0 = 0.56 \times 460 = 257.6mm$，所以不是超筋梁。

(4) 将所得 x 值代入式（1-4-4）求得所需钢筋截面面积为：

$$A_s = \frac{f_{cd} b x}{f_{sd}} = \frac{9.2 \times 200 \times 114.4}{280} = 751.7mm^2$$

(5) 查表选取 4ϕ16（外径 18mm），$A_s = 804mm^2$，钢筋按一排布置，所需截面最小宽度：$b_{min} = 2 \times 30 + 4 \times 18 + 3 \times 30 = 222mm < b = 250mm$

(6) 梁的实际有效高度 h_0：

$$h_0 = 500 - (30 + 18/2) = 461mm$$

(7) 实际配筋率：

$$\rho = \frac{A_s}{bh_s} = \frac{804}{200 \times 461} = 0.00872 > \rho_{min} = 0.45 \times \frac{1.06}{280} = 0.0017 \approx 0.002$$

配筋率满足《桥规》要求。

[2] 已知：截面承受的弯矩组合设计值 $M_d = 170$kN·m，结构重要性系数 $\gamma_0 = 1.1$。拟采用 C25 混凝土和 HRB335 钢筋，$f_{cd} = 11.5MPa$，$f_{td} = 1.23MPa$，$f_{sd} = 280MPa$，$\xi_b = 0.56$。求：梁的截面尺寸 $b \times h$ 和钢筋截面面积 A_s。

解：(1) 假设截面尺寸，$b = 300mm$、经济配筋率 $\rho = 0.01$，则：

$$\xi = \rho \frac{f_{sd}}{f_{cd}} = 0.243 < \xi_b = 0.56$$

(2) 求梁的实际有效高度 h_0：

$$h_0 = \sqrt{\frac{\gamma_0 M_d}{\xi(1 - 0.5\xi) f_{cd} b}} = 504mm$$

(3) 设 $a_s = 35mm$，则 $h = h_0 + a_s = 539mm$

取 $h = 550mm$，则 $h_0 = h - a_s = 515mm$

(4) 求实际的 x：

$$x = h_0 - \sqrt{h_0^2 - \frac{2\gamma_0 M_d}{f_{cd} b}} = 515 - \sqrt{515^2 - \frac{2 \times 1.1 \times 170 \times 10^6}{11.5 \times 300}} = 119mm$$

$$x < \xi_b h_0 = 0.56 \times 515 = 288.4mm$$

(5) 求所需的受拉钢筋截面面积 A_s：

$$A_s = \frac{f_{cd}bx}{f_{sd}} = 11.5 \times 300 \times \frac{119}{280} = 1466\text{mm}^2$$

选取 4ϕ22（外径 24mm），供给钢筋截面面积 $A_s = 1520\text{mm}^2$，钢筋按一排布置，所需截面最小宽度 $b_{min} = 2 \times 30 + 4 \times 24 + 3 \times 30 = 236\text{mm} < b = 300\text{mm}$。梁的实际有效高度 $h_0 = h - a_s = 550 - (30 + 24/2) = 508\text{mm}$。实际配筋率 $\rho = \dfrac{A_s}{bh_0} = \dfrac{1520}{300 \times 508} = 0.0099 > \rho_{min}$，在经济配筋范围之内。

【3】有一计算跨径为 2.15m 的人行道板，承受的人群荷载为 3.5kN/m²，板厚为 80mm，下缘配置 ϕ8 的 R235 钢筋，间距为 130mm，混凝土强度等级为 C20，如图 1-4-12 所示。试复核正截面抗弯承载力，验算构件是否安全。

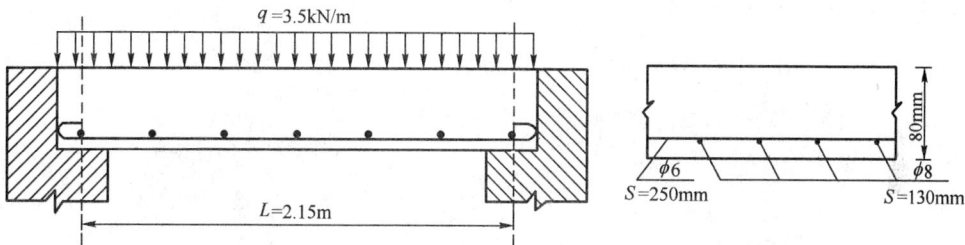

图 1-4-12 人行道板配筋示意图

解：取板宽 $b = 1000\text{mm}$ 的板条作为计算单元，板的重力密度取 25kN/m³，自重荷载集度 $g = 25 \times 10^3 \times 0.08 = 2000\text{N/m}$。由自重荷载和人群荷载标准值产生的跨中截面的弯矩为：

$$M_{GK} = \frac{1}{8}gL^2 = \frac{1}{8} \times 2000 \times 2.15^2 = 1155.6\text{N} \cdot \text{m}$$

$$M_{QK} = \frac{1}{8}qL^2 = \frac{1}{8} \times 3500 \times 2.15^2 = 2022.3\text{N} \cdot \text{m}$$

考虑荷载分享系数后的弯矩组合设计值为：

$$M_d = 1.2M_{GK} + 1.4M_{QK} = 1.2 \times 1155.6 + 1.4 \times 2022.3 = 4218.02\text{N} \cdot \text{m}$$

取结构重要性系数 $\gamma_0 = 0.9$，则得：$\gamma_0 M_d = 0.9 \times 4218.02 = 3796.2\text{N} \cdot \text{m}$

按给定的材料查表得：$f_{cd} = 9.2\text{MPa}$，$f_{td} = 1.06\text{MPa}$，$f_{sd} = 195\text{MPa}$，$\xi_b = 0.62$；受拉钢筋为 ϕ8，间距 $S = 130\text{mm}$，查表每米宽度范围内提供的钢筋截面面积 $A_s = 387\text{mm}^2$，板宽 $b = 1000\text{mm}$，板的有效高度 $h_0 = 80 - \left(20 + \dfrac{8}{2}\right) = 56\text{mm}$。

截面的配筋率 $\rho = \dfrac{A_s}{bh_0} = \dfrac{387}{1000 \times 56} = 0.0069 > \rho_{min} = 0.45 \times \dfrac{1.06}{195} = 0.00245$，满足最小配筋率的要求。

受压区高度 x：

$$x = \frac{f_{sd}A_s}{f_{cd}b} = \frac{195 \times 397}{9.2 \times 1000} = 8.2\text{mm} \leqslant \xi_b h_0 = 0.62 \times 56 = 34.7\text{mm}$$

得截面所能承受的弯矩组合设计值为：

$$M_{du} = f_{cd}bx\left(h_0 - \frac{x}{2}\right) = 9.2 \times 1000 \times 8.2 \times \left(5.6 - \frac{8.2}{2}\right)$$

$$= 31915336N \cdot mm = 3915.3N \cdot m > \gamma_0 M_d = 3792.6N \cdot m$$

计算结果表明，该构件正截面承载力是足够的。

[4] 有一截面尺寸为 $250mm \times 600mm$ 的矩形梁，所承受的弯矩组合设计值 $M_d = 400kN \cdot m$，桥梁结构重要性系数 $\gamma_0 = 1.0$。拟采用 C30 混凝土，HRB400 钢筋，$f_{cd} = 13.8MPa$，$f_{sd} = 330MPa$，$f'_{sd} = 330MPa$，$\xi_b = 0.53$。试选择截面配筋，并符合正截面承载能力。

解： 假设 $a_s = 70mm$，$a'_s = 40mm$ 则 $h_0 = 600 - 70 = 530mm$。

首先，求临界受压区高度 $x_b = \xi_b h_0 = 0.53 \times 530 = 280.9mm$ 的截面所能承受的最大弯矩组合设计值 M_{du}，判断截面配筋类型：

$$M_{du} = f_{cd}bx_b\left(h_0 - \frac{x_b}{2}\right) = 1.38 \times 250 \times 280.9 \times \left(530 - \frac{280.9}{2}\right) = 377.51 \times 10^6 N \cdot mm$$

$$= 377.51N \cdot m < \gamma_0 M_d = 400kN \cdot m$$

故应按双筋截面设计。

(1) 从充分利用混凝土抗压强度出发，即取 $x = \xi_b h_0 = 0.53 \times 530 = 280.9mm$：

$$A'_s = \frac{\gamma_0 M_d - f_{cd}bx\left(h_0 - \frac{x}{2}\right)}{f'_{sd}(h_0 - a'_s)}$$

$$= \frac{400 \times 10^6 - 13.8 \times 250 \times 280.9 \times \left(530 - \frac{280.9}{2}\right)}{330 \times (530 - 40)} = 139.08mm^2$$

$$A_s = \frac{\gamma_0 M_d + f_{cd}bx\left(\frac{x}{2} - a'_s\right)}{f'_{sd}(h_0 - a'_s)}$$

$$= \frac{400 \times 10^6 + 13.8 \times 250 \times 280.9 \times \left(\frac{280.9}{2} - 40\right)}{330 \times (530 - 40)} = 3075.57mm^2$$

受压钢筋选 $2\phi12$（外径 $13.9mm$），提供的面积 $A'_s = 226mm^2$，$a'_s = 30 + 13.9/2 = 37mm$；受拉钢筋选 $6\phi22$（外径 $25.1mm$），提供的面积 $A_s = 3041mm^2$，布置成两排，所需截面最小宽度 $b_{min} = 2 \times 30 + 4 \times 25.1 + 3 \times 30 = 250mm = b = 250mm$，$a_s = 30 + 25.1 + 30/2 = 70.1mm$，$h_0 = 600 - 70.1 = 529.9mm$。

(2) 按实际配筋情况复核截面承载能力。

混凝土受压区高度为：

$$x = \frac{f_{sd}A_s - f'_{sd}A'_s}{f_{cd}b} = \frac{330 \times 3041 - 330 \times 226}{13.8 \times 250} = 269.26mm < \xi_b h_0$$

$$= 0.53 \times 529.9 = 280.85mm > 2a'_s = 2 \times 37 = 74mm$$

该截面所能承担的计算弯矩：

$$M_{du} = f_{cd}bx\left(h_0 - \frac{x}{2}\right) + f'_{sd}A'_s(h_0 - a'_s)$$

$$= 13.8 \times 250 \times 269.26\left(529.9 - \frac{269.26}{2}\right) + 330 \times 226 \times (529.9 - 37)$$

$$= 403.95 \times 10^6 \text{N} \cdot \text{mm} = 403.95 \text{kN} \cdot \text{m} > \gamma_0 M_d = 400 \text{kN} \cdot \text{m}$$

计算结果表明，截面承载力是足够的。

[5] 已知某翼缘位于受压区的简支 T 形截面，计算跨径 $l = 21.6$m，相邻两梁轴线间距离为 1.6m，翼缘板厚度 $h'_f = 110$mm，梁高 $h = 1350$m，梁肋宽 $b = 180$mm，采用 C30 混凝土（$f_{cd} = 13.8$MPa，$f_{td} = 1.39$MPa），纵向钢筋采用 HRB400 级钢筋（$f_{sd} = 330$MPa），$\xi_b = 0.53$，$a_s = 100$mm，结构重要性系数 $\gamma_0 = 1.0$，截面处承受的弯矩组合设计值 $M_d = 2000$kN·m。试求所需受拉钢筋截面面积。

解：（1）确定翼缘板计算宽度 b'_f：

① $\dfrac{l}{3} = \dfrac{21600}{3} = 7200$mm；

②相邻两梁轴线间的距离为 1600mm；

③$b + 12h'_f = 180 + 12 \times 110 = 1500$mm，三者取最小值得 $b'_f = 1500$mm。

（2）设 $a_s = 100$mm：

$$h_0 = h - a_s = 1350 - 100 = 1250\text{mm}$$

（3）判断 T 形截面类型：

取 $x = h'_f$，求出 $M'_d = f_{cd}b'_f h'_f\left(h_0 - \dfrac{h'_f}{2}\right) = 13.8 \times 1500 \times 110 \times (1250 - 110/2) = 2721$kN.m $>$ 2000 kN·m

所以为第 I 类 T 梁。

（4）利用公式 $\gamma_0 M_d = f_{cd}b'_f x\left(h_0 - \dfrac{x}{2}\right)$ 求 x：

$$x = h_0 - \sqrt{h_0^2 - \frac{2\gamma_0 M_d}{f_{cd}b'_f}} = 1250 - \sqrt{1250^2 - \frac{2 \times 1.0 \times 2000 \times 10^6}{13.8 \times 1500}} = 79.84\text{mm}$$

（5）$x < h'_f = 110$mm，确定为第 I 类 T 梁。

$$x < \xi_b h_0 = 0.53 \times 1250 = 662.5\text{mm}$$

$$A_s = \frac{f_{cd}b'_f x}{f_{sd}} = \frac{13.8 \times 1500 \times 79.84}{330} = 5008.14\text{mm}^2$$

$$\rho = \frac{A_s}{bh_0} \times 100\% = \frac{5008.14}{180 \times 1250} \times 100\% = 2.23\%$$

$$\rho_{min} = 45\frac{f_{td}}{f_{sd}} = 45\frac{1.39}{330} = 0.1895\% < 0.2\%，取 \rho_{min} = 0.2\%，\rho > \rho_{min}$$

[6] T 形截面梁截面尺寸如图 1-4-13 所示，所承受的弯矩组合设计值 $M_d = 590$kN·m，结构重要性系数 $\gamma_0 = 1.0$。拟采用 C30 混凝土，HRB400 钢筋，$f_{cd} = 13.8$MPa，$f_{td} = 1.39$MPa，$f_{sd} = 330$MPa，$\xi_b = 0.53$。试选择钢筋，并复核正截面承载能力。

解：按受拉钢筋布置成两排估算 $a_s = 70$mm，梁的有效高度 $h_0 = 700 - 70 = 630$mm。梁的翼缘有效宽度 $b'_f = b + 12h'_f = 300 + 12 \times 120 = 1740$mm > 600mm，故取 $b'_f = 600$mm。

首先判断截面类型，当 $x=h'_f$ 时，截面所能承受的弯矩设计值为：

$$f_{cd}b'_f h'_f \left(h_0 - \frac{h'_f}{2}\right) = 13.8 \times 600 \times 120 \times \left(630 - \frac{120}{2}\right)$$

$$= 566.3 \times 10^6 \text{N} \cdot \text{mm}$$

$$= 566.6 \text{kN} \cdot \text{m} < \gamma_0 M_d$$

$$= 590 \text{kN} \cdot \text{m}$$

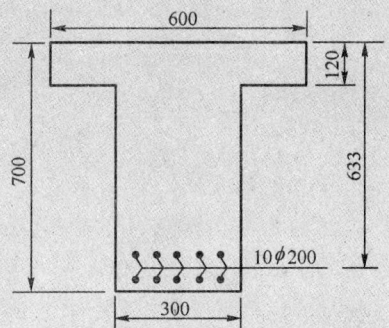

图 1-4-13　T形梁截面尺寸及配筋
（尺寸单位：mm）

故应按第 II 类型（$x > h'_f$）T形截面计算。

这时，求得混凝土受压区高度 x，即：

$$\gamma_0 M_d = f_{cd}bx\left(h_0 - \frac{x}{2}\right) + f_{cd}(b'_f - b)h'_f\left(h_0 - \frac{h'_f}{2}\right)$$

$$x = h_0 - \sqrt{h_0^2 - \frac{2\left[\gamma_0 M_d - f_{cd}(b'_f - b)h'_f\left(h_0 - \frac{h'_f}{2}\right)\right]}{f_{cd}b}}$$

解得：$x = 131.22\text{mm} > h'_f = 1200\text{mm}$　所以为第 II 类 T 形截面。

$$x = 131.22\text{mm} < \xi_b h_0 = 0.53 \times 630 = 333.9\text{mm}$$

$$A_s = \frac{f_{cd}bx + f_{cd}(b'_f - b)h'_f}{f_{sd}}$$

$$= \frac{13.8 \times 300 \times 131.22 + 13.8 \times (600 - 300) \times 120}{330}$$

$$= 3151.67\text{mm}^2$$

选择 $10\phi20$（外径22.7mm），供给的钢筋截面面积 $A_s = 3142\text{mm}^2$，10 根钢筋布置成两排，每排 5 根，所需截面最小宽度 $b_{min} = 2 \times 30 + 5 \times 22.7 + 4 \times 30 = 293.5\text{mm} < b = 300\text{mm}$，受拉钢筋合力作用点至梁下边缘的距离 $a_s = 30 + 22.7 + 30/2 = 67.7\text{mm}$，梁的有效高度 $h_0 = 700 - 67.7 = 632.3\text{mm}$。对已设计好的截面进行承载能力复核时，应按梁的实际配筋情况，由公式（1-4-36）计算混凝土受压区高度 x，即得：

$$x = \frac{f_{sd}A_s - f_{cd}(b'_f - b)h'_f}{f_{cd}b} = \frac{300 \times 3142 - 13.8 \times (600 - 300) \times 120}{13.8 \times 300} = 130.45\text{mm}$$

$$h'_f = 120\text{mm} < x = 131.22\text{mm} < \xi_b h_0 = 0.53 \times 632 = 335.1\text{mm}$$

该截面所能承受的弯矩设计值为：

$$M_{du} = f_{cd}bx\left(h_0 - \frac{x}{2}\right) + f_{cd}(b'_f - b)h'_f\left(h_0 - \frac{h'_f}{2}\right)$$

$$= 13.8 \times 300 \times 130.45 \times \left(632.3 - \frac{130.45}{2}\right) + 13.8 \times (600 - 300) \times 120 \times \left(632.3 - \frac{120}{2}\right)$$

$$= 590.57 \times 10^6 \text{N} \cdot \text{mm} = 590.57 \text{kN} \cdot \text{m} > \gamma_0 M_d = 590 \text{kN} \cdot \text{m}$$

计算结果表明，该截面的抗弯承载力是足够的，结构是安全的。

第八节　综合训练及参考答案

一、综合训练

1. 填空题

(1) 钢筋混凝土构件设置混凝土保护层的目的是为了防止钢筋外露生锈而影响构件的（　　）。

(2) 超筋梁的破坏属于（　　）破坏。适筋梁的破坏属于（　　）破坏。

(3) 双筋矩形截面梁正截面强度计算中，满足 $x \leqslant \xi_b h_0$ 的含义是保证适筋防止梁发生（　　）破坏。

(4) 双筋矩形截面梁正截面强度计算中，满足 $x \geqslant 2a'_s$ 的含义是保证梁在极限状态下，受压钢筋的应力达到其（　　）值。

(5) 钢筋混凝土简支梁中，各排弯起钢筋（除第一排外）的弯终点应落在或超过前一排弯起钢筋的（　　）截面。

(6) 钢筋结构混凝土中的箍筋在结构上起着固定主筋的作用，在受力上起着承受（　　）的作用。

(7) 按承载能力极限法计算受弯构件正截面承载力时，受压区曲线形的压应力分布图可用（　　）代替。

(8) 双筋矩形截面梁正截面强度计算公式的运用条件是 $x \leqslant \xi_b h_0$ 和（　　）。

(9) 钢筋混凝土简支梁中的第一排弯起钢筋（对支座而言）的弯终点应位于（　　）处。

(10) 钢筋混凝土梁内的钢筋有纵向受力钢筋、弯起钢筋、箍筋、架立钢筋和（　　）。

(11) 钢筋混凝土梁内弯起钢筋与梁的纵轴线一般成（　　）角。

(12) 钢筋混凝土梁内的钢筋骨架构成的方法是绑扎或（　　）。

(13) 在钢筋混凝土梁的支点处，应至少有两根或并不少于（　　）的主钢筋通过。

(14) 简支梁纵向钢筋弯起时，在构造上各排弯起钢筋的起弯点必须设在按抗弯强度计算充分利用该钢筋的截面以外不小于（　　）处。

(15) 计算受弯构件正截面承载力时，受压区曲线形的压应力分布可用矩形分布代替，其代替条件是合力大小相等和合力作用点位置（　　）。

(16) 钢筋混凝土超筋梁的破坏首先是（　　）被压碎。

(17) 钢筋混凝土适筋梁的破坏首先是（　　）的应力达到屈服强度。

2. 简答题

(1) 适筋梁正截面受力全过程可划分为哪几个阶段？各阶段受压区混凝土的压力图有何特点？

(2) 双筋矩形截面梁强度计算公式的适用条件及其含义是什么？

(3) 双筋矩形截面梁强度计算公式的基本假定是什么？

(4) 如何判断 T 形梁的种类？

(5) T 梁梁肋侧面配置的水平纵向抗裂钢筋的作用是什么？这种钢筋如何布置？

(6) 对简支的钢筋混凝土 T 梁翼缘板的有效宽度是如何确定的？

(7) 受弯构件的破坏类型与什么有关？

(8) 梁内的主钢筋的直径为什么规定为 14～32mm 之间？

3. 计算题

(1) 某钢筋混凝土单筋矩形截面梁，截面尺寸 $b×h=250mm×500mm$，截面处承受的弯矩组合设计值 $M_d=136kN\cdot m$。C25 混凝土（$f_{cd}=11.5MPa$，$f_{cd}=1.23MPa$），纵向钢筋采用 HRB335 级钢筋（$f_{sd}=280MPa$），$\xi_b=0.56$；$a_s=40mm$，结构重要性系数 $\gamma_0=1.1$。试求所需受拉钢筋截面面积。

(2) 已知截面承受的弯矩组合设计值 $M_d=215kN\cdot m$，结构重要性系数 $\gamma_0=1.0$。拟采用 C25 混凝土和 HRB335 钢筋，$f_{cd}=11.5MPa$，$f_{td}=1.23MPa$，$f_{sd}=280MPa$，$\xi_b=0.56$。求：梁的截面尺寸 $b×h$ 和钢筋截面面积 A_s。

(3) 已知某翼缘位于受压区的简支 T 形截面，计算跨径 $l=12.6m$，相邻两梁轴线间的距离为 2.1m，翼缘板厚度 $h_f'=130mm$，梁高 $h=1350m$，梁肋宽 $b=350mm$，采用 C30 混凝土（$f_{cd}=13.8MPa$，$f_{td}=1.39MPa$），纵向钢筋采用 HRB400 级钢筋（$f_{sd}=330MPa$），$\xi_b=0.53$，$a_s=70mm$，结构重要性系数 $\gamma_0=1.0$，截面处承受的弯矩组合设计值 $M_d=1187kN\cdot m$。试求所需受拉钢筋截面面积。

(4) T 形截面两截面尺寸如图 1-4-13 所示，所承受的弯矩组合设计值 $M_d=590kN\cdot m$，结构重要性系数 $\gamma_0=1.0$。拟采用 C30 混凝土，HRB400 钢筋，$f_{cd}=13.8MPa$，$f_{td}=1.39MPa$，$f_{sd}=330MPa$，$\xi_b=0.53$。试选择钢筋，并复核正截面承载能力。

二、参考答案

1. 填空题

(1) 耐久性；(2) 脆性、塑性；(3) 脆性；(4) 抗压强度设计；(5) 起弯点；(6) 部分剪力；(7) 等效矩形；(8) $x\geq 2a_s'$；(9) 支座中心 $h/2$；(10) 纵向水平抗裂钢筋；(11) 45°；(12) 焊接；(13) 主钢筋面积的 20%；(14) $h_0/2$；(15) 不变；(16) 混凝土；(17) 受拉钢筋

2. 简答题

(1) 答：分三阶段。

第 I 阶段：整体工作阶段，受压区混凝土应力图为三角形；

第 II 阶段：带裂缝工作阶段，受压区混凝土应力图为微曲的曲线分布；

第 III 阶段：破坏阶段，受压区混凝土应力图为高次抛物线分布。

(2) 答：①$x\leq\xi_b h_0$，含义：保证适筋，防止脆性破坏。

②$x\geq 2a_s'$，含义：保证受压钢筋 A_s' 在构件破坏时达到其抗压设计强度 f_{sd}。

(3) 答：①平截面假定。

②受压区混凝土应力图用等效矩形分布来代替，而受压区混凝土的压应力为 f_{cd}，受压钢筋应力为 f_{sd}'。

③受拉区混凝土不参加工作，拉力全由钢筋承担，而受拉区钢筋应力为 f_{cd}。

(4) 答：T 形截面根据中性轴所在位置的不同可分为两种类型。

①$x\leq h_f'$ 为第 I 种类型，$x>h_f'$ 为第 II 种类型。

②当进行截面设计时，$M_d'=f_{cd}b_f'h_f'\left(h_0-\dfrac{h_f'}{2}\right)$；$M_d'\geq\gamma_0 M_d$ 为第 I 种类型，$M_d'<\gamma_0 M_d$ 为第 II 种类型。

③强度复核时，$f_{cd}b_f'h_f' \geqslant f_{sd}A_s$ 为第 I 种类型；$f_{cd}b_f'h_f' < f_{sd}A_s$ 为第 II 种类型。

（5）答：水平纵向抗裂钢筋的作用是防止由于混凝土收缩变形和温度变形等原因产生的裂缝。其布置：当梁高大于 1m，沿梁肋两侧、箍筋外侧、与纵向受力钢筋平行、下密上稀地布置。

（6）答：①取计算跨径的 1/3；

②相邻两梁间的距离；

③$b_f' = b + 2b_h + 12h_f'$。

三者取最小值。

（7）答：根据试验研究，钢筋混凝土受弯构件的破坏类型与配筋率 ρ、钢筋等级、混凝土强度等级、截面形式等诸多因素有关。对常用的钢筋等级和混凝土强度等级，破坏类型主要受到配筋率 ρ 的影响，随着配筋率的改变，构件的破坏特征将发生质的变化。

（8）答：主钢筋直径 d 不能过细，否则，若满足强度要求，则需要增大钢筋根数，施工不便；

主钢筋直径 d 不能过粗，否则，增加钢筋焊接、弯折等加工难度，且不易满足抗裂要求。

3. 计算题

（1）截面有效高度 $h_0 = 460mm$，受压区高度 $x = 132.1mm$，满足 $x < \xi_b h_0$，受拉钢筋积 $A_s = 1357mm^2$，截面配筋率 $\rho = 1.18\%$，为适筋梁。

（2）假设梁宽 $b = 250mm$，配筋率 $\rho = 0.01$，将 $x = \xi h_0$，$A_s = \rho b h_0$ 代入公式，求得 $h_0 = 591.4mm$，$h = h_0 + a_s = 591.4 + 42 = 633.4mm$，模数化取 $h = 650mm$，$b = 250mm$，梁的实际有效高度 $h_0 = h - a_s = 650 - 42 = 608mm$，根据截面尺寸已知的情况重新计算 $x = 138.85mm$，求得 $A_s = 1425.7mm^2$，经验算满足要求。

（3）翼缘板有效宽度 $b_f' = 1910mm$，截面有效高度 $h_0 = 1280mm$，为第 I 类 T 梁，受压区高度 $x = 35.67mm$，受拉钢筋面积 $A_s = 2849.06mm^2$，配筋率 $\rho = 0.64\%$。

（4）按受拉钢筋布置成两排估算 $a_s = 70mm$，梁的有效高度 $h_0 = 700 - 70 = 630mm$。梁的翼缘有效宽度 $b_f' = 600mm$。判断截面类型，当 $x = h_f'$ 时，截面所能承受的弯矩设计值为 $566.6kN/m < \gamma_0 M_d = 590kN \cdot m$，故应按第 II 类型 $(x > h_f')$ T 形截面计算。求得混凝土受压区高度 $x = 131.22mm > h_f' = 120mm$，所以为第 II 类 T 形截面。$A_s = 3151.67mm^2$，选择 10$\phi$20（外径 22.7mm），供给的钢筋截面面积 $A_s = 3142mm^2$，10 根钢筋布置成两排，每排 5 根，所需截面最小宽度 $b_{min} = 2 \times 30 + 5 \times 22.7 + 4 \times 30 = 293.5mm < b = 300mm$，受拉钢筋合力作用点至梁下边缘的距离 $a_s = 30 + 22.7 + 30/2 = 67.7mm$，梁的有效高度 $h_0 = 700 - 67.7 = 632.3mm$。对已设计好的截面进行承载能力复核时，应按梁的实际配筋情况，计算混凝土受压区高度 x，得：$x = 130.45mm$，$h_f' = 120mm < x = 131.22mm < \xi_b h_0 = 0.53 \times 632 = 335.1mm$

该截面所能承受的弯矩设计值为：$M_{du} = 590.57 \times 10^6 N \cdot mm = 590.57kN \cdot m > \gamma_0 M_d = 590kN \cdot m$，计算结果表明，该截面的抗弯承载力是足够的，结构是安全的。

第五章 受弯构件斜截面承载力计算

本章重点

- 受弯构件斜截面破坏形态及斜截面承载力的主要影响因素；
- 受弯构件斜截面抗剪承载力的计算；
- 受弯构件斜截面抗弯承载力的计算；
- 全梁承载力校核的过程与要求。

本章难点

- 受弯构件斜截面破坏形态；
- 受弯构件斜截面抗剪承载力的计算；
- 全梁承载力校核的过程与要求。

第一节 受弯构件斜截面破坏形态，影响斜截面承载力的主要因素

根据大量的试验观测，钢筋混凝土梁的斜截面剪切破坏形态大致可归纳为斜拉破坏、斜压破坏、剪压破坏三种。

钢筋混凝土斜截面承载力是一个十分复杂的研究课题，与很多因素有关。多数试验研究结果表明，影响斜截面承载力的主要因素有剪跨比、混凝土强度、箍筋、弯起钢筋及纵向钢筋的配筋率，其中最重要的是剪跨比的影响。

第二节 受弯构件斜截面抗剪承载力公式、适用条件及公式的应用

一、斜截面抗剪承载力计算公式

$$\gamma_0 V_d \leqslant V_{cs} + V_{sb}$$
$$= \alpha_1 \alpha_2 \alpha_3 0.45 \times 10^{-3} bh_0 \sqrt{(2+0.6P)\sqrt{f_{cu,k}}\rho_{sv}f_{sd,v}}$$
$$+ 0.75 \times 10^{-3} f_{sd,b} \sum A_{sb} \sin\theta_s \qquad (1\text{-}5\text{-}1)$$

二、适用条件

钢筋混凝土梁斜截面抗剪承载力计算公式是以剪压破坏形态的受力特征为基础建立的，因此，应用上式计算斜截面的抗剪承载力时，构件的截面尺寸及配筋率应符合发生剪压破坏

的限制条件。

一般采用限制截面最小尺寸的方法防止梁发生斜压破坏。即对于矩形、T形、I形截面受弯构件，其截面尺寸应符合下列要求：

$$\gamma_0 V_d \leqslant 0.51 \times 10^{-3} \sqrt{f_{cu,k}} b h_0 \tag{1-5-2}$$

此外，《桥规》还规定，矩形、T形和I形截面受弯构件，如符合下式要求时，不需进行斜截面抗剪承载力计算，仅需按构造要求配置钢筋。

$$\gamma_0 V_d \leqslant 0.5 \times 10^{-3} f_{td} b h_0 \tag{1-5-3}$$

三、公式的应用

应用式（1-5-1）可进行斜截面抗剪承载力的复核和抗剪配筋设计。

1. 斜截面抗剪承载力复核

对于梁斜截面抗剪承载力的复核可按式（1-5-4）计算验算位置斜截面所能承受的剪力设计值，具体过程见图 1-5-2。

$$V_{du} = \alpha_1 \alpha_3 0.45 \times 10^{-3} b h_0 \sqrt{(2+0.6P)} \sqrt{f_{cu,k}} \rho_{sv} f_{sd,v}$$
$$+ 0.75 \times 10^{-3} f_{sd,b} \sum A_{sb} \sin\theta_s \tag{1-5-4}$$

如果 $V_{du} > \gamma_0 V_d$，则斜截面的抗剪承载力满足要求。

在进行斜截面抗剪承载力复核时，剪力组合设计值 V_d 应取验算斜截面顶端的数值，即从图 1-5-1 所示验算位置量取斜裂缝水平投影长度 C 近似求得斜截面顶端的水平位置，并以此处对应的剪力组合设计值作为斜截面的剪力设计值。斜截面水平投影长度 C 可按下式计算：

$$C = 0.6 m h_0 \tag{1-5-5}$$

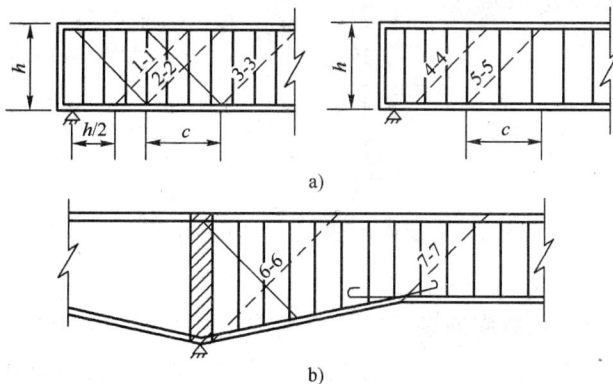

图 1-5-1　斜截面抗剪承载力验算位置示意图
a）简支梁和连续梁近边支点梁段；b）连续梁和悬臂梁近中间支点梁段

《桥规》规定，受弯构件斜截面抗剪承载力的验算位置应按下列规定采用。

1）简支梁和连续梁近边支点梁段

（1）距支点中心 $h/2$ 截面，图 1-5-1a）截面 1-1；

（2）受拉区弯起钢筋弯起点处截面，图 1-5-1a）截面 2-2、截面 3-3；

（3）锚于受拉区的纵向钢筋开始不受力处的截面，图 1-5-1a）截面 4-4；

（4）箍筋数量或间距改变处的截面，图 1-5-1a）截面 5-5；

（5）构件腹板宽度变化处的截面。

2）连续梁和悬臂梁近中间支点梁段

（1）支点横隔梁边缘处截面，图 1-5-1b）截面 6-6；

（2）变高度梁高度突变处截面，图 1-5-1b）截面 7-7；

（3）参照简支梁的要求，需要进行验算的截面。

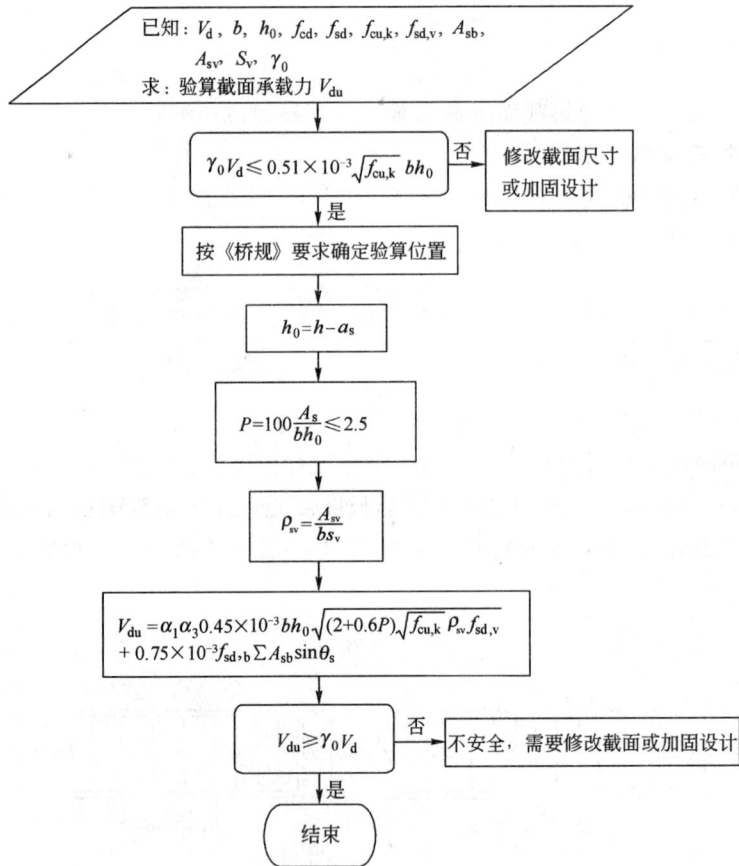

图 1-5-2　斜截面抗剪承载力复核计算流程图

2. 抗剪配筋设计

利用式（1-5-1）进行抗剪配筋设计时，荷载产生的剪力组合设计值应由混凝土、箍筋和弯起钢筋共同承担。《桥规》规定，用作抗剪配筋设计的最大剪力设计值按下列规定取值：简支梁和连续梁近边支点梁段取离支点 $h/2$ 处的剪力设计值 V'_d，等高度连续梁近中间支点梁段和悬臂梁取支点上横隔梁边缘处的剪力设计值 V''_d，将 V'_d 或 V''_d 分为两部分，其中至少 60％由混凝土和箍筋共同承担；至多 40％由弯起钢筋承担，并用水平线将剪力设计图分割（如图 1-5-3 所示）。

1）箍筋设计

根据图 1-5-3 分配的应由混凝土和箍筋共同承担的剪力设计值，由式（1-5-6）计算所需

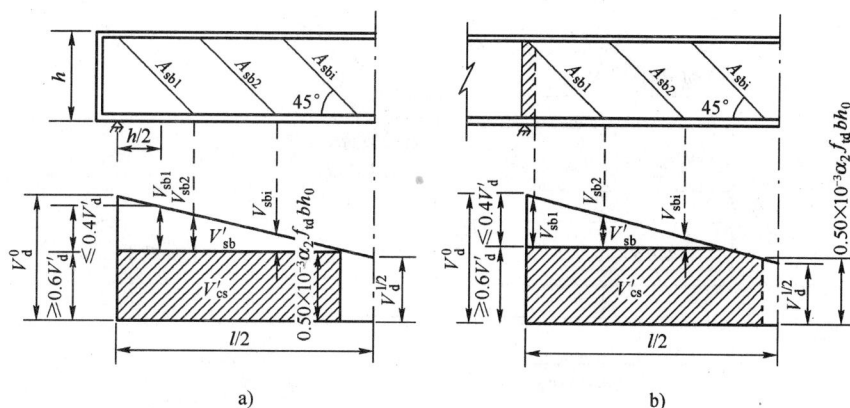

图 1-5-3 斜截面抗剪承载力配筋设计计算图

a) 简支梁和连续梁近边支点梁段；b) 等高度连续梁和悬臂梁近中间支点梁段

的箍筋配筋率：

$$\rho_{sv} = \left(\frac{\xi \gamma_0 V'_d}{\alpha_1 \alpha_3 \times 0.45 \times 10^{-3} b h_0^2} \right)^2 \Big/ \left[(2 + 0.6P) \sqrt{f_{cu,k}} f_{sd,v} \right] \qquad (1\text{-}5\text{-}6)$$

式中：ξ——剪力分配系数，若只配箍筋，$\xi = 1$；若同时设置斜筋和箍筋，$\xi \geqslant 0.6$，通常取 0.6。

然后选定钢筋直径，由式（1-5-7）计算箍筋间距 S_v：

$$S_v = \frac{\alpha_1^2 \alpha_3^2 0.2 \times 10^{-6} (2 + 0.6P) \sqrt{f_{cu,k}} A_{sv} f_{sd,v} b h_0^2}{(\xi \gamma_0 V'_d)^2} \qquad (1\text{-}5\text{-}7)$$

箍筋的布置应注意满足《桥规》规定的有关构造要求。

2）弯起钢筋设计

根据图 1-5-3 分配的应由弯起钢筋承担的剪力设计值，由公式（1-5-8）计算所需的弯起钢筋截面面积：

$$A_{sbi} = \frac{V_{sbi}}{0.75 \times 10^{-3} f_{sd,b} \sin \theta_{si}} \qquad (1\text{-}5\text{-}8)$$

式中：A_{sbi}——第 i 排弯起钢筋的截面面积（mm²）；

V_{sbi}——应由第 i 排弯起钢筋承担的剪力设计值，见图 1-5-2，其数值按《桥规》规定采用。

在设计弯起钢筋时，剪力设计值可按下列规定采用：

（1）计算第 1 排（从支座向跨中计算）弯起钢筋时，取用距支座中心 $h/2$ 处（对连续梁为支点上横隔梁边缘处）应由弯起钢筋承担的那部分剪力设计值；

（2）计算以后各排弯起钢筋时，取用计算前排弯起钢筋时的剪力设计值截面加一倍有效梁高处应由弯起钢筋承担的那部分剪力设计值。

弯起钢筋的布置应注意满足《桥规》规定的有关构造要求。

斜截面抗剪承载力配筋设计计算流程见图 1-5-4。

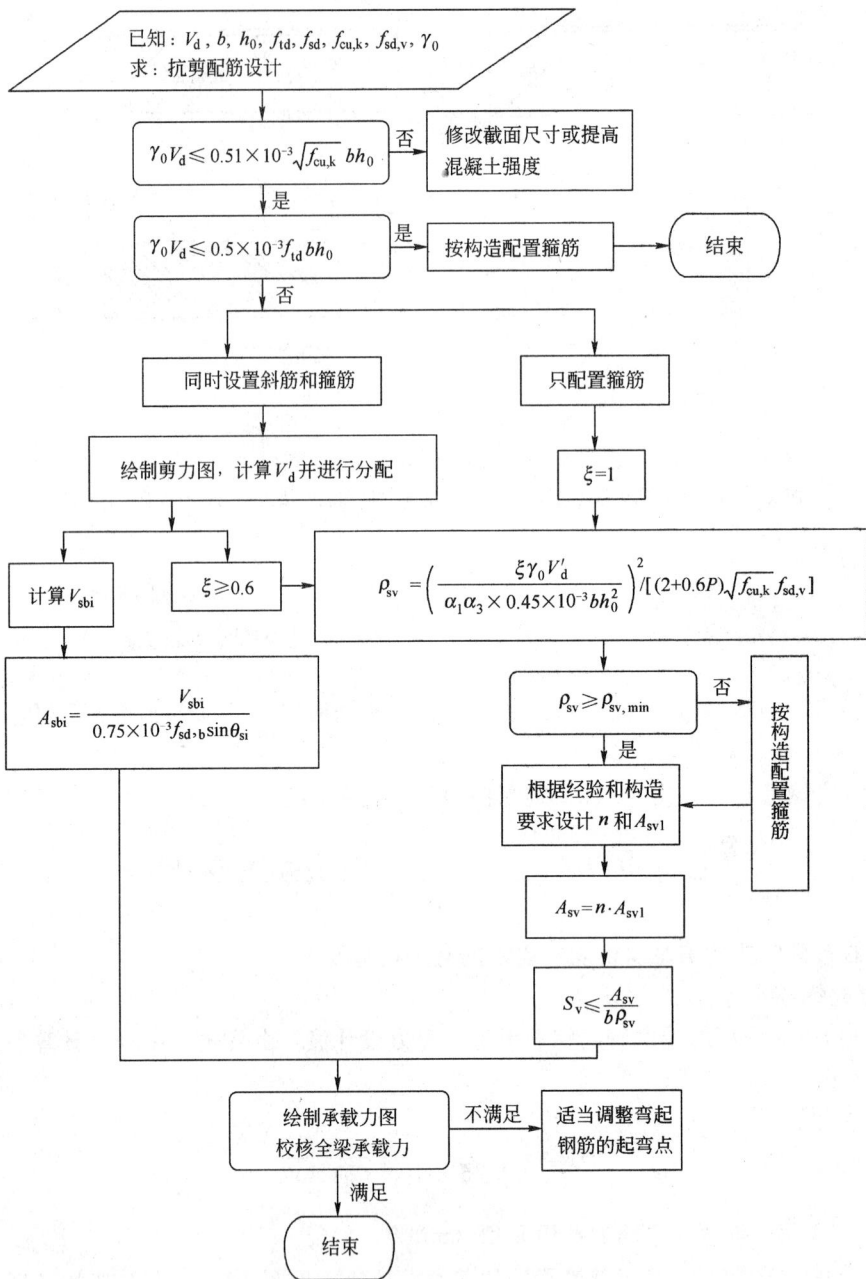

已知：V_d，b，h_0，f_{td}，f_{sd}，$f_{cu,k}$，$f_{sd,v}$，γ_0
求：抗剪配筋设计

$\gamma_0 V_d \leqslant 0.51 \times 10^{-3} \sqrt{f_{cu,k}}\, bh_0$ ——否→ 修改截面尺寸或提高混凝土强度

是

$\gamma_0 V_d \leqslant 0.5 \times 10^{-3} f_{td} bh_0$ ——是→ 按构造配置箍筋 → 结束

否

同时设置斜筋和箍筋　　　　只配置箍筋

绘制剪力图，计算V'_d并进行分配　　　　$\xi = 1$

计算V_{sbi}　　$\xi \geqslant 0.6$

$$\rho_{sv} = \left(\frac{\xi \gamma_0 V'_d}{\alpha_1 \alpha_3 \times 0.45 \times 10^{-3} bh_0^2} \right)^2 / [(2+0.6P)\sqrt{f_{cu,k}}\, f_{sd,v}]$$

$$A_{sbi} = \frac{V_{sbi}}{0.75 \times 10^{-3} f_{sd,b} \sin\theta_{si}}$$

$\rho_{sv} \geqslant \rho_{sv,min}$ ——否→ 按构造配置箍筋

是

根据经验和构造要求设计 n 和 A_{sv1}

$A_{sv} = n \cdot A_{sv1}$

$S_v \leqslant \dfrac{A_{sv}}{b\rho_{sv}}$

绘制承载力图校核全梁承载力 ——不满足→ 适当调整弯起钢筋的起弯点

满足

结束

图 1-5-4　斜截面抗剪承载力配筋设计计算流程图

第三节　受弯构件斜截面抗弯承载力的计算与要求

一、基本公式

斜截面抗弯承载力计算的基本公式，可参照图 1-5-5，由所有与斜截面相交的力对受压区混凝土合力作用点取矩的平衡条件求得：

$$\gamma_0 M_d \leqslant f_{sd} A_s z_s + \sum f_{sd,b} A_{sb} z_{sb} + \sum f_{sd,v} A_{sv} z_{sv} \tag{1-5-9}$$

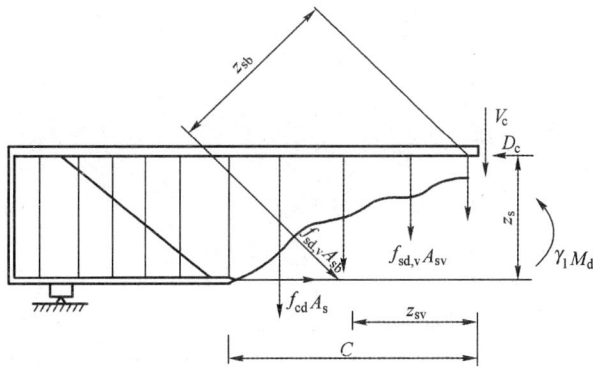

图 1-5-5　斜截面抗弯承载力计算图

斜截面混凝土的受压面积，可由公式（1-5-10）求得：

$$f_{cd} A_c = f_{sd} A_s + \sum f_{sd,b} A_{sb} \cos\theta_s \tag{1-5-10}$$

二、公式应用

在实际设计中，一般采用"保证斜截面抗弯承载力的构造措施"来代替斜截面抗弯承载力的计算，这些构造措施主要包括：

（1）将纵向钢筋在受拉区弯起钢筋的起弯点设在按正截面抗弯承载力计算充分利用该钢筋强度的截面（称为充分利用点）以外不小于 $h_0/2$ 处。

（2）钢筋混凝土梁内纵向受拉钢筋不宜在受拉区截断。如需截断时，应从按正截面抗弯承载力计算充分利用该钢筋强度的截面（即理论截断点）至少延伸（$L_a + h_0$）的长度，此处 L_a 为受拉钢筋的最小锚固长度，h_0 为梁的有效高度；同时，尚应考虑从按正截面抗弯承载力计算不需要该钢筋的截面至少延伸 $20d$（对环氧树脂涂层钢筋为 $25d$），此处 d 为钢筋直径。纵向受压钢筋如在跨间截断时，应延伸至按计算不需要该钢筋的截面以外至少 $15d$（环氧树脂涂层钢筋为 $20d$）。

（3）弯起钢筋可在按正截面受弯承载力计算不需要该钢筋截面面积之前弯起，但弯起钢筋与梁中心线的交点应位于按计算不需要该钢筋的截面之外。弯起钢筋的末端应留有锚固长度：受拉区不应小于 20 倍钢筋直径，受压区不应小于 10 倍钢筋直径，环氧树脂涂层钢筋增加 25%；R235 钢筋应设置半圆弯钩。

第四节　全梁承载力校核的过程与要求

全梁承载力校核一般采用图解法。首先，根据主要控制截面（如简支梁的跨中截面）的正截面抗弯承载力计算要求，确定纵向钢筋的数量和布置方案；然后，根据支点附近区段的斜截面抗剪承载力计算要求，确定箍筋和弯起钢筋的数量和布置方案；最后，根据弯矩和剪力设计值沿梁长方向的变化情况，进行全梁承载能力校核，综合考虑正截面抗弯、斜截面抗剪和斜截面抗弯等三个方面的要求，使所设计的钢筋混凝土梁在最不利荷载效应组合作用下沿梁长方向的任意一个截面都能满足下列要求：

$$\gamma_0 M_d \leqslant M_{du} \tag{1-5-11}$$

$$\gamma_0 V_d \leqslant V_{du} \tag{1-5-12}$$

第五节　问题释义与算例

一、问题释义

1. 在进行抗剪配筋计算时，为什么由混凝土和箍筋共同承担的剪力设计值至少要占60%?

利用公式（1-5-1）进行抗剪配筋设计时，荷载产生的剪力组合设计值由混凝土、箍筋和弯起钢筋共同承担。但是由混凝土和箍筋共同承担的剪力设计值至少要占60%。原因在于，研究表明箍筋的抗剪作用比弯起钢筋要好一些，其理由是：

（1）弯起钢筋的承载范围较大，对斜裂缝的约束作用差；

（2）弯起钢筋会使弯起点处的混凝土压碎或产生水平撕裂裂缝，而箍筋却能箍紧纵向钢筋防止撕裂；

（3）箍筋对受压区混凝土起套箍作用，可以提高其抗剪能力；

（4）箍筋连接受压区混凝土与梁腹板共同工作效果比弯起钢筋要好。因此，《桥规》加大了箍筋承担剪力的比重，并规定了箍筋最小配筋率的限制。

2. 受弯构件为什么会出现斜向裂缝?

如一简支梁在跨中作用两个集中荷载，在集中荷载中间部分的梁仅有弯矩作用，在支座与靠近邻近集中荷载的梁段内有弯矩和剪力共同作用。构件在跨中正截面抗弯承载力有保证的情况下，有可能在剪力和弯矩联合作用下，在支座附近区段发生沿斜截面破坏。

根据材料力学的方法可以绘制出梁在荷载作用下的主应力迹线。在剪力和弯矩联合作用区段内，进行不同单元体分析。位于中性轴上的单元体，其正应力为零，切应力最大，主拉应力和主压应力与梁轴线成45°夹角；位于受压区的单元体，由于压应力的存在，主拉应力减小，主压应力增大，主拉应力与梁轴线大致成45°夹角；位于受拉区的单元体，由于拉应力的存在，主拉应力增大，主压应力减小，主拉应力与梁轴线小于45°夹角。对于均质弹性体的梁，当主拉应力或主压应力达到材料的抗拉或抗压强度时，将引起构件截面的开裂和破坏。

对于钢筋混凝土梁，由于混凝土的抗拉强度很低，因此随着荷载的增加，当主拉应力值超过混凝土的抗拉强度时，首先在达到该强度的部位产生裂缝，裂缝的走向与主拉应力的方向垂直，为斜裂缝。在通常情况下，斜裂缝往往是由梁底的弯曲裂缝发展而成的，称为弯剪型斜裂缝；当梁的腹板很薄或集中荷载至支座距离很小时，斜裂缝可能首先在梁腹部出现，称为腹剪型斜裂缝。斜裂缝的出现和发展使梁应力的分布和数值发生变化，最终导致在剪力较大的近支座区段内不同部位的混凝土被压碎或混凝土拉坏而丧失承载能力，即发生斜截面破坏。

3. 影响斜截面受力性能的主要因素有那些?

1）剪跨比和跨高比

对于承受集中荷载作用的梁，剪跨比是影响其斜截面受力性能的主要因素之一，集中荷载作用下梁的某一截面的剪跨比等于该截面的弯矩值与截面的剪力值和有效高度乘积之比 $m=\dfrac{M}{Vh_0}$，对于承受两个对称集中荷载的梁，$m=\dfrac{M}{Vh_0}=\dfrac{Fa}{Fh_0}=\dfrac{a}{h_0}$，称为狭义剪跨比，其中 a 是支座到相近集中荷载的距离，称为剪跨。试验证明，对于承受集中荷载的梁，随着剪跨比的增大，受剪承载力下降。对于承受均布荷载作用的梁，构件跨度与截面高度之比（简称跨高比）是影响受剪承载力的主要因素，随着跨高比的增大，受剪承载力下降。

2）腹筋的数量

箍筋和弯起筋可以有效提高斜截面的承载力。因此，腹筋数量增多，斜截面的承载力增大。

3）混凝土强度等级

从斜截面剪切破坏的几种主要形态可知，斜拉破坏主要取决于混凝土的抗拉强度，剪压破坏和斜压破坏则主要取决于混凝土的抗压强度。因此，在剪跨比和其他条件相同时，斜截面受剪承载力随混凝土强度的提高而增大。

4）纵筋配筋率

在其他条件相同时，纵向钢筋配筋率越大，斜截面承载力也越大。试验表明，二者大致呈线性关系。纵筋配筋率越大则破坏时的剪压区高度越大，从而提高混凝土的抗剪能力，同时纵筋可以抑制斜裂缝的开展，增大斜裂缝间的骨料咬合作用。

5）其他因素

（1）截面形状

试验表明，受压区翼缘的存在对提高斜截面承载力有一定的作用。因此 T 形截面与矩形截面梁相比，T 形截面梁的斜截面承载力一般要提高 $10\%\sim30\%$。

（2）预应力

预应力能阻滞斜裂缝的出现和开展，增加混凝土剪压区高度，提高混凝土所承担的抗剪能力，预应力混凝土梁的斜裂缝长度比钢筋混凝土梁有所增长，也提高了斜裂缝内箍筋的抗剪能力。

（3）梁的连续性

试验表明，连续梁的受剪承载力与相同条件下的简支梁相比，仅在受集中荷载时低于简支梁，而在受均布荷载时则是相当的。

4. 如何防止斜拉破坏和斜压破坏？

1）上限值——截面最小尺寸

当发生斜压破坏时，梁腹的混凝土被压碎、箍筋不屈服，其受剪承载力主要取决于构件的腹板宽度、梁的截面及混凝土强度。因此，只要保证构件截面尺寸不太小就可以防止斜压破坏的发生。受弯构件的最下尺寸应满足下式要求：$\gamma_0 V_d \leqslant 0.51\times 10^{-3}\sqrt{f_{cu,k}}bh_0$。

2）下限值——按构造要求配置箍筋

钢筋混凝土梁出现斜裂缝后，斜裂缝除原来由混凝土承担的拉力全部传给箍筋来承担，使箍筋的拉应力突然增大，若箍筋的配筋率过小或箍筋间距过大，可能使箍筋迅速屈服甚至拉断，斜裂缝急剧开展，导致发生斜拉破坏。当满足 $\gamma_0 V_d \leqslant 0.5\times 10^{-3} f_{td}bh_0$，则不进行斜截面抗剪承载力的计算，仅按构造配置箍筋。

二、算例

[1] 已知等高矩形截面简支梁，截面尺寸 $b=200\text{mm}$，$h=600\text{mm}$，混凝土为 C30，钢筋为 R235，$A_s=672\text{mm}^2$，$a_s=40\text{mm}$；支点处剪力组合设计值 $V_d=121\text{kN}$，距支点 $h/2$ 处的剪力设计值 $V_d'=110\text{kN}$。结构重要性系数为 1.0。求：该斜截面仅配置箍筋时的箍筋间距 S_v。

解：

1) 截面尺寸复核

$$h_0=h-a_s=600-40=560\text{mm}$$

则：

$$0.51\times10^{-3}\sqrt{f_{cu,k}}bh_0=0.51\times10^{-3}\times\sqrt{30}\times200\times560$$
$$=312.9\text{kN}>\gamma_0 V_d=1.0\times121=121\text{kN}$$

满足上限要求。

$$0.5\times10^{-3}f_{td}bh_0=0.5\times10^{-3}\times1.39\times200\times560=77.8\text{kN}<\gamma_0 V_d=121\text{kN}$$

表明需要按计算配置箍筋。

2) 配筋计算

根据题意，只配箍筋时取 $\xi=1$，$P=100\rho=0.6\leqslant2.5$，则：

$$\rho_{sv}=\left(\frac{\xi\gamma_0 V_d'}{\alpha_1\alpha_3\times0.45\times10^{-3}bh_0^2}\right)^2\bigg/\left[(2+0.6P)\sqrt{f_{cu,k}}f_{sd,v}\right]$$

$$=\left(\frac{1\times1\times110}{1\times1\times0.45\times10^{-3}\times200\times560}\right)^2\bigg/\left[(2+0.6\times0.6)\times\sqrt{30}\times195\right]$$

$$=0.0019=0.19\%>\rho_{sv,min}=0.18\%$$

箍筋选用双肢 ϕ8 钢筋，则：

$$S_v\leqslant\frac{A_{sv}}{b\rho_{sv}}=\frac{2\times50.3}{200\times0.0019}=266\text{mm}$$

3) 配筋

取 $S_v=200\text{mm}$，小于计算值，满足要求，但是根据《桥规》规定，支座中心向跨中方向一倍梁高范围内，箍筋间距应不大于 100mm，因此，该段箍筋间距 $S_v=100\text{mm}$。

[2] 已知等高矩形截面简支梁，截面尺寸 $b=200\text{mm}$，$h=600\text{mm}$，$a_s=40\text{mm}$，混凝土为 C30，钢筋为 R235，截面纵向钢筋配筋率 $\rho=3\%$，箍筋选用双肢 ϕ6 钢筋，间距为 100mm；支点处剪力组合设计值 $V_d=170\text{kN}$，距支点 $h/2$ 处的剪力设计值 $V_d'=161\text{kN}$，结构重要性系数为 1.0。

求： 距支点 $h/2$ 斜截面抗剪承载力是否满足要求。

解： 1) 截面尺寸复核

$$h_0=h-a_s=600-40=560\text{mm}$$

$$0.51\times10^{-3}\sqrt{f_{cu,k}}bh_0=0.51\times10^{-3}\times\sqrt{30}\times200\times560$$
$$=312.9\text{kN}>\gamma_0 V_d=1.0\times121=121\text{kN}$$

$$0.5\times10^{-3}f_{td}bh_0=0.5\times10^{-3}\times1.39\times200\times560=77.8\text{kN}<\gamma_0 V_d=121\text{kN}$$

表明截面尺寸符合要求，但需要进行抗剪设计。

2）距支点 $h/2$ 斜截面抗剪承载力设计值 V_{du}

$P=100\rho=3.0>2.5$，取 $P=2.5$

$$\rho_{sv}\leqslant\frac{A_{sv}}{bS_v}=\frac{2\times28.3}{200\times100}=0.283\%>\rho_{sv,min}=0.18\%$$

$$V_{du}=\alpha_1\alpha_3 0.45\times10^{-3}bh_0\sqrt{(2+0.6P)}\sqrt{f_{cu,k}\rho_{sv}f_{sd,v}}+0.75\times10^{-3}f_{sd,b}\sum A_{sb}\sin\theta_s$$
$$=1\times1\times0.45\times10^{-3}\times200\times560\times\sqrt{(2+0.6\times2.5)\ \times\sqrt{30}\times195\times0.00283}+0$$
$$=163.9$$

3）计算斜截面受压端面正截面处由荷载产生的最大剪力组合设计值 V_d

斜截面水平投影长度：

$$C=0.6mh_0$$

其中 $m=M_d/(V_dh_0)$，由于 C 未知，故 M_d、V_d 也为未知，需要试算求得，计算较麻烦。

由于 $1.7\leqslant m\leqslant3$，可近似取 $C\approx h_0$ 处截面内力进行计算。由内力图可求得：

$V_d=144.2$kN，相应的 $M_d=131.6$kN·m（已知）。

则 $\gamma_0 V_d=1.0\times144.2=144.2kN<V_{du}$，验算点承载力满足要求。

[3] 已知装配式 T 形简支梁，计算跨径 $L=21.6$m，相邻两梁中心距为 1.6m，混凝土为 C25，主筋为 HRB400，箍筋为 R235。该梁跨中截面下缘配置有 8Φ32+4C16 纵向受拉钢筋，$A_s=7238$mm^2，其布置如图 1-5-6 所示。梁内力见表 1-5-1，结构重要性系数为 1.0。

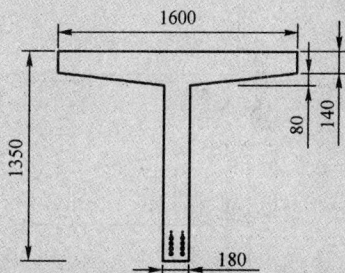

图 1-5-6 梁截面尺寸（尺寸单位：mm）

梁截面内力值   表 1-5-1

内力 \ 位置		$L/2$	$L/4$	支点处
剪力标准值 (kN)	自重、恒载	0	93.8	181.5
	汽车	63.1	115.6	187.14
弯矩标准值 (kN·m)	自重、恒载	982.5	737.2	0
	汽车	774.8	609.2	0

求：所需的箍筋和弯起钢筋，并验算全梁承载力。

解：1）内力设计值组合

内力设计值组合计算见表 1-5-2。

内力设计值组合计算   表 1-5-2

内力 \ 位置	支 点	$L/4$	$L/2$
剪力设计值 V_d (kN)	479.8	274.4	88.3
弯矩设计值 M_d (kN·m)	0	1737.2	2263.7

2）截面尺寸复核

假设有两根 $\phi 32$ 通过支点截面，则：

$$h_0 = h - a_s = 1350 - \left(30 + \frac{35.8}{2}\right) = 1302.1 \text{mm}$$

$$0.51 \times 10^{-3} \sqrt{f_{cu,k}} b h_0 = 0.51 \times 10^{-3} \times \sqrt{25} \times 180 \times 1302.1$$
$$= 597.7 \text{kN} > \gamma_0 V_d = 1.0 \times 479.8 = 479.8 \text{kN}$$

$$0.5 \times 10^{-3} f_{td} b h_0 = 0.5 \times 10^{-3} \times 1.23 \times 180 \times 1302.1 = 144.1 \text{kN} < \gamma_0 V_d = 479.8 \text{kN}$$

表明截面尺寸符合要求，但需要进行抗剪设计。

3）剪力图划分，并计算 V'_d

（1）剪力图绘制，如图 1-5-7 所示。

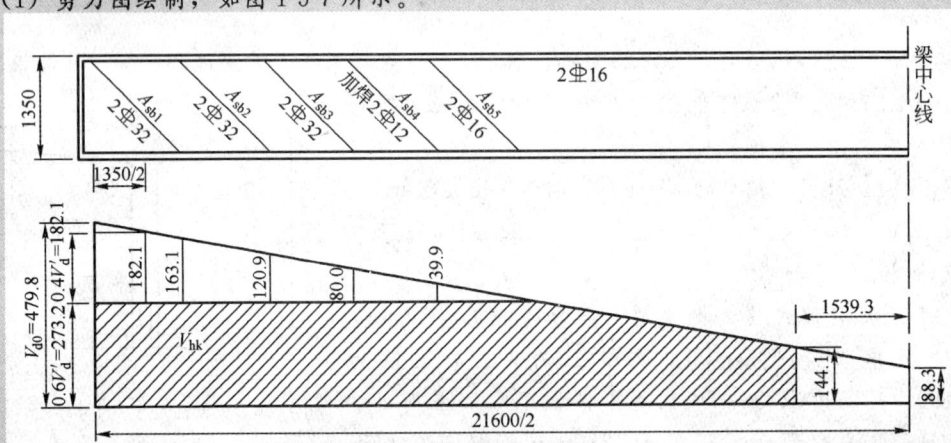

图 1-5-7　剪力分配图

（2）计算不需要按计算配置腹筋的区段

若 $\gamma_0 V_d < 0.5 \times 10^{-3} f_{td} b h_0 = 144.1 \text{kN}$，则该梁段可不进行斜截面抗剪强度计算，仅按构造配置箍筋，该区段长度 x（按半跨计算）为：

$$x = \frac{144.1 - 88.3}{479.8 - 88.3} \times 10800 = 1539.3 \text{mm}$$

（3）分配剪力

在距支点 $h/2 = 1350/2 = 675 \text{mm}$ 处的剪力设计值 V'_d 为：

$$V'_d = \left[88.3 + (479.8 - 88.3) \times \frac{10800 - 675}{10800}\right] = 455.3 \text{kN}$$

按照《桥规》规定，由混凝土和箍筋承担的剪力设计值可取为：

$$0.6 V'_d = 0.6 \times 455.3 = 273.2 \text{kN}$$

由弯起钢筋（包括斜筋）承担的剪力设计值可取为：

$$0.4 V'_d = 0.4 \times 455.3 = 182.1 \text{kN}$$

4）箍筋设计

$$P = 100\rho = 100 \times \frac{A_s}{b h_0} = 0.686$$

$$\rho_{sv} = \left(\frac{\xi \gamma_0 V'_d}{\alpha_1 \alpha_3 \times 0.45 \times 10^{-3} b h_0^2} \right)^2 / \left[(2 + 0.6P) \sqrt{f_{cu,k}} f_{sd,v} \right]$$

$$= \left(\frac{0.6 \times 1.0 \times 455.3}{1.0 \times 1.1 \times 0.45 \times 10^{-3} \times 180 \times 1302.1} \right)^2 / \left[(2 + 0.6 \times 0.686) \times \sqrt{25} \times 195 \right]$$

$$= 0.0024 = 0.24\% > \rho_{sv,min} = 0.18\%$$

箍筋选用双肢 $\phi 8$ 钢筋，则：

$$S_v \leqslant \frac{A_{sv}}{b \rho_{sv}} = \frac{2 \times 50.3}{180 \times 0.0024} = 234\text{mm}, \ \text{取} \ S_v = 200\text{mm}_\circ$$

根据《桥规》规定，支座中心向跨中方向一倍梁高范围内（1350mm）取 $S_v = 100\text{mm}$。

5）弯起钢筋设计（弯起角 $\theta_{si} = 45°$）

（1）第一排弯起钢筋（由支座向跨中算起）计算

计算第一排弯起钢筋时，取距支座中心 $h/2$ 处，应由弯起钢筋承担的那部分剪力设计值，即 $V_{sb1} = 0.4 V'_d = 0.4 \times 455.3 = 182.1\text{kN}$，故：

$$A_{sb1} = \frac{V_{sb1}}{0.75 \times 10^{-3} f_{sd,b} \sin\theta_{s1}} = \frac{182.1}{0.75 \times 10^{-3} \times 330 \times 0.707} = 1040.7\text{mm}^2$$

（2）第二排弯起钢筋计算

参照图 1-5-7，取用第一排弯起钢筋起弯点处应由弯起钢筋承担的剪力设计值 V_{sb2}。

第一排弯起钢筋起弯点距支点水平投影长度 x_1 计算如下（设保护层厚为 30mm，上部架立钢筋为 $2 \Phi 16$）：

$$x_1 = h_1 = 1350 - \left(2 \times 30 + 35.8 + 2 \times \frac{35.8}{2} + 18.4 \right) = 1200\text{mm}$$

按比例关系可求得：

$$V_{sb2} = 88.3 + (479.8 - 88.3) \times \frac{10800 - 1200}{10800} - 273.2 = 161.1\text{kN}$$

$$A_{sb2} = \frac{V_{sb2}}{0.75 \times 10^{-3} f_{sd,b} \sin\theta_{s2}} = \frac{163.1}{0.75 \times 10^{-3} \times 330 \times 0.707} = 932.1\text{mm}^2$$

再将纵筋弯起 $2 \Phi 32$，实际提供面积 $A_{sb2} = 1609\text{mm}^2 > 932.1\text{mm}^2$。

（3）第三排弯起钢筋计算

此时取用第二排弯起钢筋起弯点处应由弯起钢筋承担的剪力设计值 V_{sb3}。第二排弯起钢筋起弯点距支点水平投影长度 x_2 计算如下：

$$x_2 = x_1 + h_2 = x_1 + (h_1 - d_{sb}) = 1200 + (1200 - 35.8) = 2364.2\text{mm}$$

$$V_{sb3} = 88.3 + (479.8 - 88.3) \times \frac{10800 - 2364.2}{10800} - 273.2 = 120.9\text{kN}$$

$$A_{sb3} = \frac{V_{sb3}}{0.75 \times 10^{-3} f_{sd,b} \sin\theta_{s3}} = \frac{120.9}{0.75 \times 10^{-3} \times 330 \times 0.707} = 690.9\text{mm}^2$$

再将纵筋弯起 $2 \Phi 32$，实际提供面积 $A_{sb2} = 1609\text{mm}^2 > 690.9\text{mm}^2$。

（4）其他弯起（斜）钢筋计算

同法可计算第四、第五排弯起钢筋。计算结果见表 1-5-3。

	前排起弯点至支点水平距离 x_i (mm)	剪力设计值 V_{sbi} (kN)	计算面积 A_{sbi} (mm²)	实配面积 A_{sbi} (mm²)
第 4 排弯起钢筋	3492.6	80.0	457.2	2 Φ 20＝628 （加焊）
第 5 排弯起钢筋	4598.3	39.9	228.0	2 Φ 16＝402 （弯起）

（5）需要弯起钢筋区段长度计算

由支座中心算起，需要弯起钢筋区段长度为：

$$L_b = \frac{0.4V'_d}{V'_d - 88.3} \cdot \frac{L}{2} = \frac{182.1}{455.3 - 88.3} \times 10800 = 5358.8 \text{mm}$$

而第五排弯起钢筋的起弯点位置：

$x_5 = x_4 + h_5 = x_4 + (h_4 - d_{sb}) = 4598.3 + (1200 - 2 \times 35.8 - 22.7 - 18.4) =$ 5685.6mm$>L_b$，所以，五排弯起钢筋已经能满足要求，后面不需要再弯起钢筋。剩余两根纵筋 2 Φ 16 可按照构造要求，在适当的位置截断。

6）全梁承载力校核

（1）抗弯承载力校核（略）

$$b'_f = 1480 \text{mm}, h'_f = 1480 \text{mm}, b = 180 \text{mm}, a_s = 111.6 \text{mm}, h_0 = 1238.4 \text{mm}$$

$$x = \frac{\sum f_{sd}A_s - f_{cd}(b'_f - b)h'_f}{f_{cd}b} = \frac{330 \times (6434 + 402) - 11.5 \times (1480 - 180) \times 110}{11.5 \times 180}$$

$$= 295.4 \text{mm} > h'_f = 110 \text{mm}$$

表明中性轴在腹板内，属于第 II 类 T 形梁。则：

$$M_{du} = f_{cd}(b'_f - b)h'_f\left(h_0 - \frac{h'_f}{2}\right) + f_{cd}bx(h_0 - x/2)$$

$$= 11.5 \times (1480 - 180) \times 110 \times \left(1238.4 - \frac{295.4}{2}\right)$$

$$+ 11.5 \times 180 \times 295.4 \times \left(1238.4 - \frac{110}{2}\right)$$

$$= 2613.0 \text{kN} \cdot \text{m} > M_{跨中} = 2263.7 \text{kN} \cdot \text{m}$$

（2）全梁承载力校核

全梁承载力校核可通过绘制抵抗弯矩图来完成，参照图 1-5-8。

首先，将 M_{du} 近似地按受力纵筋的面积比划分为 4：4：4：4：1：1 份，过各分点作水平线，将 M_{du} 图进行分割；再将计算的弯矩组合设计值（含重要性系数的包络图）绘于同一坐标上。弯矩组合设计值曲线与分割 M_{du} 图的水平线的交点即为相应各钢筋的正截面承载力计算的"充分利用点"，也称理论截断点。

然后，根据弯起钢筋和截断钢筋的起弯点、截断点的位置以及弯起钢筋与梁中心线（通常用半梁高）的交点，即可绘出材料的抗力图，即抵抗弯矩图。

从图中可以看出，材料的抗力图曲线完全可以包住弯矩组合设计值曲线，表明全梁承载力满足要求。

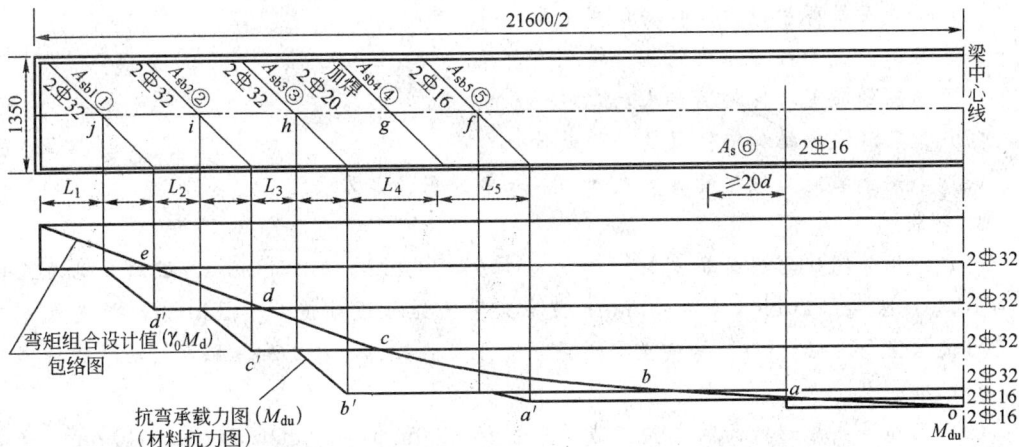

图 1-5-8　抵抗弯矩图

保证斜截面抗弯强度的构造措施　　　　　　　　　　　表 1-5-4

钢筋号 点位	A_{b1}①	A_{b2}②	A_{b3}③	A_{b4}④	A_{b5}⑤	A_{b6}⑥
充分利用点	d	c	b		a	o
不需要点	e	d	c		b	a
弯起点到充分利用点距离	$dd'>h_0/2$	$cc'>h_0/2$	$bb'>h_0/2$	加焊钢筋	$aa'>h_0/2$	截断
弯起钢筋与梁轴线交点位置	j 在 e 外侧	j 在 e 外侧	j 在 e 外侧		j 在 e 外侧	

第六节　综合训练及参考答案

一、综合训练

1. 填空题

（1）（　）和（　）统称为腹筋或剪力钢筋。

（2）影响斜截面抗剪承载力的因素中最重要的是（　）的影响。

（3）《公路钢筋混凝土及预应力混凝土桥涵设计规范》（JTG D62—2004）给出的钢筋混凝土梁斜截面抗剪承载力计算公式是以（　）破坏形态的受力特征为基础建立的。

（4）若纵向钢筋在受拉区弯起钢筋的起弯点设在按正截面抗弯承载力计算充分利用点以外不小于（　）处，可不进行斜截面抗弯承载力计算。

（5）剪跨是指梁承受（　）时，（　）作用点到支点的（　）。

2. 问答题

（1）何谓剪跨比？剪跨比对斜截面破坏形态有何影响？

（2）斜截面抗剪承载力验算时，计算截面位置如何确定？

(3) 斜截面承载力计算公式的适用条件是什么？其意义何在？

(4) 斜截面抗剪承载力设计的计算步骤是什么？

(5) 保证斜截面抗弯能力的构造措施有哪些？

(6) 箍筋的布置有何构造要求？

(7) 钢筋混凝土结构中箍筋的作用是什么？

(8) 全梁承载能力校核的目的是什么？一般采用什么方法？

3. 计算题

(1) 已知等高矩形截面简支梁，截面尺寸 $b=200$mm，$h=550$mm，混凝土为 C25，钢筋为 R235，$A_s=672$mm^2，$a_s=40$mm；支点处剪力组合设计值 $V_d=130$kN，距支点 $h/2$ 处的剪力设计值 $V'_d=120$kN。结构重要性系数为 1.0。求：该斜截面仅配置箍筋时的箍筋间距 S_v。

(2) 已知等高矩形截面简支梁，截面尺寸 $b=200$mm，$h=550$mm，$a_s=40$mm，混凝土为 C25，钢筋为 R235，截面纵向钢筋配筋率 $\rho=3\%$，箍筋选用双肢 $\phi6$ 钢筋，间距为 100mm；支点处剪力组合设计值 $V_d=164$kN，距支点 $h/2$ 处的剪力设计值 $V'_d=156$kN。结构重要性系数为 0.9。计算距支点 $h/2$ 斜截面抗剪承载力是否满足要求。

二、参考答案

1. 填空题

(1) 箍筋　弯起钢筋；(2) 剪跨比；(3) 剪压；(4) $h_0/2$；(5) 集中荷载　集中力　距离

2. 问答题

(1) 答：所谓剪跨比，是指梁承受集中荷载时，集中力作用点到支点的距离（一般称为剪跨）与梁的有效高度 h_0 之比，即 $m=a/h_0$。对其他荷载形式定义为 $m=M_d/(V_d/h_0)$，称为广义剪跨比。剪跨比的数值实际上反映了该截面所承受的弯矩和剪力的数值比例关系（即法向应力和剪应力的数值比例关系）。

根据剪跨比的大小和配筋情况，斜截面破坏形态大致可分为三种：

①斜拉破坏。当剪跨比较大（$m>3$），且梁内配置的腹筋数量过少时，将发生斜拉破坏。此时，斜裂缝一旦出现，便很快形成临界斜裂缝，并迅速伸展到受压边缘，将构件斜拉为两部分而破坏。破坏前斜裂缝宽度很小，甚至不出现裂缝，破坏是在无预兆情况下突然发生的，属于脆性破坏。

②斜压破坏。当剪跨比较小（$m<1$），或剪跨比适当，但截面尺寸过小，腹筋配置过多时，都会由于主压应力过大，发生斜压破坏。这时，随着荷载的增加，梁腹板出现若干条平行的斜裂缝，将腹板分割成许多倾斜的受压短柱，最后，因短柱被压碎而破坏。破坏时与斜裂缝相交的箍筋和弯起钢筋的应力尚未达到屈服强度，梁的抗剪承载力主要取决于斜压短柱的抗压承载力。

③剪压破坏。当剪跨比适中（$1<m<3$），且梁内配置的腹筋数量适当时，常发生剪压破坏。这时，随着荷载的增加，首先出现一些垂直裂缝和微细的斜裂缝。当荷载增加到一定程度时，出现临界斜裂缝。临界斜裂缝出现后，梁还能继续承受荷载，随着荷载的增加，临界斜裂缝向上伸展，直到与临界斜裂缝相交的箍筋和弯起钢筋的应力达到屈服强度，同时斜裂缝末端受压区的混凝土在剪应力和法向应力的共同作用下达到强度极限值而破坏。这种破坏因钢筋屈服，使斜裂缝继续发展，具有较明显的破坏征兆，属于延性破坏。

（2）答：对于简支梁和连续梁近边支点梁段验算点位置有：

①距支点中心 $h/2$ 截面；

②受拉区弯起钢筋弯起点处截面；

③锚于受拉区的纵向钢筋开始不受力处的截面；

④箍筋数量或间距改变处的截面；

⑤构件腹板宽度变化处的截面。

对于连续梁和悬臂梁近中间支点梁段验算点位置有：

①支点横隔梁边缘处截面；

②变高度梁高度突变处截面；

③参照简支梁的要求，需要进行验算的截面。

具体可参照图 1-5-1。

（3）答：斜截面抗剪承载力公式是建立在剪压破坏基础之上的，所以对于斜拉和斜压两种破坏形态可以采用其他的方法加以控制。一般用限制截面最小尺寸的办法，防止梁发生斜压破坏。对于矩形、T 形、I 形截面受弯构件，其截面尺寸应符合下列要求：

$$\gamma_0 V_d \leqslant 0.51 \times 10^{-3} \sqrt{f_{cu,k}} \, b h_0$$

式中：γ_0——结构重要性系数；

V_d——由作用（或荷载）效应所产生的截面最大剪力组合设计值（kN）；

$f_{cu,k}$——混凝土强度等级（MPa）；

b——计算截面处矩形截面的宽度或 T 形、I 形截面腹板宽度（mm）；

h_0——计算截面处梁的有效高度，即纵向受拉钢筋合力点至受压边缘的距离（mm）。

用满足箍筋最大间距限制等构造要求和限制箍筋最小配筋率的办法，防止梁发生斜拉破坏。对于矩形、T 形和 I 形截面受弯构件，如符合下式要求时，不需进行斜截面抗剪承载力计算，仅需按构造要求配置钢筋。

$$\gamma_0 V_d \leqslant 0.5 \times 10^{-3} f_{td} b h_0$$

（4）答：一般先由梁的高跨比、高宽比等构造要求及正截面受弯承载力计算确定截面尺寸、混凝土强度等级及纵向钢筋用量，然后进行斜截面受剪承载力设计计算，其步骤如下。

①确定计算截面和截面剪力设计值；

②验算截面尺寸是否满足要求；

③验算是否可以按构造配置箍筋；

④当不能仅按构造配置箍筋时，按计算确定所需腹筋数量；

⑤绘制配筋图。

（5）答：在实际设计中，一般采用"保证斜截面抗弯承载力的构造措施"来代替斜截面抗弯承载力的计算，这些构造措施如下。

①将纵向钢筋在受拉区弯起钢筋的起弯点设在按正截面抗弯承载力计算充分利用该钢筋强度的截面（称为充分利用点）以外不小于 $h_0/2$ 处。

②钢筋混凝土梁内纵向受拉钢筋不宜在受拉区截断。如需截断时，应从按正截面抗弯承载力计算充分利用该钢筋强度的截面（即理论截断点）至少延伸（$L_a + h_0$）的长度，此处 L_a 为受拉钢筋的最小锚固长度，h_0 为梁的有效高度；同时，尚应考虑从按正截面抗弯承载力计算不需要该钢筋的截面至少延伸 $20d$（对环氧树脂涂层钢筋为 $25d$），此处 d 为钢筋直径。纵向受压钢筋如在跨间截断时，应延伸至按计算不需要该钢筋的截面以外至少 $15d$（环

氧树脂涂层钢筋为 $20d$）。

③弯起钢筋可在按正截面受弯承载力计算不需要该钢筋截面面积之前弯起，但弯起钢筋与梁中心线的交点应位于按计算不需要该钢筋的截面之外。弯起钢筋的末端应留有锚固长度：受拉区不应小于 20 倍钢筋直径，受压区不应小于 10 倍钢筋直径，环氧树脂涂层钢筋增加 25%；R235 钢筋应设置半圆弯钩。

（6）答：箍筋的布置构造要求如下。

钢筋混凝土梁应设置直径不小于 8mm 且不大于 1/4 主钢筋直径的箍筋，其最小配筋率，对 R235 钢筋为 0.18%，对 HRB335 钢筋为 0.12%。当梁中配有计算需要的纵向受压钢筋，或在连续梁、悬臂梁近中间支点负弯矩的梁段，应采用封闭箍筋，同时，同排内任一纵向钢筋离箍筋折角处的纵向钢筋（角筋）的距离应不大于 150mm 或 15 倍箍筋直径（两者中较大者）。否则，应设复合箍筋。相邻箍筋的弯钩接头，沿纵向位置应错开。

箍筋的间距不应大于梁高的 1/2 且不大于 400mm；当所箍钢筋为按受力需要的纵向受压钢筋时，不应大于所箍钢筋直径的 15 倍，且不应大于 400mm。在钢筋搭接接头范围内的箍筋间距，当搭接钢筋受拉时，不应大于钢筋直径的 5 倍，且不大于 100mm；当搭按钢筋受压时，不应大于钢筋直径的 10 倍，且不大于 200mm。支座中心向跨径方向长度在一倍梁高范围内，箍筋间距应不大于 100mm。

近梁端第一根箍筋应设置在距端面一个混凝土保护层距离处。梁与梁或梁与柱的交接范围内可不设箍筋；靠近交接面的第一根箍筋，与交接面的距离不宜大于 50mm。

（7）答：箍筋除了满足斜截面抗剪承载力要求，它还起到联结受拉主钢筋和受压区混凝土使其共同工作的作用，在构造上还起着固定钢筋位置使梁内各种钢筋构成钢筋骨架的作用。

（8）答：综合考虑正截面抗弯、斜截面抗剪、斜截面抗弯等三方面的要求，使所设计的钢筋混凝土梁沿梁长方向的任一截面都满足规范要求，在最不利荷载效应组合作用下，构件不会出现正截面和斜截面破坏。一般采用图解法。

3. 计算题

答案略，计算过程参考算例。

第六章　受扭构件承载力计算

本章重点
- 矩形截面纯扭构件的破坏特征，抗扭承载力计算公式；
- 箱形截面、T形截面和I形截面钢筋混凝土纯扭构件承载力公式；
- 矩形截面弯剪扭构件的承载力计算；
- 箱形截面、T形截面、I形截面钢筋混凝土弯剪扭构件承载力。

本章难点
- "纵向钢筋与箍筋的配筋强度比值"的概念；
- 剪力和扭矩之间的相关性的概念与处理；
- 弯剪扭构件的承载力计算。

　　学习本章内容的基本思路是先明确什么是受扭构件，构件的破坏特点；纯扭构件的计算方法、剪扭构件的计算方法、弯剪扭构件的计算方法；然后理解掌握各计算方法中重要有关参数的计算与应用；最后掌握受扭构件的构造要求。

　　力矩作用平面与构件截面平行时，即有扭矩存在，构件产生扭转，这类构件称为扭转构件。在实际工程中只受单一扭转（纯扭）作用的构件很少，构件往往都是在弯矩、剪力和扭矩共同作用下的受力状态，也称之为弯剪扭构件。

　　根据扭矩形成的原因将钢筋混凝土扭转构件分为两种类型：一类是平衡扭转；另一类是协调扭转或称为附加扭转。

　　若结构的扭矩是由荷载产生的，其扭矩可根据平衡条件求得，与构件的抗扭刚度无关，这种扭转称为平衡扭转；另一类是超静定结构中由于变形的协调使截面产生的扭转，称为协调扭转或附加扭转。

第一节　矩形截面纯扭构件的破坏特征，抗扭承载力计算公式

一、素混凝土纯扭构件

1. 破坏特征

　　试验表明，无筋矩形截面混凝土构件在扭矩的作用下，首先在其长边中点最薄弱处，产生一条斜裂缝，并很快向相邻两边延伸，形成三面开裂一面受压的一个空间扭曲的歪斜裂缝面，使构件立即破坏。其破坏带有突然性，属于脆性破坏。

2. 抗扭承载力

1）弹性分析法

由材料力学知识，矩形截面匀质弹性材料杆件在扭矩作用下，截面中各点均产生剪应力，最大剪应力 τ_{max} 发生在截面长边的中点，如图 1-6-1a）所示。与该点剪应力作用相对应的主拉应力 σ_{tp} 和主压应力 σ_{cp} 分别与构件轴线成 $45°$ 方向，其大小为 $\sigma_{tp}=\sigma_{cp}=\tau_{max}$，如图 1-6-2 所示。

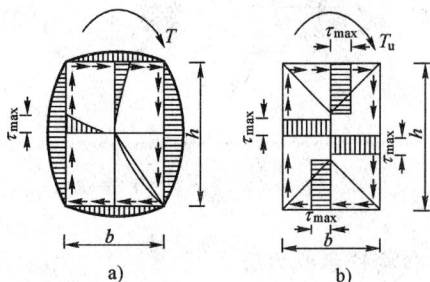

图 1-6-1　矩形截面纯扭构件剪应力分布　　　　图 1-6-2　矩形截面纯扭构件长边中点主应力分布
a）弹性状态剪应力分布；b）塑性状态剪应力分布

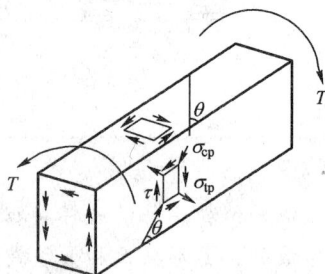

由于混凝土的抗拉强度比其抗压强度低得多，因此，在扭矩的作用下，构件长边侧面中点处垂直于主拉应力 σ_{tp} 的方向将首先被拉裂，这与前述试验情况正好符合。按照弹性理论中扭矩 T 与剪应力 τ_{max} 的数量关系，可以导出素混凝土纯扭构件的抗扭承载力计算式。然而，用它算得的抗扭承载力总比试验实测的抗扭承载力低许多，这说明采用弹性分析方法低估了素混凝土构件的抗扭承载力。

2）塑性分析法

用弹性分析方法计算的构件抗扭承载力低的原因是没有考虑混凝土的塑性性质。假设混凝土在受拉开裂前具有理想的塑性性质，剪应力分布如图 1-6-1b）所示，则可以利用塑性分析方法计算构件的抗扭承载力，于是

$$T_p = f_{td}W_t \tag{1-6-1}$$

式中：W_t——矩形截面抗扭塑性抵抗矩，$W_t=\dfrac{b^2}{6}(3h-b)$；b 为矩形截面的宽度，h 为矩形截面的高度；

$\qquad f_{td}$——混凝土轴心抗拉强度设计值。

按照塑性分析公式（1-6-1）计算的抗扭承载力与试验实测结果相比略偏大。根据试验结果，可偏安全地取该系数为 0.7，则素混凝土纯扭构件的抗扭承载力可表达为：

$$T_p = 0.7f_{td}W_t \tag{1-6-2}$$

由于素混凝土纯扭构件的开裂扭矩近似等于其破坏扭矩，所以式（1-6-2）也可近似地用来表示素混凝土构件的开裂扭矩。则素混凝土矩形纯扭构件的抗扭承载力计算为：

$$\gamma_0 T_d \leqslant 0.7f_{td}W_t \tag{1-6-3}$$

式中：T_d——扭矩组合设计值。

二、矩形截面钢筋混凝土纯扭构件

在混凝土构件中配置适当的抗扭钢筋，当混凝土开裂后，可由钢筋继续承担拉力，这对

提高构件的抗扭承载力有很大的作用。

1. 破坏特征

根据国内外相当数量的钢筋混凝土纯扭构件的试验结果，可将这类构件的破坏特征归纳为下列四种类型。

（1）当箍筋和纵筋或者其中之一配置过少时，配筋构件的抗扭承载力与素混凝土构件没有实质性的差别，其破坏扭矩基本上与开裂扭矩相等。这种"少筋构件"的破坏是脆性破坏。《桥规》对受扭构件的箍筋和纵筋的数量分别作了最小配筋率的规定。

（2）当构件中的箍筋和纵筋配置适当时，破坏前构件上陆续出现多条与杆件轴线呈45°角的螺旋裂缝，随着与其中一条裂缝相交的箍筋和纵筋达到屈服，该条裂缝不断加宽，直到最后形成三面开裂一边受压的空间扭曲破坏面，进而受压边混凝土被压碎，整个破坏过程具有一定的延性和较明显的预兆。因此，受扭构件应尽可能设计成这种具有适筋破坏特征的构件。

（3）当构件中配置的箍筋或纵筋的数量过多时，在构件破坏之前，只有数量相对较少的那部分钢筋受拉屈服，而另一部分钢筋直到受压边混凝土被压碎时，仍未能屈服，故称之为"部分超配筋"情况。由于构件破坏时有部分钢筋达到屈服，破坏特征并非完全脆性，故这种构件在工程中还是可以采用的。

（4）当箍筋和纵筋都配置过多时，在两者都还未能达到屈服之前，构件因空间桁架机构中的混凝土斜压杆被局部压碎而导致突然破坏。在破坏前，构件上也出现间距较密的螺旋裂缝，但直到破坏，这些裂缝的宽度仍不大，破坏具有明显的脆性性质，而且抗扭钢筋未能得到充分利用。因此，应避免设计这种"完全超配筋"的构件。具体做法可通过对构件最小截面尺寸的限制，以间接地规定截面的抗扭承载力上限和抗扭钢筋的最大用量。

试验研究还表明，为了使箍筋和纵向钢筋都能有效地发挥抗扭作用，应当将两种钢筋的用量比控制在合理的范围内。斜裂缝与杆件轴线的交角，也会因抗扭纵筋与抗扭箍筋的配筋强度比值改变而发生一定的变化。现采用下列公式表示的"纵向钢筋与箍筋的配筋强度比值"ζ 这一系列进行控制。

$$\zeta = \frac{f_{sd} A_{st} S_v}{f_{sv} A_{sv1} U_{cor}} \tag{1-6-4}$$

2. 抗扭承载力公式

构件受扭时，截面周边附近纤维的扭转变形和应力较大，而扭转中心附近纤维的扭转变形和应力较小。如果设想将截面中间部分挖去，即忽略该部分截面的抗扭影响，则截面可用空心杆件替代。空心杆件每个面上的受力情况相当于一个平面桁架，纵筋为桁架的弦杆，箍筋相当于桁架的竖杆，裂缝间混凝土相当于桁架的斜腹杆。因此，整个杆件犹如一个空间桁架。斜裂缝与杆件轴线的夹角 α 会随纵筋与箍筋的强度比值 ζ 而变化。目前钢筋混凝土受扭构件承载力的计算，便是建立在这个变角空间桁架模型的基础之上的。承载力由混凝土和钢筋的承载力两项组成，截面如图1-6-3所示，承载力按式（1-6-5）计算。

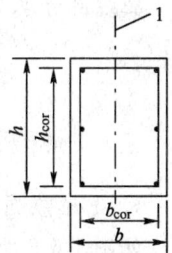

图 1-6-3 矩形截面受扭构件截面

$$\gamma_0 T_d \leqslant 0.35 f_{td} W_t + 1.2 \sqrt{\zeta} \frac{f_{sv} A_{sv1} A_{cor}}{S_v} \tag{1-6-5}$$

第二节 箱形截面、T形截面和I形截面钢筋混凝土纯扭构件承载力公式

一、箱形截面钢筋混凝土纯扭构件承载力公式

1. 不带翼缘的箱形截面

箱形截面如图 1-6-4 所示,其受扭承载力与实心矩形是基本相同的,只是对混凝土提供抗扭能力乘以箱形截面有效壁厚折减系数 β_a。

$$\gamma_0 T_d \leqslant 0.35 \beta_a f_{td} W_t + 1.2 \sqrt{\zeta} \frac{f_{sv} A_{sv1} A_{cor}}{S_v} \tag{1-6-6}$$

2. 带翼缘的箱形截面

如图 1-6-5 所示的截面,要满足去除翼缘部分的矩形箱体截面的完整性,将矩形箱体截面和翼缘部分分开考虑抗扭的能力。承受的扭矩设计值按截面抗扭塑性抵抗矩来分配。

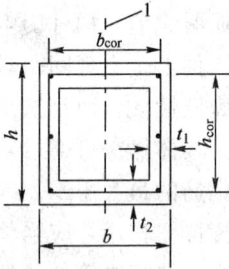

图 1-6-4 箱形截面受扭构件截面 ($h > b$) 　　图 1-6-5 带翼缘的箱形截面受扭构件截面

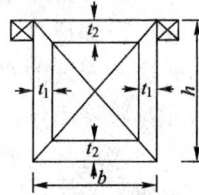

全截面的抗扭塑性抵抗矩为 $W_t = W_{tw} + W'_{tf}$,W_{tw}、W'_{tf} 分别为箱体截面抗扭塑性抵抗矩、翼缘部分抗扭塑性抵抗矩。b'_f、h'_f 为受压翼缘的宽度和厚度,应符合 $b'_f \leqslant b + 6h'_f$。

箱体截面承受的扭矩设计值为:

$$T_{wd} = \frac{W_{tw}}{W_t} T_d \tag{1-6-7}$$

翼缘部分承受的扭矩设计值为:

$$T'_{fd} = \frac{W'_{tf}}{W_t} T_d \tag{1-6-8}$$

二、T形截面、I形截面钢筋混凝土纯扭构件承载力

1. T形截面承载力

如图 1-6-6 所示的截面,要满足腹板截面的完整性,将腹板截面和翼缘部分分开考虑抗扭的能力。承受的扭矩设计值按截面抗扭塑性抵抗矩来分配。

全截面的抗扭塑性抵抗矩为 $W_t = W_{tw} + W'_{tf}$,W_{tw}、W'_{tf} 分别为腹板截面抗扭塑性抵抗矩、翼缘部分抗扭塑性抵抗矩。b'_f、h'_f 为受压翼缘的宽度和厚度,应符合 $b'_f \leqslant b + 6h'_f$。

腹板截面承受的扭矩设计值为:

$$T_{wd} = \frac{W_{tw}}{W_t} T_d \qquad (1\text{-}6\text{-}9)$$

翼缘部分承受的扭矩设计值为:

$$T'_{fd} = \frac{W'_{tf}}{W_t} T_d \qquad (1\text{-}6\text{-}10)$$

2. I形截面承载力

如图 1-6-7 所示的截面,要满足腹板截面的完整性,将腹板截面和翼缘部分分开考虑抗扭的能力。承受的扭矩设计值按截面抗扭塑性抵抗矩来分配。

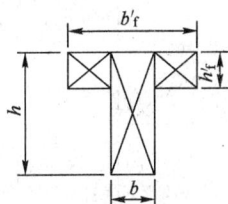

图 1-6-6 T形截面受扭构件截面

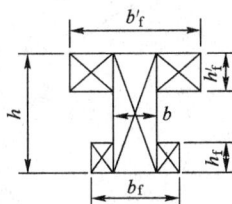

图 1-6-7 I形截面受扭构件截面

全截面的抗扭塑性抵抗矩为 $W_t = W_{tw} + W'_{tf} + W_{tf}$,$W_{tw}$、$W'_{tf}$、$W_{tf}$ 分别为腹板截面抗扭、受压翼缘部分、受拉翼缘部分抗扭塑性抵抗矩。

b'_f、h'_f 为受压翼缘的宽度和厚度,应符合 $b'_f \leqslant b + 6h'_f$,b_f、h_f 为受拉翼缘的宽度和厚度,应符合 $b_f \leqslant b + 6h_f$。

腹板截面承受的扭矩设计值为:

$$T_{wd} = \frac{W_{tw}}{W_t} T_d \qquad (1\text{-}6\text{-}11)$$

受压翼缘部分承受的扭矩设计值为:

$$T'_{fd} = \frac{W'_{tf}}{W_t} T_d . \qquad (1\text{-}6\text{-}12)$$

受拉翼缘部分承受的扭矩设计值为:

$$T_{fd} = \frac{W_{tf}}{W_t} T_d \qquad (1\text{-}6\text{-}13)$$

第三节 矩形截面弯剪扭构件的承载力计算

当构件截面上同时有弯矩、剪力和扭矩共同作用时,不难想象,三者之间存在相关性,情况较为复杂。为了简化计算,只考虑剪力和扭矩之间的相关性,不考虑弯矩与剪力、扭矩之间的相关性。这样,矩形截面弯剪扭构件的承载力可以按照下述方法进行计算:

在弯矩的作用下,可以单独计算抗弯纵向钢筋面积;在剪力和扭矩的共同作用下,考虑剪力、扭矩之间的相关性要求计算矩形截面抗剪抗扭承载力。

一、剪力和扭矩之间的相关性

剪力和扭矩之间的相关性主要是考虑混凝土的抗剪、抗扭能力随着扭矩和剪力的变化而变化。无腹筋的剪扭构件,混凝土的抗剪、抗扭承载力相关关系大致按 1/4 圆弧规律变化,如图 1-6-8 所示,即随着同时作用的扭矩增大,构件的抗剪承载力下降;当扭矩达到构件的抗扭承载力时，其抗剪承载力降为零，反之亦然。V_c、T_c 为剪、扭共同作用下混凝土的抗剪及抗扭承载力，V_{co}、T_{co} 为纯剪、纯扭构件混凝土的抗剪、抗扭承载力。对于有腹筋的剪扭构件，其混凝土部分所提供的抗扭承载力和抗剪承载力之间，可认为也存在 1/4 圆弧相关关系。在承载力计算时用剪扭构件混凝土抗剪承载力降低系数 β_t 来反映剪力和扭矩之间的相关性，如图 1-6-9 所示。

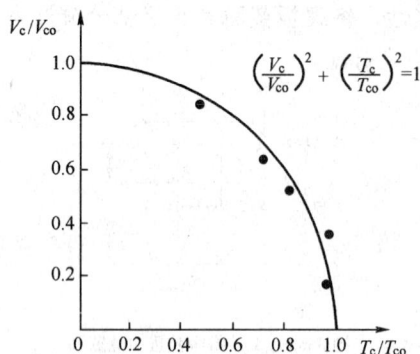

图 1-6-8　剪、扭承载力相关关系　　　　图 1-6-9　混凝土剪、扭承载力相关关系计算模式

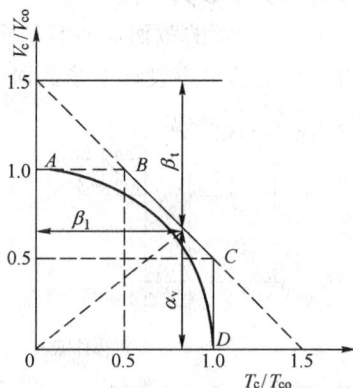

二、剪扭构件承载力

$$\gamma_0 V_d \leqslant \alpha_1 \alpha_2 \alpha_3 \frac{(10 - 2\beta_t)}{20} b h_0 \sqrt{(2 + 0.6P) \sqrt{f_{cu,k}} \rho_{sv} f_{sv}} \quad (\text{N}) \qquad (1\text{-}6\text{-}14)$$

$$\gamma_0 T_d \leqslant \beta_t \left(0.35 f_{td} + 0.05 \frac{N_{p0}}{A_0}\right) W_t + 1.2 \sqrt{\zeta} \frac{f_{sv} A_{sv1} A_{cor}}{S_v} \quad (\text{N} \cdot \text{mm}) \qquad (1\text{-}6\text{-}15)$$

$$\beta_t = \frac{1.5}{1 + 0.5 \dfrac{V_d W_t}{T_d b h_0}} \qquad (1\text{-}6\text{-}16)$$

式中：β_t——剪扭构件混凝土抗剪承载力降低系数，当 $\beta_t < 0.5$ 时，取 $\beta_t = 0.5$；当 $\beta_t > 1.0$ 时，取 $\beta_t = 1.0$。

三、矩形截面弯剪扭构件承载力

截面应符合下式要求，即抗扭上限值。

$$\frac{\gamma_0 V_d}{b h_0} + \frac{\gamma_0 T_d}{W_t} \leqslant 0.51 \times 10^{-3} \sqrt{f_{cu,k}} \quad (\text{kN/mm}^2) \qquad (1\text{-}6\text{-}17)$$

计算结果如果不满足上式要求，应加大截面尺寸。

当符合下式（1-6-18）时可不进行构件的抗扭承载力计算，按构造要求配置钢筋，只进行截面的抗弯和抗剪承载力的计算。

$$\frac{\gamma_0 V_d}{b h_0} + \frac{\gamma_0 T_d}{W_t} \leqslant 0.50 \times 10^{-3} \alpha_2 f_{td} \quad (\text{kN/mm}^2) \qquad (1\text{-}6\text{-}18)$$

若要进行截面的弯剪扭承载力计算，则：

截面的抗弯承载力独立计算，确定受弯钢筋量；

按式（1-6-16）计算剪扭构件混凝土抗扭承载力降低系数；

截面的剪扭承载力计算按式（1-6-14）、式（1-6-15）计算，确定抗剪箍筋和抗扭箍筋，然后将抗剪、抗扭箍筋叠加，形成统一配筋。

根据 $\zeta = \dfrac{f_{sd} A_{st} S_v}{f_{sv} A_{sv1} U_{cor}}$ 确定抗扭纵筋。

第四节　箱形截面、T形截面、I形截面钢筋混凝土弯剪扭构件承载力

一、箱形截面钢筋混凝土弯剪扭构件承载力

1. 不带翼缘的箱形截面

截面尺寸满足 $\dfrac{\gamma_0 V_d}{b h_0} + \dfrac{\gamma_0 T_d}{W_t} \leqslant 0.51 \times 10^{-3} \sqrt{f_{cu,k}}$（kN/mm²）的要求，其中的 W_t 为全截面的受扭塑性抵抗矩，当不满足时应增大截面尺寸；若满足 $\dfrac{\gamma_0 V_d}{b h_0} + \dfrac{\gamma_0 T_d}{W_t} \leqslant 0.50 \times 10^{-3} \alpha_2 f_{td}$（kN/mm²）可不进行构件的抗扭承载力计算，按构造要求配置抗扭钢筋，只进行截面的抗弯和抗剪承载力的计算，其中的 W_t 为全截面的受扭塑性抵抗矩。

若要进行截面的弯剪扭承载力计算，则：

截面的抗弯承载力独立计算，确定受弯钢筋量；

在考虑剪扭构件混凝土承载能力相关性的前提下，截面的抗剪承载力计算按（1-6-14）进行；截面的抗扭承载力计算按（1-6-19）进行；

$$\gamma_0 T_d \leqslant \beta_t \left(0.35 \beta_a f_{td} + 0.05 \frac{N_{p0}}{A_0} \right) \beta_a W_t + 1.2 \sqrt{\zeta} \frac{f_{sv} A_{sv1} A_{cor}}{S_v} \quad (\text{N} \cdot \text{mm}) \qquad (1\text{-}6\text{-}19)$$

确定抗剪箍筋和抗扭箍筋，然后将抗剪、抗扭箍筋叠加，形成统一配筋；

根据 $\zeta = \dfrac{f_{sd} A_{st} S_v}{f_{sv} A_{sv1} U_{cor}}$ 确定抗扭纵筋。

2. 带翼缘的箱形截面

截面尺寸要符合 $\dfrac{\gamma_0 V_d}{b h_0} + \dfrac{\gamma_0 T_d}{W_t} \leqslant 0.51 \times 10^{-3} \sqrt{f_{cu,k}}$（kN/mm²）的要求，当不符合时要增大截面的尺寸，主要增加矩形箱体部分的截面面积。其中 W_t 为全截面的受扭塑性抵抗矩。当符合式 $\dfrac{\gamma_0 V_d}{b h_0} + \dfrac{\gamma_0 T_d}{W_t} \leqslant 0.50 \times 10^{-3} \alpha_2 f_{td}$ 的要求时，可不进行构件的抗扭承载力计算。其中 W_t 为全截面的受扭塑性抵抗矩。

若要进行截面的弯剪扭承载力计算，则：

截面的抗弯承载力独立计算，确定受弯钢筋量；

中间矩形箱体剪扭承载力计算同不带翼缘的箱形截面剪扭承载力计算；

确定抗剪箍筋和抗扭箍筋，然后将抗剪、抗扭箍筋叠加，形成统一配筋；

根据 $\zeta = \dfrac{f_{sd} A_{st} S_v}{f_{sv} A_{sv1} U_{cor}}$ 确定抗扭纵筋；

受压翼缘部分按 $(b_f' - b) \times h_f'$ 的矩形截面纯扭构件计算承载力。

这里要说明的是中间矩形箱体、受压翼缘所承担扭矩设计值按截面抗扭塑性抵抗矩来分配得到。

二、T形截面、I形截面钢筋混凝土弯剪扭构件承载力

1. T形截面钢筋混凝土弯剪扭构件承载力

截面尺寸要符合 $\dfrac{\gamma_0 V_d}{bh_0} + \dfrac{\gamma_0 T_d}{W_t} \leqslant 0.51 \times 10^{-3} \sqrt{f_{cu,k}}\,(kN/mm^2)$ 的要求，腹板应满足 $b/h_w \geqslant 0.15$，h_w 为腹板的净高，其中 W_t 为全截面的受扭塑性抵抗矩，当不符合时要增大截面的尺寸；当符合式 $\dfrac{\gamma_0 V_d}{bh_0} + \dfrac{\gamma_0 T_d}{W_t} \leqslant 0.50 \times 10^{-3} \alpha_2 f_{td}$ 的要求时，可不进行构件的抗扭承载力计算，其中 W_t 为全截面的受扭塑性抵抗矩。

若要进行截面的弯剪扭承载力计算，则：

弯矩设计值由全截面承担，独立计算受弯承载力；

中间腹板要保持连续行，按 $b \times h$ 的矩形进行剪扭承载力计算；

受压翼缘部分按 $(b_f' - b) \times h_f'$ 的矩形纯扭构件计算承载力。

这里要说明的是腹板与受压翼缘所承担扭矩设计值按腹板截面、受压翼缘抗扭塑性抵抗矩来分配得到。

2. I形截面钢筋混凝土弯剪扭构件承载力

截面尺寸要符合 $\dfrac{\gamma_0 V_d}{bh_0} + \dfrac{\gamma_0 T_d}{W_t} \leqslant 0.51 \times 10^{-3} \sqrt{f_{cu,k}}\,(kN/mm^2)$ 的要求，当不符合时要增大截面的尺寸，腹板应满足 $b/h_w \geqslant 0.15$，h_w 为腹板的净高；其中 W_t 为全截面的受扭塑性抵抗矩；当符合式 $\dfrac{\gamma_0 V_d}{bh_0} + \dfrac{\gamma_0 T_d}{W_t} \leqslant 0.50 \times 10^{-3} \alpha_2 f_{td}$ 的要求时，可不进行构件的抗扭承载力计算，其中 W_t 为全截面的受扭塑性抵抗矩。

若要进行截面的弯剪扭承载力计算，则：

弯矩设计值由全截面承担，独立计算受弯承载力；

中间腹板要保持连续行，按 $b \times h$ 的矩形进行剪扭承载力计算；

受压翼缘部分按 $(b_f' - b) \times h_f'$ 的矩形纯扭构件计算承载力，受拉翼缘部分按 $(b_f - b) \times h_f$ 的矩形纯扭构件计算承载力。

这里要说明的是腹板、受压翼缘、受拉翼缘所承担扭矩设计值按腹板截面、受压翼缘、受拉翼缘抗扭塑性抵抗矩来分配得到。

第五节　问题释义与算例

一、问题释义

1. 怎样理解 ζ？

试验研究表明，为了使箍筋和纵向钢筋都能有效地发挥抗扭作用，应当将两种钢筋的用量比控制在合理的范围内。斜裂缝与杆件轴线的交角，也会因抗扭纵筋与抗扭箍筋的配筋强度比值改变而发生一定的变化。根据式（1-6-3），系数 ζ 可以理解为沿截面核心周长单位长度内的抗扭纵筋强度 $f_{sd} A_{stl}/U_{cor}$ 与沿构件轴线单位长度内的单肢抗扭箍筋强度 $f_{sv} A_{svl}/S_v$ 之间的比值，ζ 的大小影响构件的破坏形态、抗扭承载力的大小和材料强度的发

择。试验结果还表明，$\zeta = 1.2$ 左右时，纵筋与箍筋的用量为最佳比例情况，即在构件破坏之前，这两种钢筋将基本上同时达到抗拉屈服强度；在通常情况下，当 ζ 在 $0.5 \sim 2.0$ 范围内时，纵筋和箍筋一般都能较好地发挥其抗扭作用，但是为了慎重，《桥规》规定 $0.6 \leqslant \zeta \leqslant 1.7$。

2. 钢筋混凝土矩形截面纯扭构件承载力是如何计算的？

由纯扭构件的空间桁架模型可以看出，混凝土的抗扭承载力和箍筋与纵筋的抗扭承载力并不是彼此完全独立的变量，而是相互关联的。因此，应当将构件的抗扭承载力作为一个整体来考虑。现在采用的方法是先确定有关的基本变量，然后根据大量的实测数据进行回归分析，从而得到抗扭承载力计算的经验公式。

钢筋混凝土纯扭构件的试验结果表明，构件的抗扭承载力由混凝土的抗扭承载力和箍筋与纵筋的抗扭承载力两部分构成，即 $T_u = T_c + T_s$。

对于混凝土的抗扭承载力 T_c，可以借用 $f_{td} W_t$ 作为基本变量；而对于箍筋与纵筋的抗扭承载力 T_s，则根据空间桁架模型以及试验数据的分析，选取箍筋的单肢配筋承载力 $f_{sv} A_{sv1}/S_v$ 与截面核芯部分面积 A_{cor} 的乘积作为基本变量，再用 $\sqrt{\zeta}$ 来反映纵筋与箍筋的共同工作，于是材料的承载力表达式为 $T_u = \alpha_1 f_{sd} W_t + \alpha_2 \sqrt{\zeta} \dfrac{f_{sv} A_{sv1} A_{cor}}{S_v}$，式中的 α_1 和 α_2 两个系数由试验实测数据确定。为了便于分析将两边同除以 $f_{td} W_t$，得 $\dfrac{T_u}{f_{td} W_t} = \alpha_1 + \alpha_2 \sqrt{\zeta} \dfrac{f_{sv} A_{sv1} A_{cor}}{f_{td} W_t S_v}$ 式，以 $\dfrac{T_u}{f_{sd} W_t}$ 和 $\sqrt{\zeta} \dfrac{f_{sv} A_{sv1} A_{cor}}{f_{sd} W_t S_v}$ 分别为纵坐标和横坐标建立无量纲坐标系，并标出纯扭试件的实测抗扭承载力结果，由回归分析可求得抗扭承载力的双直线表达式，即图 1-6-10。

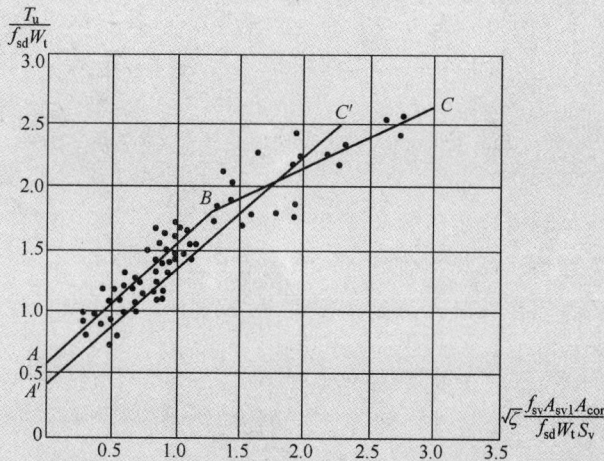

图 1-6-10 纯扭构件抗扭承载力试验数据图

图 1-6-10 中 AB 和 BC 两段直线，其中，B 点以下的试验点一般具有适筋构件的破坏特征，BC 之间的试验点一般具有部分超配筋构件的破坏特征。C 点以上的试验点则大都具有完全超配筋构件的破坏特征。考虑到设计应用上的方便，采用一根略为偏低的直线表达式，即与图中直线 $A'C'$ 相应的表达式。$\alpha_1 = 0.35$，$\alpha_2 = 1.2$，则进一步写成矩形截面纯扭构件，抗扭承载力公式为，$\gamma_0 T_d = 0.35 f_{td} W_t + 1.2 \sqrt{\zeta} \dfrac{f_{sv} A_{sv1} A_{cor}}{S_v}$。

3. 受扭构件中钢筋的构造要求有哪些？

承受扭矩的纵向钢筋要沿截面周边均匀对称布置，其间距不应大于300mm。在矩形截面基本单元的四角应设有纵向钢筋，其末端应留有按规范规定的受拉钢筋最小锚固长度。

箍筋应采用闭合式，箍筋末端做成135°弯钩。弯钩应箍牢纵向钢筋。

剪扭腹板截面的箍筋配筋率 $\left[(2\beta_t - 1) \left(0.055 \dfrac{f_{cd}}{f_{sv}} - c \right) + c \right]$。当采用 R235 级钢筋时 c 取值 0.0018；当采用 HRB335 级钢筋时 c 取值 0.0012。对纯扭截面箍筋配筋率不应小于 $0.055 \dfrac{f_{cd}}{f_{sv}}$。

纵向钢筋的配筋率不应小于受弯构件纵向受力钢筋的最小配筋率与受扭构件纵向受力钢筋的最小配筋率之和。对受弯构件纵向受力钢筋的最小配筋率可按 $\rho_{s,min} = (45f_{td}/f_{sd})\%$ 和 $\rho_{s,min} = 0.20\%$ 较大值取值；对受扭构件，其纵向受力钢筋的最小配筋率 $(A_{st,min}/bh)$，当剪扭构件的最小配筋率 $\rho_{st,min} = 0.08 (2\beta_t - 1) f_{cd}/f_{sd}$，纯扭构件的最小配筋率 $\rho_{st,min} = 0.08 f_{cd}/f_{sd}$，此处 $A_{st,min}$ 为纯扭构件全部纵向钢筋的最小截面面积，h 为矩形截面基本单元长度，b 为短边长度，f_{sd} 为纵向钢筋抗拉强度设计值。

4. 受扭构件的截面尺寸满足的条件说明。

受扭构件的截面尺寸要满足 $\dfrac{\gamma_0 V_d}{bh_0} + \dfrac{\gamma_0 T_d}{W_t} \leqslant 0.15 \times 10^{-3} \sqrt{f_{cu,k}}$ (kN/mm^2)，是为了保证构件截面尺寸及混凝土材料强度不致过小，构件在破坏时混凝土不先被压碎。当不满足上式的要求时要增大构件截面尺寸，或提高混凝土强度等级。

5. 关于 β_t 的说明。

当剪力与扭矩共同作用时，剪力的存在会使混凝土的抗扭承载力降低，而扭矩的存在也将使混凝土的抗剪承载力降低，二者之间的相关关系大致符合1/4圆的规律，如图1-6-8所示，其表达式为：

$$\left(\frac{V_c}{V_{co}} \right)^2 + \left(\frac{T_c}{T_{co}} \right)^2 = 1$$

式中：V_c、T_c——剪扭共同作用下的受剪及受扭承载力；

V_{co}——纯剪构件混凝土的受剪承载力，$V_{co} = 0.7 f_t bh_0$；

T_{co}——纯扭构件混凝土的受扭承载力，$T_{co} = 0.35 f_t W_t$。

将1/4圆简化为如图1-6-9所示的三段折线，则有：

$$\frac{V_c}{V_{co}} \leqslant 0.5 \text{ 时}, \frac{T_c}{T_{co}} = 1.0 \tag{1-6-20}$$

$$\frac{T_c}{T_{co}} \leqslant 0.5 \text{ 时}, \frac{V_c}{V_{co}} = 1.0 \tag{1-6-21}$$

$$\frac{V_c}{V_{co}}, \frac{T_c}{T_{co}} > 0.5 \text{ 时}, \frac{V_c}{V_{co}} + \frac{T_c}{T_{co}} = 1.5 \tag{1-6-22}$$

$$\text{令}: \frac{T_c}{T_{co}} = \beta_t \qquad \text{则有}: \frac{V_c}{V_{co}} = 1.5 - \beta_t \tag{1-6-23}$$

因为：

$$\frac{V_c/V_{co}}{T_c/T_{co}} = \frac{V_c}{T_c} \cdot \frac{0.35 f_t W_t}{0.7 f_t bh_0} = 0.5 \frac{V_c}{T_c} \cdot \frac{W_t}{bh_0} = 0.5 \frac{V_d}{T_d} \cdot \frac{W_t}{bh_0} \tag{1-6-24}$$

即：$\dfrac{V_c}{V_{co}} = 0.5\beta_t\dfrac{V_d}{T_d}\cdot\dfrac{W_t}{bh_0}$　　　　代入式（1-6-23）得：

$$\beta_t = \dfrac{1.5}{1 + 0.5\,\dfrac{V_d}{T_d}\cdot\dfrac{W_t}{bh_0}} \tag{1-6-25}$$

二、算例

[1] 承受均布荷载的钢筋混凝土矩形截面梁，截面尺寸，$b\times h = 300\text{mm}\times 400\text{mm}$，$a_s = a'_s = 35\text{mm}$，$h_0 = 365\text{mm}$，保护层厚度 $c = 25\text{mm}$；结构重要性系数 $\gamma_0 = 1.0$；承受扭矩设计值 $T_d = 13\text{kN}\cdot\text{m}$，承受剪力设计值 $V_d = 104\text{kN}$；采用 C25 混凝土（$f_{cd} = 11.5\text{MPa}$，$f_{td} = 1.23\text{MPa}$），钢筋采用 R235 级钢筋（$f_{sd} = f_{sv} = 195\text{MPa}$）。试配钢筋。

解题思路：本题是剪扭构件，先验算截面尺寸，再计算剪扭构件混凝土抗扭承载力降低系数，然后进行抗剪、抗扭箍筋的计算，最后计算抗扭纵筋。

解：

1）验算截面尺寸

截面受扭塑性抵抗矩：

$$W_t = \dfrac{b^2}{6}(3h - b) = \dfrac{300^2}{6}(3\times 400 - 300) = 1.35\times 10^7\,\text{mm}^3$$

$$\dfrac{\gamma_0 V_d}{bh_0} + \dfrac{\gamma_0 T_d}{W_t} = \dfrac{1.0\times 104}{300\times 365} + \dfrac{1.0\times 13\times 10^3}{1.35\times 10^7} = 1.913\times 10^{-3}\,\text{kN/mm}^2$$

$$< 0.15\times 10^{-3}\sqrt{f_{cu,k}} = 0.51\times 10^{-3}\times\sqrt{25} = 2.55\times 10^{-3}\,\text{kN/mm}^2$$

截面尺寸满足要求。

2）验算是否可按构造配筋

$$\dfrac{\gamma_0 V_d}{bh_0} + \dfrac{\gamma_0 T_d}{W_t} = \dfrac{1.0\times 104}{300\times 365} + \dfrac{1.0\times 13\times 10^3}{1.35\times 10^7} = 1.913\times 10^{-3}\,\text{kN/mm}^2$$

$$> 0.15\times 10^{-3}\alpha_2 f_{td} = 0.50\times 10^{-3}\times 1.0\times 1.23 = 0.6273\times 10^{-3}\,\text{kN/mm}^2$$

必须按计算确定剪扭钢筋。

3）剪扭钢筋计算

（1）β_t 的计算

$$\beta_t = \dfrac{1.5}{1 + 0.5\,\dfrac{V_d W_t}{T_d bh_0}} = \dfrac{1.5}{1 + 0.5\times\dfrac{104\times 10^3\times 1.35\times 10^7}{13\times 10^6\times 300\times 365}} = 1.005$$

取 $\beta_t = 1.0$

（2）受扭箍筋

由公式：

$$\gamma_0 T_d \leqslant \beta_t\left(0.35 f_{td} + 0.05\,\dfrac{N_{p0}}{A_0}\right)W_t + 1.2\sqrt{\zeta}\,\dfrac{f_{sv}A_{sv1}A_{cor}}{S_v}$$

得：

$$\frac{A_{sv1}}{S_v} = \frac{\gamma_0 T_d - \beta_t \left(0.35 f_{td} + 0.05 \frac{N_{p0}}{A_0}\right) W_t}{1.2 \sqrt{\zeta} f_{sv} A_{cor}}$$

$$= \frac{1.0 \times 13 \times 10^6 - 1.0 \times 0.35 \times 1.23 \times 1.35 \times 10^7}{1.2 \times \sqrt{1.2} \times 195 \times 250 \times 350} = 0.321 \text{mm}^2/\text{mm}$$

这里 $\zeta = 1.2$, $A_{cor} = (300 - 2c) \times (400 - 2c) = 250\text{mm} \times 350\text{mm}$，不考虑预应力影响 $0.05 \frac{N_{p0}}{A_0} = 0$。

(3) 受剪箍筋

由式：

$$\gamma_0 V_d \leqslant \alpha_1 \alpha_2 \alpha_3 \frac{(10 - 2\beta_t)}{20} bh_0 \sqrt{(2 + 0.6P) \sqrt{f_{cu,k}} \rho_{sv} f_{sv}}$$

得：
$$\frac{A_{sv}}{S_v} = \frac{(20\gamma_0 V_d)^2}{\alpha_1^2 \alpha_2^2 \alpha_3^2 (10 - 2\beta_t)^2 (2 + 0.6P) \sqrt{f_{cu,k}} f_{sv} bh_0^2}$$

$$= \frac{(20 \times 1.0 \times 104 \times 10^3)^2}{1.0^2 \times 1.0^2 \times 1.0^2 \times (10 - 2 \times 1.0)^2 \times (2 + 0.6 \times 0) \times \sqrt{25} \times 195 \times 300 \times 365^2}$$

$$= 0.867 \text{mm}^2/\text{mm}$$

这里：没有纵向受拉钢筋，$P = 0$。

(4) 箍筋总量

当采用双肢箍筋时，$n = 2$，单肢箍筋所需截面面积：

$$\frac{A_{sv1}}{S} = \frac{A_{sv}}{nS_v} + \frac{A_{sv1}}{S_v} = \frac{1}{2} \times 0.867 + 0.321 = 0.756 \text{mm}^2/\text{mm}$$

选箍筋直径为 $\phi 10$, $A_{sv1} = 78.5 \text{mm}^2$，则：

$$S = \frac{78.5}{0.756} = 103.8\text{mm}，取 S = 100\text{mm}。$$

$$\rho_{sv,min} = \left[(2\beta_t - 1)\left(0.055 \frac{f_{cd}}{f_{sv}} - c\right) + c\right]$$

$$= \left[(2 \times 1.0 - 1) \times \left(0.055 \times \frac{11.5}{195} - 0.0018\right) + 0.0018\right]$$

$$= 0.0032 = 0.32\%$$

$$\rho_{sv} = \frac{A_{sv}}{bS} = \frac{2 \times 78.5}{300 \times 100} = 0.0052 = 0.52\% > \rho_{sv,min} = 0.32\%$$

满足要求。

(5) 纵向配筋

由 $\zeta = \frac{f_{sd} A_{st} S_v}{f_{sv} A_{sv1} U_{cor}}$ 计算得：

$$A_{st} = \frac{\zeta f_{sv} A_{sv1} U_{cor}}{f_{sd} S_v} = \frac{1.2 \times 195 \times 0.321 \times 1200}{195} = 462.2 \text{mm}^2$$

$$\rho_{st} = \frac{A_{st}}{bh} = \frac{462.2}{300 \times 400} = 0.38\%$$

$$\rho_{st,min} = 0.08(2\beta_t - 1) f_{cd}/f_{sd} = 0.08 \times (2 \times 1.0 - 1) \times 11.5 \div 195 = 0.47\%$$

$\rho_{st} < \rho_{st,min}$ 不满足要求，则应按最小配筋率配筋。

$$A_{st,min} = \rho_{st,min} bh = 0.47 \times 10^{-2} \times 300 \times 400 = 564 mm^2$$

根据构造要求，受扭纵筋的间距不应大于 300mm，选配 6ϕ12（$A_{st} = 678 mm^2$），将钢筋布置在截面四角和长边中点处。

[2] 承受均布荷载的钢筋混凝土 T 形截面弯剪扭构件，截面尺寸 $b'_f = 400mm$, $h'_f = 80mm$, $b \times h = 200mm \times 450mm$, $a_s = 35mm$。构件所承受的弯矩设计值、剪力设计值、扭矩设计值分别为 $M_d = 54kN \cdot m$、$V_d = 64kN$、$T_d = 6kN \cdot m$。采用 C20 混凝土（$f_{cd} = 9.2MPa$, $f_{td} = 1.06MPa$），采用 R235 级钢筋（$f_{sd} = f_{sv} = 195MPa$）。保护层厚度 $c = 25mm$，结构重要性系数 $\gamma_0 = 1.0$。试进行配筋。

解题思路：本题是弯剪扭构件，可先进行截面尺寸验算，再配受弯的纵筋，然后配置剪扭钢筋。

解： 1）验算截面尺寸

将 T 形截面分为腹板与受压翼缘，分别计算各自截面和整个截面的受扭塑性抵抗矩。

腹板：$W_{tw} = \dfrac{b^2}{6}(3h - b) = \dfrac{200^2}{6}(3 \times 450 - 200) = 7.67 \times 10^6 mm^3$

受压翼缘：$W'_{tf} = \dfrac{h'^2_f}{2}(b'_f - b) = \dfrac{80^2}{2} \times (400 - 200) = 0.64 \times 10^6 mm^3$

整个截面：$W_t = W_{tw} + W'_{tf} = 7.67 \times 10^6 + 0.64 \times 10^6 = 8.31 \times 10^6 mm^3$

$$\frac{\gamma_0 V_d}{bh_0} + \frac{\gamma_0 T_d}{W_t} = \frac{1.0 \times 64}{200 \times 415} + \frac{1.0 \times 6 \times 10^3}{8.31 \times 10^6} = 1.49 \times 10^{-3} kN/mm^2$$

$$< 0.15 \times 10^{-3} \sqrt{f_{cu,k}} = 0.51 \times 10^{-3} \times \sqrt{25} = 2.55 \times 10^{-3} kN/mm^2$$

截面尺寸满足要求。

2）验算是否可按构造配筋

$$\frac{\gamma_0 V_d}{bh_0} + \frac{\gamma_0 T_d}{W_t} = \frac{1.0 \times 64}{200 \times 415} + \frac{1.0 \times 6.0 \times 10^3}{8.31 \times 10^6} = 1.49 \times 10^{-3} kN/mm^2$$

$$> 0.50 \times 10^{-3} \alpha_2 f_{td} = 0.50 \times 10^{-3} \times 1.0 \times 1.23 = 0.6273 \times 10^{-3} kN/mm^2$$

必须按计算确定剪扭钢筋。

3）受弯纵筋计算

判别 T 形截面类型：

$$f_{sd} b'_f h'_f \left(h_0 - \frac{h'_f}{2}\right) = 9.2 \times 400 \times 80 \times (415 - 40)$$

$$= 110.4 \times 10^6 N \cdot mm = 110.4 kN \cdot m > 54 kN \cdot m$$

故属于第 I 类 T 形截面。

$$x = h_0 - \sqrt{h_0^2 - \frac{2\gamma_0 M_d}{f_{cd} b'_f}} = 415 - \sqrt{415^2 - \frac{2 \times 1.0 \times 54 \times 10^6}{9.2 \times 400}} = 37mm$$

$$A_s = \frac{f_{cd} b'_f x}{f_{cd}} = \frac{9.2 \times 400 \times 72.3}{195} = 698.26 mm^2$$

$$\rho_{s,min} = (45 f_{cd}/f_{cd})\% = (45 \times 1.06 \div 195)\% = 0.24\%$$

$$\rho_s = \frac{A_s}{bh_0} = \frac{698.26}{200 \times 415} = 0.0084 = 0.84\% > \rho_{s,\min} = 0.24\%$$

4) 剪扭钢筋计算

腹板
$$T_{wd} = \frac{W_{tw}}{W_t} T_d = \frac{7.67 \times 10^6}{8.31 \times 10^6} \times 6.0 = 5.54 \text{kN} \cdot \text{m}$$

受压翼缘
$$T'_{fd} = \frac{W'_{tf}}{W_t} T_d = \frac{0.64 \times 10^6}{8.31 \times 10^6} \times 6.0 = 0.46 \text{kN} \cdot \text{m}$$

(1) 腹板配筋

① β_t 的计算：

$$\beta_t = \frac{1.5}{1 + 0.5 \dfrac{V_d W_t}{T_d bh_0}} = \frac{1.5}{1 + 0.5 \times \dfrac{64 \times 10^3 \times 8.31 \times 10^6}{5.54 \times 10^6 \times 200 \times 415}} = 0.976$$

② 受扭箍筋：

由公式：

$$\gamma_0 T_d \leqslant \beta_t \left(0.35 f_{td} + 0.05 \frac{N_{p0}}{A_0} \right) W_t + 1.2 \sqrt{\zeta} \frac{f_{sv} A_{sv1} A_{cor}}{S_v}$$

得：

$$\frac{A_{sv1}}{S_v} = \frac{\gamma_0 T_d - \beta_t \left(0.35 f_{td} + 0.05 \dfrac{N_{p0}}{A_0} \right) W_t}{1.2 \sqrt{\zeta} f_{sv} A_{cor}}$$

$$= \frac{1.0 \times 5.54 \times 10^6 - 0.976 \times 0.35 \times 1.06 \times 7.67 \times 10^6}{1.2 \times \sqrt{1.3} \times 195 \times 150 \times 400} = 0.166 \text{mm}^2/\text{mm}$$

这里 $\zeta = 1.3$，$A_{cor} = (200 - 2c) \times (450 - 2c) = 150 \text{mm} \times 400 \text{mm}$，不考虑预应力影响 $0.05 \dfrac{N_{p0}}{A_0} = 0$。

③ 受剪箍筋：

由式：

$$\gamma_0 V_d \leqslant \alpha_1 \alpha_2 \alpha_3 \frac{(10 - 2\beta_t)}{20} bh_0 \sqrt{(2 + 0.6P) \sqrt{f_{cu,k}} \rho_{sv} f_{sv}}$$

得：

$$\frac{A_{sv}}{S_v} = \frac{(20 \gamma_0 V_d)^2}{\alpha_1^2 \alpha_2^2 \alpha_3^2 (10 - 2\beta_t)^2 (2 + 0.6P) \sqrt{f_{cu,k}} f_{sv} bh_0^2}$$

$$= \frac{(20 \times 1.0 \times 64 \times 10^3)^2}{1.0^2 \times 1.0^2 \times 1.1^2 \times (10 - 2 \times 0.976)^2 \times (2 + 0.6 \times 0.0084) \times \sqrt{20} \times 195 \times 200 \times 415^2}$$

$$= 0.347 \text{mm}^2/\text{mm}$$

④ 箍筋总量：

当采用双肢箍筋时，$n = 2$，单肢箍筋所需截面面积：

$$\frac{A_{sv1}}{S} = \frac{A_{sv}}{nS_v} + \frac{A_{rv}}{S_v} = \frac{1}{2} \times 0.347 + 0.154 = 0.328 \text{mm}^2/\text{mm}$$

选箍筋直径为 $\phi 8$，$A_{sv1} = 50.35\text{mm}^2$，则：

$$S = \frac{50.3}{0.328} = 153\text{mm}，取 S = 150\text{mm}。$$

$$\rho_{sv,min} = \left[(2\beta_t - 1)\left(0.055\frac{f_{cd}}{f_{sv}} - c\right) + c \right]$$

$$= \left[(2 \times 0.976 - 1) \times \left(0.055 \times \frac{9.2}{195} - 0.0018\right) + 0.0018 \right]$$

$$= 0.0026 = 0.26\%$$

$$\rho_{sv} = \frac{A_{sv}}{bS} = \frac{2 \times 50.3}{200 \times 150} = 0.0034 = 0.34\% > \rho_{sv,min} = 0.26\%$$

满足要求。

⑤纵向配筋：

由：$\zeta = \dfrac{f_{sd}A_{st}S_v}{f_{sv}A_{sv1}U_{cor}}$ 计算得：

$$A_{st} = \frac{\zeta f_{sv}A_{sv1}U_{cor}}{f_{sd}S_v} = \frac{1.3 \times 195 \times 0.166 \times 1100}{195} = 237.38\text{mm}^2$$

$$\rho_{st} = \frac{A_{st}}{bh} = \frac{237.38}{200 \times 450} = 0.29\%$$

$$\rho_{st,min} = 0.08(2\beta_t - 1)f_{cd}/f_{sd} = 0.08 \times (2 \times 0.976 - 1) \times 9.2 \div 195 = 0.36\%$$

$\rho_{st} < \rho_{st,min}$ 不满足要求，则应按最小配率配筋。

$$A_{st,min} = \rho_{st,min}bh = 0.36 \times 10^{-2} \times 200 \times 450 = 323\text{mm}^2$$

根据构造要求，受扭纵筋的间距不应大于 300mm，分三层布置受扭钢筋：

顶层受扭钢筋：$\dfrac{A_{st}}{3} = \dfrac{323}{3} = 107.7\text{mm}^2$　　　　　　选配 2ϕ10（157mm²）

中层受扭钢筋：$\dfrac{A_{st}}{3} = \dfrac{323}{3} = 107.7\text{mm}^2$　　　　　　选配 2ϕ10（157mm²）

底层受扭钢筋与受拉钢筋：

$$\frac{A_{st}}{3} + A_s = \frac{323}{3} + 698.26 = 805.9\text{mm}^2 \qquad 选配 4\phi16（804\text{mm}^2）$$

（2）弯曲受压翼缘配筋，按纯扭构件计算

$$A_{cor} = b'_{f,cor}h'_{f,cor} = (400 - 200 - 2 \times 25) \times (80 - 2 \times 25) = 150 \times 30 = 4500\text{mm}^2$$

$$U_{cor} = 2(b'_{f,cor} + h'_{f,cor}) = 2 \times (150 + 30) = 360\text{mm}$$

①抗扭箍筋计算：

取 $\zeta = 1.5$

由 $\gamma_0 T'_{td} \leqslant 0.35 f_{sd}W'_{tf} + 1.2\sqrt{\zeta}\dfrac{f_{sv}A_{sv1}A_{cor}}{S_v}$ 得：

$$\frac{A_{sv1}}{S_v} = \frac{\gamma_0 T'_{td} - 0.35 f_{td}W'_{tf}}{1.2\sqrt{\zeta}f_{sv}A_{cor}}$$

$$= \frac{1.0 \times 0.46 \times 10^6 - 0.35 \times 1.06 \times 0.64 \times 10^6}{1.2 \times \sqrt{1.5} \times 195 \times 4500} = 0.173\text{mm}^2/\text{mm}$$

选用 $\phi 8$ 箍筋，$S=\dfrac{50.3}{0.173}=291.5\text{mm}$，为了与腹板箍筋间距协调，取 $S=150\text{mm}$。

②抗扭纵筋计算：

$$A_{st}=\frac{\zeta f_{sv}A_{sv1}U_{cor}}{f_{sd}S_v}=\frac{1.5\times195\times0.173\times360}{195}=93.42\text{mm}^2$$

按构造要求配置纵筋，选 $4\phi 8$（201.2mm^2）。

第六节　综合训练及参考答案

一、综合训练

1. 填空题

(1) 属于变角度空间桁架模型的基本假定是：（　　）、（　　）、（　　）。

(2) 钢筋混凝土受扭构件，受扭纵筋和箍筋的配筋强度比 $0.6<\zeta<1.7$ 说明，当构件破坏时，（　　）。

(3)《公路混凝土及预应力混凝土桥涵设计规范》对于剪扭构件承载力计算采用的计算模式是：（　　）。

(4) 钢筋混凝土 T 形和 I 形截面剪扭构件可划分为矩形块计算，此时剪力由（　　）承担，扭矩由（　　）承担。

(5) 钢筋混凝土纯扭构件的破坏类型有（　　）、（　　）、（　　）、（　　）。

(6) 受扭承载力计算公式中的混凝土承载力降低系数 β_t 应考虑的因素：（　　）、（　　）、（　　）。

2. 问答题

(1) 怎样得到素混凝土纯扭截面承载力？

(2) 对于纯扭构件，配置什么样的钢筋最合适？工程中是怎样处理的？

(3) 怎样理解抗扭纵筋要在截面中对称布置？

(4) 受扭构件的配筋有哪些构造要求？

(5) 纵向钢筋与箍筋的配筋强度比 ζ 的意义是什么？有什么限值？

3. 计算题

(1) 钢筋混凝土矩形截面梁，截面尺寸 $b\times h=200\text{mm}\times400\text{mm}$，$a_s=a_s'=35\text{mm}$，$h_0=365\text{mm}$，保护层厚度 $c=25\text{mm}$；结构重要性系数 $\gamma_0=1.0$；承受弯矩设计值 $M_d=50\text{kN}\cdot\text{m}$，承受扭矩设计值 $T_d=4\text{kN}\cdot\text{m}$，承受剪力设计值 $V_d=52\text{kN}$；采用 C20 混凝土（$f_{cd}=9.2\text{MPa}$，$f_{td}=1.06\text{MPa}$），钢筋采用 R235 级钢筋（$f_{sd}=f_{sv}=195\text{MPa}$）。试计算配筋。

(2) 钢筋混凝土 T 形截面弯剪扭构件，截面尺寸，$b_f'=250\text{mm}$，$h_f'=80\text{mm}$，$b\times h=200\text{mm}\times500\text{mm}$，$a_s=35\text{mm}$。构件所承受的弯矩设计值、剪力设计值、扭矩设计值分别为 $M_d=80\text{kN}\cdot\text{m}$、$V_d=65\text{kN}$、$T_d=10\text{kN}\cdot\text{m}$。采用 C25 混凝土（$f_{cd}=11.5\text{MPa}$，$f_{td}=1.23\text{MPa}$），采用 R235 级钢筋（$f_{sd}=f_{sv}=195\text{MPa}$）。保护层厚度 $c=25\text{mm}$，结构重要性系数 $\gamma_0=1.0$。试进行配筋。

二、参考答案

1. 填空题

（1）混凝土只承受压力　纵筋和箍筋只承受拉力　忽略核心混凝土的受扭作用和钢筋的销栓作用

（2）纵筋和箍筋都能达到屈服

（3）混凝土考虑相关关系　钢筋不考虑相关关系

（4）腹板　腹板和翼缘

（5）少筋破坏　部分超筋破坏　完全超筋破坏　适筋破坏

（6）剪力和扭矩的大小关系　截面形式　荷载形式

2. 问答题

（1）答：用弹性分析方法计算的构件抗扭承载力低的原因是没有考虑混凝土的塑性性质。假设混凝土在受拉开裂前具有理想的塑性性质，则可以利用塑性分析方法计算构件的抗扭承载力。对于理想塑性材料的构件，只有当截面上各点的剪应力全部达到材料的强度极限时，构件才丧失承载能力而破坏。塑性抗扭承载力为 $T_p = \tau_{max} W_t$，其中 W_t 为矩形截面抗扭塑性抵抗矩。在纯扭构件中，截面上的剪应力 τ 与相应的主拉应力 σ_{tp} 大小相等。当 σ_{tp} 达到混凝土轴心抗拉强度时，则有 $\tau_{max} = f_{td}$，于是 $T_p = f_{td} W_t$，W_t 为矩形截面抗扭塑性抵抗矩，f_{td} 混凝土轴心抗拉强度设计值。按照塑性分析公式计算的抗扭承载力与试验实测结果相比略偏大。其原因主要是由于混凝土并非理想的塑性材料，不可能在整个截面上实现理想的塑性应力分布；另一方面，在纯扭构件中除了主拉应力作用外，与主拉应力正交的方向上还有主压应力作用，在这种拉压复合应力状态下，混凝土的抗拉强度要低于单向受拉时的抗拉强度 f_{td}。综上所述可见，素混凝土构件的实际抗扭承载力介于弹性分析和塑性分析结果之间。比较接近实际的办法是对塑性分析的结果乘以一小于 1 的系数，根据试验结果，可偏安全地取该系数为 0.7，则素混凝土纯扭构件的抗扭承载力可表达为 $T_p = 0.7 f_{td} W_t$。

（2）答：根据弹性分析结果，扭矩在构件中引起的主拉应力方向与构件轴线成 45°。因此，最合理的配筋方式是在构件靠近表面处设置呈 45°走向的螺旋形钢筋。但这种配筋方式不便于施工，且当扭矩改变方向后则将完全失去效用。在实际工程中，一般是采用由靠近构件表面设置的横向箍筋和沿构件周边均匀对称布置的纵向钢筋共同组成的抗扭钢筋骨架。它恰好与构件中抗弯钢筋和抗剪钢筋的配置方向相协调。

（3）答：试验证明，非对称布置的抗扭纵筋在受力中不能充分发挥作用。如果抗扭纵筋的实际布置难以实现对称要求时，则在计算中只能取对称布置的那部分的钢筋面积。

（4）答：钢筋混凝土构件承受的剪力及扭矩相当于结构混凝土即将开裂时剪力及扭矩值的界限状态，称为构造配筋界限。从理论上说，结构处于界限状态时，由于混凝土尚未开裂，混凝土能够承受荷载作用而不需要设置受剪和受扭钢筋，但在设计时为了安全可靠，防止混凝土偶然开裂而丧失承载力。按构造要求还应设置符合最下配筋率要求的钢筋截面面积，《桥规》规定对剪扭构件构造配筋的界限按 $\dfrac{\gamma_0 V_d}{b h_0} + \dfrac{\gamma_0 T_d}{W_t} \leqslant 0.50 \times 10^{-3} \alpha_2 f_{td} \ (\text{kN/mm}^2)$ 配置。

钢筋混凝土受扭构件能够承受相当于素混凝土受扭构件所能承受的极限承载力时，相应的配筋率称为受扭构件钢筋的最小配筋率。受扭构件的最小配筋率，应包括箍筋最小配筋率及纵筋最小配筋率。具体配筋率限定和其他要求见问题释义3。

(5) 答：钢筋混凝土纯扭构件破坏特征主要与抗扭纵筋与箍筋配置量多少有关。试验表明，当纵筋与箍筋的用量比较适宜时，可以使纵筋和箍筋都能有效发挥抗扭作用。因此引入 ζ 来反映纵筋与箍筋不同配置量与强度比对受扭承载力的影响，《桥规》规定 ζ 的取值应符合 $0.6 \leqslant \zeta \leqslant 1.7$。

3. 计算题

(1) 受弯纵筋计算面积 721mm^2；$\zeta = 1.2$，单侧箍筋计算量 $0.211\text{mm}^2/\text{mm}$；受扭纵筋计算量 131mm^2。

(2) 受弯纵筋计算面积 847mm^2；腹板的剪扭计算，按 $\zeta = 1.2$，腹板单侧箍筋计算量 $0.222\text{mm}^2/\text{mm}$，腹板受扭纵筋计算量 271mm^2；受压翼缘按纯扭计算，受压翼缘单侧箍筋计算量 $0.131\text{mm}^2/\text{mm}$，抗扭纵筋按构造配置。

第七章 受压构件承载力计算

根据轴心受压构件箍筋的功能和配置方式的不同，我们将轴心受压构件分为普通箍筋柱和螺旋箍筋柱。我们应了解钢筋混凝土轴心受压柱中普通箍筋和螺旋箍筋的作用；深入理解纵向钢筋及普通箍筋柱的破坏特征、受力特点；掌握钢筋抗压强度的取值、稳定系数的概念，熟练掌握轴心受压构件正截面承载力计算公式；掌握纵向钢筋及普通箍筋柱的构造要求，即混凝土强度等级、截面形式及尺寸、纵向钢筋、箍筋；了解纵筋及螺旋箍筋柱的受力特点、破坏特征、计算公式。

对于矩形截面偏心受压构件我们应了解钢筋混凝土偏心受压构件与受弯构件、轴心受压构件的关系；掌握对称配筋的偏心受压构件由于轴心力的偏心距和配筋率的不同，所造成的几种破坏形态，其中包括破坏原因、破坏性质、破坏特征。

了解偏心受压构件正截面承载力计算的基本假定、相对受压区高度；掌握依据相对受压高度进行大、小偏心受压情况的判别；掌握附加偏心距的计算公式，以及附加偏心距对大、小偏心受压承载力的影响有何不同。

掌握大、小偏心受压构件的基本公式及其适用条件；掌握根据界限轴力与界限偏心距判断大、小偏心受压的条件。

理解轴力—弯矩相关曲线中极限轴力与弯矩的对应关系；掌握根据长细比的不同，偏心受压柱分为短柱、长柱和细长柱的条件，及其承载力的关系、破坏性质。

掌握偏心距增大系数的作用，偏心距增大系数公式中各符号的意义，考虑偏心距及长细比对曲率影响的两个修正系数的公式。

掌握截面配筋计算中两种偏心受压情况的判别。

熟练掌握大偏心受压构件中受压钢筋及受拉钢筋均为未知、或受压钢筋为已知求受拉钢筋两种情况的配筋计算；掌握小偏心受压构件配筋计算的步骤与要点。

第一节 轴心受压构件破坏形态、承载力 计算公式和构造要求

一、轴心受压构件的破坏形态

按照构件的长细比不同，轴心受压构件可分为短柱和长柱两种，它们的受力变形和破坏形态各不相同。

1. 短柱

当压力 P 逐渐增加时，短柱试件也随之缩短，用仪表量测证明混凝土全截面和纵向钢筋均发生压缩变形。当轴向压力达到破坏荷载的 90% 左右时，柱四周混凝土表面出现纵向裂缝等压坏的迹象，混凝土保护层剥落，最后由于箍筋间的纵向钢筋发生屈曲，向外凸出，混凝土被压碎而整个试验柱破坏。破坏时，测得的混凝土压应变大于 1.8×10^{-3}，而柱中部的横向挠度很小。钢筋混凝土短柱的破坏是一种材料破坏，即混凝土压碎破坏。

2. 长柱

长柱试件在压力 P 不大时，全截面也是受压，但随着压力增大，长柱不仅发生压缩变形，同时产生较大的横向挠度 f，凹侧压应力较大，凸侧较小。在长柱破坏前，横向挠度增加得很快，使长柱的破坏来得比较突然，导致失稳破坏。破坏时，凹侧的混凝土首先被压碎，有纵向裂缝，纵向钢筋被压弯而向外鼓出，混凝土保护层脱落；凸侧则由受压突然转变为受拉，出现裂缝。我们也可以把其理解为立直的受弯构件。

轴心受压构件对比试验短柱和长柱的横向挠度 f 与压力 P 之间的关系，以及其他的试验可知，短柱总是受压破坏，长柱则是失稳破坏；长柱的承载能力要小于相同截面、配筋、材料的短柱的承载能力。换句话说，将短柱的破坏荷载乘以一个稳定系数——纵向稳定系数 φ 就可以得到相同截面、配筋、材料的长柱的破坏荷载。试验同时表明，稳定系数 φ 与构件的长细比有关。长细比根据构件截面的形式不同其表示方式也不尽相同，对于矩形截面可用 L_0/b 表示，圆形截面可用 $L_0/2r$ 表示，其他截面可用 L_0/i 表示。其中，L_0 为柱的计算长度；b 为矩形截面的短边尺寸；r 为圆形截面的半径；i 为截面的最小回转半径，其数值可用 $i = \sqrt{I_0/A}$ 计算求得。显然，L_0/b（或 $L_0/2r$）越大，即柱子越细长，则 φ 值越小，承载力越低。

二、普通箍筋柱轴心受压构件的构造要求

普通箍筋柱的截面常采用正方形或矩形。

柱中配置的纵向钢筋用来协助混凝土承担压力，以减小截面尺寸，并增加对意外弯矩的抵抗能力，防止构件的突然破坏。纵向钢筋的直径不应小于 12mm，其净距不应小于 50mm，也不应大于 350mm；对水平浇筑的预制件，其纵向钢筋的最小净距应按受弯构件的有关规定处理。配筋率不应小于 0.5%，当混凝土强度等级高于 C50（包括 C50）时应不小于 0.6%；同时，一侧钢筋的配筋率不应小于 0.2%。受压构件的配筋率按构件的全截面面积计算。

柱内除配有纵向钢筋外，在横向围绕着纵向钢筋配置有箍筋，箍筋与纵向钢筋形成骨架，用以防止纵向钢筋受力后压屈。柱的箍筋应作成封闭式，其直径应不小于纵向钢筋直径

的 1/4，且不小于 8mm。构件的纵向钢筋应设置复合箍筋。箍筋的间距不应大于纵向受力钢筋直径的 15 倍或构件短边尺寸（圆形截面采用 0.8 倍直径），并不大于 400mm。在纵向受力钢筋搭接范围内箍筋间距不应大于搭接受压钢筋直径的 10 倍，且不大于 200mm。纵向钢筋的配筋率大于 3% 时，箍筋间距不应大于纵向受力钢筋直径的 10 倍，且不大于 200mm。

三、普通箍筋柱轴心受压构件的承载力计算公式

在轴心压力作用下，构件截面上的钢筋和混凝土同时受压，切压应变呈均匀分布。受压破坏时的混凝土极限压应变值 $\varepsilon_{cu}=0.002$，因此即使钢筋强度较高，其最大强度设计值也只能取 $f'_s=\varepsilon'_s E_s=\varepsilon_{cu} E_s=0.002 \times 2.0 \times 10^5=400 \text{N/mm}^2$。短柱的承载力为 $N_{du}=f_{cd} A_n + f'_{sd} A'_s$，其中 A_n 是混凝土净截面面积，$A_n=A-A'_s$，A'_s 是钢筋截面面积，A 是构件截面面积。为了简化计算，在配筋率 $\rho=\dfrac{A'_s}{A} \leqslant 3\%$ 时，直接采用截面面积 A，则有 $N_{du}=f_{cd}A + f'_{sd}A'_s$。

在实际工程中不可避免地存在初始偏心距，当构件较长时，如长细比 $l_0/b > 8$ 时（l_0 为构件的计算长度；b 为矩形截面的短边尺寸），由微小初始偏心距产生的附加弯矩会使构件出现侧向弯曲而转化为偏心受压构件，使所能承担的轴向力降低。若截面不变，长细比越大，破坏截面的附加弯矩越大，构件所能承担的轴向压力就越小。当 $l_0/b > 35$ 时，则可能发生失稳。故《桥规》用稳定系数 φ 来反映构件长细比的影响，φ 的具体数值列于《桥规》表 5.3.1 内。φ 值为长柱承载能力 $N_长$ 与短柱承载能力 $N_短$ 的比值，即 $\varphi=N_长/N_短$。考虑到荷载初始偏心距和长期荷载的影响，《桥规》采用的 φ 值比实验结果要低。稳定系数 φ 与柱的长细比 l_0/b 有关，而柱的计算长度 l_0 与其两端支承情况和有无侧移有关。端部支承情况不同，加荷后产生的侧向挠度大小不同，l_0 也不同，当构件两端固定时取 $0.5l$；当一端固定一端为不移动的铰时取 $0.7l$；当两端均为不移动的铰时取 l；当一端固定一端自由时取 $2l$；l 为构件支点间长度。

同时为适当提高轴心抗压构件的安全度在等式的右边还乘了 0.9 的系数。

可见轴心受压构件的承载力由构件的计算长度、稳定系数和材料的抗压强度三个因素确定。《桥规》5.3.1 规定：钢筋混凝土轴心受压构件，当配有箍筋时，其正截面抗压承载力计算应符合：

$$\gamma_0 N_d \leqslant 0.9\varphi(f_{cd}A + f'_{sd}A'_s) \tag{1-7-1}$$

四、轴心受压构件正截面受压承载力计算方法

在实际设计中，轴心受压构件承载力计算可分为截面设计和承载力复核两种情况。

1. 截面设计

当截面尺寸已知时，首先根据构件的长细比 l_0/b 查得稳定系数 φ，再由式（1-7-1）计算所需钢筋截面面积，可得：

$$A'_s = \frac{\gamma_0 N_d - 0.9\varphi f_{cd}A}{0.9\varphi f'_{sd}} \tag{1-7-2}$$

若截面尺寸未知，可在适宜的配筋率范围（$\rho=0.8\% \sim 1.5\%$）内，选取一个 ρ 值，并暂设 $\varphi=1.0$。这时，可将 $A'_s=\rho A$ 代入式（1-7-1），即得 $\gamma_0 N_d \leqslant 0.9\varphi(f_{cd}A + f'_{sd}\rho A)$，所以：

$$A \geqslant \frac{\gamma_0 N_{\mathrm{d}}}{0.9\varphi(f_{\mathrm{cd}} + f'_{\mathrm{sd}}\rho)} \tag{1-7-3}$$

所需构件截面面积 A 确定后，应结合构造要求选取截面尺寸，截面的边长应取整数。然后，按构件的实际长细比，确定构件的稳定系数，再由式（1-7-2）计算所需钢筋截面面积 A'_{s}。

2. 承载力复核

对已设计好的截面进行承载力复核时，首先应根据构件的长细比确定构件的稳定系数，然后由式（1-7-1）求得截面所能承受的轴向力设计值为：

$$N_{\mathrm{du}} = 0.9\varphi(f_{\mathrm{cd}}A + f'_{\mathrm{sd}}A'_{\mathrm{s}})$$

若所求得的 $N_{\mathrm{du}} \geqslant \gamma_0 N_{\mathrm{d}}$，说明构件的承载力是足够的；反之承载力不足。

五、螺旋式箍筋柱轴心受压构件的构造要求

螺旋箍筋柱为了便于螺旋箍筋的制作，其截面形式通常采用圆形或八角形。

螺旋箍筋柱的配筋特点是除了纵向受力钢筋外，还配置了密集的螺旋形或焊接环形箍筋。

《桥规》9.6.2 规定：纵向受力钢筋沿圆形均匀布置，其截面面积不应小于螺旋形或焊接环形箍筋圈内混凝土核心截面面积的 0.5%，构件核心混凝土截面面积不应小于整个截面面积的 2/3。为了使间接钢筋对核心混凝土能形成较为均匀的约束压力，螺旋箍筋的间距不应太大，即间接钢筋的螺距不应大于核心直径的 1/5，亦不大于 80mm，同时为了便于混凝土的浇灌，箍筋的间距亦不能太小，要求不应小于 40mm。

此条目还规定：纵向受力钢筋应伸入与受压构件连接的上下构件内，其长度不应小于受压构件的直径，且不应小于纵向受力钢筋的锚固长度。间接钢筋的直径不应小于纵向钢筋直径的 1/4，且不小于 8mm。

六、螺旋式箍筋柱轴心受压构件的破坏形态

若纵向钢筋和混凝土的截面面积不变，则普通箍筋柱与螺旋箍筋柱在轴向力作用下的承载力基本相同，但到达极限强度时的破坏形态却不同。当到达极限荷载时，普通箍筋柱在高应力作用下纵向钢筋屈服，混凝土严重开裂，保护层混凝土剥落，这时在抗力 N_{du} 与轴向变形 w_{f} 曲线（图 1-7-1）上可以看到，抗力 N_{du} 开始下降，最后箍筋间的纵筋压屈外鼓，柱子压溃。

螺旋箍筋柱沿柱高连续缠绕间距很密的螺旋箍筋，对所包围的核心部分混凝土起了一个套筒作用，有力

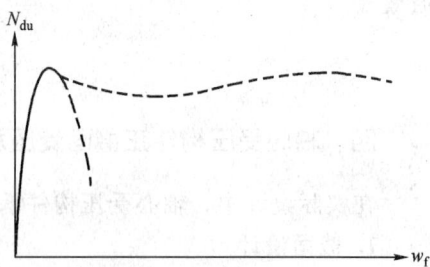

图 1-7-1　抗力 N_{du} 与轴向变形 w_{f} 曲线

地限制核心混凝土的横向变形，使之处于三向受力状态下工作，从而提高核心混凝土的抗压强度。所以当纵筋屈服、混凝土保护层开始剥落时，在 N_{du}-w_{f} 曲线中表现出抗力 N_{du} 略有下降；而核心混凝土由于受螺旋箍筋的约束仍能继续承载，且其抗压强度超过棱柱体的抗压强度，补偿了保护层所承担的轴力，在 N_{du}-w_{f} 曲线上表现出抗力 N_{du} 逐渐回升。随着荷载的加大，螺旋箍筋中环向应力不断加大，直到屈服，箍筋不能再约束核心混凝土的横向变形，该部分的强度也不再提高，进而混凝土压碎，柱子破坏，此时抗力也到达第二个高峰。

由此可见，螺旋箍筋柱具有很好的延性。

七、螺旋式箍筋柱轴心受压构件的正截面受压承载力计算公式及方法

由混凝土三向受压强度试验结果表明，由于侧边径向压
力 σ_r 的作用，混凝土沿圆柱的轴向抗压强度计算公式为：

$$f_c = f_{cd} + 4.1\sigma_r \approx f_{cd} + 4\sigma_r \qquad (1\text{-}7\text{-}4)$$

图 1-7-2 为螺旋箍筋的隔离体受力图。

$$\sigma_r = \frac{2f_{sd}A_{so1}}{d_{cor}S} \qquad (1\text{-}7\text{-}5)$$

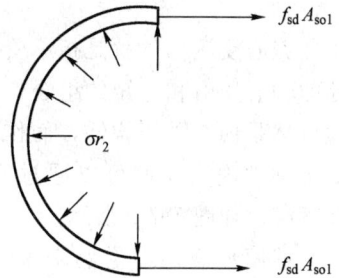

图 1-7-2　螺旋箍筋上的内力

将其代入式（1-7-4）中，可得：$f_c = f_{cd} + \dfrac{8f_{sd}A_{so1}}{d_{cor}S}$。

计算配有螺旋式或焊接环式箍筋的轴心受压构件承载力时，假定混凝土应力达到考虑横
向约束的混凝土轴心抗压强度 f_c，纵向钢筋应力均达到钢筋抗压强度设计值 f'_{sd}，箍筋外围
混凝土不起作用。于是可得到对于 $l_0/i \leqslant 48$（相当于 $l_0/5r \leqslant 12$）时的螺旋箍筋柱的正截面
抗压承载力计算公式：

$$\gamma_0 N_d \leqslant 0.9(f_c A_{cor} + f'_{sd}A'_s) = 0.9[(f_{cd} + 4\sigma_r)A_{cor} + f'_{sd}A'_s] \qquad (1\text{-}7\text{-}6)$$

将式（1-7-5）代入上式即得：

$$\gamma_0 N_d \leqslant 0.9(f_{cd}A_{cor} + f'_{sd}A'_s + kf_{sd}A_{so}) \qquad (1\text{-}7\text{-}7)$$

为保证使用阶段混凝土保护层不致过早剥落，《桥规》5.3.2 还规定：按式（1-7-7）计
算的抗压承载力不应大于按式（1-7-1）计算的抗压承载力设计值的 1.5 倍。就是说，螺旋
箍筋柱轴向受压构件的承载力只能比相同材料和截面的普通箍筋柱轴向受压构件的受压承载
力高 50%，即螺旋箍筋柱的最大承载力取：

$$N_{max} = 1.5 \times 0.9\varphi(f_{cd}A + f'_{sd}A'_s) = 1.35\varphi(f_{cd}A + f'_{sd}A'_s)$$

《桥规》5.3.2 还规定：当间接钢筋的换算截面面积 A_{so} 小于全部纵向钢筋截面面积的
25%，或按式（1-7-7）算得的抗压承载力小于按式（1-7-1）算得抗压承载力时，不应考虑
间接钢筋的套箍作用，正截面抗压承载力应按式（1-7-1）进行计算。

作出以上规定的原因是：

（1）螺旋箍筋只有在较为理想的轴心受压状态下才能充分发挥其提高核心混凝土抗压强
度的作用，当构件长细比较大时，由于初始偏心引起的侧向挠曲和附加弯矩使构件破坏时实
际处于偏心受压状态，这种情况下螺旋箍筋不一定能充分发挥作用，故《桥规》规定螺旋箍
筋柱只在 $l_0/i \leqslant 48$（相当于 $l_0/2r \leqslant 12$，$l_0/b \leqslant 14$）的轴心受压构件中采用。因为这时的稳定
系数 $\varphi \geqslant 0.92$，故公式中可忽略稳定系数 φ 的影响。

（2）若构件的外围混凝土相对较厚，则核心面积相对较小，如求得受压承载力小于
$0.9\varphi(f_{cd}A + f'_{sd}A'_s)$，则应按 $\gamma_0 N_d \leqslant 0.9\varphi(f_{cd}A + f'_{sd}A'_s)$ 计算。

（3）螺旋箍筋配置很少时，很难保证能够其对混凝土发挥有效的约束作用，故《桥规》
规定，间接钢筋的换算截面面积 A_{so} 不得小于全部纵向钢筋截面面积的 25%。

第二节 偏心受压构件的破坏特征，两种偏心受压破坏的本质区别

偏心受压构件就是指承受作用不在其截面形心处的轴心压力，或受到作用在其截面形心处的轴心压力和弯矩的组合作用的钢筋混凝土构件。显然，作用不在其截面形心处的轴心压力自然是偏心受压构件，而作用在其截面形心处的轴心压力和弯矩的组合作用为什么是偏心受压构件呢？我们可以通过简单的力的平移来理解。如图 1-7-3 所示。

截面形心，理论上来说，应该为考虑钢筋在内的复合材料的换算截面形心，由于在进行设计之初，配筋尚未确定，为进行内力分析，通常采用素混凝土截面形心作为设计依据，轴向力 N 与弯矩 M 共同作用在截面形心处。我们可以将 M 等价于一对力偶（N，N'），其力偶臂为 $e_0 = M/N$，如图 1-7-3b）所示。那么在轴心处的 N 与 N' 又是一对大小相

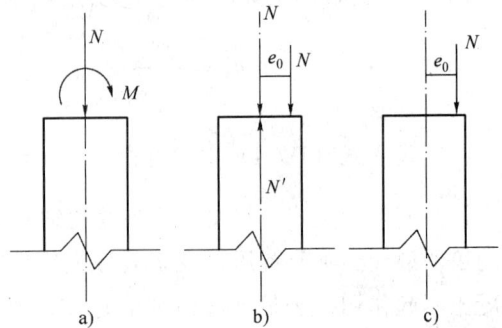

图 1-7-3 偏心受压简图

等、方向相反且作用在同一直线上的平衡力。即可将其简化为图 1-7-3c）。反之，根据力的平移法则，截面承受偏心距为 e_0 的偏心压力 N 相当于承受轴心压力 N 和弯矩 $M = Ne_0$ 的共同作用，故压弯构件与偏心受压构件的受力特性是基本一致的。

一、偏心受压构件的破坏性特征及分类

轴向力作用时产生均匀的压应变，弯矩作用时截面绕中性轴转动，截面一部分产生拉应变，一部分产生压应变；两者共同作用下，出现部分截面受压，另一部分截面受拉，或全截面不均匀受压。轴力和弯矩的比值不同，形成的受压区高度亦不同，从而表现出不同的破坏形态。

1. 大偏心受压破坏

发生在相对受压区高度较小的情况下，构件的破坏是由于纵向受拉钢筋达到屈服强度而引起的。钢筋屈服后垂直裂缝发展，导致受压区混凝土压毁。这种情况下，构件的承载力取决于受拉钢筋的强度。这种破坏发生在偏心距较大和受拉钢筋较少的情况下。

2. 小偏心受压破坏

当相对受压区高度较大时，构件的破坏是由受压区混凝土达到极限应变值 ε_{cu} 引起的。破坏时距轴向力较远一侧的混凝土可能受压，也可能受拉。受拉区混凝土可能出现或不出现裂缝，但处于该位置的纵向钢筋不论受拉或受压，一般均未达到屈服。这种破坏发生在偏心距较小或偏心距较大但纵向受拉钢筋较多的情况。

3. 界限破坏

在大小偏心受压之间有一个界限状态，其特点是受压区混凝土达到极限应变值 ε_{cu} 与纵向钢筋屈服同时发生。这时的相对受压区高度即为界限相对受压区高度 ξ_b。当 $\xi \leqslant \xi_b$ 时，发生大偏心受压破坏；当 $\xi > \xi_b$ 时，发生小偏心受压破坏。所以 ξ_b 是一个用来判断属于哪种偏压破坏的界限值，如图 1-7-4 所示。它概念明确，直接反映大小偏心的破坏特征。

《桥规》5.3.3 规定：预应力混凝土偏心受压构件应以相对界限受压区高度 ξ_b 作为判别大小偏压的条件，ξ_b 应按以下规定确定：

（1）对精轧螺纹钢筋

$$\xi_b = \frac{\beta}{1 + \dfrac{f_{pd} - \sigma_{p0}}{E_p \varepsilon_{cu}}} \qquad (1\text{-}7\text{-}8)$$

（2）对钢筋和钢绞线

$$\xi_b = \frac{\beta}{1 + \dfrac{0.002}{\varepsilon_{cu}} + \dfrac{f_{pd} - \sigma_{p0}}{E_p \varepsilon_{cu}}} \qquad (1\text{-}7\text{-}9)$$

β 值按表 1-7-1 取用。

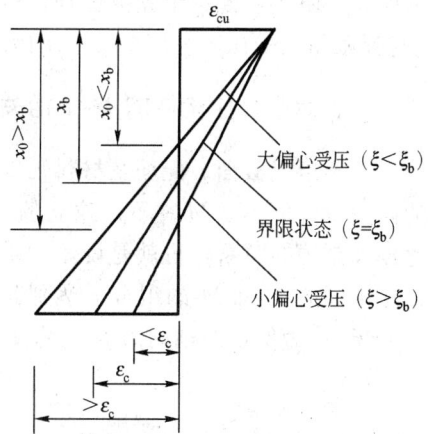

图 1-7-4 大小偏心界限

系数 β 值						表 1-7-1
混凝土强度等级	C50 及以下	C55	C60	C65	C70	C75	C80
β	0.80	0.79	0.78	0.77	0.76	0.75	0.74

在实际工程中，通常是已知偏心距的大小，而不是截面受压区的高度 $x\left(\xi_b = \dfrac{x}{h_0}\right)$，因此用来鉴别大小偏心受压不太方便，最好用偏心距 e_0 来鉴别，为此，必须确定相应于界限状态 ξ_b 时的偏心距 e_{0b}，参照双筋受弯构件计算简图和公式，偏心受压界限状态的计算简图，如图 1-7-5 所示。

$$\frac{e_{0b}}{h_0} = \frac{f_{cd}\xi_b\left(\dfrac{h}{h_0} - \xi_b\right) + (\rho f_{sd} + \rho' f'_{sd}) \times \left(\dfrac{h}{h_0} - \dfrac{2a'_s}{h_0}\right)}{2(f_{cd}\xi_b + \rho' f'_{sd} - f_{sd}\rho)} \qquad (1\text{-}7\text{-}10)$$

界限状态偏心距 e_{0b} 与配筋率和混凝土、钢筋等级等因素有关。界限状态偏心距 e_{0b} 的变化如图 1-7-6 所示。从图中可见，e_{0b}/h_0 值在 0.3 上下变化，因此近似地取平均值 $e_{0b} = 0.3h_0$ 作为界限状态偏心距。

$$\left.\begin{array}{l} e_0 < 0.3h_0，为小偏心 \\ e_0 \geqslant 0.3h_0，一般为大偏心 \end{array}\right\} \qquad (1\text{-}7\text{-}11)$$

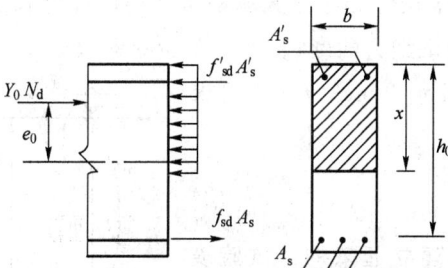

图 1-7-5 界限状态计算简图

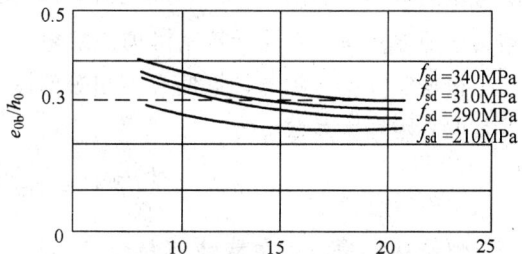

图 1-7-6 界限偏心距 e_{0b} 变化规律

二、两种偏心受压破坏的本质区别

根据上述对偏心受压构件的破坏性分类的阐述，钢筋先达到屈服强度还是受压区混凝土先达到极限应变值，是两种偏心受压破坏的本质区别。因为在实际设计中，我们很难界定是钢筋先屈服还是混凝土先被压碎，所以我们采用的判别方法则是，根据相对受压区高度系数 ξ 与界限相对受压区高度 ξ_b 之间的大小关系，判断偏心受压构件的破坏类型。

三、偏心受压构件的 M-N 相关曲线

对于给定截面、配筋及材料强度的偏心受压构件，到达承载能力极限状态时，截面承受的内力设计值 N、M 并不是独立的，而是相关的。轴力与弯矩对于构件的作用效应存在着叠加和制约的关系，也就是说，当给定轴力 N 时，有其唯一对应的弯矩 M，或者说构件可以在不同的 N 和 M 的组合下达到其极限承载力。下面以对称配筋截面（$A_s = A'_s$，$a_s = a'_s$，$f_{sd} = f'_{sd}$）为例说明轴向力 N 与弯矩 M 的对应关系。如图 1-7-7 所示，ab 段表示大偏心受压时的 M-N 相关曲线，为二次抛物线。随着轴向压力 N 的增大，截面能承担的弯矩也相应提高。b 点为受拉钢筋与受压混凝土同时达到其强度值的界限状态。此时偏心受压构件承受的弯矩 M 最大。be 段表示小偏心受压时的 M-N 曲线，是一条接近于直线的二次函数曲线。由曲线趋向可以看出，在小偏心受压情况下，随着轴向压力的增大，截面所能承担的弯矩反而降低。图中 a 点表示受弯构件的情况，c 点代表轴心受压构件的情况。曲线上任一点 d 的坐标代表截面承载力的一种 M 和 N 的组合。如任意 e 点

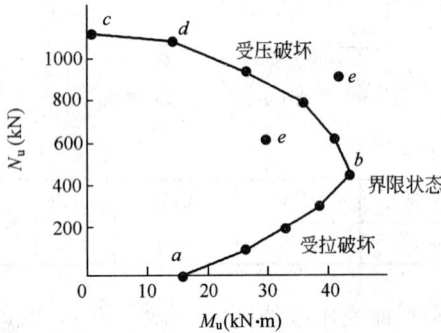

图 1-7-7　偏心受压构件的 M-N 相关曲线

位于图中曲线的内侧，说明截面在该点坐标给出的内力组合下未达到承载能力极限状态，是安全的；若 e 点位于图中曲线的外侧，则表明截面的承载力不足。

第三节　偏心距增大系数的含义及计算方法

实际工程中，钢筋混凝土柱总是在轴力和弯矩共同作用下工作，也即构件是在具有偏心距 $e_0 = M/N$ 的轴向压力作用下工作。

（1）由于施工制作及加载的误差，因此严格说不存在真正的轴心受压构件。

（2）长细比比较大的偏心受压构件，在设计计算中需考虑由于构件侧向挠度而引起的二阶弯矩的影响，如图 1-7-8 所示。国内外规范大多采用偏心距增大系数 η 与构件计算长度 l_0 相结合的方法进行简化计算来考虑二阶弯矩对截面承载力的影响。

根据实际偏心距与计算偏心距相等的原则，即 $\eta e_0 = e_0 + f_{max}$，可求得其偏心距增大系数 η 为：

$$\eta = \frac{e_0 + f_{max}}{e_0} = 1 + \frac{f_{max}}{e_0} \qquad (1\text{-}7\text{-}12)$$

《桥规》给出的 η 表达式是按极限曲率理论建立起来的，试验表明，它比原规范按弹性稳定理论并根据试验资料进行刚度修正的计算公式更接近试验结果。其中公式（1-7-12）中构件中点最大挠度值 f_{max} 可用积分法求得：

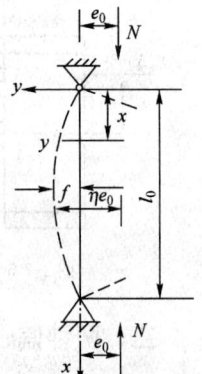

图 1-7-8　偏心受压纵向
弯曲示意图

$$f_{max} = \frac{l_0^2}{\beta \cdot r_c}$$

则：

$$\eta = 1 + \frac{l}{e_0}\left(\frac{l_0^2}{\beta \cdot r_c}\right)$$

根据平截面假定：

$$\frac{1}{r_c} = \frac{\phi\varepsilon_{cu} + \varepsilon_y}{h_0}$$

式中：ε_{cu}——受压区边缘混凝土极限压应变，取 $\varepsilon_{cu} = 0.0033$；

ε_y——受拉钢筋达到屈服强度时的应变，取与 HRB335 级钢筋抗拉强度标准值对应的应变，即 $\varepsilon_y = 0.0017$；

ϕ——荷载长期作用下混凝土徐变引起的应变增大系数，取 $\phi = 1.25$。

在界限条件下，将荷载偏心率和长细比对曲率的影响分别用 ξ_1、ξ_2 表示，则：

$$\eta = 1 + \frac{l}{e_0}\left(\frac{\phi\varepsilon_{cu} + \varepsilon_y}{h_0} \cdot \frac{l_0^2}{\beta}\right)\xi_1\xi_2$$

用上述具体数值代入，并让 $h = 1.1h_0$，其中 $\beta = \pi^2 \approx 10$，可以得到计算偏心受压构件偏心距增大系数 η 的公式：

$$\eta = 1 + \frac{1}{1400e_0/h_0}\left(\frac{l_0}{h}\right)^2\xi_1\xi_2 \tag{1-7-13}$$

第四节　矩形截面偏心受压构件对称配筋承载力计算

配筋计算是已知轴向力组合设计值 N_d 及弯矩组合设计值 M_d，由对称配筋有 $A_s = A_s'$、$f_{sd} = f_{sd}'$ 和 $f_{sd}A_s = f_{sd}'A_s'$，要求钢筋截面面积 A_s 和 A_s'。一般先选定材料强度等级、截面尺寸，判断大小偏心类型，然后再通过基本公式的计算求出 A_s 和 A_s'。

一、两种偏心受压情况的判断

由力学平衡方程和 $A_s = A_s'$ 得基本公式为：

$\sum X = 0$ 　　　　　　　　　　$\gamma_0 N_d \leqslant f_{cd}bx$ 　　　　　　　　　　(1-7-14)

$\sum M_{A_s} = 0$ 　　　$\gamma_0 N_d e \leqslant f_{cd}bx\left(h_0 - \frac{x}{2}\right) + f_{sd}'A_s'(h_0 - a_s')$ 　　　(1-7-15)

由式（1-7-14）求得 x 同样要满足式：

$$x > 2a_s' \tag{1-7-16}$$

如果截面受压区高度不符合式（1-7-16），即 $x < 2a_s'$ 时，根据第四章双筋矩形截面的分析近似地取受压钢筋合力点为力矩中心，由力矩平衡条件得：

$$\gamma_0 N_d e' \leqslant f_{sd}A_s(h_0 - a_s') \tag{1-7-17}$$

以上是假定混凝土受压区的合力位置与受压钢筋 A_s' 的合力位置重合，并都位于 A_s' 的合力位置处。如果按式（1-7-17）计算所得的承载力比不考虑受压钢筋 A_s' 的作用还小时，则在计算中不应考虑受压钢筋的工作，即取 $A_s' = 0$ 进行计算。

若 $x \leqslant \xi_b h_0$，即 $\gamma_0 N_d \leqslant f_{cd}b\xi_b h_0$，则属于大偏心受压构件，故应按大偏心受压公式进行计算。

若 $x > \xi_b h_0$，即 $\gamma_0 N_d > f_{cd}b\xi_b h_0$，则属于小偏心受压构件，故应按小偏心受压公式进行计算。

二、大偏心受压构件的配筋计算

由式（1-7-14）和式（1-7-15）及轴向力 N_d 至钢筋 A_s 合力作用点的距离 $e = \eta e_0 + \dfrac{h}{2} - a_s$ 得：

$$A_s = A_s' = \frac{\gamma_0 N_d e - f_{cd} b x (h_0 - x/2)}{f_{sd}'(h_0 - a_s')}$$

当 $A_s = A_s' \leqslant A_{s,\min} = \rho_{\min} b h_0 = 0.002 bh$ 时，取 $A_s = A_s' = 0.002 bh$。

注意，这里面计算的最小配筋率是用构件的毛截面面积计算的。因为，《桥规》9.1.12 规定：轴心受压构件、偏心受压构件全部纵向钢筋的配筋百分率不应小于 0.5，当混凝土强度等级 C50 及以上时不应小于 0.6；同时，一侧钢筋的配筋百分率不应小于 0.2。轴心受压构件、偏心受压构件全部纵向钢筋的配筋百分率和一侧纵向钢筋的配筋百分率应按构件的毛截面面积计算。

三、小偏心受压构件的配筋计算

由于小偏心受压构件 $x > \xi_b h_0$，受拉边（或受压较小边）钢筋的应变 $\varepsilon_{si} < \varepsilon_y$（屈服应变），钢筋处于弹性工作阶段，其应力 $\sigma_{si} = \varepsilon_{si} E_s$。根据平截面假定，可求得钢筋应变为：

$$\varepsilon_{si} = \varepsilon_{cu}\left(\frac{\beta h_{0i}}{x} - 1\right)$$

所以：

$$\sigma_{si} = \varepsilon_{cu} E_s \left(\frac{\beta h_{0i}}{x} - 1\right) \tag{1-7-18}$$

且：

$$-f_{sd}' \leqslant \sigma_{si} \leqslant f_{sd}$$

当 σ_{si} 为拉应力且其值大于普通钢筋抗拉强度设计值 f_{sd} 时，取 $\sigma_{si} = f_{sd}$；当 σ_{si} 为压应力时且其绝对值大于普通钢筋抗压强度设计值 $-f_{sd}'$ 时，$\sigma_{si} = -f_{sd}'$。

可以根据力学基本方程写出小偏心受压构件的正截面抗压承载力的计算公式：

$$\gamma_0 N_d \leqslant f_{cd} b x + f_{sd}' A_s' - \sigma_s A_s \tag{1-7-19}$$

$$\gamma_0 N_d e \leqslant f_{cd} b x \left(h_0 - \frac{x}{2}\right) + f_{sd}' A_s'(h_0 - a_s') \tag{1-7-20}$$

或：

$$\gamma_0 N_d e' \leqslant -f_{cd} b x \left(\frac{x}{2} - a_s'\right) + \sigma_s A_s \ (h_0 - a_s') \tag{1-7-21}$$

《桥规》5.3.5 规定：截面受拉边或受压较小边纵向钢筋的应力 σ_s 应按下列情况采用：

(1) 当 $\xi \leqslant \xi_b$ 时，为大偏心受压构件，取 $\sigma_s = f_{sd}$，此处，相对受压区高度 $\xi = x/h_0$；

(2) 当 $\xi > \xi_b$ 时，为小偏心受压构件，σ_s 按式（1-7-18）计算。

将式（1-7-18）计算出的 σ_s 和 $A_s = A_s'$ 代入到式（1-7-19）中，即可得到关于受压区高度 x 和受压钢筋截面面积 A_s' 的方程组，联立两方程即可求解。这是一个关于 x 的三次方程，求解比较麻烦，一般可采用 Podolsky 逐次渐近法求解方程。

第五节　矩形截面偏心受压构件非对称配筋承载力计算

配筋计算是已知轴向力组合设计值 N_d 及弯矩组合设计值 M_d，要求钢筋截面面积 A_s 和 A_s'。同样地，一般先选定材料强度等级、截面尺寸，判断大小偏心类型，然后再通过基本

公式的计算求出 A_s 和 A'_s。

一、两种偏心受压情况的判断

配筋设计时，当 $\eta e_0 < 0.3h_0$ 时，可按小偏心受压构件计算；当 $\eta e_0 \geqslant 0.3h_0$ 时，可先按大偏心受压构件计算，但所得受拉钢筋的截面面积必须大于最小配筋率（按构件的毛截面面积计算）的要求，否则，钢筋截面面积按小偏心受压构件计算。

二、大偏心受压构件的配筋计算

1. 基本公式的得出

根据大偏心破坏特征，进行大偏心受压承载能力计算时，假定：

①构件变形符合平面假设；

②受拉区混凝土退出工作，受压区混凝土应力取等效矩形分布图；

③受压区达到混凝土抗压设计强度 f_{cd}，受拉区钢筋达到钢筋抗拉设计强度 f_{sd}，受压区钢筋应力达到抗压设计强度 f_{sd}；

④采用破坏时的偏心距 ηe_0，其计算简图如图 1-7-9 所示。

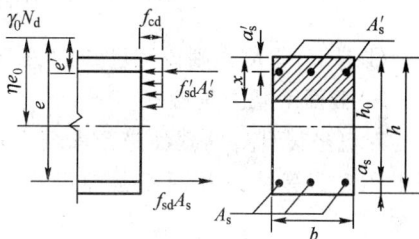

图 1-7-9　矩形截面大偏心受压构件承载力计算简图

根据计算简图，由轴力平衡条件得：

$$\gamma_0 N_d \leqslant f_{cd}bx + f'_{sd}A'_s - f_{sd}A_s \qquad (1-7-22)$$

由所有的力对受拉钢筋合力作用点取矩的平衡条件，即 $\sum M_{A_s} = 0$ 得：

$$\gamma_0 N_d e \leqslant f_{cd}bx\left(h_0 - \frac{x}{2}\right) + f'_{sd}A'_s(h_0 - a'_s) \qquad (1-7-23)$$

受压区高度 x，可由对偏心压力 N_d 作用点取力矩平衡条件，即 $\sum M_N = 0$，求得

$$f_{cd}bx\left(e - h_0 + \frac{x}{2}\right) = f_{sd}A_se \mp f'_{sd}A'_se' \qquad (x \leqslant \xi_b h_0 \text{ 和 } x > 2a'_s) \qquad (1-7-24)$$

2. 配筋计算

在非对称大偏心受压构件配筋设计中，一般分为两种情况：

（1）已知构件截面尺寸 b、h，轴向力组合设计值 N_d 及弯矩组合设计值 M_d，混凝土和钢筋强度等级，构件的计算长度 l_0。欲求钢筋截面面积 A_s、A'_s，可按下列步骤进行计算。

①设偏心受压区高度为 x：

因为在基本公式（1-7-22）、式（1-7-23）中，有三个未知数 x、A_s、A'_s 及两个有效方程。为了求得合理的解答，必须根据设计要求预先确定一个未知数，一般在设计 A_s 及 A'_s 时，可根据构件配筋量 $(A_s + A'_s)$ 最少，又充分发挥受压混凝土的作用，设 $x = \xi_b h_0$。

②求 A'_s：

由式（1-7-23）得：

$$A'_s = \frac{\gamma_0 N_d e - f_{cd}bh_0^2\xi_b(1 - 0.5\xi_b)}{f'_{sd}(h_0 - a'_s)} \qquad (1-7-25)$$

若由式（1-7-25）求得的受压钢筋配筋率小于最小配筋率，则应按构造要求取 $A'_s = 0.2\%bh$。

③求 A_s：

由式（1-7-22）计算受拉钢筋截面面积：

$$A_s = \frac{f_{cd}bh_0\xi_b + f'_{sd}A'_s - \gamma_0 N_d}{f_{sd}} \tag{1-7-26}$$

（2）若在上述已知条件下，还已知受压钢筋截面面积 A'_s，求 A_s 截面面积，可按下列步骤计算。

由式（1-7-23）解出 x，即：

$$x = h_0 - \sqrt{h_0^2 - \frac{2[\gamma_0 N_d e - f'_{sd}A'_s(h_0 - a'_s)]}{f_{cd}b}} \tag{1-7-27}$$

判断 x 值是否在 $2a'_s$ 及 $\xi_b h_0$ 之间。

①若 $2a'_s \leqslant x \leqslant \xi_b h_0$，由式（1-7-22）计算受拉钢筋截面面积，即：

$$A_s = \frac{f_{cd}bx + f'_{sd}A'_s - \gamma_0 N_d}{f_{sd}} \tag{1-7-28}$$

② $x < 2a'_s$，则由式（1-7-17）计算受拉钢筋截面面积，即：

$$A_s = \frac{\gamma_0 N_d e'}{f_{sd}(h_0 - a'_s)} \tag{1-7-29}$$

③若 $x > \xi_b h_0$，则说明已知的 A'_s 不足，需按 A'_s 未知的情况重新计算。

3. 截面承载力复核

对已经设计好的截面进行承载力复核，这时已知偏心受压构件截面尺寸、计算长度，混凝土和钢筋等级以及钢筋截面面积。欲判断构件是否满足承载要求，可按下列步骤进行计算。

（1）求受压区高度 x，由式（1-7-24）得：

$$x = (h_0 - e) + \sqrt{(h_0 - e)^2 - \frac{2(f_{sd}A_s e \pm f'_{sd}A'_s e')}{f_{cd}b}} \tag{1-7-30}$$

（2）若求出的 $x \leqslant \xi_b h_0$，为大偏心受压构件。可将 x 代入式（1-7-22）计算轴向承载能力，即：

$$N_{du} = f_{cd}bx + f'_{sd}A'_s - f_{sd}A_s$$

（3）判断构件是否可以安全承载：

若所求得的轴向承载力 N_{du} 大于已知构件上所承受的轴向压应力 N_d，则说明构件可以安全承载；反之，则构件不能承载。

三、小偏心受压构件的配筋计算

1. 基本公式的得出

根据小偏心破坏特征，进行小偏心受压构件计算时，假定：

①在极限状态下，受压区混凝土的应力达到混凝土抗压强度设计值，并取矩形应力计算图形；

②受压区钢筋的应力取钢筋抗压强度设计值；

③受拉钢筋拉应力（或压应力较小边的钢筋压应力）达不到钢筋强度设计值，并按式（1-7-18）进行计算。

根据上述基本假定绘制出计算简图1-7-10，从而可得出小偏心受压构件配筋计算的基本公式。

由轴力平衡条件得：

$$\gamma_0 N_d \leqslant f_{cd}bx + f'_{sd}A'_s - \sigma_s A_s \tag{1-7-31}$$

由钢筋 A_s 合力点的力矩平衡条件得：

$$\gamma_0 N_d e \leqslant f_{cd} b x \left(h_0 - \frac{x}{2} \right) + f'_{sd} A'_s (h_0 - a'_s) \tag{1-7-32}$$

或

$$\gamma_0 N_d e' \leqslant -f_{cd} b x \left(\frac{x}{2} - a'_s \right) + \sigma_s A_s (h_0 - a'_s) \tag{1-7-33}$$

受压区高度 x，取偏心力 N_d 作用点为力矩中心，有：

$$f_{cd} b x \left(e - h_0 + \frac{x}{2} \right) = \sigma_s A_s e + f'_{sd} A'_s e' \tag{1-7-34}$$

小偏心受压破坏时，受拉边或压应力较小边钢筋应力一般达不到屈服强度。但是当偏心距很小时，构件全截面受压，有时由于 A_s 的配置量过少，使实际形心与几何形心偏离较大，当纵向力正好作用于实际形心与几何形心之间时，如图 1-7-11 所示，则有可能使构件在离纵向力较远一侧的混凝土先被压坏。为了避免这种情况，必须保证有足够的钢筋配置量，故对偏心距很小的小偏心受压构件，尚应满足以 A'_s 合力点为力矩中心列出的平衡方程（图 1-7-11）：

$$\gamma_0 N_d e' \leqslant f_{cd} b h \left(h'_0 - \frac{h}{2} \right) + f'_{sd} A'_s (h'_0 - a_s) \tag{1-7-35}$$

注意，此处 e_0 不计偏心距增大系数 η，才能得到最不利值。

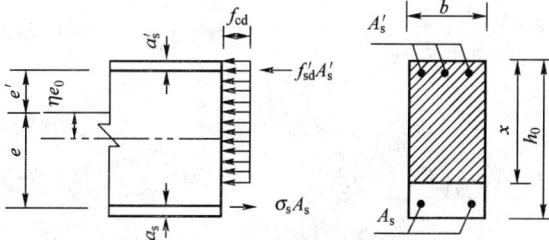

图 1-7-10　矩形截面小偏心受压构件承载力计算简图　　图 1-7-11　偏心距很小时的补充验算简图

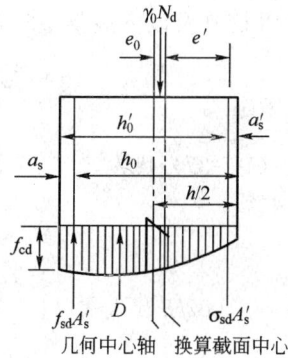

2. 配筋计算

已知构件截面尺寸，构件计算长度，轴向力组合设计值 N_d 及弯矩组合设计值 M_d，混凝土和钢筋等级，欲求钢筋截面面积 A_s、A'_s，有两种方法，下面分别介绍。

1）方法 I

（1）当偏心距较小时（$\eta e_0 < 0.3 h_0$），受拉边或压应力较小边的钢筋应力 σ_s 一般都比较小，对截面承载能力影响不大，通常按构造要求取 $A_s = 0.002 bh$。这时，应按受拉边（或压应力较小边）钢筋截面面积 A_s 已知的情况，求解 x 和 A'_s。

（2）求混凝土受压区高度 x：

将 σ_s 的计算表达式（1-7-18）代入到式（1-7-33），由 $\sum M_{A'_s} = 0$ 的平衡条件，求得混凝土受压区高度 x。

若所得 x 满足 $\xi_b h_0 \leqslant x \leqslant h$，则将 x 代入式（1-7-18）计算 σ_s 值。然后，将所得 x 和 σ_s 值代入式（1-7-31）或代入式（1-7-32），求得受压较大边钢筋截面面积 A'_s。若按上述步骤

求得的 A'_s 小于最小配筋率限值，则应按构造要求取 $A'_s = 0.003bh$。

若 $x > h$，即相当于全截面均匀受压的情况。这时，式（1-7-33）中的混凝土应力项应取 $x = h$，而钢筋应力 σ_s 仍以包含未知数 x 的式（1-7-18）代入，重新确定 x 值和 σ_s 值。将 σ_s 值代入式（1-7-31），则受压钢筋面积为：

$$A'_s = \frac{\gamma_0 N_d - f_{cd}bx + \sigma_s A_s}{f'_{sd}} \tag{1-7-36}$$

2）方法 II

（1）考虑到小偏心受压构件受拉边或压应力较小边的钢筋应力 σ_s 一般都比较小，除偏心距过小，同时纵向力又较大的情况外，按最小配筋率配置钢筋 A_s 都能满足要求。因此，在一般情况下设 $A_s = 0.002bh$。

（2）求混凝土受压区高度 x：

设 $x = \xi h_0$，$\sigma_{si} = \varepsilon_{cu} E_s \left(\dfrac{\beta h_{0i}}{x} - 1 \right)$

当用上式代入承载力计算基本公式时，将出现 x 的三次方，为了简化计算，σ_s 可采用近似计算公式：

$$\sigma_s = f_{sd} \frac{x/h_0 - \beta}{\xi_b} = f_{sd} \frac{\beta - \xi}{\beta - \xi_b} \tag{1-7-37}$$

当采用 C50 及以下混凝土时，取 $\beta = 0.8$ 则式（1-7-37）变为：

$$\sigma_s = f_{sd} \frac{0.8 - \xi}{0.8 - \xi_b} \tag{1-7-38}$$

将式（1-7-37）代入式（1-7-31），则得：

$$\gamma_0 N_d \leqslant f_{cd}bx + f'_{sd}A'_s - \left(f_{sd} \frac{\beta - \xi}{\beta - \xi_b} \right) A_s \tag{1-7-39}$$

将 $A_s = 0.002bh$ 代入式（1-7-39）联立解式（1-7-39）及式（1-7-32），可导出如下公式：

$$Ax^2 + Bx + C = 0$$

其中：$A = \dfrac{1}{2} f_{cd}b$

$B = -f_{cd}ba'_s + f_{sd}A_s \dfrac{1 - a'_s/h_0}{\beta - \xi_b}$

$C = -\gamma_0 Ne' - f_{sd}A_s \dfrac{\beta(h_0 - a'_s)}{\beta - \xi_b}$

$x = \dfrac{-B \pm \sqrt{B^2 - 4AC}}{2A}$

若 $x > h$，取 $x = h$。

（3）将 x 值代入式（1-7-32），则受压钢筋面积为：

$$A'_s = \frac{\gamma_0 N_d e - f_{cd}bx\left(h_0 - \dfrac{x}{2}\right)}{f'_{sd}(h_0 - a'_s)} \tag{1-7-40}$$

为了防止小偏心受压时，压应力较小边的钢筋应力有可能达到设计值而破坏，当 $N_d \geqslant$

$f_{cd}bh_0$ 时，应按式（1-7-35）验算远离偏心压力一侧的钢筋截面面积。

3. 截面承载力复核

已知构件截面尺寸、构件计算长度、混凝土等级和钢筋等级及截面面积，欲求构件相应于偏心距 e_0 的抗压能力 N_{du}，同样有两种方法。

1）方法 I

（1）按式（1-7-34）求算受压区高度 x，若 $x > \xi_b h_0$，则为小偏心受压。

（2）将 x 代入式（1-7-18）计算 σ_s 值。

（3）将 σ_s 值代入式（1-7-31），求相应于偏心距 e_0 时的结构承受压力 N_{du} 的能力为：

$$N_{du} = f_{cd}bx + f'_{sd}A'_s - \sigma_s A_s$$

（4）若 $N_{du} > \gamma_0 N_d$，说明构件的承载力是足够的；反之，则承载力不足。

2）方法 II

按式（1-7-34）求算受压区高度 x：

此时将 $\sigma_s = f_{sd}\dfrac{\beta - \xi}{\beta - \xi_b}$ 代入式（1-7-34）经整理后，得：

$$x = \frac{-B \pm \sqrt{B^2 - 4AC}}{2A}$$

$$A = \frac{1}{2}f_{cd}b$$

$$B = f_{cd}b(e - h_0) + f_{sd}A_s e \frac{1}{(\beta - \xi_b)h_0}$$

$$C = -\left(f_{sd}A_s e \frac{\beta}{\beta - \xi_b} + f'_{sd}A'_s e' \right)$$

若 $x > \xi_b h_0$，则为小偏心受压。

将 x 代入 $\sigma_s = f_{sd}\dfrac{\beta - \xi}{\beta - \xi_b}$ 计算 σ_s 值。

将 σ_s 代入式（1-7-31），求相应于偏心距 e_0 时的结构承受压力 N_{du} 的能力：

$$N_{du} = f_{cd}bx + f'_{sd}A'_s - \sigma_s A_s$$

第六节 I 形、T 形和圆形截面偏心受压构件正截面承载力计算

由矩形截面偏心受压构件的研究知：承受压力主要靠混凝土，抵抗拉力主要靠钢筋。为了减轻柱的自重和节省混凝土，偏心受压构件也可设计成 I 形、T 形、⊥ 形和箱形的横截面。

下面以 I 形截面为主介绍其偏心受压构件的正截面承载力计算公式和配筋计算的方法，其他截面类型基本相似，读者可自行推广，这里不再冗述。

一、截面尺寸的确定

I 形、T 形和 ⊥ 形截面构件是由几个矩形截面组合而成的构件。《桥规》5.3.6 条规定：

翼缘位于截面受压较大边的 T 形截面或 I 形截面偏心受压构件，当 $x \leqslant h'_f$ 时，应按宽度为 b'_f 的矩形截面计算；其中翼缘计算宽度 b'_f 按《桥规》4.2.2 条的规定确定，即与受弯构件的确定方法相同。翼缘和腹板的厚度根据施工技术条件确定，一般来说，I 形柱的翼缘厚度不宜小于 100mm，腹板厚度不宜小于 80mm。当腹板开孔时，在孔洞周边宜设置 2～3 根直径不小于 8mm 的封闭钢筋。

本节仅讨论实腹 I 形柱的承载力。

二、确定承载力计算公式的方法

I 形、T 形和⊥形截面是由几个矩形截面组合而成，故其承载力公式也是在矩形截面基础上演变而成。根据受压区高度 x 位置的不同，《桥规》5.3.6 条规定应按下述两种情况处理。

(1) $x \leqslant h'_f$。当受压区高度 $x \leqslant h'_f$ 时，应按照宽度为 b'_f 的矩形截面计算。因压区高度在上翼缘范围内，故可按宽度为 b'_f，有效高度为 h_0，压区高度为 x 的矩形截面柱来计算承载力。

(2) $x > h'_f$。当受压区高度 $x > h'_f$ 时，则应考虑腹板的受压作用。可将 I 形、T 形和⊥形截面分解为两部分的叠加，一部分是宽度为 b，有效高度 h_0，压区高度为 x 的矩形截面柱；第二部分则是宽度为 $b'_f - b$，有效高度为 h_0，压区高度为 h'_f 的矩形截面柱。将这两部分柱的承载力叠加即为 I 形、T 形和⊥形截面柱的承载力。

三、承载力计算公式

由于压区高度 x 位置不同，采用的计算公式也不同。故首先要计算 x 的大小，现将不同 x 值相应的承载力计算公式分述如下。

(1) $x \leqslant h'_f$，属大偏心受压，纵向钢筋应力达到抗拉强度设计值 f_{sd}。由于压区高度 x 出现在翼缘范围内，故按柱宽为 b'_f 的矩形截面柱计算其承载力。

T 形、I 形截面大偏心受压构件的破坏特征与矩形截面大偏心受压构件的破坏特征相似。因此，计算假定和计算简图亦相似，如图 1-7-12 所示。

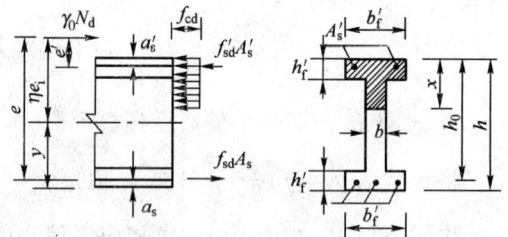

图 1-7-12 T 形和 I 形截面大偏心受压构件承载能力计算简图

①$x < 2a'_s$ 时，受压钢筋应力 $\sigma'_s < f'_{sd}$，近似取：

$$N_d = \frac{f_{sd} A_s (h_0 - a'_s)}{\gamma_0 e'} \tag{1-7-41}$$

$$e' = \eta e_0 - \frac{h}{2} + a_s$$

②$2a'_s \leqslant x \leqslant h'_f$ 时，受压钢筋应力 $\sigma'_s = f'_{sd}$，则由轴向力平衡条件得：

$$\gamma_0 N_d \leqslant f_{cd} b'_f x + f'_{sd} A'_s - f_{sd} A_s \tag{1-7-42}$$

对受拉钢筋合力点取力矩得：

$$\gamma_0 N_d e \leqslant f_{cd} b'_f x \left(h_0 - \frac{x}{2} \right) + f'_{sd} A'_s (h_0 - a'_s) \tag{1-7-43}$$

$$e = \eta e_0 + \frac{h}{2} - a_s'$$

（2）$h_f' < x \le h - h_f'$，中性轴位于腹板内，由于压区高度位置不同，受拉钢筋应力的取值亦不同，下面分述之。

①$x \le \xi_b h_0$ 时，为大偏心受压，钢筋应力达到抗拉强度设计值，即 $\sigma_s = f_{sd}$，则由轴向力平衡条件得：

$$\gamma_0 N_d \le f_{cd} bx + f_{cd} (b_f' - b) h_f' + f_{sd}' A_s' - f_{sd} A_s \tag{1-7-44}$$

对受拉钢筋合力点取力矩得：

$$\gamma_0 N_d e \le f_{cd} bx \left(h_0 - \frac{x}{2} \right) + f_{cd} (b_f' - b) h_f' \left(h_0 - \frac{h_f'}{2} \right) + f_{sd}' A_s' (h_0 - a_s')$$

$$e = \eta e_0 + \frac{h}{2} - a_s' \tag{1-7-45}$$

②$x > \xi_b h_0$ 时，为小偏心受压，受拉钢筋应力 σ_s 按式（1-7-38）进行计算，并将其代入轴向力平衡方程可得：

$$\gamma_0 N_d \le f_{cd} bx + f_{cd} (b_f' - b) h_f' + f_{sd}' A_s' - f_{sd} \frac{0.8 - x/h_0}{0.8 - \xi_b} A_s \tag{1-7-46}$$

对受拉钢筋合力点取力矩方程同式（1-7-45）。

（3）$h - h_f' < x \le h$，中性轴位于下翼缘内，其正截面承载力计算公式，应该写为下列形式。

由轴向力平衡条件得：

$$\gamma_0 N_d \le f_{cd} bx + f_{cd} (b_f' - b) h_f' + f_{cd} (b_f - b)(x - h + h_f') + f_{sd}' A_s' - f_{sd} \frac{0.8 - x/h_0}{0.8 - \xi_b} A_s$$

$$\tag{1-7-47}$$

对受拉钢筋合力点取力矩得：

$$\gamma_0 N_d e \le f_{cd} bx \left(h_0 - \frac{x}{2} \right) + f_{cd} (b_f' - b) h_f' \left(h_0 - \frac{h_f'}{2} \right) + f_{cd} (b_f - b)(x - h + h_f)$$

$$\left(h_f - a_s - \frac{x - h + h_f}{2} \right) + f_{sd}' A_s' (h_0 - a_s') \tag{1-7-48}$$

（4）$x > h$，则表示全截面受压的情况，此时，根据式（1-7-38）可确定 σ_s 是否达到抗压强度设计值 f_{sd}。

①$\xi < 1.6 - \xi_b$ 时，全截面受压，但 A_s 尚未达到抗压强度设计值。

由轴向力平衡条件得：

$$\gamma_0 N_d \le f_{cd} bh + f_{cd} (b_f' - b) h_f' + f_{cd}' (b_f - b) h_f + f_{sd}' A_s' - f_{sd} \frac{0.8 - x/h_0}{0.8 - \xi_b} A_s \tag{1-7-49}$$

对受拉钢筋合力点取力矩得：

$$\gamma_0 N_d e \le f_{cd} bh \left(h_0 - \frac{h}{2} \right) + f_{cd} (b_f' - b) h_f' \left(h_0 - \frac{h_f'}{2} \right) + f_{cd} (b_f - b) h_f \left(\frac{h_f}{2} - a_s \right) + f_{sd}' A_s' (h_0 - a_s')$$

$$\tag{1-7-50}$$

②$\xi \geqslant 1.6 - \xi_b$ 时，全截面受压，A_s 达到抗压强度设计值。

由轴向力平衡条件得：

$$\gamma_0 N_d \leqslant f_{cd} bh + f_{cd} (b'_f - b) h'_f + f_{cd} (b_f - b) h_f + f'_{sd} A'_s - f_{sd} A_s \qquad (1\text{-}7\text{-}51)$$

对受拉钢筋合力点取力矩方程同式（1-7-50）。

以上公式中：h_f——位于截面受压较小边的翼缘厚度；

　　　　　　　b_f——位于截面受压较小边的翼缘宽度；

其他符号意义同前。

实际上，式（1-7-41）～式（1-7-51）给出的 I 形偏心受压构件正截面承载力计算公式，可以涵盖除圆形截面以外的所有情况。当 $h_f = 0$，$b_f = b$ 时，即为 T 形截面；当 $h_f = h'_f = 0$，$b_f = b'_f = b$ 时，即为矩形截面。进一步而言，若令 $\eta e_0 = 0$，则可推广到受弯构件。望读者在学习此部分内容时，注重理解各种应力情况的计算图式，这样，复杂的公式可推导出来，亦便于记忆。

四、配筋设计

对称配筋 I 形截面有两层含意，即构件的截面对称 $h_f = h'_f$，$b_f = b'_f$ 和钢筋配置对称 $A_s = A'_s$，$f_{sd} = f'_{sd}$，$a_s = a'_s$。

截面的尺寸，通常都是根据设计经验或参考已有类似结构初步估定为已知，因此截面设计主要是求钢筋的截面面积并进行配筋。

在进行对称配筋设计时，开始可将 I 形截面假想为宽度等于 b'_f 的矩形截面，取 $f_{sd} A_s = f'_{sd} A'_s$，由式（1-7-42）得：

$$x = \frac{\gamma_0 N_d}{f_{cd} b'_f} \qquad (1\text{-}7\text{-}52)$$

由上式求得 x 后，分别按下列几种情况进行配筋设计。

（1）$2a'_s \leqslant x \leqslant h'_f$ 表明换算中性轴位于翼缘板内，属大偏心受压构件，应用式（1-7-43）可得钢筋截面积：

$$A'_s = A_s = \frac{\left[\gamma_0 N_d e - f_{cd} b'_f x \left(h_0 - \dfrac{x}{2} \right) \right]}{f'_{sd} (h_0 - a'_s)} \qquad (1\text{-}7\text{-}53)$$

（2）$x < 2a'_s$，显然属大偏心受压，由式（1-7-41）得：

$$A'_s = A_s = \frac{\gamma_0 N_d e'}{f_{sd} (h_0 - a'_s)} \qquad (1\text{-}7\text{-}54)$$

（3）$h'_f < x$，此时换算中性轴与腹板相交，由式（1-7-44）得：

$$x = \frac{\gamma_0 N_d - f_{cd} (b'_f - b) h'_f}{f_{cd} b} \qquad (1\text{-}7\text{-}55)$$

由式（1-7-55）算得 x 值，如 $x \leqslant \xi_b h_0$，属大偏心受压，可用式（1-7-45）求得：

$$A_s = A'_s = \frac{\gamma_0 N_d e - f_{cd} bx \left(h_0 - \dfrac{x}{2} \right) - f_{cd} (b'_f - b) h'_f \left(h_0 - \dfrac{h'_f}{2} \right)}{f'_{sd} (h_0 - a'_s)} \qquad (1\text{-}7\text{-}56)$$

（4）$x > \xi_b h_0$，即 $\xi > \xi_b$，属小偏心受压，应按小偏心受压构件计算。

T 形和 I 形小偏心受压构件的破坏特征和矩形小偏心受压构件的破坏特征相似。因此，计算假定和计算简图亦相似，如图 1-7-13 所示。忽略受拉翼缘的工作，可将小偏心 T 形、I

形截面计算的基本方程写成：

$$\gamma_0 N_d \leqslant f_{cd}bx + f_{cd}(b'_f - b)h'_f + f'_{sd}A'_s - \sigma_s A_s$$

$$\gamma_0 N_d e \leqslant f_{cd}bx\left(h_0 - \frac{x}{2}\right) + f_{cd}(b'_f - b)h'_f\left(h_0 - \frac{h'_f}{2}\right) + f'_{sd}A'_s(h_0 - a'_s)$$

由上述方程与小偏心受压矩形基本方程相比较可知，两者仅相差受压翼缘的伸出部分，因而在进行I形、T形截面小偏心受压构件的钢筋设计时，完全可以用矩形截面计算方法，仅需在具体公式中计入（$b'_f - b$）的影响即可。

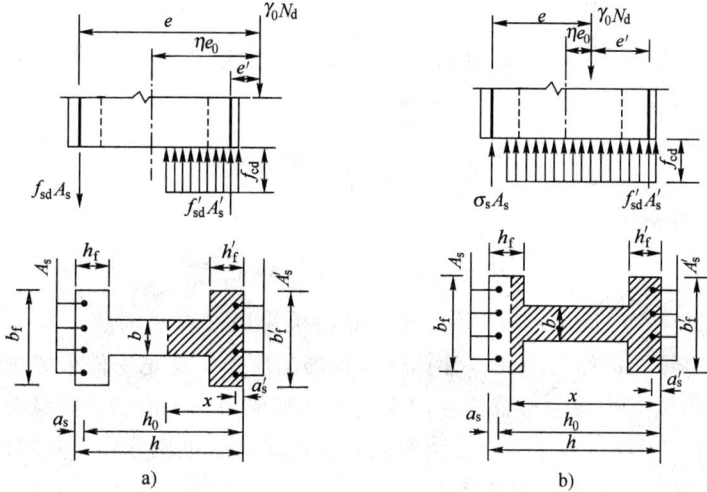

图 1-7-13　偏心受压构件正截面承载能力计算简图
a）中性轴在腹板内通过；b）中性轴在下翼缘内通过

五、圆形截面偏心受压构件承载力计算

在桥梁结构中，钢筋混凝土圆形截面偏心受压构件应用很广，例如圆形柱式桥墩、钻孔灌注桩基础等。圆形截面构件内的纵向受力钢筋，一般沿周边均匀配置，根数不少于6根。

1. 计算简图

均匀配置纵筋的圆形截面偏心受压构件，破坏特性与一般偏心受压构件相似。但由于纵向受力钢筋沿圆周均匀布置，使小偏心受压和大偏心受压的破坏界限不明显，因此计算方法亦可统一进行。

根据圆形截面偏心受压构件的试验研究分析，对于正截面强度作如下假定：

（1）横截面变形符合平面假定，混凝土最大压应变取用 $\varepsilon_{h,max} = 0.0033$；

（2）混凝土压应力采用等效矩形应力图，且达至抗压设计强度 f_{cd}，换算受压区高度采用 $x = \beta X$（X 为实际受压区高度），换算系数 β 与实际相对受压区高度系数 ξ，$\xi = X/d$（d 为圆形截面直径）有关：当 $\xi \leqslant 1$ 时 $\beta = 0.8$；当 $1 < \xi \leqslant 1.5$ 时，$\beta = 1.067 - 0.26\xi$；当 $\xi > 1.5$ 时，按全截面混凝土均匀受压处理；

（3）沿圆截面周边布置的钢筋应力依应变而定，$\sigma_s = \varepsilon_s E_s$；

（4）不考虑受拉区混凝土参加工作，拉力全部由钢筋承担。

截面承载能力计算简图如图 1-7-14 所示。

2. 基本方程

由计算简图的静力平衡条件，可写出其基本方程如下。

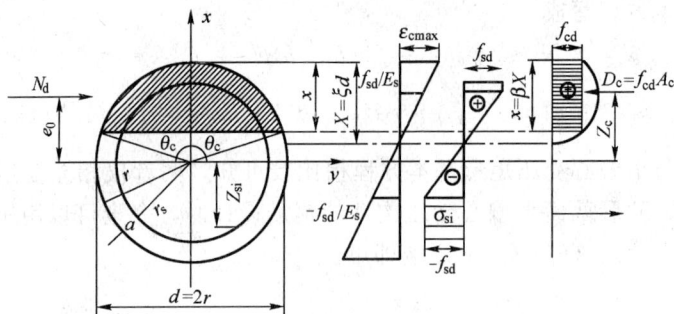

图 1-7-14 圆形截面计算简图

由 $\sum N = 0$，得：

$$\gamma_0 N_d \leqslant f_{cd} A_c + \sum_{i=1}^{n} \sigma_{si} A_{si} \tag{1-7-57}$$

由 $\sum M = 0$，得：

$$N_d \eta e \leqslant f_{cd} A_c Z_c + \sum_{i=1}^{n} \sigma_{si} A_{si} Z_{si} \tag{1-7-58}$$

当应用式（1-7-57）及式（1-7-58）计算时，须采用试算法求解，在每次试算时都需根据假设的 ξ 值确定每根钢筋的应变，计算每根钢筋的应力，这是一件很繁琐的工作。为了计算方便，通常把沿圆周边均匀布置的纵向受力钢筋视作为一个沿圆周连续分布的等效薄壁钢管来承受荷载（图 1-7-14），并采用连续的函数表达式，通过积分导出其实用计算公式。

3. 实用计算方法——等效钢环法

1）正截面抗压承载力计算

为了简化计算，《桥规》采用了一种简化的计算方法——等效钢环法。混凝土强度等级 C50 以下的，沿周边均匀配置纵向钢筋的圆形截面钢筋混凝土偏心受压构件，如图 1-7-15 所示，其正截面抗压承载力可按式（1-7-59）计算。

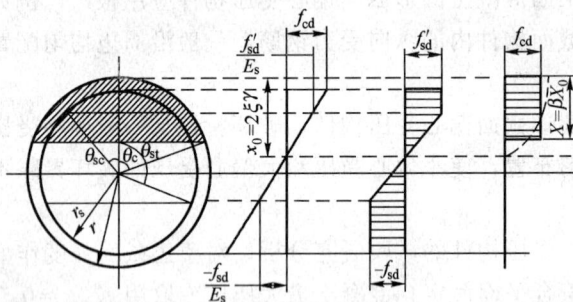

图 1-7-15 沿圆角边均匀受力的钢筋

$$\gamma_0 N_d \leqslant f_{cd} A r^2 + f'_{sd} C \rho r^2 \tag{1-7-59}$$

$$\gamma_0 N_d \eta e_0 \leqslant f_{cd} B r^3 + f'_{sd} D \rho g r^3 \tag{1-7-60}$$

2）配筋设计

式（1-7-59）乘 ηe_0 与式（1-7-60）相减可得：

$$\rho = \frac{f_{cd}}{f'_{sd}} \times \frac{Br - A\eta e_0}{C\eta e_0 - Dgr} \tag{1-7-61}$$

构件尺寸已定，只需配筋设计，设计步骤如下：

（1）假定 ξ 值，查表求出系数 A、B、C、D；

（2）将 A、B、C、D 代入式（1-7-61）算出初始配筋率 ρ；

（3）将 ρ 值代入式（1-7-59）进行试算，反复进行，直到满足 $\gamma_0 N_d \leqslant f_{cd} A r^2 + f_{sd} C \rho r^2$ 条件为止；

（4）ρ 值确定后，求钢筋截面积 $A_s = \rho \pi r^2$ 并配筋。

3）正截面抗压承载力复核

已知截面尺寸和配筋，进行截面抗压承载力复核时，可利用式（1-7-59）及式（1-7-60）求得抵抗偏心距 ηe_0 来计算，即式（1-7-60）除以式（1-7-59）得：

$$\eta e_0 = \frac{B f_{cd} + D \rho g f'_{sd}}{A f_{cd} + C \rho f'_{sd}} r \qquad (1-7-62)$$

抗压承载力复核计算步骤如下：

（1）设 ξ 值，查表求得 A、B、C、D；

（2）将 A、B、C、D 值代入式（1-7-62）求 ηe_{01}，以上步骤反复计算直至 $\eta e_{01} \approx \eta e_0$ 为止；

（3）将相应于 ηe_{01} 的 ξ 值的系数 A、B、C、D 代入式（1-7-59）进行承载力复核。

第七节　问题释义与算例

一、问题释义

1. 实际工程结构中有理想的轴心受压构件吗？

实际工程结构中，由于施工时不可避免的尺寸误差、混凝土材料的不均匀性、钢筋位置的可能偏差以及荷载作用位置的不准确等原因，理想的轴心受压构件是不存在的。

《桥规》保留此部分内容，其目的在于：

（1）用于根据经验判断可按轴心受压构件进行计算的结构构件承载力，如对于以恒荷载为主的构件，它们承受的弯矩往往很小，可以忽略不计，若按偏心受压构件计算时工作量较大，如果改用按轴心受压构件计算则很简单，误差也可以忽略不计。

（2）用于偏心受压构件垂直于弯矩平面的受力验算。

（3）用于作为偏心受压构件正截面承载力设计值的上限条件。

2. 如何根据长细比对柱进行分类？

钢筋混凝土柱在偏心的纵向力作用下，柱的中间截面将产生附加挠度 f。因此，柱中间截面除了承受初始弯矩（或一阶弯矩）$N e_0$ 外，还承受附加弯矩（或二阶弯矩）$N f$ 的作用。柱的长细比 l_0/b 对二阶弯矩及柱的破坏特征的影响很大。随着柱的长细比 l_0/b 的不同，可以将钢筋混凝土柱分成如下两类。

1）短柱

$l_0/b \leqslant 8$ 的柱称为短柱。短柱中附加挠度和附加弯矩都很小，可以忽略不计。因此，柱各截面中弯矩都可以认为相等，并等于其初始弯矩 $N e_0$。

2）长柱

$l_0/b > 8$ 的柱称为长柱。长柱的附加挠度和附加弯矩都不可忽视。因此，柱的截面弯矩从柱端向柱中部截面不断增大。当荷载超过其临界值后，尽管截面中的应力比材料的强度值低很多，构件将失去稳定而破坏。

因此，偏心受压构件的破坏类型有两种：短柱破坏是由于材料的强度不够而引起的破坏，属"材料破坏"。长柱是由于纵向弯曲时构件失去稳定而引起的破坏，属于"失稳破坏"。

3. 偏心受压构件如何分类？

大量试验表明，偏心受压构件最后的破坏都是由于受压区混凝土被压碎所造成，但是随着相对偏心距大小和配筋量的不同，其破坏的发展过程及特征有所不同。现分别根据试验结果分析如下。

(1) 当轴心压力 N 的相对偏心距 e_0/h_0 较大，且受拉钢筋又配置不很多时，随着 N 的不断增大，受拉边缘混凝土首先出现水平裂缝。当 N 再继续增加，受拉边形成一条或几条主要裂缝，受压区高度减小。当接近破坏荷载前，受拉钢筋首先达到屈服强度，裂缝扩展并向受压区延伸，使受压区高度进一步减小，边缘压应变逐步增大，最后受压边缘混凝土达到极限压应变而破坏。此时受压钢筋一般都能达到屈服强度。这种破坏从受拉区开始，受拉钢筋先达到屈服，然后受压区被压坏，因此称为受拉破坏，或称为第一种偏心受压破坏（《桥规》中称为大偏心受压破坏）。

(2) 当轴心压力 N 的相对偏心距 e_0/h_0 较大，但受拉钢筋配置很多时，随着 N 的不断增大，受拉边混凝土也出现水平裂缝。当 N 继续增大，裂缝扩展与延伸并不明显，而受压区边缘应变的增长比受拉边缘应变的增长为快。在 N 达到破坏值时，受拉钢筋并未达到屈服强度，而受压边缘混凝土已达到极限压缩应变而破坏，此时受压钢筋一般能达到屈服强度。这种破坏是从受压区开始，受拉钢筋未能达到屈服。

(3) 当轴心压力 N 的相对偏心距 e_0/h_0 较小时，构件截面将全部受压或只有很小的受拉区。最后通常是从压应力较大的一边开始发生破坏。此时应力较大一侧的混凝土被压坏，该侧的受压钢筋一般均能达到屈服强度。而应力较小一侧的钢筋当处于受拉时，其应力达不到屈服强度；当处于受压时一般达不到屈服强度，但如果偏心距很小（对矩形截面 $e_0/h_0 \leqslant 0.15$）而轴压力 N 又比较大（$N > f_{cd}bh_0$）时，也有可能达到屈服强度。

由于后两种破坏都是从受压区开始，所以统称为受压破坏或第二种偏心受压破坏（《桥规》中称为小偏心受压破坏）。

4. 偏心受压短柱和长柱有何本质的区别？偏心距增大系数的物理意义是什么？

(1) 偏心受压短柱和长柱本质的区别在于，长柱偏心受压后产生不可忽略的纵向弯曲，引起二阶弯矩。

(2) 偏心距增大系数的物理意义是，考虑长柱偏心受压后产生的二阶弯矩对受压承载力的影响。

5. 什么是构件偏心受压正截面承载力 N-M 的相关曲线？

构件偏心受压正截面承载力 N-M 的相关曲线实质是它的破坏包络线。反映出偏心受压构件达到破坏时，N_{du} 和 M_{du} 的相关关系，它们之间并不是独立的。

6. 什么是二阶效应？在偏心受压构件设计中如何考虑这一问题？

二阶效应泛指在产生了层间位移和挠曲变形的结构构件中由轴向压力引起的附加内力。在偏心受压构件设计中通过考虑偏心距增大系数来考虑。

7. 如何计算结构的二阶效应（$\eta - l_0$ 法）？

《桥规》在偏心受压构件的截面设计计算中，采用由标准偏心受压柱（两端铰支，作用等偏心距轴压力的压杆）求得的偏心距增大系数 η 与柱段计算长度 l_0 相结合的方法，来估算附加弯矩。这种方法也称为 $\eta-l_0$ 法，属于近似方法之一。

二、算例

钢筋混凝土偏心受压构件，截面尺寸为 $b \times h = 400\text{mm} \times 400\text{mm}$，构件在弯矩作用方向和垂直于弯矩作用方向上的计算长度 $l_0 = 4.0\text{m}$。承受的轴向力 $N_d = 340\text{kN}$，弯矩 $M_d = 190\text{kN·m}$。采用 C20 混凝土（$f_{cd} = 9.2\text{MPa}$，$f_{td} = 1.06\text{MPa}$），纵向钢筋采用 HRB335 级钢筋（$f_{sd} = f'_{sd} = 280\text{MPa}$），$\xi_b = 0.56$，$a_s = a'_s = 40\text{mm}$，结构重要性系数 $\gamma_0 = 1.0$。试按对称配筋原则计算钢筋截面积。

解：
$$h_0 = h - a_s = 400 - 40 = 360\text{mm}$$
$$l_0/h = 4000/400 = 10，\text{ 所以，} \eta = 1.0$$

$$\eta e_0 = 1.0 \times \frac{M_d}{N_d} = \frac{190}{340} = 0.559\text{m} = 559\text{mm} > 0.3h_0 = 0.3 \times 306 = 108\text{mm}$$

所以可初步按大偏心计算。

$$e = e_0 + \frac{h}{2} - a_s = 559 + \frac{400}{2} - 40 = 719\text{mm}$$

由 $\gamma_0 N_d = f_{cd}bx$ 得：

$$x = \frac{\gamma_0 N_d}{f_{cd}b} = \frac{1.0 \times 340 \times 10^3}{9.2 \times 400} = 92.39\text{mm}$$

$x < \xi_b h_0 = 0.56 \times 360 = 201.6\text{mm}$ 确为大偏心受压构件。
$x > 2a'_s = 80\text{mm}$

$$A_s = A'_s = \frac{\gamma_0 N_d e - f_{cd}bx\left(h_0 - \dfrac{x}{2}\right)}{f'_{sd}(h_0 - a'_s)}$$

$$= \frac{1.0 \times 340 \times 10^3 \times 719 - 9.2 \times 400 \times 92.39\left(360 - \dfrac{92.39}{2}\right)}{280(360 - 40)}$$

$$= 1537.59\text{mm}^2$$

$$A_s = A'_s > 0.2\%bh = 0.002 \times 400 \times 400 = 320\text{mm}^2$$

第八节　综合训练及参考答案

一、综合训练

1. 选择题

（1）当荷载的合力作用线偏离构件形心的构件称之为（　　）。

　　A. 偏心受压构件　　　　B. 轴心受压构件

（2）配有纵向钢筋及螺旋箍筋或焊环形箍筋的箍筋柱，称为（　　）。

　　A. 螺旋箍筋柱　　　　　B. 普通箍筋柱

（3）螺旋箍筋柱截面形式一般多作成（　　）。

A. 圆形或多边形　　　　　　B. 矩形或方形

(4) 构件的破坏是由于受压区混凝土达到其抗压强度而压碎，其破坏性质属于脆性破坏，这类构件称为（　　）。

A. 小偏心受压构件　　　　B. 轴心受压构件　　　　C. 大偏心受压构件

(5) 受拉钢筋应力先达到屈服强度，最后使受压区混凝土应力达到弯曲抗压强度而破坏，这类构件称为（　　）。

A. 小偏心受压构件　　　　B. 轴心受压构件　　　　C. 大偏心受压构件

(6) 在钢筋混凝土双筋梁、大偏心受压和大偏心受拉构件的正截面承载力计算中，要求受压区高度 $x \geq 2a'_s$ 是为了（　　）。

A. 保证受压钢筋在构件破坏时能达到其抗压强度设计值

B. 防止受压钢筋屈服

C. 保证受压钢筋在构件破坏时能达到极限抗压强度

D. 避免保护层剥落

(7) 钢筋混凝土大偏心受压构件的破坏特征是（　　）。

A. 靠近轴向力一侧的钢筋和混凝土应力不定，而另一侧钢筋受压屈服，混凝土压碎

B. 远离轴向力一侧的钢筋应力不定，而另一侧钢筋压屈，混凝土压碎

C. 靠近轴向力一侧的钢筋和混凝土先屈服和压碎，而远离纵向力一侧钢筋随后受拉屈服

D. 远离轴向力一侧的钢筋先受拉屈服，随后另一侧钢筋压屈，混凝土压碎

(8) 大偏心受压构件随 N 和 M 的变化，会发生下列哪种情况？（　　）

A. N 不变时，M 越小越危险　　　　B. M 不变时，N 越小越危险

C. M 不变时，N 越大越危险　　　　D. A 和 C

(9) 钢筋混凝土受压短柱在持续不变的轴向压力 N 的作用下，经过一段时间后，量测钢筋和混凝土的应力情况，会发现与加载时相比（　　）。

A. 钢筋的应力增加，混凝土的应力减小　　B. 钢筋的应力减小，混凝土的应力增加

C. 钢筋和混凝土的应力均未变化　　　　D. 钢筋和混凝土的应力均增大

(10) 某矩形截面短柱，截面尺寸为 400mm×400mm，混凝土强度等级为 C20，钢筋为 HRB335 级，对称配筋，在下列四种不利内力组合中，以哪一组为最不利组合？（　　）

A. $M=30$kN・m，$N=200$kN　　　　B. $M=50$kN・m，$N=400$kN

C. $M=30$kN・m，$N=205$kN　　　　D. $M=50$kN・m，$N=405$kN

2. 填空题

(1) 按箍筋的作用的不同，钢筋混凝土轴心受压构件可分为（　　）和（　　）。

(2) 影响普通钢筋混凝土柱构件稳定系数 φ 的主要因素是柱的（　　）。

(3) 当钢筋混凝土螺旋箍筋柱承受轴心压力时，核心部分的混凝土将处于（　　）的工作状态。

(4) 普通箍筋柱中的箍筋主要是为了防止（　　），并与纵向钢筋形成钢筋骨架，便于施工。

(5) 螺旋箍筋的换算截面面积是根据（　　）原则，将（　　）面积折算成相当的（　　）面积。

(6)《桥规》中规定：螺旋箍筋或环形箍筋的螺距 S 应不大于混凝土核心直径 d_{cor} 的（　　　）；且不大于（　　　）mm。为了保证混凝土的浇筑质量，其间距也不宜小于（　　　）mm。

(7) 偏心距增大系数 η 与破坏时构件的（　　　）有关，在《桥规》中给出的计算式主要是关于（　　　）和（　　　）的函数。

3. 简答题

(1) 轴心受压构件中纵筋的作用是什么？

(2) 螺旋箍筋柱应满足的条件有哪些？

(3) 钢筋混凝土轴心受压构件配置普通箍筋和配置螺旋式箍筋中，在箍筋作用方面有什么区别？为什么螺旋式箍筋的轴心受压构件的承载力设计值不应大于 1.5φ $(f_{cd}A + f'_{sd}A'_s)$？

(4) 配置螺旋箍筋的柱承载力提高的原因是什么？

(5) 大偏心受压和小偏心受压的破坏特征有何区别？截面应力状态有何不同？

(6) 钢筋混凝土受压构件配置箍筋有何作用？对其直径、间距和附加箍筋有何要求？

(7) 判别大、小偏心受压破坏的条件是什么？大、小偏心受压的破坏特征分别是什么？

(8) 什么情况下要采用复合箍筋？为什么要采用这样的箍筋？

(9) 条件 $\eta e_0 \leqslant 0.3h_0$ 可以用来判别是哪一种偏心受压？为什么？

4. 计算题

(1) 有一现浇的钢筋混凝土轴心受压柱，截面尺寸为 $b \times h = 250\text{mm} \times 250\text{mm}$，柱高 5m，底端固结，顶端铰接，承受轴向压力组合设计值为 $N_d = 950\text{kN}$，结构重要性系数 $\gamma_0 = 1.0$，拟采用 C30 混凝土，$f_{cd} = 13.8\text{MPa}$，HRB400 钢筋，$f'_{sd} = 330\text{MPa}$。试计算受压钢筋截面面积。

(2) 试设计一圆形截面的螺旋箍筋柱，柱的计算高度 $l_0 = 3\text{m}$，承受轴向力设计值 $N_d = 1519\text{kN}$，混凝土强度等级为 C20（$f_{cd} = 9.2\text{MPa}$，$f_{td} = 1.06\text{MPa}$），纵向受力钢筋选用 HRB335 级钢筋（$f'_{sd} = 280\text{MPa}$），螺旋箍筋采用 R235 级钢筋（$f_{sd} = 195\text{MPa}$）。

(3) 钢筋混凝土偏心受压构件，截面尺寸为 $b \times h = 400\text{mm} \times 500\text{mm}$，构件在弯矩作用方向和垂直于弯矩作用方向上的计算长度 $l_0 = 2.5\text{m}$。承受的轴向力 $N_d = 400\text{kN}$，弯矩 $M_d = 240\text{kN} \cdot \text{m}$。采用 C20 混凝土（$f_{cd} = 9.2\text{MPa}$，$f_{td} = 1.06\text{MPa}$），纵向钢筋采用 HRB335 级钢筋（$f_{sd} = f'_{sd} = 280\text{MPa}$），$\xi_b = 0.56$，$a_s = a'_s = 40\text{mm}$，结构重要性系数 $\gamma_0 = 1.1$。试按对称配筋原则计算钢筋截面面积。

(4) 有一钢筋混凝土偏心受压构件，计算长度 $l_0 = 10\text{m}$，截面尺寸 $300\text{mm} \times 600\text{mm}$，承受的轴向力组合设计值 $N_d = 315\text{kN}$，弯矩组合设计值 $M_d = 210\text{kN} \cdot \text{m}$，结构重要性系数 $\gamma_0 = 1$，拟采用 C30 混凝土，$f_{cd} = 13.8\text{MPa}$；HRB335 钢筋，$f_{sd} = 280\text{MPa}$，$E_s = 2 \times 10^5\text{MPa}$，$\xi_b = 0.56$。试选择钢筋，并复核承载力。

(5) 有一现浇的钢筋混凝土偏心受压构件，计算长度 $l_0 = 2.5\text{m}$，截面尺寸 $250\text{mm} \times 500\text{mm}$，承受的轴向力组合设计值 $N_d = 1200\text{kN}$，弯矩组合设计值 $M_d = 120\text{kN} \cdot \text{m}$，结构重要性系数 $\gamma_0 = 1$，拟采用 C25 混凝土，$f_{cd} = 11.5\text{MPa}$；纵向钢筋拟采用 HRB335 钢筋，$f_{sd} = f'_{sd} = 280\text{MPa}$，$E_s = 2.0 \times 10^5\text{MPa}$，$\xi_b = 0.56$。试选择钢筋，并复核承载能力。

(6) 有一根直径 $D = 1.2\text{m}$ 的钻孔灌注桩，桩的计算长度 $l_0 = 5.2\text{m}$，承受的轴向力组合设计值 $N_d = 11500\text{kN}$，弯矩组合设计值 $M_d = 2415\text{kN} \cdot \text{m}$。结构重要性系数 $\gamma_0 = 1$，拟采用 C25 混凝土，$f_{cd} = 11.5\text{MPa}$；HRB335 钢筋，$f_{sd} = f'_{sd} = 280\text{MPa}$，$E_s = 2.0 \times 10^5\text{MPa}$，$\xi_b = $

0.56。试选择钢筋，并复核承载能力。

二、参考答案

1. 选择题

(1) B　　　(2) A　　　(3) A　　　(4) A　　　(5) B

(6) A　　　(7) D　　　(8) C　　　(9) A　　　(10) D

2. 填空题

(1) 普通箍筋柱、螺旋箍筋柱；(2) 长细比；(3) 三向受压；(4) 纵向钢筋局部压屈；(5) 配筋体积相等　螺旋箍筋截面　纵向钢筋截面；(6) 1/5　80　40；(7) 最大挠度值　长细比　原始偏心距。

3. 简答题

(1) 答：纵向钢筋为对称布置，轴心受压构件的承载力主要由混凝土承担，布置纵向钢筋的目的是为了：

①柱中的纵向钢筋用来协助混凝土承担压力，以减小截面尺寸；

②用以增强对意外弯矩的抵抗能力；

③防止构件的突然破坏，还起到架立作用，同时可有效地减小混凝土的徐变。

(2) 答：螺旋箍筋柱截面形式一般多作成圆形或多边形，仅在特殊情况下才采用矩形或方形。

①螺旋箍筋柱的纵向受力钢筋为了能抵抗偶然出现的弯矩，其配筋率 ρ 应不小于箍筋圈内核心混凝土截面面积的 0.5%，构件的核心截面面积应不小于构件整个截面面积的 2/3。但配筋率 ρ 也不宜大于 3%，一般为核心面积的 0.8%～1.2%。

②纵向受力钢筋的直径要求同普通箍筋柱，但为了构成圆形截面，纵筋至少要采用 6 根，实用根数通常为 6～8 根，并沿圆周等距离布置。

箍筋太细有可能引起混凝土承压时的局部损坏，箍筋太粗则又会增加钢筋弯制的困难，螺旋筋的常用直径为不应小于纵向钢筋直径的 1/4，且不小于 8 mm。

螺旋箍筋或环形箍筋的螺距 S（或间距）应不大于混凝土核心直径 d_{cor} 的 1/5；且不大于 80mm。为了保证混凝土的浇筑质量，其间距也不宜小于 40mm。

(3) 答：普通箍筋仅能显著提高构件延性，而螺旋式箍筋除此之外还显著提高构件的抗压承载力。以保证在使用荷载作用下，混凝土保护层不剥落。

(4) 答：配置有纵向钢筋和密集的螺旋箍筋的柱子承受轴向压力时，包围着核心混凝土的螺旋形箍筋犹如环箍一样，阻止核心混凝土的横向变形，使混凝土处于三向受力状态，因而大大提高核心混凝土的抗压强度，从而提高了构件的承载力。

(5) 答：构件的破坏是由于受压区混凝土达到其抗压强度而压碎，受拉边或压应力较小边的钢筋应力一般达不到钢筋的屈服强度，是一个不定值，随配筋率和偏心距而变。其承载力主要取决于受压混凝土和受压钢筋，故称受压破坏。这种破坏是一种无明显预兆的破坏，其破坏性质属于脆性破坏，这类构件称为小偏心受压构件。

受拉钢筋应力先达到屈服强度，这时中性轴上升，受压区面积减小，压应力增加，最后使受压区混凝土应力达到弯曲抗压强度而破坏。此时受压区的钢筋一般也能达到屈服强度。这种构件的破坏性质类似于受弯构件的适筋梁，具有较大的塑性，破坏前有明显的预兆，弯曲变形显著，裂缝开展甚宽，这种破坏性质称塑性破坏，这类构件称大偏心受压构件。因为这种偏心受压破坏是由于受拉钢筋应力首先达到屈服，而导致的受压区混凝土压坏，其承载力主要取决于受拉钢筋，故称为受拉破坏。

（6）纵向受力钢筋必须采用箍筋加以固定，设置时应考虑防止纵筋在任何方向压曲；箍筋的间距 S 和直径 d 必须满足下列规定：

$S \leqslant 15d$（纵向受钢筋直径），或 $S \leqslant b$，或 $S \leqslant 400\ mm$，$d_k \geqslant \dfrac{1}{4}d$。

当被箍筋固定的纵向受力钢筋的配筋率 $\rho > 3\%$ 时，箍筋间距应不大于主筋直径的 10 倍，且不大于 200mm。

（7）答：① $\xi \leqslant \xi_b$，大偏心受压破坏；$\xi > \xi_b$，小偏心受压破坏。

②破坏特征。

大偏心受压破坏：破坏始自于远端钢筋的受拉屈服，然后近端混凝土受压破坏；

小偏心受压破坏：构件破坏时，混凝土受压破坏，但远端的钢筋并未屈服。

（8）答：当柱短边长度大于 400mm，且纵筋多于 3 根时，应考虑设置复合箍筋。形成牢固的钢筋骨架，限制纵筋的纵向压曲。

（9）答：由于 $e_{0b} = 0.3h_0$ 是根据最小配筋率为前提确定的，当实际的配筋率大于最小配筋率时，则 $e_{0b} > 0.3h_0$，若这时 $\eta e_0 < 0.3h_0$ 肯定属小偏心受压；若这时 $\eta e_0 \geqslant 0.3h_0$ 有可能是大偏心受压，亦有可能是小偏心受压。这就是说大偏心受压一定满足 $\eta e_0 \geqslant 0.3h_0$ 条件，但满足 $\eta e_0 \geqslant 0.3h_0$ 不一定是大偏心受压破坏。

4. 计算题

（1）解：

$$A'_s = \frac{\gamma_0 N_d - 0.9\varphi f_{cd} A}{0.9\varphi f'_{sd}} = \frac{950 \times 10^3 - 0.9 \times 0.92 \times 11.04 \times 250^2}{0.9 \times 0.92 \times 330} = 1385.9\ mm^2$$

（2）解：先假定该圆形柱的稳定系数 $\varphi = 1$，根据经验（$\rho = 0.8\% \sim 1.2\%$），对螺旋箍筋柱的纵向受力筋配筋率选用 $\rho = 1\%$，螺旋箍筋换算截面配筋率 $\rho_j = 1\%$。

$$A_{cor} \geqslant \frac{\gamma_0 N_d}{0.9(f_{cd} + f'_{sd}\rho + kf_{sd}\rho_j)} = \frac{1.1 \times 1519 \times 10^3}{0.9 \times (9.2 + 2.0 \times 195 \times 0.01 + 280 \times 0.01)} = 105088\ mm^2$$

$$d_{cor} = 1.128 \times \sqrt{A_{cor}} = 365.7\ mm$$

螺旋箍筋采用 $\phi 10$ 的 R235 钢筋，则圆柱直径 $d = d_{cor} + 2 \times (15 + 10) = 415.7\ mm$。

为了模数化，取 $d = 420\ mm$。

纵向受力钢筋的截面面积：

$$A'_s = \rho A_{cor} = 0.01 \times \frac{\pi d^2_{cor}}{4} = 0.01 \times \frac{\pi \times 400^2}{4} = 1257\ mm^2$$

选用 $6\phi 16$，$A'_s = 1206\ mm^2$。

螺旋箍筋的换算截面面积：

$$A_{so} = \rho_j A_{cor} = 0.01 \times 125600 = 1256\ mm^2$$

$$A_{so} > A'_s \times 25\% = 314\ mm^2$$

螺旋箍筋柱 $\phi 10$，$A_{sol} = 78.5\ mm^2$，于是可求得螺旋箍筋的间距为：

$$S = \frac{A_{sol} \pi d_{cor}}{A_{so}} = \frac{78.5 \times \pi \times 400}{1256} = 78.5\ mm$$

按构造要求，螺旋箍筋间距取用 $S = 75\ mm$，符合受力要求与构造要求。

同时：

$$0.9(f_{cd}A_{cor} + f'_{sd}A'_s + kf_{sd}A_{so}) = 0.9 \times \left[9.2 \times \frac{\pi}{4} \times 400^2 + 280 \times 1257 + 2.0 \times 195 \times 1256 \right]$$

$$= 1198.115 \text{kN} \leqslant N_{max} = 1.35\varphi(f_{cd}A + f'_{sd}A'_s)$$

$$= 1.35 \times 1.0 \times \left(\frac{9.2 \times \pi \times 450^2}{4} + 280 \times 1257 \right)$$

$$= 2450.462 \text{kN}$$

证明保护层不会剥落。

（3）解：初步按大偏心计算。

$$x = \frac{\gamma_0 N_d}{f_{cd}b} = \frac{1.1 \times 400 \times 10^3}{9.2 \times 400} = 119.56 \text{mm}$$

$x < \xi_b h_0 = 0.56 \times 460 = 257.6$mm 确为大偏心受压构件。

$x > 2a'_s = 80$mm

$$A_s = A'_s = \frac{\gamma_0 N_d e - f_{cd}bx\left(h_0 - \frac{x}{2}\right)}{f'_{sd}(h_0 - a'_s)} = \frac{1.1 \times 400 \times 10^3 \times 810 - 9.2 \times 400 \times 119.56\left(460 - \frac{119.56}{2}\right)}{280 \times (460 - 40)}$$

$$= 1533.26 \text{mm}^2$$

$A_s = A'_s > 0.2\% bh = 0.002 \times 400 \times 500 = 400 \text{mm}^2$

（4）解：因 $l_0/h = 10000/600 = 16.67 > 5$，故应考虑偏心距增大系数 η 的影响。

$$\eta = 1 + \frac{1}{1400 e_0/h_0}\left(\frac{l_0}{h}\right)^2 \zeta_1 \zeta_2$$

$$\eta = 1 + \frac{1}{1400 \times \frac{666.7}{555}}\left(\frac{10000}{600}\right)^2 \times 1 \times 0.98 = 1.16$$

①钢筋选择：

大偏心受压构件，取 $\sigma_s = f_{sd} = 280$MPa。

$$A'_s = \frac{\gamma_0 N_d e - f_{cd}bh_0^2 \xi_b (1 - 0.5\xi_b)}{f'_{sd}(h_0 - a'_s)}$$

$$= \frac{1 \times 315 \times 10^3 \times 1028.4 - 13.8 \times 300 \times 555^2 \times 0.56(1 - 0.5 \times 0.56)}{280(555 - 45)}$$

$$= -1332.1 \text{mm}$$

A'_s 出现负值，则应改为按构造要求取 $A'_s = 0.002bh = 0.002 \times 300 \times 600 = 360 \text{mm}^2$

选 $3\phi14$（外径 16.2mm），供给的 $A'_s = 462 \text{mm}^2$，仍取 $a'_s = 45$mm。

计算混凝土受压高度 x：

$$\gamma_0 N_d e = f_{cd}bx\left(h_0 - \frac{x}{2}\right) + f'_{sd}A'_s(h_0 - a'_s)$$

$$= 1 \times 315 \times 10^3 \times 1028.4 = 13.8 \times 300x\left(555 - \frac{x}{2}\right) + 280 \times 462 \times (555 - 45)$$

展开后整理得：

$$x^2 - 1110x + 124624.35 = 0$$

解之得：$x = 126.75 \text{mm} < \xi_b h_0 = 0.56 \times 555 = 310.8 \text{mm}$

$$> 2a'_s = 2 \times 45 = 90 \text{mm}$$

受拉钢筋截面面积为：

$$A_s = \frac{f_{cd}bx + f'_{sd}A'_s - \gamma_0 N_d}{f_{sd}}$$

$$= \frac{13.8 \times 300 \times 126.75 + 280 \times 462 - 1 \times 315 \times 10^3}{280} = 1211 \text{mm}^2$$

②稳定验算：

因 $l_0/b = 10000/300 = 33.7 > 8$，$N_{du} = 0.9\varphi\left[f_{cd}bh + f'_{sd}(A_s + A'_s)\right]$

$$N_{du} = 0.9 \times 0.467 \times \left[13.8 \times 300 \times 600 + 280 \times (462 + 1256)\right]$$

$$= 1246.2 \times 10^3 \text{N} = 1246.2 \text{kN} > \gamma_0 N_d = 315 \text{kN}$$

计算结果表明，垂直弯矩作用平面的稳定性满足要求。

③承载能力复核：

按实际配筋情况进行承载能力复核。

$$f_{cd}bx\left(e - h_0 + \frac{x}{2}\right) = f_{sd}A_s e - f'_{sd}A'_s e'$$

$$13.8 \times 300x\left(1028.4 - 555 + \frac{x}{2}\right) = 280 \times 1256 \times 1028.4 - 280 \times 462 \times 518.4$$

展开整理后得：

$$x^2 + 946.8x - 142322.46 = 0$$

解之得：$x = 131.9\text{mm} < \xi_b h_0 = 0.56 \times 555 = 310.8\text{mm}$

将所得 x 值，代入承载力公式得：

$$N_{du} = f_{cd}bx + f'_{sd}A'_s - f_{sd}A_s$$

$$= 13.8 \times 300 \times 131.9 + 280 \times 462 - 280 \times 1256$$

$$= 323.9 \times 10^3 \text{N} = 323.9 \text{kN} > \gamma_0 N_d = 315 \text{kN}$$

计算结果表明，结构的承载力是足够的。

（5）解：①配筋设计：

$\eta e_0/h_0 = 100/463 = 0.216$，按小偏心受压构件设计。

首先按构造要求，确定受拉边（或受压较小边）钢筋截面面积，取 $A_s \geq 0.002bh$。

$$x^3 - 74x^2 - 28025.6x - 24559321 = 0$$

解之得：$x = 351.9\text{mm} > \xi_b h_0 = 0.56 \times 463 = 240.76\text{mm}$，说明按小偏心受压构件计算是正确的。

$$A'_s = \frac{\gamma_0 N_d - f_{cd}bx + \sigma_s A_s}{f'_{sd}}$$

$$= \frac{1 \times 1200 \times 10^3 - 11.5 \times 250 \times 351.9 - 34.7 \times 339}{280} = 714.5 \text{mm}^2$$

②稳定验算：

对垂直于弯矩作用平面进行稳定验算。得：

$$N_{du} = 0.9\varphi[f_{cd}bh + f'_{sd}(A_s + A'_s)]$$

按 $l_0/b = 10$，查得 $\varphi = 0.98$，代入上式得：

$$N_{du} = 0.9 \times 0.98 \times [11.5 \times 250 \times 500 + 280 \times (339 + 804)]$$

$$= 1550 \times 10^3 \text{N} = 1550 \text{kN} > \gamma_0 N_d = 1200 \text{kN}$$

计算结果表明，垂直于弯矩作用平面的稳定性满足要求。

③承载能力复核：

由 $\sum M_N = 0$ 的平衡条件，确定混凝土受压区高度 x，$f_{cd}bx\left(e-h_0+\dfrac{x}{2}\right)=\sigma_s A_s e - f'_{sd}$ $A'_s e'$

满足要求。

(6) 解：桩的半径 $r=1200/2=600\text{mm}$，混凝土保护层厚度为 60mm，拟选用 $\phi28$（外径 31.6mm）钢筋，则 $r_s=600-\left(60+\dfrac{31.6}{2}\right)=524.2\text{mm}$，$g=\dfrac{r_s}{r}=\dfrac{524.2}{600}0.874$。

柱的长细比 $l_0/D=5.2\times10^3/12004.33<4.4$，取 $\eta=1$。

计算偏心距 $e'_0=\eta e_0=M_d/N_d=210\text{mm}$。

①截面配筋设计：

假设 $\zeta=0.8$，查圆形截面钢筋混凝土偏压构件正截面抗压承载力计算系数表可得：$A=2.1234$，$B=0.5898$，$C=1.6381$，$D=1.1212$。将其代入式（1-7-61）计算配筋率，得：

$$\rho=\dfrac{f_{cd}}{f_{sd}}\times\dfrac{Br-Ae'_0}{C\eta e_0-Dgr}=\dfrac{11.5}{280}\times\dfrac{0.5898\times600-2.1234\times210}{1.6381\times210-1.1212\times0.874\times600}=0.0154$$

将所得配筋率代入式（1-7-59），求轴向力设计值为：

$$N_{ud}=f_{cd}Ar^2+f'_{sd}C\rho r^2=2.1234\times600^2\times11.5+1.6381\times0.0154\times600^2\times280$$
$$=11334730\text{N}=11334.73\text{kN}$$

$N_{ud}/\gamma_0 N_d=11334.73/11500=0.9856$，计算轴向力设计值与实际值基本相等，所得配筋率 $\rho=0.0154$ 即为所求，所需钢筋截面面积为：

$$A'_s=\rho\pi r^2=0.0154\times\pi\times600^2=17417\text{mm}^2$$

选 29ϕ28，供给钢筋截面面积 $A'_s=17855\text{mm}^2$，$r_s=524.2\text{mm}$，钢筋间距为 $2\pi r_s/n=2\times3.14\times526/29=114\text{mm}$。实际配筋率 $\rho=A_s/\pi r^2=17855/3.14\times600^2=0.01578$。

②承载力复核：

因实际配筋率略高于计算值，假设 $\xi=0.805$，查圆形截面钢筋混凝土偏压构件正截面抗压承载力计算系数表得系数：$A=2.1387$，$B=0.5854$，$C=1.6596$，$D=1.1073$。将其代入式（1-7-62）得：

$$e'_{0(计)}=\eta e_0=\dfrac{Bf_{cd}+D\rho g f'_{sd}}{Af_{cd}+C\rho f'_{cd}}r=\dfrac{0.5854\times11.5+1.1073\times1.01578\times0.876\times280}{2.1387\times11.5+1.6596\times0.01578\times280}\times600$$
$$=207\text{mm}$$

$e'_{0(计)}/e'_{0(实)}=207/210=0.9857$，计算偏心距与实际值基本相等，$\zeta=0.805$ 即为所求。截面所能承受的轴向力设计值由式（1-7-59）求得：

$$N_{ud}=f_{cd}Ar^2+f'_{sd}C\rho r^2=2.1387\times600^2\times11.5+1.6596\times0.01587\times600^2\times280$$
$$=11494\times10^3\text{N}=11494\text{kN}\approx r_0 N_d=11500\text{kN}$$

计算结构表明，截面抗压承载力满足要求，结构是安全的。

第八章　受拉构件承载力计算

> **本章重点**
> - 轴心受拉构件的承载力计算；
> - 偏心受拉构件的承载力计算。
>
> **本章难点**
> - 偏心受拉构件的承载力计算。

本章内容相对比较简单，主要掌握轴心受拉、偏心受拉构件的承载力计算以及承载力的复核。

按结构力学的分析，钢筋混凝土构件截面上一般作用有轴力、剪力和弯矩，当轴力为拉力时，此构件为受拉构件。当只有轴向拉力作用时，为轴心受拉构件，也就是偏心矩 $e_0 = \dfrac{M}{N} = 0$ 的情况；有轴向拉力作用，同时还有弯矩作用时，为偏心受拉构件，偏心受拉构件，也就是 $e_0 = \dfrac{M}{N} \neq 0$ 的情况。在偏心受拉的前提下，全截面混凝土受拉为小偏心受拉，截面一侧受拉，一侧受压的情形为大偏心受拉。

第一节　轴心、偏心受拉构件的承载力计算

一、轴心受拉构件的承载力

受拉构件在混凝土开裂前，混凝土和钢筋共同变形，共同承受拉力。混凝土开裂后，开裂截面的混凝土退出工作，拉力由钢筋承受。当钢筋应力达到抗拉屈服强度时，截面到达受拉承载力极限状态，破坏时混凝土早已被拉裂。全部拉力均由钢筋承受，与单独的钢拉杆相同，但混凝土能对钢筋起到有效的防护作用，可省去钢结构的经常性维护费用，且构件的抗拉刚度也比较大。破坏时钢筋应力都可以达到钢筋的抗拉强度设计值。计算简图如图 1-8-1 所示。

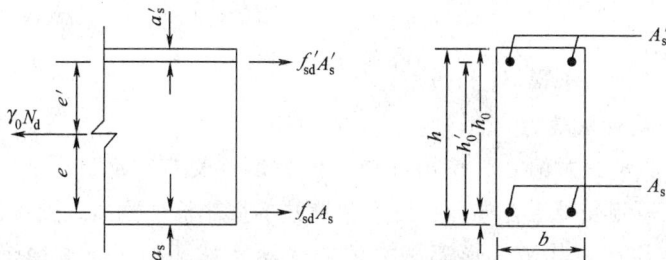

图 1-8-1　轴心受拉构件承载力计算简图

强度计算公式为：

$$\gamma_0 N_d \leqslant f_{sd} A_s \tag{1-8-1}$$

二、偏心受拉构件的承载力

截面上的轴力和弯矩的作用等效为一偏心轴向力作用。当偏心轴向力作用在钢筋 A_s 的合力点与 A'_s 的合力点中间时，为小偏心；当偏心轴向力作用在钢筋 A_s 的合力点与 A'_s 的合力点范围以外时，为大偏心。

1. 小偏心受拉构件承载力

如图 1-8-2a）所示，小偏心受拉构件为全截面受拉。

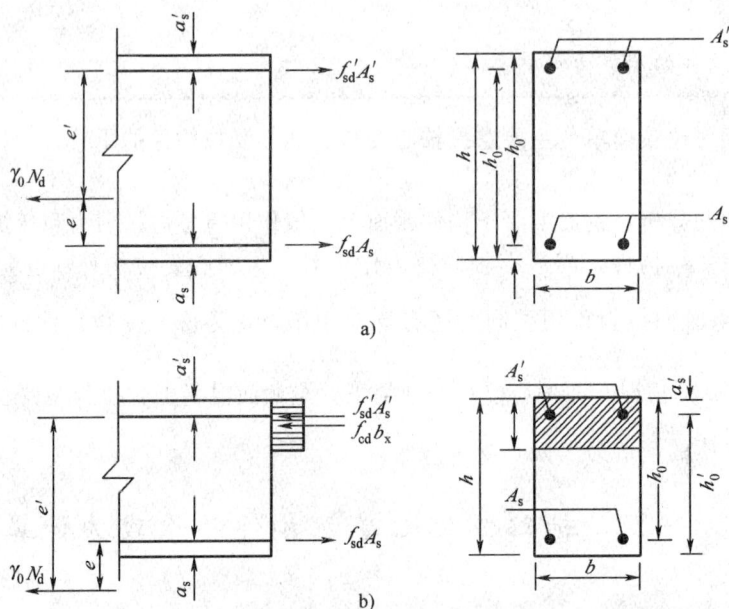

图 1-8-2　矩形截面偏心受拉构件承载力计算简图
a）小偏心受拉构件承载力计算简图；b）大偏心受拉构件承载力计算简图

破坏特点是：混凝土开裂后，裂缝贯穿整个截面，全部轴向力由纵向钢筋承担。当纵向钢筋达到屈服强度时，截面达到极限状态。正截面抗拉承载力计算公式为：

$$\gamma_0 N_d e \leqslant f'_{sd} A'_s (h_0 - a'_s) \tag{1-8-2}$$

$$\gamma_0 N_d e' \leqslant f_{sd} A_s (h'_0 - a_s) \tag{1-8-3}$$

根据上两个公式即可求得 A_s 和 A'_s。

2. 大偏心受拉构件承载力

如图 1-8-2b）所示，大偏心受拉构件的截面为部分受拉，部分受压的截面，破坏特点是：在拉应力较大一侧混凝土首先开裂后，裂缝并不贯穿整个截面，受拉钢筋首先屈服，随后受压区混凝土被压碎，其破坏形态和大偏心受压构件相似。正截面抗拉承载力计算公式为：

$$\gamma_0 N_d \leqslant (f_{sd} A_s - f'_{sd} A'_s) - f_{cd} b x \tag{1-8-4}$$

$$\gamma_0 N_d e \leqslant f_{cd}bx\left(h_0 - \frac{x}{2}\right) + f'_{sd}A'_s(h_0 - a'_s) \tag{1-8-5}$$

公式应符合 $x \leqslant \xi_b h_0$ 和 $x \geqslant 2a'_s$ 的要求。

第二节　问题释义与算例

一、问题释义

1. 怎样判别偏心受拉构件所属类型？

偏心受拉截面的破坏特点与偏心矩 $e_0 = M_d/N_d$ 的大小有关。当偏心矩很小时（$e_0 < h/6$，h 为偏心方向的截面边长），构件处于全截面受拉状态，但截面一侧拉应力大、一侧拉应力较小，随着偏心拉力的增大，在拉应力较大一侧的混凝土将先开裂，并迅速向对边贯通。此时裂缝截面混凝土退出工作，偏心拉力由两侧的钢筋（A_s、A'_s）共同承受，只是 A_s 承受的拉力较 A'_s 大。当偏心距稍大时（$h/6 < e_0 < h/2 - a_s$），起初，截面一侧受拉另一侧受压，随着偏心拉力的增大，靠近偏心拉力一侧的混凝土将先开裂。由于偏心拉力作用于 A_s 和 A'_s 之间，在 A_s 一侧的混凝土开裂后，为保持力的平衡，在 A'_s 一侧的混凝土将不可能再存在有受压区，此时中性轴已经移至截面以外，而使这部分混凝土转化为受拉，并随偏心拉力的增大而开裂。当 $0 < e_0 < h/2 - a_s$ 的偏心受拉构件，在正常设计时，其破坏特征为混凝土完全不参加工作，为小偏心受拉破坏。

当 $e_0 > h/2 - a_s$ 时，开始截面的应力分布为一侧为拉应力、另一侧为压应力，混凝土受压区比小偏心（$h/6 < e_0 < h/2 - a_s$）情况的受压区明显增大。随着偏心拉力的增大，靠近偏心拉力一侧的混凝土将先开裂，虽然受压区在减小，但裂缝不会贯通全截面，始终保持有受压区。受拉钢筋首先屈服，随后受压区混凝土被压碎及纵向受压钢筋达到屈服。

综上所述，当 $e_0 > h/2 - a_s$ 时为大偏心受拉构件，反之为小偏心受拉构件。

2. 怎样计算大偏心受拉构件的正截面承载力？

当 $e_0 > h/2 - a_s$ 时为大偏心受拉构件，基本公式为：

$$\gamma_0 N_d \leqslant (f_{sd}A_s - f'_{sd}A'_s) - f_{cd}bx$$

$$\gamma_0 N_d e \leqslant f_{cd}bx\left(h_0 - \frac{x}{2}\right) + f'_{sd}A'_s(h_0 - a'_s)$$

满足条件 $x \leqslant \xi_b h_0$ 和 $x \geqslant 2a'_s$。

1）求 A_s、A'_s

基本公式中有 A_s、A'_s 和 x 三个未知数，需要补充一个条件方可求解。为了节约钢材，使钢筋总量（$A_s + A'_s$）为最少，应充分利用混凝土的抗力，采用 $x = \xi_b h_0$，作为一个补充的条件。将 x 带入 $\gamma_0 N_d e \leqslant f_{cd}bx\left(h_0 - \frac{x}{2}\right) + f'_{sd}A'_s(h_0 - a'_s)$，可得受压钢筋 A'_s。$A'_s = \dfrac{\gamma_0 N_d e - f_{cd}b\xi_b h_0^2(1 - 0.5\xi_b)}{f'_{sd}(h_0 - A'_s)}$，如果 $A'_s \geqslant \rho_{min}bh_0$，说明 $x = \xi_b h_0$ 成立，即可进一步将 $x = \xi_b h_0$ 和 A'_s 带入 $\gamma_0 N_d \leqslant (f_{sd}A_s - f'_{sd}A'_s) - f_{cd}bx$，求得 A_s，$A_s = \dfrac{f'_{sd}A'_s + f_{cd}b\xi_b h_0 + \gamma_0 N_d}{f_{sd}}$；如果 $A'_s < \rho_{min}bh_0$ 或为负值则说明 $x = \xi_b h_0$ 是不成立的，此时应按构造要求选用钢筋确定

A_s'，然后根据 A_s' 计算 A_s。

2）已知 A_s' 求 A_s

从

$$\gamma_0 N_d e \leqslant f_{cd} bx \left(h_0 - \frac{x}{2}\right) + f_{sd}' A_s' (h_0 - a_s')$$

可求得

$$\xi = 1 - \sqrt{1 - 2\frac{\gamma_0 N_d e - f_{sd}' A_s' (h_0 - a_s')}{f_{cd} bh_0^2}}$$

（1）如果 $\xi_b \geqslant \xi \geqslant 2a_s'/h_0$，可将 $x = \xi h_0$ 带入 $\gamma_0 N_d \leqslant (f_{sd} A_s - f_{sd}' A_s') - f_{cd} bx$，求得靠近偏心拉力一侧的受拉钢筋 A_s，$A_s = \dfrac{f_{sd}' A_s' + f_{cd} b\xi h_0 + \gamma_0 N_d}{f_{sd}}$。

（2）如果 $x < 2a_s'$ 或为负值，则表明受压钢筋 A_s' 位于混凝土受压合力作用点的内侧，破坏时将达不到其屈服强度，即 A_s' 的应力为一未知量，此时：

① 可取 $x = 2a_s'$，对 A_s' 的重心取力矩平衡 $\gamma_0 N_d e' = f_{cd} A_s (h_0 - a_s')$ 得 $A_s = \dfrac{\gamma_0 N_d e'}{f_{cd} (h_0 - a_s')}$。

② 取 $A_s' = 0$，可利用受弯构件的承载力进行计算，$x = h_0 - \sqrt{h_0^2 - \dfrac{2\gamma_0 N_d e}{f_{cd} b}}$，将其带入 $A_s = \dfrac{f_{cd} bx + \gamma_0 N_d}{f_{sd}}$，最后的钢筋面积 A_s 取①与②两种情况的较小值。

（3）如果 $\xi > \xi_b$，说明原来确定的受压钢筋 A_s' 过小，不能满足使用条件，按 A_s、A_s' 均未知的情况计算。

3. 怎样进行大偏心受拉构件的正截面的强度复核？

截面尺寸、配筋、材料强度以及荷载引起的内力（M_d、M_d）均为已知，由下两式

$$\gamma_0 N_d \leqslant (f_{sd} A_s - f_{sd}' A_s') - f_{cd} bx$$

$$\gamma_0 N_d e \leqslant f_{cd} bx \left(h_0 - \frac{x}{2}\right) + f_{sd}' A_s' (h_0 - a_s')$$

联立消去 N_d，解得 x。

（1）若 $2a_s' \leqslant x \leqslant \xi_b h_0$，则截面偏心受拉承载力为 $N_u \leqslant \left[(f_{sd} A_s - f_{sd}' A_s') - f_{cd} bx \right]/\gamma_0$。

（2）若 $x > \xi_b h_0$，说明 A_s 过量，截面破坏时，A_s' 达不到屈服强度，取 $A_s' = 0$，将 $A_s = \dfrac{f_{cd} bx + \gamma_0 N_d}{f_{sd}}$ 写成 $A_s = \dfrac{f_{cd} bx + \gamma_0 N_d}{\sigma_s}$ 计算 σ_s，σ_s 为受拉钢筋的应力。后对偏心拉力作用点取矩得 $\sigma_s A_s e = f_{cd} bx \left(h_0 - \dfrac{x}{2}\right)$，重新计算 x。

将 x 带入 $N_u \leqslant \left[(\sigma_s A_s - f_{sd}' A_s') - f_{cd} bx \right]/\gamma_0$ 得截面偏心受拉承载力。

（3）若 $x < 2a_s'$：

① 取 $x = 2a_s'$，得 $N_u = \dfrac{f_{cd} A_s (h_0 - a_s')}{\gamma_0 e'}$；

② 取 $A_s' = 0$，按单侧配筋的情况计算 N_u；

③ 上面的两种算法均偏于安全，故 N_u 可取①、②中的较大者。

（4）以上各自情况求得的 N_u 与 N_d 比较，即可判别截面承载力是否够用。

4. 钢筋混凝土受拉构件配筋要求是什么？

钢筋混凝土受拉构件需配置纵向钢筋和箍筋，纵向钢筋不得采用绑扎的搭接接头，为了

避免配筋过少引起脆性破坏，轴心受拉钢筋的最小配筋率不应小于 0.2% 和 $(45f_{td}/f_{sd})\%$ 中的较大值；箍筋直径应不小于 6mm，间距一般为 150~200mm。

二、算例

[1] 一钢筋混凝土偏心受拉构件，截面为矩形 $b \times h = 250mm \times 400mm$，$a_s = a'_s = 40mm$，某验算截面上承受的纵向拉力设计值 $N_d = 26kN$、弯矩设计值 $M_d = 45kN \cdot m$，混凝土强度等级 C25（$f_{cd} = 11.5MPa$），钢筋采用 HRB400 级（$f_{sd} = f'_{sd} = 330MPa$，$\xi_b = 0.53$），结构重要性系数 $\gamma_0 = 1.0$。求钢筋截面面积 A_s、A'_s。

解题思路：这是一个偏心受拉构件，首先要确定属大偏心受拉还是小偏心受拉，然后按相应的公式计算。

解：

1）判别大小偏心受拉类型

$$e_0 = \frac{M_d}{N_d} = \frac{45 \times 10^6}{26 \times 10^3} = 1731mm > \frac{h}{2} - a_s = \frac{400}{2} - 40 = 160mm$$

属大偏心受拉构件。

2）计算钢筋面积

$$e = e_0 - \frac{h}{2} + a_s = 1731 - \frac{400}{2} + 40 = 1571mm$$

（1）计算受压钢筋

$x = \xi_b h_0 = 0.53 \times 360 = 190.8mm$ 将 x 带入下式：

$$A'_s = \frac{\gamma_0 N_d e - f_{cd} bx(h_0 - 0.5x)}{f'_{sd}(h_0 - a'_s)}$$

$$= \frac{1.0 \times 26 \times 10^3 \times 1571 - 11.5 \times 250 \times 190.8 \times (360 - 0.5 \times 190.8)}{330 \times (360 - 40)}$$

$$= -987.6mm^2 < 0$$

需要按最小配筋率配置受压钢筋。

$$(45f_{td}/f_{sd})\% = (45 \times 1.23 \div 330)\% = 0.17\% < 0.2\%$$

$$A'_s = \rho_{min} bh = 0.002 \times 250 \times 400 = 200mm^2$$

选择 2 根 $\phi 12$（$A'_s = 226mm^2$）钢筋。

（2）计算受拉钢筋

$$\xi = 1 - \sqrt{1 - 2 \frac{\gamma_0 N_d e - f'_{sd} A'_s(h_0 - a'_s)}{f_{cd} bh_0^2}}$$

$$= 1 - \sqrt{1 - 2 \times \frac{1.0 \times 26 \times 10^3 \times 1571 - 330 \times 226 \times (360 - 40)}{11.5 \times 250 \times 360^2}}$$

$$= 0.047 < 2a'_s/h_0 = 2 \times 40 \div 360 = 0.222$$

按 $x = 2a'_s = 2 \times 40 = 80mm$ 进行计算。

$$e' = e_0 + \frac{h}{2} - a'_s = 1731 + \frac{400}{2} - 40 = 1891 \text{mm}$$

$$A_s = \frac{\gamma_0 N_d e'}{f_{cd}(h_0 - a'_s)} = \frac{1.0 \times 26 \times 10^3 \times 1891}{330 \times (360 - 40)} = 427 \text{mm}^2$$

取 $A'_s = 0$：

$$x = h_0 - \sqrt{h_0^2 - \frac{2\gamma_0 N_d e}{f_{cd}b}} = 360 - \sqrt{360^2 - \frac{2 \times 1.0 \times 26 \times 10^3 \times 1571}{11.5 \times 250}} = 41.9 \text{mm}$$

将其带入 $A_s = \frac{f_{cd}bx + \gamma_0 N_d}{f_{sd}} = \frac{11.5 \times 250 \times 41.9 + 1.0 \times 26 \times 10^5}{330} = 444 \text{mm}^2$

计算受拉钢筋为 $A_s = 427 \text{mm}^2$

选择受拉钢筋为 3 根 $\phi 14$（$A_s = 462 \text{mm}^2$）。

[2] 钢筋混凝土偏心受拉构件，截面为矩形 $b \times h = 250 \text{mm} \times 400 \text{mm}$，$a_s = a'_s = 40 \text{mm}$，某验算截面上承受的纵向拉力设计值 $N_d = 650 \text{kN}$、弯矩设计值 $M_d = 74 \text{kN} \cdot \text{m}$，混凝土强度等级 C30（$f_{cd} = 13.8 \text{MPa}$，$f_{td} = 1.39 \text{MPa}$），钢筋采用 HRB400 级（$f_{sd} = f'_{sd} = 330 \text{MPa}$，$\xi_b = 0.53$），结构重要性系数 $\gamma_0 = 1.0$。求钢筋截面面积 A_s、A'_s。

解题思路：这是一个偏心受拉构件，首先要确定属大偏心受拉还是小偏心受拉，然后按相应的公式计算。

解：

1）判别大小偏心受拉类型

$$e_0 = \frac{M_d}{N_d} = \frac{74 \times 10^6}{650 \times 10^3} = 114 \text{mm} > \frac{h}{2} - a_s = \frac{400}{2} - 40 = 160 \text{mm}$$

属小偏心受拉构件。

2）计算钢筋面积

$$e = \frac{h}{2} - e_0 - a_s = \frac{400}{2} - 114 - 40 = 46 \text{mm}$$

$$e' = \frac{h}{2} + e_0 - a'_s = \frac{400}{2} + 114 - 40 = 274 \text{mm}$$

由 $\gamma_0 N_d e \leqslant f'_{sd} A'_s (h_0 - a'_s)$ 得：

$$A'_s = \frac{\gamma_0 N_d e}{f'_{sd}(h_0 - a'_s)} = \frac{1.0 \times 650 \times 10^3 \times 46}{330 \times (360 - 40)} = 283 \text{mm}^2$$

由 $\gamma_0 N_d e' \leqslant f_{sd} A_s (h'_0 - a_s)$ 得：

$$A_s = \frac{\gamma_0 N_d e'}{f_{sd}(h_0 - a_s)} = \frac{1.0 \times 650 \times 10^3 \times 274}{330 \times (360 - 40)} = 1686 \text{mm}^2$$

$$(45 f_{td}/f_{sd})\% = (45 \times 1.23 \div 330)\% = 0.17\% < 0.2\%$$

$$A'_{s,\min} = A_{s,\min} = \rho_{\min} bh = 0.002 \times 250 \times 400 = 200 \text{mm}^2$$

A_s、A'_s 均满足最小配筋率的要求。

受压钢筋选择 2 根 $\phi 12$（$A'_s = 226 \text{mm}^2$）。

受拉钢筋选择 2 根 $\phi 25 + 2$ 根 $\phi 20$（$A_s = 1710 \text{mm}^2$）。

第三节 综合训练及参考答案

一、综合训练

1. 填空题

（1）轴心受拉构件的承载力只与（　　）有关，与构件的（　　）及混凝土的强度等级无关。

（2）偏心受拉构件的破坏形态只与（　　）有关，与（　　）无关。

（3）根据纵向拉力作用的位置不同，可将偏心受拉构件分为两类。当（　　）时为大偏心受拉构件，当（　　）时为小偏心受拉构件。

（4）钢筋混凝土轴心受拉构件开裂荷载的大小受（　　）影响最大。

（5）大偏心受拉构件的基本公式的适用条件是（　　）。

（6）偏心受拉构件的破坏特征与（　　）的大小有关。

2. 问答题

（1）为什么偏心受拉构件的破坏形态只与纵向力的作用位置有关，而与钢筋用量 A_s 无关？

（2）怎样区别偏心受拉构件所属的类型？

（3）偏心受拉构件的正截面承载力计算中，ξ_b 为什么取值与受弯构件相同？

3. 计算题

（1）一钢筋混凝土偏心受拉构件，截面为矩形 $b \times h = 200\text{mm} \times 400\text{mm}$，$a_s = a_s' = 35\text{mm}$，某验算截面上承受的纵向拉力设计值 $N_d = 450\text{kN}$、弯矩设计值 $M_d = 45\text{kN} \cdot \text{m}$，混凝土强度等级 C25（$f_{cd} = 11.5\text{MPa}$，$f_{td} = 1.23\text{MPa}$），钢筋采用 HRB400 级（$f_{sd} = f_{sd}' = 330\text{MPa}$，$\xi_b = 0.53$），结构重要性系数 $\gamma_0 = 1.0$。求钢筋截面面积 A_s、A_s'。

（2）钢筋混凝土偏心受拉构件，截面为矩形 $b \times h = 200\text{mm} \times 400\text{mm}$，$a_s = a_s' = 35\text{mm}$，某验算截面上承受的纵向拉力设计值 $N_d = 450\text{kN}$、弯矩设计值 $M_d = 60\text{kN} \cdot \text{m}$，混凝土强度等级 C25（$f_{cd} = 11.5\text{MPa}$，$f_{td} = 1.23\text{MPa}$），钢筋采用 HRB400 级（$f_{sd} = f_{sd}' = 330\text{MPa}$，$\xi_b = 0.53$），结构重要性系数 $\gamma_0 = 1.0$。求钢筋截面面积 A_s、A_s'。

二、参考答案

1. 填空题

（1）纵向受拉钢筋　截面尺寸

（2）纵向力的作用位置　钢筋用量

（3）$e_0 > \dfrac{h}{2} - a_s$　$0 < e_0 < \dfrac{h}{2} - a_s$

（4）混凝土的轴心受拉强度

（5）$2A_s' \leqslant x \leqslant \xi_b h_0$

（6）偏心距

2. 问答题

（1）答：偏心受拉构件的破坏形态是以截面上是否存在受压区来确定的。小偏心受拉构件，由力的平衡可知，截面上不可能有受压区；而大偏心受拉构件，由力的平衡可知，部分截面受压，部分截面受拉，与钢筋用量 A_s 无关。

（2）答：当轴向力作用线在纵向钢筋 A_s' 合力点及 A_s 合力点范围以外时称为大偏心受拉构件；当轴向力作用线在纵向钢筋 A_s' 合力点及 A_s 合力点范围以内时称为小偏心受拉构件。

（3）答：大偏心受拉构件当 A_s 适量时，破坏特征与大偏心受压破坏相同；当 A_s 过多时，破坏特征与小偏心受压破坏相类似，因此也存在界限破坏情况，而且受压区混凝土的应力分布与受弯构件受压区混凝土的应力分布相同，也为非均匀受压。因此在大偏心受拉构件的正截面承载力中，为了保证受拉钢筋屈服，同时使钢筋总的用量最少，同双筋矩形截面受弯构件一样，这样就 ξ_b 取值与受弯构件相同。

3. 计算题

（1）解题思路：这是一个偏心受拉构件，首先要确定属大偏心受拉还是小偏心受拉，然后按相应的公式计算。

本题属大偏心受拉构件，需要按最小配筋率配置受压钢筋，选择 2 根 $\phi12$（$A_s'=226\mathrm{mm}^2$）钢筋，选择受拉钢筋为 4 根 $\phi25$（$A_s=1964\mathrm{mm}^2$）。

（2）解题思路：这是一个偏心受拉构件，首先要确定属大偏心受拉还是小偏心受拉，然后按相应的公式计算。

本题属小偏心受拉构件，受压钢筋选择 2 根 $\phi12$（$A_s'=226\mathrm{mm}^2$），受拉钢筋选择 3 根 $\phi25$（$A_s=1473\mathrm{mm}^2$）。

第九章 受弯构件应力、裂缝和变形计算

第一节 正常使用阶段验算的意义、内容

1. 正常使用阶段验算的意义

根据钢筋混凝土结构物的某些工作条件以及使用要求，在钢筋混凝土结构设计中，除需要进行承载能力极限状态计算外，还应进行正常使用极限状态（即裂缝与变形）的验算。《桥规》规定必须进行钢筋混凝土受弯构件的使用阶段的变形和弯曲裂缝最大裂缝宽度验算，还要进行受弯构件在施工阶段的混凝土和钢筋应力验算。

承载力计算与变形、裂缝验算都是在保证结构构件可靠性要求的前提下进行的。承载力和变形裂缝各自属于不同的极限状态。对于承载力极限状态之所以称之为计算，主要是由于这种计算要保证构件满足安全性要求，而这种要求对任何承受作用的构件都是基本要求，是必须达到的。即所谓设计构件的目的，是使其在使用期限内不坏。因此规定的可靠度指标比较严格，因为超过这种极限状态，构件由于破坏造成的后果会危及人及财产的安全，所以计算则是必须的，含有不计算就不知道是否安全的意义。然而，对于构件的变形和裂缝的验算则是保证正常使用极限状态要求的，目的是使构件具有良好的适用性和耐久性要求。这种要求显然是在满足安全性的前提下才能实现的，而且这种要求对各种不同受力构件来说程度上也是有差别的。或者说，验算是在计算之后才提出来的，由于不满足验算要求所造成的后果远不如不满足计算所造成的后果严重，因此验算所达到的可靠度指标比计算达到的可靠度指标宽松一些。或者说验算相对于计算来说是第二位的，而且并不是所有的构件都必须进行的。

正由于以上原因，在计算和验算时由于其可靠度指标的不同，对应采用不同的计算指

标。承载力计算采用荷载与材料强度的设计值，而变形与裂缝验算则采用荷载与材料强度的标准值。可见，"计算"与"验算"是不同的。

2. 内容

受弯构件在施工阶段的应力计算。

受弯构件在使用阶段的裂缝宽度和变形。

第二节 换算截面的概念

一、换算截面

根据力学知识，在计算杆件的变形时，要用到杆件截面的刚度，计算钢筋混凝土受弯构件的变形要用到开裂截面的刚度和全截面的刚度。将钢筋面积换算成当量的混凝土面积，这样可以假定现在的截面为均质单一材料的截面即得到换算面积，进而有换算截面惯性矩，换算截面弹性抵抗矩。

在正常使用阶段，一般受拉区混凝土已经开裂，可假定受拉区混凝土全部退出工作，受拉区钢筋的应力远小于钢筋的屈服强度，受压区混凝土的压应力也不是很大，将受拉钢筋的面积转换成混凝土的面积，此截面为换算截面。受压区混凝土的面积与受压钢筋的面积、受拉钢筋的面积转换成混凝土的面积的和为有效换算截面面积，如图 1-9-1 所示。对于受弯构件，开裂截面的中性轴通过其换算截面的形心轴。

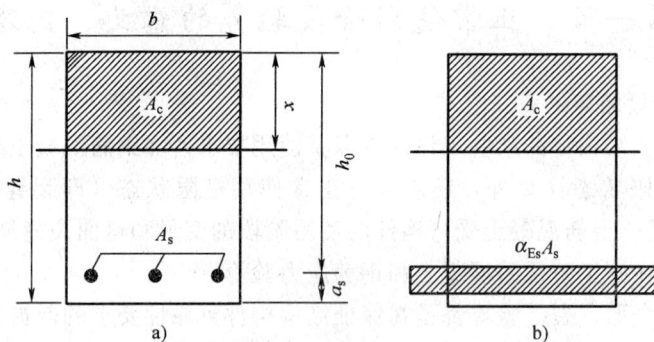

图 1-9-1 换算截面示意图

二、换算截面的几何特性

全截面的换算截面的面积 A_0 为原始构件截面面积减去钢筋的面积再加上钢筋换算成混凝土的面积。在换算截面面积上可以计算换算截面的换算惯性矩 I_0，换算截面弹性抵抗矩 W_0。

使用阶段对于开裂（存在混凝土受拉区）钢筋混凝土截面换算截面按受压区面积、受拉区面积对中性轴的静矩相等来计算开裂截面的换算惯性矩。

1. 单筋矩形

换算截面受压区高度 x 按方程 $\frac{1}{2}bx^2 = \alpha_{Es}A_s(h_0 - x)$ 求得。

换算截面面积：$A_0 = bx + \alpha_{Es}A_s$。

换算截面对中性轴的惯性矩：略去 $\alpha_{Es}A_s$ 对自己形心轴的惯性矩。

$$I_{cr} = \frac{bx^3}{3} + \alpha_{Es}A_s(h_0 - x)^2$$

2. 双筋矩形截面、双筋倒 T 形截面（翼缘位于受拉区）

换算截面受压区高度 x 按方程 $\frac{1}{2}bx^2 + A_s'\alpha_{Es}(x - a_s') = \alpha_{Es}A_s(h_0 - x)$ 求得。

换算截面面积：$A_0 = bx + \alpha_{Es}A_s + \alpha_{Es}A_s'$。

换算截面对中性轴的惯性矩：略去 $\alpha_{Es}A_s$、$\alpha_{Es}A_s'$ 对自己形心轴的惯性矩。

$$I_{cr} = \frac{bx^3}{3} + \alpha_{Es}A_s(h_0 - x)^2 + \alpha_{Es}A_s'(x - A_s')^2$$

3. 单筋 T 形截面

换算截面受压区高度 x 按方程 $\frac{1}{2}b_f'x^2 = \alpha_{Es}A_s(h_0 - x)$ 求得。

当 $x \leqslant h_f'$，x 计算有效，按宽度为 b_f' 的矩形截面计算。

换算截面面积：$A_0 = b_f'x + \alpha_{Es}A_s$。

换算截面对中性轴的惯性矩：略去 $\alpha_{Es}A_s$ 对自己形心轴的惯性矩。

$$I_{cr} = \frac{b_f'x^3}{3} + \alpha_{Es}A_s(h_0 - x)^2$$

当 $x > h_f'$，说明中性轴在梁肋内，换算截面受压区高度 x 按方程 $\frac{1}{2}b_f'x^2 - \frac{1}{2}(b_f' - b)(x - h_f')^2 = \alpha_{Es}A_s(h_0 - x)$ 求得。

换算截面面积：$A_0 = bx + (b_f' - b)h_f' + \alpha_{Es}A_s$。

换算截面对中性轴的惯性矩：略去 $\alpha_{Es}A_s$ 对自己形心轴的惯性矩。

$$I_{cr} = \frac{b_f'x^3}{3} - \frac{(b_f' - b)(x - h_f')^3}{3} + \alpha_{Es}A_s(h_0 - x)^2$$

4. 双筋工字形截面、双筋 T 形截面（翼缘位于受压区）

换算截面受压区高度 x 按方程 $\frac{1}{2}b_f'x^2 + A_s'\alpha_{Es}(x - a_s') = \alpha_{Es}A_s(h_0 - x)$ 求得。

当 $x \leqslant h_f'$，x 计算有效，按宽度为 b_f' 的矩形截面计算。

换算截面面积：$A_0 = b_f'x + \alpha_{Es}A_s + \alpha_{Es}A_s'$。

换算截面对中性轴的惯性矩：略去 $\alpha_{Es}A_s$、$\alpha_{Es}A_s'$ 对自己形心轴的惯性矩。

$$I_{cr} = \frac{bx^3}{3} + \alpha_{Es}A_s(h_0 - x)^2 + \alpha_{Es}A_s'(x - a_s')^2$$

当 $x > h_f'$，说明中性轴在梁肋内，换算截面受压区高度 x 按方程 $\frac{1}{2}b_f'x^2 - \frac{1}{2}(b_f' - b)(x - h_f')^2 + \alpha_{Es}A_s'(x - a_s') = \alpha_{Es}A_s(h_0 - x)$ 计算求得。

换算截面对中性轴的惯性矩：略去 $\alpha_{Es}A_s$、$\alpha_{Es}A_s'$ 对自己形心轴的惯性矩。

$$I_{cr} = \frac{b'_f x^3}{3} - \frac{(b'_f - b)(x - h'_f)^3}{3} + \alpha_{Es} A'_s (x - A'_s)^2 + \alpha_{Es} A_s (h_0 - x)^2$$

以上 $\alpha_{Es} A_s (h_0 - x)^2$ 项可用 $\alpha_{Es} \sum\limits_{i=1}^{n} A_{si} (h_{0i} - x)^2$ 代替，n 为受拉钢筋的层数，A_{si} 为第 i 层全部钢筋的截面面积。

第三节　受弯构件施工阶段应力计算

受弯构件施工阶段应力计算也就是短暂状况构件的应力计算。

《桥规》7.2.4～7.2.6 规定：

(1) 受压区混凝土边缘的压应力应符合下式

$$\sigma_{cc}^t = \frac{M_k^t x_0}{I_{cr}} \leqslant 0.80 f'_{ck} \qquad (1\text{-}9\text{-}1)$$

(2) 受拉钢筋的应力应符合下式

$$\sigma_{si}^t = \alpha_{Es} \frac{M_k^t (h_{0i} - x_0)}{I_{cr}} \leqslant 0.75 f_{sk} \qquad (1\text{-}9\text{-}2)$$

(3) 钢筋混凝土受弯构件中性轴处的主拉应力（剪应力）σ_{tp}^t 应符合下列规定

$$\sigma_{tp}^t = \frac{V_k^t}{b z_0} \leqslant f'_{tk} \qquad (1\text{-}9\text{-}3)$$

钢筋混凝土受弯构件中性轴处的主拉应力（剪应力）σ_{tp}^t 若符合

$$\sigma_{tp}^t \leqslant 0.25 f'_{tk} \qquad (1\text{-}9\text{-}4)$$

则该区段的主拉应力全部由混凝土承受，此时，抗剪钢筋按构造要求配置。

钢筋混凝土受弯构件中性轴处的主拉应力（剪应力）σ_{tp}^t 若不符合 $\sigma_{tp}^t \leqslant 0.25 f'_{tk}$ 的区段，则主拉应力（剪应力）全部由箍筋和弯起钢筋承受。箍筋、弯起钢筋可按剪应力图配置，并按下列公式计算。

(4) 箍筋

$$\tau_v^t = \frac{n A_{sv1} [\sigma_s^t]}{b s_v} \qquad (1\text{-}9\text{-}5)$$

(5) 弯起钢筋

$$A_{sb} \geqslant \frac{b \Omega}{[\sigma_s^t] \sqrt{2}} \qquad (1\text{-}9\text{-}6)$$

第四节　裂缝的种类、特征

一、裂缝的种类

对于普通钢筋混凝土构件不出现裂缝是不经济的，裂缝出现对结构构件的承载力影响不显著，但会影响有些结构的使用功能，如游泳池，裂缝的存在会直接影响其使用功能。产生裂缝的因素很多，有荷载作用、施工养护不善、温度变化、结构基础不均匀沉降以及钢筋锈蚀等。例如，在大块体混凝土凝结、硬化过程中所产生的水化热将导致混凝土体内部的温度升高，当块体内外部温差很大而形成较大的温度应力时，就会产生裂缝。当结构物外层混凝土干缩变形受到约束，也可能产生裂缝。

归纳起来裂缝种类按裂缝产生的原因有：

一类是在正常使用阶段荷载产生的裂缝，为正常裂缝，要进行验算加以控制；另一类是在施工阶段非荷载以外的因素引起的裂缝，也叫非正常裂缝，要采取施工、构造措施进行克服和控制。结构设计原理主要讨论正常裂缝。

二、裂缝的特征

一般在荷载超过抗裂荷载的 50% 以上时，裂缝间距、裂缝数量渐趋基本稳定；裂缝间距大，裂缝宽度也大。

采用变形钢筋时裂缝间距小、裂缝窄；采用光面钢筋时裂缝间距大、裂缝宽。

钢筋直径细、根数多，裂缝间距小、裂缝窄；钢筋直径粗、根数少，裂缝间距大、裂缝宽。

保护层厚，裂缝宽。《桥规》规定保护层不小于 30mm，不大于 50mm。

荷载作用时间长，裂缝宽。

第五节　裂缝宽度的计算，影响裂缝宽度的因素

一、裂缝宽度的计算

裂缝宽度计算公式种类繁多，形式迥异，但归纳有两种类型。

1. 半理论半经验公式

分析荷载裂缝的机理。第一类是粘结滑移理论，认为裂缝间距是由通过粘结力从钢筋传递到混凝土上所决定的，裂缝宽度是构件开裂后钢筋和混凝土之间的相对滑移造成的。第二类是无滑移理论，它假定在使用阶段范围内，裂缝开展后，钢筋与其周围混凝土之间粘结强度并未破坏，相对滑动很小可忽略不计，裂缝宽度主要是钢筋周围混凝土受力时变形不均匀造成的。第三类是将前两种裂缝理论相结合而建立的综合理论。我国《混凝土结构设计规范》（GB 50010—2002）采用的是这个形式。

2. 数理统计的经验公式

通过对大量试验资料的分析，筛选出影响裂缝宽度的主要参数（略去次要因素）进行数理统计后得出。当前，国内外采用此类公式渐趋较多。我国《公路钢筋混凝土及预应力混凝土桥涵设计规范》（JTG D62—2004）采用这种形式。

3. 裂缝宽度计算公式

将受弯构件、偏压构件及受拉构件采用统一的计算公式，以受弯构件构件计算的名称提出，然后再通过系数调整应用在其他构件中计算裂缝最大宽度。

1）矩形、T 形和 I 形截面受弯构件

钢筋混凝土构件及 B 类预应力混凝土受弯构件，最大裂缝宽度计算公式：

$$W_{fk} = C_1 C_2 C_3 \frac{\sigma_{ss}}{E_s} \left(\frac{30+d}{0.28+10\rho} \right) (mm)$$

$$\rho = \frac{A_s + A_p}{bh_0 + (b_f - b)h_f} \tag{1-9-7}$$

按公式（1-9-7）计算的裂缝宽度不应超过限值。箱形截面受弯构件的最大裂缝宽度可参考上述要求计算。

关于钢筋混凝土构件的纵向受拉钢筋的应力计算按下面公式进行。

轴心受拉构件 $\sigma_{ss} = \dfrac{N_s}{A_s}$，$N_s$ 为按作用（荷载）短期效应组合计算的轴向力值；

受弯构件 $\sigma_{ss} = \dfrac{M_s}{0.87A_s h_0}$，$M_s$ 为按作用（荷载）短期效应组合计算的弯矩值；

偏心受拉构件 $\sigma_{ss} = \dfrac{N_s e_s'}{A_s(h_0 - A_s')}$，$e_s'$ 为轴向拉力作用点至受压区或受拉较小边纵向钢筋合力点的距离；

偏心受压构件 $\sigma_{ss} = \dfrac{N_s(e_s - z)}{A_s z}$，$e_s$ 为轴向拉力作用点至受拉纵向钢筋合力点的距离，$e_s = \eta_s e_0 + y_s$；η_s 为使用阶段的轴向偏心压力偏心距增大系数，$\eta_s = 1 + \dfrac{l}{4000e_0/h_0}\left(\dfrac{l_0}{h}\right)^2$，当 $l_0/h \geqslant 14$ 时，取 $\eta_s = 1.0$；z 为纵向受拉钢筋合力点至截面受压区合力点的距离，$z = \left[0.87 - 0.12(1 - \gamma_f')\left(\dfrac{h_0}{e_s}\right)^2\right]h_0$，$\gamma_f'$ 为受压翼缘截面面积与腹板有效截面面积的比值。

2）圆形截面偏心受压构件

最大裂缝宽度 W_{fk} 计算公式：

$$W_{fk} = C_1 C_2 \left[0.03 + \dfrac{\sigma_{ss}}{E_s}\left(0.04\dfrac{d}{\rho} + 1.52C\right)\right] (\text{mm}) \tag{1-9-8}$$

$$\sigma_{ss} = \left[59.42\dfrac{N_s}{\pi r^2 f_{cu,k}}\left(2.80\dfrac{\eta_s e_0}{r} - 1.0\right) - 1.65\right] \cdot \rho^{-\frac{2}{3}} (\text{MPa})$$

当 $\sigma_{ss} \leqslant 24\text{MPa}$ 时，可不必验算裂缝宽度。

$\eta_s = 1 + \dfrac{l}{4000e_0/(r+r_s)}\left(\dfrac{l_0}{2r}\right)^2$，$r_s$ 为构件截面纵向钢筋所在周长的半径（mm）。

3）裂缝宽度限值

钢筋混凝土构件和 B 类预应力混凝土构件，其计算的最大裂缝宽度不应超过下列规定。

钢筋混凝土构件：I 类和 II 类环境 0.20mm；III 类和 IV 类环境 0.15mm。

采用精轧螺纹钢筋的预应力混凝土构件：I 类和 II 类环境 0.20mm；III 类和 IV 类环境 0.15mm。

采用钢丝或钢绞线的预应力混凝土构件：I 类和 II 类环境 0.10mm；III 类和 IV 类环境下不得进行带裂缝的 B 类构件设计。

二、影响裂缝宽度的因素

受拉钢筋的直径和应力：钢筋直径粗、应力大，则裂缝宽。

受拉钢筋的配筋率：配筋率大，则裂缝窄。

混凝土的保护层厚度：保护层厚，则裂缝宽。

混凝土抗拉强度：混凝土强度高，则裂缝窄。

受拉钢筋的粘着特征：采用光面钢筋比变形钢筋的裂缝宽。

载荷作用特征。

第六节　受弯构件刚度的概念及变形计算

由材料力学可知，弹性均质材料梁的挠曲线的微分方程为 $\dfrac{\mathrm{d}^2 y}{\mathrm{d}x^2} = -\dfrac{1}{r} = -\dfrac{M}{EI}$，解此方程可得计算梁的最大挠度的一般计算公式为 $f = s\dfrac{Ml_0^2}{EI}$ 或 $f = s\phi l_0^2$，EI 为梁的截面弯曲刚度，ϕ 为截面曲率，由 $EI = M/\phi$ 可以得到，截面的弯曲刚度的物理意义是使截面产生单位转角所需施加的弯矩，它体现了截面抵抗弯曲变形的能力。当截面尺寸与材料给定后，EI 为一常数，则挠度 f 与弯矩 M 或截面曲率 ϕ 与弯矩 M 成线性正比例关系，上述的力学概念对于钢筋混凝土受弯构件仍然适用，但钢筋混凝土是由两种材料组成的非均质的弹性材料，由于混凝土截面经历了复杂的裂缝开展、弹塑性变化过程，钢筋混凝土受弯构件的截面弯曲刚度在受弯过程中是变化的。在梁挠度计算时采用开裂截面等效刚度进行计算。

钢筋混凝土受弯构件的刚度按下式计算：

$$B = \frac{B_0}{\left(\dfrac{M_{cr}}{M_s}\right)^2 + \left[1 - \left(\dfrac{M_{cr}}{M_s}\right)^2\right]\dfrac{B_0}{B_{cr}}} \tag{1-9-9}$$

$$M_{cr} = \gamma f_{tk} W_0 \tag{1-9-10}$$

$$\gamma = \frac{2S_0}{W_0} \tag{1-9-11}$$

在变形计算中采用的刚度是，计算梁区段中弯矩最大处截面的刚度，可以用力学的方法计算构件在荷载作用下的挠度。按上述刚度计算构件挠度还要考虑长期荷载作用的影响，即给计算的挠度值乘以挠度长期增大系数 η_θ。当采用 C40 以下混凝土时 $\eta_\theta = 1.60$，当采用 C40～C80 混凝土时 $\eta_\theta = 1.45～1.35$，中间强度等级混凝土可按直线插值取用。计算梁挠度时不计冲击力。钢筋混凝土和预应力混凝土受弯构件按上述计算的长期挠度值，在消除结构自重产生的长期挠度后梁式桥主梁的最大挠度处不应超过计算跨径的 1/600；梁式桥主梁的悬臂端不应超过悬臂长度的 1/300。

为了减小使用阶段的工作挠度，可以在施工阶段根据要求和计算预先使梁产生与荷载产生的反向挠度——预拱度。这样梁的实际挠度小于荷载产生的挠度。

当荷载短期效应组合并考虑荷载长期效应影响的长期挠度不超过 $l/1600$（l 计算跨度）时，可不设预拱度；当超过 $l/1600$ 时应设预拱度，预拱度值按结构自重和 1/2 可变荷载频遇值计算的长期挠度值之和采用。

汽车荷载的频遇值为汽车荷载标准值的 0.7 倍，人群荷载的频遇值等于其标准值。

第七节　混凝土结构耐久性的概念

结构在规定的设计使用年限内应满足安全性、适用性和耐久性的要求。结构具备足够的耐久性，是指结构在规定的环境中，在预定的时期内维持其安全性和适应性的能力，其材料性能的恶化不会导致结构出现不可接受的失效概率。

混凝土结构的耐久性的问题表现为：混凝土的损伤；钢筋的锈蚀、脆化、疲劳、应力腐蚀；钢筋与混凝土之间的粘结、锚固的削弱着三个方面。从短期看，将影响结构的外观和使用功能，从长远看，降低结构可靠度。

第八节　影响结构材料耐久性的因素及耐久性要求

一、影响结构材料耐久性的因素

1. 影响混凝土耐久性的因素

（1）混凝土的碳化。

（2）化学侵蚀。

（3）冻融破坏。

（4）温度变化。

（5）碱集料反应。

（6）机械和生物作用。

2. 影响钢筋耐久性的因素

（1）钢筋的锈蚀。

（2）氯离子的腐蚀作用。

（3）应力腐蚀作用。

（4）其他，如荷载长期反复作用引起的疲劳、严寒地区钢筋的冷脆等。

二、耐久性要求

由于影响混凝土结构耐久性的因素及规律研究尚欠深入，难以达到进行定量设计的程度。《桥规》采用了宏观控制的方法，以概念设计为主。根据环境类别和设计使用年限对结构混凝土提出了相应的限制和要求，以保证结构的耐久性。见《桥规》1.0.7、1.0.8、1.0.9、1.0.10 的规定。

第九节　问题释义与算例

一、问题释义

1. 全截面换算截面惯性矩 I_0、抗裂边缘的弹性抵抗矩 W_0。

将截面上的受拉、受压钢筋换算成当量混凝土的面积（$\alpha_{Es}A_s$、$\alpha_{Es}A'_s$）后，求得换算截面面积 $A_0 = bh - A_s - A'_s + \alpha_{Es}A_s + \alpha_{Es}A'_s$（这里以矩形为例）的形心位置 y_0，由材料力学可得 $I_0 = \dfrac{bh^3}{12} + bh\left(\dfrac{h}{2} - y_0\right)^2 + \alpha_{Es}A_s (y_0 - a_s)^2 + \alpha_{Es}A'_s(h - y_0 - a'_s)^2$。略去 $\alpha_{Es}A'_s$、$\alpha_{Es}A_s$ 对自己形心轴的惯性矩，进而得抗裂边缘的弹性抵抗矩 $W_0 = \dfrac{I_0}{y_0}$。

2. 裂缝间距、数量的基本稳定性。

钢筋混凝土受弯构件的纯弯段内，在混凝土未开裂之前，受拉区钢筋与混凝土共同受力。沿构件长度方向，钢筋应力与混凝土应力各自大致保持相等。

随着荷载的增加，当混凝土的拉应力达到其抗拉强度时，由于混凝土的塑性发展，并没有立刻出现裂缝；当混凝土的拉应变接近其极限拉应变值的时候，这时在构件最薄弱的截面上将出现第一条（第一批）裂缝。裂缝截面上开裂的混凝土脱离工作，裂缝截面处钢筋的应变与应力突然增高。混凝土一旦开裂，裂缝两边原来紧张受拉的混凝土立即回缩，裂缝一出现就有一定的宽度。

随着裂缝截面钢筋应力的增大，裂缝两侧钢筋与混凝土之间产生粘结应力，钢筋将阻止混凝土的回缩，使混凝土不能回缩到完全放松的无应力状态。这种粘结应力将钢筋的应力向混凝土传递，使混凝土参与工作。随着离裂缝截面的距离增加，钢筋应力逐渐减小，混凝土拉应力增加。当达到一定距离 $l_{cr,min}$ 后，粘结应力消失，钢筋与周围的混凝土间又具有相同的应变。随着荷载的增加，此截面处的混凝土拉应力达到抗拉极限强度时，即将出现新的（第二条或第二批）裂缝。

新的裂缝出现以后，该截面裂开的混凝土又退出工作、拉应力为零，钢筋的应力突增。沿构件长度方向，钢筋与混凝土应力随着离开裂缝面的距离而变化，距离越远，混凝土应力越大，钢筋应力越小。

试验表明，由于混凝土质量的不均匀性，裂缝间距也疏密不等，存在着较大的离散性，在同一纯弯区段内，最大裂缝间距可为平均裂缝间距的 1.3～2.0 倍，但在原有裂缝两侧的范围内，或当已有裂缝间距小于 $2l_{cr,min}$ 时，其间不可能出现新的裂缝。因为这时通过累计粘结力传递混凝土拉力不足以使混凝土开裂。一般在荷载超过抗裂荷载的 50% 以上时，裂缝间距渐趋稳定。再增加荷载，裂缝宽度不断增大，并继续延伸，构件中不出现新的裂缝。

3. 怎样理解钢筋混凝土梁的刚度是变数？什么是最小刚度原则？

在弹性材料中，梁的抗弯刚度主要取决于截面尺寸，它是一个常数，而与荷载大小无关。但是在钢筋混凝土梁中，梁的抗弯刚度不仅取决于其截面尺寸，同时取决于截面弯矩的大小。弯矩越大，混凝土开裂也越大，裂缝间混凝土参加工作的性能越低，刚度也就越低。

刚度是变数的意义主要有两方面：

一方面，同一截面，随着荷载的增加，该截面的受压区高度 X 在减小，以单筋矩形截面为例，$I_{cr} = \dfrac{bx^3}{3} + \alpha_{Es} A_s (h_0 - x)^2 = x\left(\dfrac{bx^2}{3} + \alpha_{Es} A_s x - 2\alpha_{Es} h_0\right) + A_s \alpha_{Es} h_0^2$，则 I_{cr} 在减小，

那么 $B_{cr} = E_c I_{cr}$ 就减小，则 $B = \dfrac{B_0}{\left(\dfrac{M_{cr}}{M_s}\right)^2 + \left[1 - \left(\dfrac{M_{cr}}{M_s}\right)^2\right]\dfrac{B_0}{B_{cr}}}$ 随着 M_s 的增大而减小。

另一方面，在同一荷载下，梁的各个不同截面的弯矩是不同的，最大弯矩的截面刚度最小，这说明同一根梁尽管截面尺寸是相等的，但刚度是不同的，选取最小刚度计算即称为"最小刚度原则"。这种按材料力学公式求得的挠度是偏大的，即偏于安全。

4. 荷载长期作用下刚度降低的原因是什么？

在荷载长期作应下，受压区混凝土会发生徐变；裂缝间受拉混凝土的应力松弛；受拉区混凝土和钢筋会发生徐变滑移；由于裂缝的开展，引起受拉钢筋应力和应变增大；受拉区和受压区混凝土收缩不一致，会使梁发生翘曲；影响混凝土徐变和收缩的因素都将会使刚度下降。

5. 混凝土的碳化。

混凝土的碳化是指大气中的 CO_2 不断向混凝土孔隙中渗透，并与孔隙中碱性物质 $Ca(OH)_2$ 溶液发生中和反应，生成碳酸钙（$CaCO_3$）使混凝土孔隙内碱度（pH 值）降低的现

象。二氧化硫（SO_2）、硫化氢（H_2S）也能与混凝土中的碱性物质发生类似的反应，使碱度下降。碳化对混凝土本身是无害的，使混凝土变得坚硬，但对钢筋是不利的。

混凝土孔隙中存在碱性溶液，钢筋在这种碱性介质条件下，生成一层厚度很薄的氧化膜 $Fe_2O_3 \cdot nH_2O$，氧化膜牢固吸附在钢筋表面，氧化膜是稳定的，它保护钢筋不锈蚀。然而由于混凝土的碳化，使钢筋表面的介质转变为呈弱酸性状态，氧化膜遭到破坏。钢筋表面在混凝土孔隙中的水和氧共同作用下发生化学反应，生成氧化物 $Fe(OH)_3$（铁锈），这种氧化物生成后体积增大（最大可达 5 倍），使其周围混凝土产生拉应力直到引起混凝土的开裂和破坏；同时会加剧混凝土的收缩，导致混凝土开裂。

影响混凝土碳化的因素很多，归结为外部环境因素和材料本身的性质。

1）材料自身的影响

混凝土胶结料中所含的能与 CO_2 反应的 CaO 总量越高，碳化速度越慢；混凝土强度等级愈高，内部结构愈密实，孔隙率愈低，孔径也愈小，碳化速度越慢。施工中水灰比愈大、混凝土孔隙率越大，孔隙中游离水增多，使碳化速度加快；混凝土振捣不密实，出现蜂窝、裂纹等缺陷，使碳化速度加快。

2）外部环境的影响

当混凝土经常处于饱和水状态下，CO_2 气体在孔隙中没有通道，碳化不易进行，若混凝土处于干燥条件下，CO_2 虽能经毛细孔道进入混凝土，但缺少足够的液相进行碳化反应，一般在相对湿度 70%～85% 时最容易碳化。温度交替变化有利于 CO_2 的扩散，可加速混凝土的碳化。

研究分析表明，混凝土的碳化深度 d_c（mm）与暴露在大气中结构表面碳化时间 t（年）的 $\sqrt{t}$ 大致成正比。混凝土的保护层厚度越大，碳化至钢筋表面的时间越长，混凝土表面设有覆盖层，可以提高抗碳化的能力。

解决混凝土碳化的问题，实质就是解决混凝土的密实度的问题，具体措施有：

（1）设计合理的混凝土配合比，限制水泥的最低用量，合理采用掺和料；

（2）保证混凝土保护层的最小厚度；

（3）施工时保证混凝土的施工质量，以提高混凝土的密实性；

（4）使用覆盖面层（水泥砂浆或涂料等）。

6. 钢筋的锈蚀。

在自然状态下，钢筋的表面从空气中吸收溶有 CO_2、O_2、或 SO_2 的水分，形成一种电解质的水膜时，会在钢筋的表面层的晶体界面或组成钢筋的成分之间构成无数微电池。阴极与阳极反应，形成电化学腐蚀，生成的 $Fe(OH)_2$ 在空气中进一步氧化成 $Fe(OH)_3$（铁锈）。铁锈是疏松、多孔、非共格结构，极易透气和渗水。

混凝土中钢筋的锈蚀是一个相当长的过程。混凝土对钢筋具有保护作用，同时钢筋表面有层稳定的氧化膜，若氧化膜不遭到破坏，则钢筋不会锈蚀。

钢筋混凝土结构构件在正常使用过程中，一般都是带裂缝工作的，在个别裂缝处，氧化膜遭到破坏后，在此处的钢筋就会锈蚀；进而向着钢筋的环向、纵向发展。这个情况将不断进行下去，严重时，导致沿钢筋长度的混凝土出现纵向裂缝。根据钢筋的锈蚀机理，一旦锈蚀开始，与横向裂缝及裂缝的宽度没有多大关系。

当混凝土不密实或保护层过薄时，容易使钢筋在顺筋方向发生锈蚀引起体积膨胀而导致产生顺筋纵向裂缝，并使锈蚀进一步恶性发展，甚至造成混凝土保护层的剥落，截面承载力下降，结构构件失效。

由于混凝土的碳化，破坏了钢筋表面的氧化膜，致使钢筋锈蚀。

当钢筋表面的混凝土孔隙溶液中氯离子浓度超过某一定值时，也能破坏钢筋表面氧化膜，使钢筋锈蚀。混凝土中氯离子来源于混凝土所用的拌和水和外加剂，此外不良环境中氯离子逐渐扩散和渗透进入了混凝土的内部。

防止钢筋锈蚀的主要措施有：

（1）降低水灰比，增加水泥用量，加强混凝土的密实性。要有足够的混凝土保护层厚度。严格控制氯离子的含量。

（2）使用覆盖层，防止 CO_2、O_2 和 Cl^- 的渗入。

二、算例

[1] 已知计算跨径为 14.5m 的钢筋混凝土简支 T 梁桥，$b_f'=1600mm$，$b=400mm$，$h=800mm$，$h_f=160mm$，梁内配有纵向受拉钢筋 HRB400 级变形钢筋 $10\phi28$（$A_s=6158mm^2$），$h_0=731mm$，采用 C30 混凝土。跨中截面永久荷载产生标准值弯矩 $M_{GK}=389.47kN \cdot m$，汽车荷载（不计冲击力）产生弯矩标准值 $M_{Q1K}=395.02kN \cdot m$，人群荷载产生弯矩标准值 $M_{Q2K}=41.20kN \cdot m$。环境类别为 I 类。验算裂缝宽度。

解题思路：计算荷载短期、长期相应组合；确定 C 系数；计算受拉钢筋的配筋率和应力；计算裂缝最大宽度；判别是否满足要求。

解：（1）计算荷载效应

$$M_S = M_{GK} + \psi_{11}M_{Q1K} + \psi_{12}M_{Q2K}$$

$$= 398.47 + 0.7 \times 395.02 + 1.0 \times 41.20 = 716.004kN \cdot m$$

$$M_1 = M_{GK} + \psi_{21}M_{Q1K} + \psi_{22}M_{Q2K}$$

$$= 398.47 + 0.4 \times 395.02 + 0.4 \times 41.20 = 572.886kN \cdot m$$

（2）计算 C 系数

$$C_1 = C_3 = 1.0, C_2 = 1 + 0.5\frac{M_1}{M_s} = 1 + 0.5 \times \frac{572.886}{716.004} = 1.4$$

（3）计算 ρ

$$\rho = \frac{A_s}{bh_0} = \frac{6158}{400 \times 731} = 0.021$$

（4）计算 σ_{ss}

$$\sigma_{ss} = \frac{M_s}{0.87A_sh_0} = \frac{716.004 \times 10^6}{0.87 \times 6158 \times 731} = 182.83MPa$$

（5）计算最大裂缝宽度 W_{fk}

$$W_{fk} = C_1C_2C_3 \frac{\sigma_{ss}}{E_s}\left(\frac{30+d}{0.28+10\rho}\right)$$

$$= 1.0 \times 1.4 \times 1.0 \times \frac{182.83}{2.0 \times 10^5} \times \left(\frac{30+28}{0.28+10 \times 0.021}\right)$$

$$= 0.15mm < [W_{fk}] = 0.20mm$$

裂缝宽度满足要求。

[2] 已知计算跨径为 14.5m 的钢筋混凝土简支 T 梁桥，$b'_f=1600mm$，$b=400mm$，$h=800mm$，$h_f=160mm$，梁内配有纵向受拉钢筋 HRB400 级变形钢筋 10Φ28（$A_s=6158mm^2$），$h_0=731mm$，采用的 C30 混凝土。跨中截面永久荷载产生标准值弯矩 $M_{GK}=389.47kN\cdot m$，汽车荷载（不计冲击力）产生弯矩标准值 $M_{Q1K}=395.02kN\cdot m$，人群荷载产生弯矩标准值 $M_{Q2K}=41.20kN\cdot m$。环境类别为 I 类。进行挠度和预拱度的计算。

解题思路：计算荷载效应组合；计算截面特性；计算挠度，预拱度。

解：（1）荷载效应计算

人群荷载与汽车荷载的短期效应组合：

$$M_p = \psi_{11}M_{Q1K} + \psi_{12}M_{Q2K}$$

$$= 0.7 \times 395.02 + 1.0 \times 41.20 = 317.534kN\cdot m$$

荷载的短期效应组合：

$$M_S = M_{GK} + \psi_{11}M_{Q1K} + \psi_{12}M_{Q2K}$$

$$= 398.47 + 0.7 \times 395.02 + 1.0 \times 41.20 = 716.004kN\cdot m$$

（2）截面特性计算

①全截面截面惯性矩计算。

换算截面形心到截面顶边的距离 y_1：

$$y_1 = \frac{(b'_f - b)h'_f \cdot \dfrac{h'_f}{2} + bh \cdot \dfrac{h}{2} + (\alpha_{Es} - 1)A_s h_0}{(b'_f - b)h'_f + bh + (\alpha_{Es} - 1)A_s}$$

$$= \frac{(1600-400) \times 160 \times \dfrac{160}{2} + 400 \times 800 \times \dfrac{800}{2} + \left(\dfrac{2.0 \times 10^5}{3.0 \times 10^4} - 1\right) \times 6158 \times 731}{(1600-400) \times 160 + 400 \times 800 + \left(\dfrac{2.0 \times 10^5}{3.0 \times 10^4} - 1\right) \times 6158}$$

$$= 305mm$$

换算截面的惯性矩：

$$I_0 = \frac{b'_f y_1}{3} - \frac{(b'_f - b)(y_1 - h'_f)^3}{3} + \frac{b(h - y_1)^3}{3} + (\alpha_{Es} - 1)A_s(h_0 - y_1)^2$$

$$= \frac{1600 \times 305^3}{3} - \frac{(1600-400) \times (305-160)^3}{3} + \frac{400 \times (800-305)^3}{3}$$

$$+ \left(\frac{2.0 \times 10^5}{3.0 \times 10^4} - 1\right) \times 6158 \times (731-305)^2$$

$$= 3.679 \times 10^{10}mm^4$$

换算截面形心轴以上部分对形心轴的面积矩：

$$S_0 = b'_f h'_f \left(y_1 - \frac{h'_f}{2} \right) + b(y_1 - h'_f) \left(\frac{y_1 - h'_f}{2} \right)$$

$$= 1600 \times 160 \times \left(305 - \frac{160}{2} \right) + 400 \times (305 - 160) \times \left(\frac{305 - 160}{2} \right)$$

$$= 6.181 \times 10^7 \, \text{mm}^3$$

换算截面抗裂边缘弹性抵抗矩：

$$W_0 = \frac{I_0}{h - y_1} = \frac{3.679 \times 10^{10}}{800 - 305} = 7.432 \times 10^7 \, \text{mm}^3$$

构件受拉区混凝土塑性影响系数：

$$\gamma = \frac{2S_0}{W_0} = \frac{2 \times 6.181 \times 10^7}{7.432 \times 10^7} = 1.66$$

开裂弯矩：
$$M_{cr} = \gamma f_{tk} W_0 = 1.66 \times 2.01 \times 7.432 \times 10^7 = 2.48 \times 10^8 \, \text{N} \cdot \text{mm}$$

全截面抗弯刚度：

$$B_0 = 0.95 E_c I_0 = 0.95 \times 3.0 \times 10^4 \times 3.679 \times 10^{10} = 1.049 \times 10^{15} \, \text{N} \cdot \text{mm}^2$$

②开裂截面换算截面计算。

计算受压区高度：
$$\frac{1}{2} b'_f x^2 = \alpha_{Es} A_s (h_0 - x), \quad \frac{1}{2} \times 1600 x^2 = \frac{2.0 \times 10^5}{3.0 \times 10^4} \times 6158 \times (731 - x),$$

$$x = 170 \, \text{mm} > h'_f = 160 \, \text{mm}$$

按下式重新计算受压区高度：

$$\frac{1}{2} b'_f x^2 + \frac{1}{2} (b'_f - b)(x - h'_f)^2 = \alpha_{Es} A_s (h_0 - x)$$

$$\frac{1}{2} \times 1600 x^2 + \frac{1}{2} \times (1600 - 400) \times (x - 160)^2 = \frac{2.0 \times 10^5}{3.0 \times 10^4} \times 6158 \times (731 - x)$$

$$x = 215 \, \text{mm}$$

$$I_{cr} = \frac{b'_f x^3}{3} - \frac{(b'_f - b)(x - h'_f)^3}{3} + \alpha_{Es} A_s (h_0 - x)^2$$

$$= \frac{1600 \times 215^3}{3} - \frac{(1600 - 400) \times (215 - 160)^3}{3} + \frac{2.0 \times 10^5}{3.0 \times 10^4} \times 6158 \times (731 - 215)^2$$

$$= 1.63 \times 10^{10} \, \text{mm}^4$$

开裂截面的抗弯刚度：

$$B_{cr} = E_c I_{cr} = 3.0 \times 10^4 \times 1.63 \times 10^{10} = 4.89 \times 10^{14} \, \text{N} \cdot \text{mm}^2$$

开裂构件等效截面的抗弯刚度：

$$B = \frac{B_0}{\left(\frac{M_{cr}}{M_s} \right)^2 + \left[1 - \left(\frac{M_{cr}}{M_s} \right)^2 \right] \frac{B_0}{B_{cr}}}$$

$$= \frac{1.049 \times 10^{15}}{\left(\frac{2.48 \times 10^8}{716.004 \times 10^6} \right)^2 + \left[1 - \left(\frac{2.48 \times 10^8}{716.004 \times 10^6} \right)^2 \right] \times \frac{1.049 \times 10^{15}}{4.89 \times 10^{14}}}$$

$$= 5.224 \times 10^{14} \, \text{N} \cdot \text{mm}^2$$

③挠度计算：

人群荷载和汽车荷载作用下梁的挠度：

$$f_{pa} = \frac{5}{48} \cdot \frac{M_{pa}l^2}{B} = \frac{5}{48} \times \frac{317.534 \times 10^3 \times (14.5 \times 10^3)^2}{5.225 \times 10^{14}} = 13.31\text{mm}$$

构件的自重挠度：

$$f_g = \frac{5}{48} \cdot \frac{M_{pa}l^2}{B} = \frac{5}{48} \times \frac{389.47 \times 10^3 \times (14.5 \times 10^3)^2}{5.225 \times 10^{14}} = 16.32\text{mm}$$

消除结构自重的长期挠度最大值：

$$f_{max} = \eta_\theta f_{pa} = 1.6 \times 13.31 = 21.30\text{mm} < \frac{l}{600} = \frac{14500}{600} = 24.17\text{mm}$$

满足要求。

荷载短期效应组合并考虑荷载长期影响的挠度：

$$f_{l,max} = \eta_\theta(f_{pa} + f_g) = 1.6 \times (13.31 + 16.32)$$

$$= 47.41\text{mm} > \frac{l}{600} = \frac{14500}{1600} = 9.06\text{mm}$$

需要设预拱度，其值按结构自重和 1/2 可变荷载频遇值计算的长期挠度值之和采用：

$$f = \eta_\theta \left(f_g + \frac{f_{pa}}{2} \right) = 1.6 \times \left(16.32 + \frac{13.31}{2} \right) = 36.76\text{mm}$$

[3] 已知计算跨径为 14.5m 的钢筋混凝土简支 T 梁桥，$b'_f = 1600\text{mm}$，$b = 400\text{mm}$，$h = 400\text{mm}$，$h_f = 160\text{mm}$，梁内配有纵向受拉钢筋 HRB400 级变形钢筋 10Φ28（$A_s = 6185\text{mm}^2$），$h_0 = 731\text{mm}$，分两排布置钢筋，外层钢筋的中心线到构件底边缘为 50mm，采用 C30 混凝土。安装时混凝土的 $f'_{ck} = 20.2\text{MPa}$，跨中截面永久荷载产生标准值弯矩 $M_{GK} = 389.47\text{kN} \cdot \text{m}$，施工荷载弯矩标准值产生的弯矩 $M_{EK} = 200\text{kN} \cdot \text{m}$，环境类别为 I 类。进行施工阶段的混凝土和钢筋的应力验算。

解题思路：进行截面特性计算；计算施工荷载产生的弯矩；验算受压区混凝土边缘应力；验算钢筋的应力，本题验算最外层的钢筋应力即可。

解：(1) 截面特性计算

由算例 2 可知，换算截面受压区高度 $x_0 = x = 215\text{mm}$

开裂截面换算惯性矩　　　$I_{cr} = 1.63 \times 10^{10}\text{mm}^4$

(2) 施工中荷载标准值产生的弯矩

$$M_k = M_{GK} + M_{EK} = 389.47 + 200 = 589.47\text{kN} \cdot \text{m}$$

(3) 应力验算

受压区混凝土边缘纤维的压应力：

$$\sigma_{cc}^t = \frac{M_k x_0}{I_{cr}} = \frac{589.47 \times 10^6 \times 215}{1.63 \times 10^{10}}$$

$$= 7.78\text{MPa} \leqslant 0.80 f'_{ck} = 0.8 \times 20.1 = 16.08\text{MPa}$$

满足要求。

受拉钢筋的平均拉应力，这里验算的是最外层的。

$$\sigma_{si}^t = \alpha_{Es} \frac{M_k^t(h_{0i} - x_0)}{I_{cr}}$$

$$= \frac{2.0 \times 10^5}{3.0 \times 10^4} \times \frac{589.47 \times 10^6 \times (800 - 50 - 215)}{1.63 \times 10^{10}}$$

$$= 129.05 \text{MPa} \leqslant 0.75 f_{sk} = 0.75 \times 400 = 300 \text{MPa}$$

满足要求。

第十节　综合训练及参考答案

一、综合训练

1. 填空题

（1）钢筋混凝土构件应满足（　　）极限状态的要求以外，还要满足（　　）极限状态。

（2）裂缝形成的原因可分为两类，一类是由（　　）引起的，一类是由（　　）引起的。

（3）最大裂缝宽度计算公式中 C_1、C_1、C_3 分别是（　　）、（　　）、（　　）系数。

（4）影响混凝土结构耐久性的主要因素是（　　）和（　　）。

（5）混凝土碳化会对混凝土的（　　）、（　　）、（　　）产生影响。

（6）钢筋的锈蚀一般为（　　）和（　　）。

（7）特定荷载作用下的受弯构件，弯矩大的截面刚度（　　），弯矩小的截面刚度（　　）。

（8）均质弹性梁正常工作时，其弯曲刚度是（　　），非均质的则（　　）。

（9）减小混凝土梁裂缝宽度，可采取的措施有（　　）、（　　）、（　　）、（　　）等。

2. 问答题

（1）验算变形的目的是什么？

（2）减小受弯构件变形的主要措施有哪些？

（3）减小裂缝宽度有哪些主要措施？

（4）什么是混凝土结构的耐久性？

3. 计算题

钢筋混凝土 T 形截面梁，标准跨径 16m，计算跨径 $l=15.5$m。环境类别为 II 类，跨中截面如图 1-9-2 所示。梁体混凝土 C30（$f_{cd}=13.8$MPa，$f_{tk}=2.01$MPa），$E_c = 3 \times 10^4$MPa；HRB335 级钢筋（$f_{sd}=280$MPa），$10\phi32$（$A_s=8042$），$E_s=2\times10^5$MPa；$h_0=1280$mm，$E_s/E_c=6.667$。梁体自重、铺装、栏杆及人行道板等自重产生的跨中弯矩标准值 $M_G=702.521$kN·m；汽车荷载产生的跨中弯矩标准值（不计冲击）$M_a=726.507$kN·m；人群荷载产生的跨中弯矩标准值 $M_p=21.104$kN·m。验算梁的裂缝和挠度。

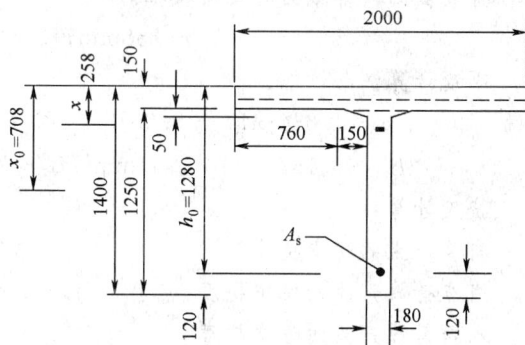

图 1-9-2　T 形截面尺寸

二、参考答案

1. 填空题

(1) 承载力 正常使用;(2) 荷载 非荷载;(3) 钢筋表面形状系数 作用(荷载)长期效应影响系数与构件受力性质有关的系数;(4) 混凝土的碳化 钢筋的锈蚀;(5) 碱度 强度 收缩;(6) 化学锈蚀 电化学锈蚀;(7) 小 大;(8) 常数 随荷载的加大而减小;(9) 选择较细直径的钢筋 增大配筋率 提高混凝土强度等级 施加预应力。

2. 问答题

(1) 答:保证结构构件的使用功能要求;防止变形对结构构件产生不良影响;防止变形对非结构构件产生不良影响。

(2) 答:增大梁的截面高度;提高混凝土的强度等级;增加受压区的受压钢筋;采用预应力混凝土。

(3) 答:宜选择较细的直径钢筋;增大配筋率;提高混凝土强度等级;施加预应力。

(4) 答:混凝土结构的耐久性,是指混凝土结构在自然环境、使用环境以及材料内部因素的作用下,在设计要求的目标使用期内,不需要花费大量资金加固处理而保持安全、使用功能和外观要求的能力。

3. 计算题

(1) 裂缝计算

$$M_s = 1232.090 \text{kN} \cdot \text{m}; M_l = 1001.529 \text{kN} \cdot \text{m}$$

$$\sigma_{ss} = 137.58 \text{MPa}; d = 1.3 \times 32 = 41.6 \text{mm}$$

$$W_{fk} = 0.144 \text{mm} < 0.2 \text{mm}$$

(2) 挠度计算

全截面换算截面的几何特征:

$$x_0 = 708 \text{mm}$$

$$S_0 = 2.4027 \times 10^8 \text{mm}^3; I_0 = 1.8130 \times 10^{11} \text{mm}^4; W_0 = 2.6199 \times 10^8 \text{mm}^3$$

开裂截面换算截面的几何特征

$$x = 258 \text{mm}; I_{cr} = 6.669 \times 10^{10} \text{mm}^4$$

刚度计算:

$$\gamma = 1.834; M_{cr} = 9.6578 \times 10^8 \text{N} \cdot \text{mm}; B_{cr} = 2.007 \times 10^{15} \text{N} \cdot \text{mm}^2$$

$$B_0 = 5.1671 \times 10^{15} \text{N} \cdot \text{mm}^2; B = 3.3947 \times 10^{15} \text{N} \cdot \text{mm}^2$$

挠度计算:

自重产生的跨中挠度　　　　　$f_G = 9.09 \text{mm};$

汽车荷载产生的跨中挠度　　　$f_a = 5.62 \text{mm};$

人群荷载产生的跨中挠度　　　$f_p = 0.27 \text{mm}$

消除自重的长期挠度最大值 $f_{max} = 9.42 \text{mm} \leqslant \dfrac{15500}{600} = 25.83 \text{mm}$

荷载短期效应组合并考虑荷载长期影响的挠度

$$f_{lmax} = 23.968 \text{mm} > \frac{15500}{1600} = 9.69 \text{mm}$$

预拱度　　　　　　　　　　　$f = 19.26 \text{mm}$

第二篇 预应力混凝土结构

第十章 预应力混凝土总论

> **本章重点**
> - 预应力混凝土结构原理；
> - 预应力混凝土结构的特点与应用。
>
> **本章难点**
> - 预应力混凝土结构原理。

第一节 预应力混凝土结构原理

一、预应力混凝土结构原理

由于混凝土的抗拉强度很低，极限拉应变很小，在较低的拉应力水平下就会开裂，致使钢筋混凝土在工程中的应用存在两个方面的问题。一是结构多为带裂缝工作，裂缝的存在，不仅使构件的刚度降低，而且不能应用于不允许开裂的结构中；二是从保证结构耐久性出发，必须限制裂缝的开展宽度。当荷载或跨度增加时，钢筋混凝土结构只有靠增加构件的截面尺寸或增加钢筋用量的方法来控制裂缝和变形。这用做法既不经济又增加了结构自重，因此使钢筋混凝土结构的使用范围受到很大限制；同时，也使得高强度钢筋无法在钢筋混凝土结构中充分发挥其作用，相应地也会影响高强度等级混凝土强度的发挥，这也造成了钢筋混凝土结构在大跨结构中应用的瓶颈。为了使钢筋混凝土结构能够得到进一步的发展，就必须解决混凝土抗拉性能差的这一缺陷，于是预应力混凝土应运而生。

所谓预应力混凝土，就是在结构承受荷载之前，预先人为地在混凝土或钢筋混凝土中引入内部应力，使其能将使用荷载（或作用）产生的应力抵消到一个合适的程度。通常是通过预先对混凝土或钢筋混凝土构件施加预压应力，以便抵消使用荷载（或作用）产生的拉应力，从而使混凝土构件在使用荷载（或作用）下全截面受压，或不开裂，或推迟开裂，或减小裂缝开展的程度，提高构件的抗裂度、刚度和耐久性。这种预先给混凝土引入内部应力的结构，就称为预应力混凝土结构。相应地，将在一切荷载组合情况下都必须保持全截面受压的预应力混凝土称为全预应力混凝土，将在预加力和外荷载作用下，允许出现拉应力或允许出现裂缝的预应力混凝土称为部分预应力混凝土。

二、配筋混凝土结构的分类

1. 国外配筋混凝土的分类

是以正截面上混凝土拉应力的表征来划分的。

(1) I级：全预应力；

(2) II级：有限预应力；

(3) III级：部分预应力；

(4) IV级：普通钢筋混凝土结构。

2. 国内配筋混凝土的分类

是以预应力度来划分的。

(1) 全预应力混凝土构件，$\lambda \geqslant 1$；

(2) 部分预应力混凝土构件，$1 > \lambda > 0$，又分为 A 类（对构件控制截面受拉边缘的拉应力加以限制）和 B 类两类（主要对裂缝宽度加以限制）；

(3) 钢筋混凝土构件，$\lambda = 0$。

3. 预应力度

预应力度是预加应力大小确定的消压弯矩与外荷载产生弯矩的比值，$\lambda = M_0 / M_s$。

第二节 预应力混凝土结构的特点与应用

一、预应力混凝土结构的特点

预应力混凝土结构解决了钢筋混凝土结构存在的问题，克服了普通钢筋混凝土结构的弱点，具有以下主要优点：

(1) 提高了构件的刚度和抗裂性能。构件施加预应力后，大大推迟了裂缝的出现，在使用荷载（或作用）下，构件可不出现裂缝，或使裂缝推迟出现并加以限制，因而提高了构件的刚度，增加了结构的耐久性。

(2) 节约材料，减轻自重。预应力混凝土由于必须采用高强度材料，因而可以减少钢筋用量和构件截面尺寸，节省钢材和混凝土材料，从而降低结构自重。这一点对大跨结构和重荷载结构尤为重要。

(3) 改善结构的抗疲劳性能。由于具有强大的预应力钢筋，使得混凝土在使用阶段加载或卸载所引起的应力变化幅度变小，从而改善构件的抗疲劳性能。

(4) 结构安全，质量可靠。施加预应力时，钢筋与混凝土都经受了一次强度检验，如果钢筋张拉时质量良好，那么，在使用阶段一般在安全上不会存在大的问题。

预应力混凝土同时也存在许多缺点：

(1) 施工工艺较复杂，对质量要求高，因而需要技术较熟练的专业队伍进行施工。

(2) 需要专门的设备、机具及材料等。如张拉设备，后张法中的锚具等。

(3) 预应力反拱不易控制。它将随混凝土的徐变增加而加大，甚至可能影响结构的长期正常使用。

(4) 后张法预应力混凝土结构的管道压浆不易密实，容易引起预应力钢筋的锈蚀，在一定程度上影响结构的抗疲劳性能及耐久性。

(5) 预应力混凝土结构的开工费用较大，对于跨径小、构件数量少的工程，成本较高。

二、预应力混凝土结构的应用

近年来，随着施工工艺不断发展和完善，预应力混凝土的应用范围愈来愈广。除在传统工业与民用建筑的屋架、吊车梁、托架梁、空心楼板、大型屋面板等单个构件上广泛应用外，还成功地把预应力技术运用到大型桥梁、多层工业厂房、高层建筑、核电站安全壳、电视塔、大跨度薄壳结构、筒仓、水池、大口径管道、基础岩土工程、海洋工程等技术难度较高的大型整体或特种结构上。当前，预应力混凝土的使用范围和数量，已成为一个国家建筑技术水平的重要标志之一。

第三节　问题释义

预应力在结构设计理论上的创新点是什么？

预应力在我们熟知的事物中以及在土木工程中早已得到应用。但是，预应力在结构设计理论上的创新点是什么？至今仍值得我们深入了解。

几百年以来，结构设计上曾用下式控制材料的应力：

$$-[\sigma_c] \leqslant \sigma_F \leqslant [\sigma_t]$$

式中：　　　σ_F——作用力引起的应力，以受拉为正，受压为负；

$[\sigma_t]$、$[\sigma_c]$——设计允许的极限拉、压应力。

如果以 σ_{pc} 代表人为地施加于结构物的应力，在假定 $\sigma_{pc}=0$ 的条件下，上式可写成：

$$-[\sigma_c] \leqslant \sigma_F + \sigma_{pc} \leqslant [\sigma_t]$$

可是在采用 $\sigma_{pc}=0$ 的几百年中，不知浪费了多少材料的潜力，因为只要力 $F=0$（暂不计结构自重影响），则应力 $\sigma_F=0$，则在许多时间里材料并不工作。

如果采用 $\sigma_{pc} \neq 0$，则在任何时候，无论有无力 F 作用，只要材料中的任何一点和在任何方向中的应力不超出 $[\sigma_t]$ 和 $[\sigma_c]$ 两个允许限值，材料就有可能被充分利用。

预应力在结构设计理论上的创新点，就在于突破了长期以来的旧观念，否定在任何情况下采用 $\sigma_{pc}=0$ 这一不合理的假定。

预应力对于混凝土结构构件更具有重要意义。因为混凝土抗拉的极限应力很小，极易开裂并降低构件的刚度。如果在结构构件受荷之前对混凝土施加预压应力，可抵消或部分抵消由荷载引起的拉应力，从而可提高其抗裂性和刚度。

第四节　综合训练及参考答案

一、综合训练

问答题：

(1) 采用预应力构件的经济意义体现在哪里？

(2) 根据所建立的预应力值的不同，可以将预应力混凝土结构划分为何种形式？各自特征是什么？

(3) 全预应力混凝土具有哪些优缺点？

二、参考答案

(1) 答：预应力构件与普通钢筋混凝土结构相比可节约 30%～50% 主筋钢材、20%～40% 的混凝土；减轻自重 30% 左右；与钢结构相比可节约一半以上的造价，所以采用预应力构件有较好的经济效益。

(2) 答：根据所建立的预应力值的不同，预应力混凝土分为全预应力混凝土和部分预应力混凝土，而部分预应力混凝土又分为 A 类构件和 B 类构件。

全预应力混凝土在作用（或荷载）短期效应下，控制截面受拉边缘不允许出现拉应力。

部分预应力混凝土：

A 类构件——在作用（或荷载）短期效应下，控制截面受拉边缘允许出现拉应力，但应控制拉应力不得超过某个允许值（对于这种情况，国际上习惯称为有限预应力混凝土）。

B 类构件——在作用（或荷载）短期效应下，允许出现裂缝，但对最大裂缝宽度加以限制。

(3) 答：预应力混凝土结构解决了钢筋混凝土结构存在的问题，克服了普通钢筋混凝土结构的弱点，具有以下主要优点：

①提高了构件的刚度和抗裂性能。构件施加预应力后，大大推迟了裂缝的出现，在使用荷载（或作用）下，构件可不出现裂缝，或使裂缝推迟出现并加以限制，因而提高了构件的刚度，增加了结构的耐久性。

②节约材料，减轻自重。预应力混凝土由于必须采用高强度材料，因而可以减少钢筋用量和构件截面尺寸，节省钢材和混凝土材料，从而降低结构自重。这一点对大跨结构和重荷载结构尤为重要。

③改善结构的抗疲劳性能。由于具有强大的预应力钢筋，使得混凝土在使用阶段加载或卸载所引起的应力变化幅度变小，从而改善构件的抗疲劳性能。

④结构安全，质量可靠。施加预应力时，钢筋与混凝土都经受了一次强度检验，如果钢筋张拉时质量良好，那么，在使用阶段一般在安全上不会存在大的问题。

同时预应力混凝土也存在许多缺点：

①施工工艺较复杂，对质量要求高，因而需要技术较熟练的专业队伍进行施工。

②需要专门的设备、机具及材料等。如张拉设备，后张法中的锚具等。

③预应力反拱不易控制。它将随混凝土的徐变增加而加大，甚至可能影响结构的长期正常使用。

④后张法预应力混凝土结构的管道压浆不易密实，容易引起预应力钢筋的锈蚀，在一定程度上影响结构的抗疲劳性能及耐久性。

⑤预应力混凝土结构的开工费用较大，对于跨径小、构件数量少的工程，成本较高。

第十一章　预应力混凝土材料与施工

本章重点

• 预应力混凝土结构对材料的要求；

• 预应力混凝土结构中锚夹具的使用；

• 先张法与后张法特点。

本章难点

• 各种锚夹具的选用；

• 先张法与后张法的施工工艺。

第一节　预应力混凝土结构对钢筋的要求

预应力混凝土结构构件所用的钢筋（或钢丝），需满足下列要求：

（1）高强度。预应力混凝土构件在制作和使用过程中，由于种种原因，会出现各种预应力损失，为了在扣除预应力损失后，仍然能使混凝土建立起较高的预应力值，需采用较高的张拉应力，因此预应力钢筋必须采用高强钢筋（丝）。

（2）具有一定的塑性。为防止发生脆性破坏，要求预应力钢筋在拉断时，具有一定的伸长率。

（3）良好的加工性能。即要求钢筋有良好的可焊性，以及钢筋"镦粗"后并不影响原来的物理性能。

（4）与混凝土之间有较好的粘结强度。先张法构件的预应力传递是靠钢筋和混凝土之间的粘结力完成的，因此需要有足够的粘结强度。

第二节　预应力混凝土结构对混凝土的要求

预应力混凝土结构构件所用的混凝土，需满足下列要求：

（1）强度高。预应力混凝土只有采用较高强度的混凝土，才能建立起较高的预压应力，并可减少构件截面尺寸，减轻结构自重。对先张法构件，采用较高强度的混凝土可以提高粘结强度，对后张法构件，则可承受构件端部强大的预压力。

（2）收缩、徐变小。这样可以减少由于收缩、徐变引起的预应力损失。

（3）快硬、早强。这样可以尽早施加预应力，加快台座、锚具、夹具的周转率，以利加快施工进度，降低间接费用。

第三节 锚夹具的使用

一般认为：当预应力混凝土构件制成后能够取下重复使用的称为夹具，而留在构件上不再取下的称为锚具。锚具和夹具是保证预应力混凝土安全施工和结构可靠工作的关键设备，因此，在设计、制造或选择锚、夹具时应注意满足下列要求：

（1）锚具零部件一般选用 45 号优质碳素结构钢制作，除了强度要求外，尚应满足规定的硬度要求，加工精度高，工作安全可靠，预应力损失小。

（2）构造简单，制作方便，用钢量少。

（3）张拉锚固方便，设备简单，使用安全。

目前预应力混凝土结构中所用的锚、夹具种类很多，从原理上可分为三种，即：摩阻锚固、承压锚固和粘着锚固。

1）摩阻锚固

摩阻锚固的原理是利用锥形或梯形楔块的侧向力产生的摩阻力来防止钢丝滑动。如常见的钢制锥形锚和夹片锚。

2）承压锚固

承压锚固是将钢筋的端头作成螺纹（或镦成粗头）、钢筋张拉后拧紧螺帽（或锚圈），通过螺帽（或锚圈）与垫板的承压作用将钢筋锚固。目前我国采用的墩头锚和钢筋螺纹锚具都属于承压锚固。

3）粘着锚固

粘着锚固是将钢丝端头浇筑在高强度混凝土（或合金溶液）中，靠混凝土（或合金）的粘结力锚固钢筋。我国早期采用的原苏联柯罗夫金式锚具属于粘着锚固之列。用于梁体内部的压花锚具（又称暗锚）也是靠混凝土的粘着力来锚固钢丝的。

第四节 建立混凝土预应力的方法特点

预应力施加方法按张拉钢筋与浇筑混凝土的先后次序分为两种：先张法和后张法。按张拉钢筋的方法划分，主要有：机械张拉钢筋法、横张法、电热法、自张法等。

1. 先张法

先张法即先张拉钢筋后浇筑构件混凝土的施工方法，其施工程序如图 2-11-1 所示。

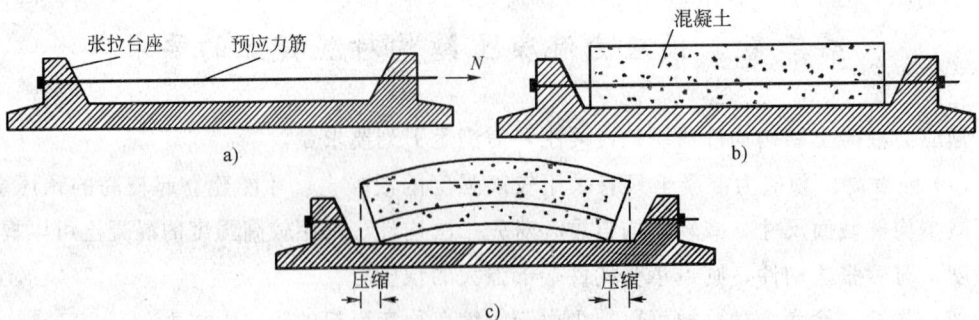

图 2-11-1 先张法施工程序示意图

a）张拉预应力钢筋，并临时锚固于加力台座上；b）浇筑混凝土；c）待混凝土结硬后，解除预应力钢筋与加力台座之间的联系，传力于混凝土

2. 后张法

后张法是先浇筑构件混凝土后张拉钢筋的施工方法，其施工程序如图 2-11-2 所示。

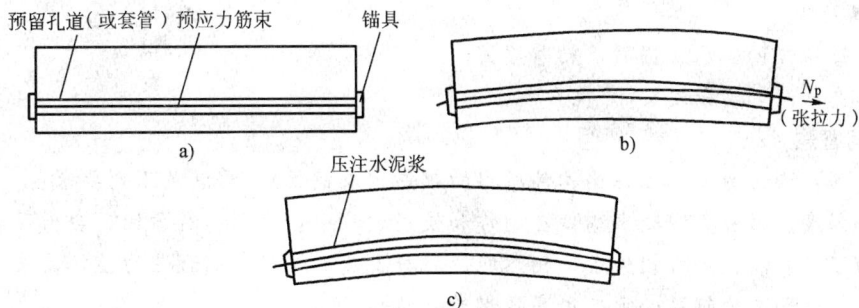

图 2-11-2　后张法施工程序示意图

a）浇筑梁身混凝土，并预埋套管，形成管道；b）穿进预应力钢筋，待混凝土结硬后，进行张拉；c）锚固钢筋，传力于混凝土，压注水泥浆，填塞管道

第五节　问题释义

举例说明在预应力混凝土生产中使用的机具设备的代号含义是什么？

YC-60 型千斤顶，是指预应力穿心式千斤顶，其中 Y 和 C 是"预"和"穿"的汉语拼音首字母，-60 是指千斤顶的公称最大张拉力为 60t（600kN）。

YL-60 型千斤顶，是指公称最大张拉力为 60t（600kN）的预应力拉杆式千斤顶，其中 Y 和 L 是"预"和"拉"的汉语拼音首字母。

YZ-85 型千斤顶，是指公称最大张拉力为 85t（850kN）的预应力锥锚式千斤顶，其中 Y 和 Z 是"预"和"锥"的汉语拼音首字母。

LD-10 型钢丝镦头器，其中 L 和 D 是"冷"和"镦"的汉语拼音首字母，-10 是指镦头力可达 10t。

YCQ-100 型千斤顶，是指预应力穿心式群锚千斤顶，其中 Y、C 和 Q 分别是"预"、"穿"和"群"的汉语拼音首字母，且其公称最大张拉力为 100t（1000kN）。

第六节　综合训练及参考答案

一、综合训练

1. 填空题

（1）预应力混凝土结构中所用的锚、夹具从原理上可分为三种，即：（　）、（　）和（　）。

（2）预应力施加方法按张拉钢筋与浇筑混凝土的先后次序分为两种：（　）和（　）。

2. 二问答题

（1）预应力混凝土结构对材料有何要求？

（2）简述先张法和后张法的施工工艺。

（3）先张法与后张法有什么异同？

（4）后张法构件施工时，为什么要预留灌浆孔和排气孔？

二、参考答案

1. 填空题

（1）摩阻锚固　承压锚固　粘着锚固

（2）先张法　后张法

2. 问答题

（1）答：预应力混凝土结构构件所用的钢筋（或钢丝），需满足下列要求：

①高强度。预应力混凝土构件在制作和使用过程中，由于种种原因，会出现各种预应力损失，为了在扣除预应力损失后，仍然能使混凝土建立起较高的预应力值，需采用较高的张拉应力，因此预应力钢筋必须采用高强钢筋（丝）。

②具有一定的塑性。为防止发生脆性破坏，要求预应力钢筋在拉断时，具有一定的伸长率。

③良好的加工性能。即要求钢筋有良好的可焊性，以及钢筋"镦粗"后并不影响原来的物理性能。

④与混凝土之间有较好的粘结强度。先张法构件的预应力传递是靠钢筋和混凝土之间的粘结力完成的，因此需要有足够的粘结强度。

预应力混凝土结构构件所用的混凝土，需满足下列要求：

①强度高。预应力混凝土只有采用较高强度的混凝土，才能建立起较高的预压应力，并可减少构件截面尺寸，减轻结构自重。对先张法构件，采用较高强度的混凝土可以提高粘结强度，对后张法构件，则可承受构件端部强大的预压力。

②收缩、徐变小。这样可以减少由于收缩、徐变引起的预应力损失。

③快硬、早强。这样可以尽早施加预应力，加快台座、锚具、夹具的周转率，以利加快施工进度，降低间接费用。

（2）答：先张法施工工艺：张拉预应力钢筋，并临时锚固于加力台座上→浇筑混凝土→待混凝土结硬后，解除预应力钢筋与加力台座之间的联系，传力于混凝土。

后张法施工工艺：浇筑梁身混凝土，并预埋套管，形成管道→穿进预应力钢筋，待混凝土结硬后，进行张拉→锚固钢筋，传力于混凝土，压注水泥浆，填塞管道。

（3）答：先张法和后张法都是利用钢筋的弹性回缩挤压混凝土，使混凝土产生预压应力。

二者相比较：先张法工艺比较简单，但需要台座设施；适用于在预制构件厂批量制造以及方便运输的中小型构件；但只适用于张拉直线预应力钢筋。后张法工艺较复杂；需要对构件安装永久性的工作锚具；适用于在现场成型的大型构件；既可张拉直线预应力筋又可张拉曲线预应力筋。

二者本质差别在于对混凝土构件施加预应力的途径不同。先张法是通过预应力筋与混凝土间的粘结作用来施加预应力的；而后张法则是通过锚具施加预应力。

（4）答：预留灌浆孔和排气孔便于振捣，可以提高混凝土的密实度，防止预应力钢筋锈蚀。

第十二章 预应力混凝土受弯构件计算

本章重点

- 钢筋的张拉控制应力，预应力损失，有效预应力；
- 预应力混凝土梁在施工、使用阶段的受力情况；
- 构件施工、使用阶段的应力验算要求；
- 预应力混凝土构件正截面、斜截面承载力计算公式；
- 预应力混凝土构件使用阶段正截面、斜截面抗裂验算；
- 总挠度计算；
- 锚固区承压验算；
- 预应力混凝土简支梁设计要点。

本章难点

- 预应力损失，有效预应力的计算；
- 预应力混凝土构件使用阶段正截面、斜截面抗裂验算；
- 总挠度计算；锚固区承压验算。

本章介绍的预应力混凝土受弯构件主要是针对全预应力混凝土构件和 A 类部分预应力混凝土构件。B 类部分预应力混凝土构件在第十三章介绍。

第一节 钢筋的张拉控制应力，预应力损失，有效预应力

一、钢筋的张拉控制应力，有效预应力

钢筋的张拉控制应力 σ_{con} 是指预应力钢筋锚固前，张拉千斤顶所指示的总拉力除以预应力钢筋截面面积所得的钢筋应力值。对于钢制锥形锚具等有锚圈口摩阻力的锚具，σ_{con} 应为扣除锚圈口摩擦损失后的锚下拉应力值。由于受施工因素、材料性能和环境条件等的影响，张拉控制应力将会有所降低，这些减少的应力称为预应力损失。

预应力钢筋的实际存余的预应力称为有效预应力，其数值取决于张拉时的控制应力和预应力损失，即：

$$\sigma_{pe} = \sigma_{con} - \sigma_l \tag{2-12-1}$$

张拉控制应力按《桥规》的规定取用：

钢丝、钢绞线 $\qquad\qquad \sigma_{con} \leqslant 0.75 f_{pk}$ (2-12-2a)

冷拉钢筋、精轧螺纹钢筋 $\qquad \sigma_{con} \leqslant 0.90 f_{pk}$ (2-12-2b)

当对构件进行超张拉或记入锚圈口摩阻损失时，钢筋中最大控制应力（千斤顶液压泵显

示值）对于钢丝、钢绞线不超过 $0.8f_{pk}$，对于精轧螺纹钢筋不超过 $0.95f_{pk}$。

二、预应力损失计算

《桥规》规定，预应力混凝土构件在持久状态正常使用极限状态计算中，应考虑下列因素引起的预应力损失：

预应力钢筋与管道壁之间的摩擦 σ_{l1}；锚具变形、钢筋回缩和接缝压缩 σ_{l2}；预应力钢筋与台座之间的温差 σ_{l3}；混凝土的弹性压缩 σ_{l4}；预应力钢筋的应力松弛 σ_{l5}；混凝土的收缩和徐变 σ_{l6}。

此外，尚应考虑预应力钢筋与锚圈之间的摩擦、台座弹性变形等因素引起的其他预应力损失。

1. 预应力钢束与管道壁之间的摩擦引起的应力损失 σ_{l1}

$$\sigma_{l1} = \sigma_{con}\left[1 - e^{-(\mu\theta + kx)}\right] \tag{2-12-3}$$

2. 锚具变形、钢筋回缩和接缝压缩引起的应力损失 σ_{l2}

（1）当为直线预应力钢筋时，可按《桥规》的规定计算：

$$\sigma_{l2} = \frac{\sum\Delta L}{L}E_p \tag{2-12-4}$$

（2）后张法构件预应力曲线钢筋由锚具变形、钢筋回缩和接缝压缩引起的预应力损失，应考虑反向摩擦的影响。

$$l_f = \sqrt{\sum\Delta l \cdot E_p/\Delta\sigma_d} \quad (mm) \tag{2-12-5}$$

$$\Delta\sigma_d = \frac{\sigma_0 - \sigma_1}{l}$$

①当 $l_f \leqslant l$ 时，扣除管道正摩阻和钢筋回缩（考虑反摩阻）损失后的预应力线以折线 eaa' 表示，如图 2-12-1 所示。离张拉端 x 处由锚具变形引起的考虑反摩阻后的预应力损失为：

$$\Delta\sigma_x(\sigma_{l2}) = \Delta\sigma\frac{l_f - x}{l_f} \tag{2-12-6}$$

$$\Delta\sigma = 2\Delta\sigma_d l_f \tag{2-12-7}$$

②当 $l_f > l$ 时，预应力钢筋的全长均处于反摩阻影响长度以内，扣除管道摩阻和钢筋回缩等损失后的预应力线以 db 线表示，如图 2-12-1 所示，距张拉端 x 处由锚具变形引起的考虑反摩阻后的预应力损失为：

$$\Delta\sigma_x'(\sigma_{l2}') = \Delta\sigma' - 2x'\Delta\sigma_d \tag{2-12-8}$$

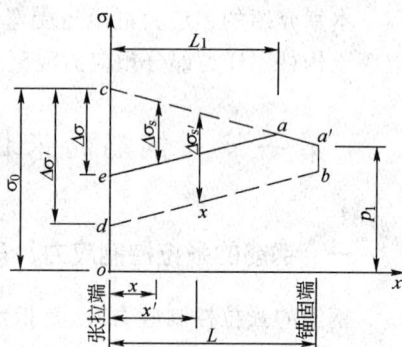

图 2-12-1 考虑反摩阻后钢筋应力损失简化计算图式

两端张拉（分次张拉或同时张拉），且反摩阻损失影响长度有重叠时，在重叠范围内同一截面扣除正摩阻和回缩反摩阻损失后预应力钢筋的应力可取：两端分别张拉、锚固，分别计算正摩阻和反摩阻损失，分别将张拉端锚下控制应力减去上述应力计算结果所得较大值。

3. 钢筋与台座之间温差引起的应力损失 σ_{l3}

在先张法中，当采用蒸气或其他加热方法养护混凝土时，产生的预应力损失为：

$$\sigma_{l3} = \alpha \cdot E_p \ (t_2 - t_1) \tag{2-12-9}$$

其中 $E_p = 1.8 \times 10^5$ MPa，α 为钢材的膨胀系数，近似等于 1.2×10^{-5}，故上式可简化为：

$$\sigma_{l3} = 2 \ (t_2 - t_1) = 2\Delta t \tag{2-12-10}$$

4. 混凝土弹性压缩引起的应力损失 σ_{l4}

（1）先张法构件的弹性压缩损失

在先张法中，构件受压时钢筋已与混凝土粘结，两者共同变形，由混凝土弹性压缩引起的应力损失为：

$$\sigma_{l4} = \alpha_{Ep} \cdot \sigma_{pc} \tag{2-12-11a}$$

$$\sigma_{pc} = \frac{N_{p0}}{A_0} + \frac{N_{p0} \cdot e_{p0}^2}{I_0} \tag{2-12-11b}$$

（2）后张法构件分批张拉引起的弹性压缩损失

由分批张拉引起的各批钢筋的弹性压缩损失，应按下式计算：

$$\Delta\sigma_{l4} = \alpha_{Ep} \cdot \sum \Delta\sigma_{pc} \tag{2-12-12}$$

5. 钢筋的应力松弛引起的应力损失 σ_{l5}

《桥规》规定，预应力钢筋由钢筋应力松弛引起的预应力损失终值，可按下列规定计算。

（1）预应力钢丝、钢绞线

$$\sigma_{l5} = \psi \cdot \xi \cdot \left(0.52\frac{\sigma_{pe}}{f_{pk}} - 0.26 \right) \cdot \sigma_{pe} \tag{2-12-13a}$$

（2）精轧螺纹钢筋

一次张拉：

$$\sigma_{l5} = 0.05\sigma_{con} \tag{2-12-13b}$$

超张拉：

$$\sigma_{l5} = 0.03\sigma_{con} \tag{2-12-13c}$$

预应力钢丝、钢绞线当需分阶段计算钢筋松弛损失时，其中间值与终极值的比值应根据建立预应力的时间按表 2-12-1 确定。

钢筋松弛损失中间值与终极值的比值　　　　　　　　　表 2-12-1

时　间　(d)	2	10	20	30	40
比　值	0.50	0.61	0.74	0.87	1.00

6. 混凝土的收缩和徐变引起的应力损失 σ_{l6}

由混凝土收缩、徐变引起的构件受拉区预应力钢筋的应力损失，可按下式计算：

$$\sigma_{l6}(t) = \frac{0.9\left[E_p\varepsilon_{cs}(t,\ t_0) + \alpha_{EP}\sigma_{pc}\Phi(t,\ t_0)\right]}{1 + 15\rho\rho_{ps}} \tag{2-12-14}$$

$$\rho = \frac{A_p + A_s}{A} \tag{2-12-15a}$$

$$\rho_{ps} = 1 + \frac{e_{ps}^2}{i^2} = 1 + \frac{e_{ps}^2}{I_0/A_0} \tag{2-12-15b}$$

$$e_{ps} = \frac{A_p e_p + A_s e_s}{A_p + A_s} \tag{2-12-15c}$$

7. 预应力损失组合

先张法及后张法预应力混凝土构件的各阶段预应力损失值按表 2-12-2 进行组合。

各阶段预应力损失值的组合　　　　　　　　　表 2-12-2

预应力损失的组合	先　张　法	后　张　法
第一批预应力损失 σ_{lI}	$\sigma_{l2} + \sigma_{l3} + \sigma_{l4} + 0.5\sigma_{l5}$	$\sigma_{l1} + \sigma_{l2} + \sigma_{l4}$
第二批预应力损失 σ_{lII}	$0.5\sigma_{l5} + \sigma_{l6}$	$\sigma_{l5} + \sigma_{l6}$

第二节　预应力混凝土梁施工、使用阶段的受力

预应力混凝土构件从制作到受荷破坏主要分为两个阶段，即施工阶段和使用阶段。

一、施工阶段受力分析

预应力钢筋张拉锚固后，梁向上挠曲，构件自重随即参加工作，预施应力阶段梁处于弹性工作状态，预加力和构件自重引起的截面应力，可按材料力学公式计算，这时预加力应扣除第一批应力损失，构件自重弯矩采用标准值。

在预加力和构件自重作用下，混凝土截面法向应力按下式计算。

先张法：

$$\sigma_{cc} 或 \sigma_{ct} = \frac{N_{p01}}{A_0} \mp \frac{N_{p01} e_{p01,0}}{I_0} y_0 \pm \frac{M_{Glk}}{I_0} y_0 \qquad (2\text{-}12\text{-}16)$$

后张法：

$$\sigma_{cc} 或 \sigma_{ct} = \frac{N_{p1}}{A_n} \mp \frac{N_{p1} e_{p1,n}}{I_n} y_n \pm \frac{M_{Glk}}{I_n} y_n \qquad (2\text{-}12\text{-}17)$$

二、使用阶段受力分析

对于全预应力混凝土梁，该阶段梁基本处于弹性工作状态。混凝土有效预压应力按下式计算（见图 2-12-2）。

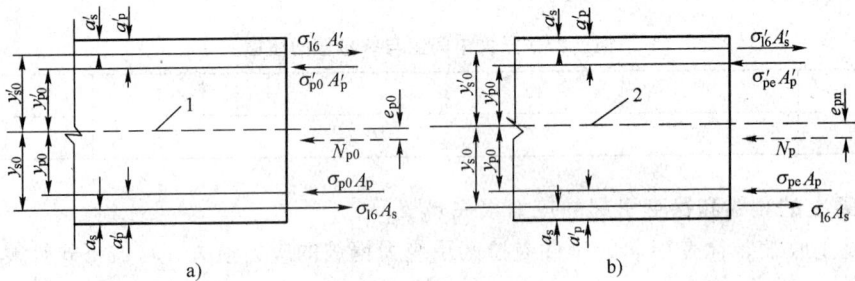

图 2-12-2　预应力钢筋和普通钢筋合力及偏心距
a）先张法；b）后张法
1-换算截面重心轴；2-净截面重心轴

先张法：

$$\sigma_{pc} = \frac{N_{p0}}{A_0} + \frac{N_{p0} e_{p0}}{I_0} y_0 \qquad (2\text{-}12\text{-}18)$$

$$N_{p0} = \sigma_{p0} A_p + \sigma'_{p0} A'_p - \sigma_{l6} A_s - \sigma'_{l6} A'_s \qquad (2\text{-}12\text{-}19)$$

$$e_{p0} = \frac{\sigma_{p0} A_p y_{p0} + \sigma'_{p0} A'_p y'_{p0} - \sigma_{l6} A_s y_{s0} + \sigma'_{l6} A'_s y'_{s0}}{\sigma_{p0} A_p + \sigma'_{p0} A'_p - \sigma_{l6} A_s - \sigma'_{l6} A'_s} \qquad (2\text{-}12\text{-}20)$$

$$\sigma_{p0} = \sigma_{con} - \sigma_l + \sigma_{l4} \qquad \sigma'_{p0} = \sigma'_{con} - \sigma'_l + \sigma'_{l4}$$

后张法：

$$\sigma_{pc} = \frac{N_p}{A_n} + \frac{N_p e_{pn}}{I_n} y_n \qquad (2\text{-}12\text{-}21)$$

$$N_p = \sigma_{pe} A_p + \sigma'_{pe} A'_p - \sigma_{l6} A_s - \sigma'_{l6} A'_s \qquad (2\text{-}12\text{-}22)$$

$$e_{pn} = \frac{\sigma_{pe} A_p y_{pn} + \sigma'_{pe} A'_p y'_{pn} - \sigma_{l6} A_s y_{sn} + \sigma'_{l6} A'_s y'_{sn}}{\sigma_{pe} A_p + \sigma'_{pe} A'_p - \sigma_{l6} A_s - \sigma'_{l6} A'_s} \qquad (2\text{-}12\text{-}23)$$

$$\sigma_{pe} = \sigma_{con} - \sigma_l \qquad \sigma'_{pe} = \sigma'_{con} - \sigma'_l$$

式中：σ_{pc}——扣除全部预应力损失后的预加力在构件抗裂验算边缘产生的混凝土预压应力。

第三节 构件施工阶段的应力验算要求

按式（2-12-16）和式（2-12-17）求得的截面边缘的混凝土的法向应力应符合下列规定。

1. 压应力 σ_{cc}

普通混凝土 $\qquad\qquad\qquad\qquad\qquad\qquad \sigma_{cc} \leqslant 0.70 f'_{ck}$

高强混凝土 $\qquad\qquad\qquad\qquad\qquad\qquad \sigma_{cc} \leqslant 0.50 f'_{ck}$

2. 拉应力 σ_{ct}

当 $\sigma_{ct} \leqslant 0.7 f'_{tk}$ 时，预拉区应配置配筋率不小于 0.2% 的纵向钢筋；当 $\sigma_{ct} = 1.15 f'_{tk}$ 时，预拉区应配置配筋率不小于 0.4% 的纵向钢筋；当 $0.7 f'_{tk} \leqslant \sigma^t_{ct} \leqslant 1.15 f'_{tk}$ 时，预拉区应配置的纵向钢筋配筋率按以上两者直线内插取用，但不得超过 $1.15 f'_{tk}$。

上述公式中，f'_{ck}、f'_{tk} 为与制作、运输、安装各施工阶段混凝土立方体抗压强度相应的混凝土抗压强度、抗拉强度标准值。

第四节 构件使用阶段的应力验算要求

一、正截面应力验算

1. 混凝土受压边缘的法向压应力计算

先张法： $\qquad \sigma^k_{cc} = \dfrac{N_{p0}}{A_0} - \dfrac{N_{p0} e_{p0}}{W'_0} + \dfrac{M_{GK} + M_{Q1K} + M_{Q2K}}{W'_0}$ (2-12-24a)

后张法： $\qquad \sigma^k_{cc} = \dfrac{N_p}{A_n} - \dfrac{N_p e_{pn}}{W'_n} + \dfrac{M_{G1K}}{W'_n} + \dfrac{M_{G2K} + M_{Q1K} + M_{Q2K}}{W'_0}$ (2-12-24b)

验算要求： $\qquad\qquad\qquad\qquad \sigma^k_{cc} \leqslant 0.5 f_{ck}$

2. 受拉区预应力钢筋的拉应力计算

$$\sigma^k_p = (\sigma_{con} - \sigma_l) + \alpha_{Ep} \cdot \sigma^k_{ct}$$ (2-12-25)

式中：σ^k_{ct}——由荷载标准值引起的受拉区预应力钢筋合力点处混凝土法向拉应力。

对于先张法： $\qquad \sigma^k_{ct} = \dfrac{M_{GK} + M_{Q1K} + M_{Q2K}}{I_0} \cdot y_{p0}$ (2-12-25a)

对于后张法： $\qquad \sigma^k_{ct} = \dfrac{M_{G2K} + M_{Q1K} + M_{Q2K}}{I_0} \cdot y_{p0}$ (2-12-25b)

式中：y_{p0}——受拉区预应力钢筋合力点至换算截面重心的距离。

验算要求：

对于钢绞线、钢丝： $\qquad\qquad \sigma^k_p \leqslant 0.65 f_{pk}$

对于精轧螺纹钢筋： $\qquad\qquad \sigma^k_p \leqslant 0.80 f_{pk}$

二、斜截面主压应力验算

由预加力和荷载效应标准值产生的混凝土主压应力 σ^k_{cp} 和主拉应力 σ^k_{tp}，可按下式计算：

$$\begin{matrix} \sigma^k_{cp} \\ \sigma^k_{tp} \end{matrix} = \frac{\sigma^k_{cx} + \sigma_{cy}}{2} \pm \sqrt{\left(\frac{\sigma^k_{cx} - \sigma_{cy}}{2}\right)^2 + \tau^2_k}$$ (2-12-26)

式中：σ_{cx}^k——在计算主应力点，由预加力和按荷载标准效应组合计算的混凝土法向应力；

对先张法：
$$\sigma_{cx} = \sigma_{pc} \pm \frac{M_{GK} + M_{Q1K} + M_{Q2K}}{I_0} y_0 \qquad (2\text{-}12\text{-}26a)$$

对后张法：
$$\sigma_{cx} = \sigma_{pc} \pm \frac{M_{G1k}}{I_n} y_n \pm \frac{M_{G2k} + M_{Q1k} + M_{Q2k}}{I_0} y_0 \qquad (2\text{-}12\text{-}26b)$$

τ_k——在计算主应力点，由预应力弯起钢筋的预加力和按荷载效应标准组合计算的剪力 V_k 产生的混凝土剪应力，按下式计算：

先张法：
$$\tau_k = \frac{(V_{GK} + V_{Q1K} + V_{Q2K})}{I_0 b} \cdot S_0 \qquad (2\text{-}12\text{-}26c)$$

后张法：
$$\tau_k = \frac{V_{G1K} \cdot S_n}{I_n b} + \frac{(V_{G2K} + V_{Q1K} + V_{Q2K})}{I_0 b} \cdot S_0 - \frac{\sum \sigma_{pe,b} A_{pb} \sin\theta_p}{I_n b} S_n \qquad (2\text{-}12\text{-}26d)$$

验算要求：$\sigma_{cp}^k \leqslant 0.6 f_{tk}$

第五节　预应力混凝土构件正截面、斜截面承载力计算公式

一、正截面抗弯承载力计算公式

(1) 当中性轴位于翼缘内，即 $x \leqslant h_f'$，混凝土受压区为矩形，应按宽度为 b_f' 的矩形截面计算。此时，应满足下列条件：
$$f_{sd} A_s + f_{pd} A_p \leqslant f_{cd} b_f' h_f' + f_{sd}' A_s' + (f_{cd}' - \sigma_{p0}') A_p' \qquad (2\text{-}12\text{-}27)$$

基本计算公式为：
$$f_{cd} b_f' x + f_{sd}' A_s' + (f_{pd}' - \sigma_{p0}') A_p' = f_{sd} A_s + f_{pd} A_p \qquad (2\text{-}12\text{-}28a)$$

$$\gamma_0 M_d \leqslant f_{cd} b_f' x \left(h_0 - \frac{x}{2}\right) + f_{sd}' A_s' (h_0 - a_s') + (f_{pd}' - \sigma_{p0}') A_p' (h_0 - a_p') \qquad (2\text{-}12\text{-}28b)$$

混凝土受压区高度 x 应符合下列条件：

$x \leqslant \xi_b h_0 \qquad x \geqslant 2a'$

当 $x < 2a'$，受压区配有纵向普通钢筋和预应力钢筋，且预应力钢筋受压时，正截面受弯承载力按下列公式计算：
$$\gamma_0 M_d \leqslant f_{pd} A_p (h - a_p - a_s') + f_{sd} A_s (h - a_s - a_s') \qquad (2\text{-}12\text{-}29)$$

当 $x < 2a_s'$，受压区仅配有纵向普通钢筋或配有普通钢筋和预应力钢筋，且预应力钢筋受拉时，正截面受弯承载力按下列公式计算：
$$\gamma_0 M_d \leqslant f_{pd} A_p (h - a_p - a_s') + f_{sd} A_s (h - a_s - a_s') - (f_{sd}' - \sigma_{p0}') A_p' (a_p' - a_s') \qquad (2\text{-}12\text{-}30)$$

(2) 当中性轴位于腹板内，即 $x > h_f'$，此时，截面不符合公式 (2-12-27) 的条件，其正截面承载力计算公式，由内力平衡条件求得。
$$f_{cd} [b_f' x + (b_f' - b) h_f'] + f_{sd}' A_s' + (f_{pd}' - \sigma_{p0}') A_p' = f_{sd} A_s + f_{pd} A_p \qquad (2\text{-}12\text{-}31)$$

$$\gamma_0 M_d \leqslant f_{cd} \left[bx \left(h_0 - \frac{x}{2}\right) + (b_f' - b) h_f' \left(h_0 - \frac{h_f'}{2}\right) \right]$$

$$+f'_{sd}A'_s\ (h_0-a'_s)\ +\ (f'_{pd}-\sigma'_{p0})\ A'_p\ (h_0-a'_p) \qquad (2\text{-}12\text{-}32)$$

σ'_{p0} 为受压区纵向预应力钢筋合力点处混凝土法向应力等于零时的预应力钢筋应力，对先张法构件 $\sigma'_{p0}=\sigma'_{con}-\sum\sigma'_l+\sigma'_{l4}$，对后张法构件 $\sigma'_{p0}=\sigma'_{con}-\sum\sigma'_l+\alpha_{Ep}\sigma'_{pc}$。

混凝土受压区高度 x 应符合 $x\leqslant\xi h_0$ 的限制条件。

二、斜截面抗剪承载力计算公式

预应力混凝土受弯构件斜截面抗剪承载力计算的基本表达式为：

$$\gamma_0 V_d\leqslant V_{cs}+V_{pb}+V_{sb} \qquad (2\text{-}12\text{-}33)$$

$$V_{cs}=\alpha_1\alpha_2\alpha_3\times0.45\times10^{-3}bh_0\sqrt{(2+0.6P)\rho_{sv}f_{sd,v}\sqrt{f_{cu,k}}} \qquad (2\text{-}12\text{-}34)$$

$$V_{pb}=0.75\times10^{-3}f_{pd}\sum A_{pd}\sin\theta_p \qquad (2\text{-}12\text{-}35a)$$

$$V_{sb}=0.75\times10^{-3}f_{sd}\sum A_{sd}\sin\theta_s \qquad (2\text{-}12\text{-}35b)$$

当采用竖向预应力钢筋时，将式（2-12-34）中的 ρ_{sv} 和 f_{sv} 换成 ρ_{pv} 和 f_{pd}，ρ_{pv}、f_{pd} 分别为竖向预应力钢筋的配筋率和抗拉强度设计值。

截面尺寸应满足式（2-12-36）的要求：

$$\gamma_0 V_d\leqslant0.51\times10^{-3}\sqrt{f_{cu,k}}bh_0 \qquad (2\text{-}12\text{-}36)$$

三、斜截面抗弯承载力计算

斜截面抗弯承载力计算的基本方程式为：

$$\gamma_0 M_d\leqslant f_{sd}A_sZ_s+f_{pd}A_pZ_p+\sum f_{sd}A_{sb}Z_{sb}+\sum f_{pd}A_{pb}Z_{pb}+\sum f_{sv}A_{sv}Z_{sv} \qquad (2\text{-}12\text{-}37)$$

斜截面受压区高度由所有的力水平投影之和为零的平衡条件求得：

$$f_{cd}A_c=f_{sd}A_s+f_{pd}A_p+\sum f_{pd,b}A_{pb}\cos\theta_p \qquad (2\text{-}12\text{-}38)$$

预应力混凝土受弯构件斜截面抗弯承载力计算时，首先应确定最不利斜截面位置。一般是对受拉区抗弯薄弱处，自下而上沿斜向计算几个不同角度的斜截面，按下列条件确定最不利的斜截面位置。

$$\gamma_0 V_d=\sum f_{sd}A_{sd}\sin\theta_s+\sum f_{sv}A_{sv}+\sum f_{pb}A_{pb}\sin\theta_p \qquad (2\text{-}12\text{-}39)$$

第六节　预应力混凝土构件使用阶段正截面、斜截面抗裂验算

对于全预应力混凝土和 A 类部分预应力混凝土构件必须进行正截面抗裂性验算和斜截面抗裂性验算验算。

1. 正截面抗裂验算

正截面抗裂性是通过正截面混凝土的法向拉应力来控制的，应满足下列要求。

（1）对于全预应力混凝土构件

在作用（或荷载）短期效应下：

$$\sigma_{st}-0.85\sigma_{pc}\leqslant0 \qquad (2\text{-}12\text{-}40)$$

（2）对于 A 类部分预应力混凝土构件

在作用（或荷载）短期效应下：

$$\sigma_{st} - \sigma_{pc} \leqslant 0.7 f_{tk} \qquad (2\text{-}12\text{-}41a)$$

在作用（或荷载）长期效应下：

$$\sigma_{lt} - 0.8\sigma_{pc} \leqslant 0 \qquad (2\text{-}12\text{-}41b)$$

$$\sigma_{st} = \frac{M_s}{W_0}, \sigma_{lt} = \frac{M_1}{W_0}$$

对于先张法：

$$\sigma_{st} = \frac{M_s}{W_0} = \frac{M_{GK} + 0.7 \dfrac{M_{Q1K}}{1+\mu} + M_{Q2K}}{W_0}$$

$$\sigma_{lt} = \frac{M_1}{W_0} = \frac{M_{GK} + 0.4\left[M_{Q1K}/(1+\mu) + M_{Q2K}\right]}{W_0}$$

对于后张法：

$$\sigma_{st} = \frac{M_s}{W_0} = \frac{M_{G1K}}{W_n} + \frac{M_{G2K} + 0.7 \dfrac{M_{Q1K}}{1+\mu} + M_{Q2K}}{W_0}$$

$$\sigma_{lt} = \frac{M_1}{W_0} = \frac{M_{G1K}}{W_n} + \frac{M_{G2K} + 0.4\left[M_{Q1K}/(1+\mu) + M_{Q2K}\right]}{W_0}$$

2. 斜截面抗裂验算

（1）对于全预应力混凝土构件

预制构件：$\qquad\qquad\qquad\sigma_{tp} \leqslant 0.6 f_{tk}$ $\qquad\qquad\qquad\qquad$ (2-12-42a)

现场浇筑（包括预制拼装）构件：$\quad\sigma_{tp} \leqslant 0.4 f_{tk}$ $\qquad\qquad\qquad$ (2-12-42b)

（2）对于 A 类部分预应力混凝土构件

预制构件：$\qquad\qquad\qquad\sigma_{tp} \leqslant 0.7 f_{tk}$ $\qquad\qquad\qquad\qquad$ (2-12-43a)

现场浇筑（包括预制拼装）构件：$\quad\sigma_{tp} \leqslant 0.5 f_{tk}$ $\qquad\qquad\qquad$ (2-12-43b)

式中：σ_{tp}——在作用（或荷载）短期效应组合下，构件抗裂性验算截面混凝土的主拉应力；

$$\sigma_{tp} = \frac{\sigma_{cx} + \sigma_{cy}}{2} - \sqrt{\left(\frac{\sigma_{cx} - \sigma_{cy}}{2}\right)^2 + \tau^2}$$

σ_{cx}——在计算主应力点，由预加力和按荷载短期效应组合计算的弯矩 M_s 产生的法向

应力，对先张法：$\sigma_{cx} = \sigma_{pc} \pm \dfrac{M_s}{I_0} y_0$ ；

对后张法：$\sigma_{cx} = \sigma_{pc} \pm \dfrac{M_{G1k}}{I_n} y_n \pm \dfrac{M_{G2k} + 0.7 M_{Q1k}/(1+\mu) + M_{Q2k}}{I_0} y_0$ ；

σ_{cy}——由竖向预应力钢筋产生的混凝土竖向压应力，$\sigma_{cy} = 0.6 \dfrac{n\sigma'_{pe}A_{pv}}{bs_v}$ ；

τ——在计算主应力点，由预应力弯起钢筋的预加力和按荷载短期效应组合计算的剪

力 V_s 产生的混凝土剪应力；

先张法：$\tau = \dfrac{V_s S_0}{bI_0} = \dfrac{\left[V_{GK} + 0.7 V_{Q1K}/(1+\mu) + V_{Q2K}\right] S_0}{bI_0}$ ，

后张法：$\tau = \dfrac{V_{G1K} S_n}{bI_n} + \dfrac{\left[V_{G2K} + 0.7 V_{Q1K}/(1+\mu) + V_{Q2K}\right] S_0}{bI_0} - \dfrac{\sum \sigma''_{pe} A_{pb} \sin\theta_p S_n}{bI_n}$

第七节　总挠度计算

预应力混凝土受弯构件的挠度是由预加力引起的挠度（亦称反拱度）和荷载（恒载与活载）短期效应组合作用下产生的挠度两部分所组成。

1. 由预加力引起的挠度

$$f_p = -\eta_\theta \int_0^L \frac{M_p \overline{M}_x}{B_0} dx (\uparrow) \tag{2-12-44}$$

式中：M_p——在扣除预应力损失后的有效预加力作用下构件计算点的弯矩值；

$\overline{M}_x$——跨中作用单位力时，在任意截面 x 处所产生的弯矩值；

η_θ——长期刚度影响系数，按 $\eta_\theta = 2.0$ 计算；

B_0——全截面抗弯刚度，$B_0 = 0.95 E_c I_0$。

2. 荷载短期效应组合作用下产生的挠度

$$f_s = \alpha \cdot \frac{M_s l^2}{B_0} \tag{2-12-45}$$

预应力混凝土简支梁在自重作用下的挠度计算：

$$f_G = \frac{5}{48} \cdot \frac{M_{Gk} L^2}{B_0} \tag{2-12-46}$$

预应力混凝土受弯构件最大挠度处的长期静荷载挠度值应满足：

$$\eta_\theta (f_s - f_G) \leqslant \frac{L}{600} \tag{2-12-47}$$

3. 预拱度的设置

对于全预应力混凝土构件：

若 $f_p \geqslant \eta_\theta f_s$，则可不设预拱度；

若 $f_p < \eta_\theta f_s$，则按 $(\eta_\theta f_s - f_p)$ 作为反拱值设预拱度。

第八节　锚固区承压验算

一、构件端部截面尺寸验算

构件端部局部承压区的截面尺寸应符合下列要求：

$$\gamma_0 F_{ld} \leqslant 1.3 \eta_s \beta f_{cd} A_{ln} \tag{2-12-48}$$

式中：F_{ld}——局部受压面上的局部压力设计值，对后张法构件锚头局压区，应取 1.2 倍张拉时的最大压力；

η_s——混凝土局部承压修正系数，按表 2-12-3 采用；

β——混凝土局部承压强度提高系数，$\beta = \sqrt{A_b / A_l}$；

A_{ln}、A_l——混凝土局部承压面积，当局部受压面有孔道时，A_{ln} 为扣除孔道后的面积，A_l 为不扣除孔道的面积。设置钢垫板时，局部受压面积应计入在垫板中按 45° 刚性角扩大的面积；

A_b——局部承压时的计算底面积，如图 2-12-3 所示。

混凝土强度等级	C50 以下	C55	C60	C65	C70	C75	C80
η_s	1.0	0.96	0.92	0.88	0.84	0.80	0.76

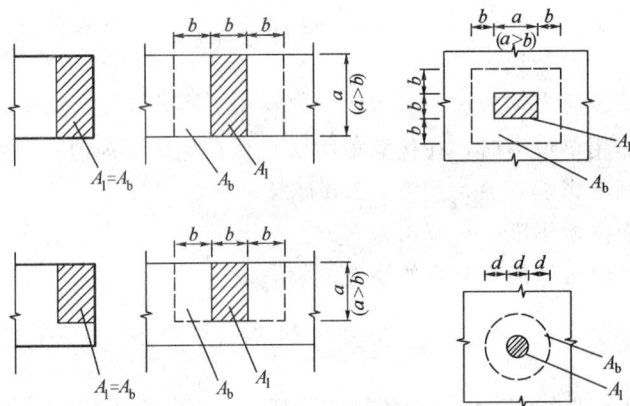

图 2-12-3　局部受压的计算底面积

二、构件端部局部承压强度计算

配置间接钢筋的局部承压强度，如图 2-12-4 所示，按下列公式计算：

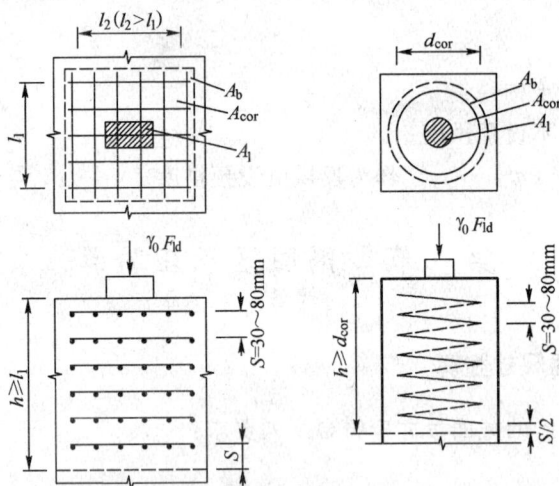

图 2-12-4　局部承压配筋图

$$\gamma_0 F_{ld} \leqslant 0.9 \left(\eta_s \beta f_{cd} + k \rho_v \beta_{cor} f_{sd} \right) A_{ln} \tag{2-12-49}$$

式中：k——间接钢筋影响系数；

A_{cor}——间接钢筋范围内的混凝土核心面积，其重心应与 A_l 的重心重合，计算时按同心、对称原则取值；

β_{cor}——配置间接钢筋时局部承压强度提高系数，$\beta_{cor} = \sqrt{A_{cor}/A_l}$。

配置的间接钢筋为方格网时，每个方向钢筋不少于 4 根，网片也不少于 4 层。两个方向钢筋面积相差不应大于 50%；其体积配筋率按下式计算：

$$\rho_v = \frac{n_1 A_{S1} l_1 + n_2 A_{S2} l_2}{A_{cor} S} \tag{2-12-50}$$

配置的间接钢筋为螺旋网时，螺旋间接钢筋不少于 4 圈，体积配筋率按下式计算：

$$\rho_v = \frac{4 A_{ssl}}{d_{cor} S} \tag{2-12-51}$$

式（2-12-49）用于支座与梁、支座与墩台局部承压计算时，由上部结构传来的局部压力 F_{ld} 已考虑了结构重要性系数，应令式中 $\gamma_0 = 1$。

第九节　预应力混凝土简支梁设计要点

一、基本要求

预应力混凝土结构及构件的设计应满足以下几个要求：

（1）构件应有足够的强度，使其在达到承载能力极限状态时仍具有一定的安全储备，以满足构件在最不利的条件下还能够承受所出现的最大内力。

（2）在正常使用条件下，构件的应力（混凝土的正截面应力、斜截面应力、预应力筋的应力）、结构的变形都不超过规定的极限。对允许出现裂缝的构件，裂缝宽度也应限制在规定的范围内。

（3）结构及构件外形美观、适用。结构及构件的外形尽量简捷、明快，对需要在外部设锚的预应力结构，锚固构造的设计尽可能不影响结构的外形，并且不影响结构其他部位的功能。

（4）经济合理。结构物的经济合理性不仅体现在材料上的节省，而且还要求施工简便，同时还应考虑其在预计使用年限内的维护费用。

二、设计关键控制因素

结构及构件设计中的主要控制因素为构件截面的选择、预应力筋面积和位置的设计，其中尤为重要的是截面的拟定。截面的确定意味着构件外形的确定，也将决定预应力筋的布置及面积。构件的其他设计要求，如应力的校核、预应力筋的走向、锚具和端块的布置都可以通过局部设计来实现。

截面尺寸和预应力筋面积及其位置是相互关联的，即截面尺寸越大，则抵抗外荷载所需预应力筋的数量越少，但同时由于截面加大又导致结构自重加大，因而也增加了抵抗自重所需的预应力筋数量；截面的形状决定了预应力筋布置的位置，因为预应力筋锚固点设在构件上，决定了预应力筋走向必须顺延构件方向，即预应力筋总在截面的范围内，或置于截面混凝土内，或置于其表面；再者，从抵抗弯矩方面来讲，预应力筋对于截面中性轴的偏心距同预应力筋的面积成反比关系，偏心距越大，在同等预应力筋控制应力条件下，所需预应力筋面积越少，反之，偏心距越小，则所需预应力筋面积越多。

截面尺寸与预应力筋数量及位置之间的密切联系导致了设计上的复杂性。仅从理论上讲，在满足构件基本设计要求的前提下，可有多种方案。在设计实践中，考虑到工程的实际要求及提高设计速度，仅能采用有限个方案进行比较，这就需要设计者具备丰富的设计经验，可参考已有结构资料，依据自身理论知识拟定结构方案，进行截面预应力筋选择及布置，通过反复试算最终完成设计。常用截面形式和基本尺寸有：

（1）预应力混凝土空心板。如图 2-12-5a）所示。其挖空部分采用圆形、圆端形等截面，跨径较大的后张法空心板则作成薄壁箱形截面，仅在顶扳作成拱形。空心板的截面高度与跨度有关，一般取高跨比 $h/L=1/20\sim1/15$。板宽一般取 $1100\sim1400$mm，顶板和底扳的厚度均不宜小于 80mm。预应力混凝土空心板一般采用现场预制直线配筋的先张法生产，适用跨径为 $8\sim20$m；后张法预应力混凝土空心板的适用跨径为 $16\sim22$m；采用小箱梁形式时跨度可达 30m。

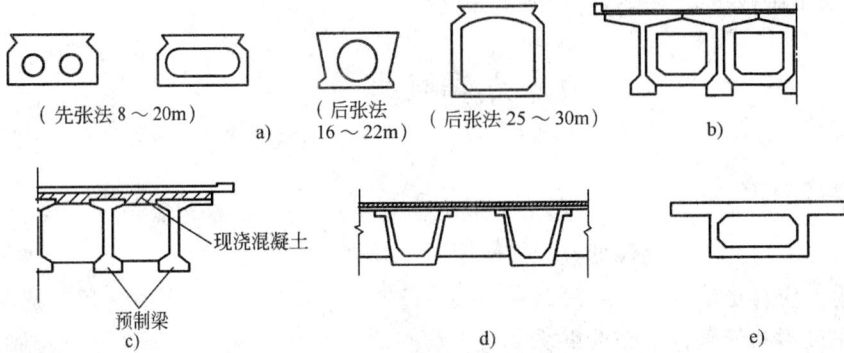

（先张法 8～20m）　　（后张法　（后张法 25～30m）
　　　　　　　　　　　　16～22m）
　　　　　a）　　　　　　　　　　　　　　　　　b）

现浇混凝土

预制梁

c）　　　　　　　　　　　d）　　　　　　　　　　e）

图 2-12-5　预应力混凝土简支梁桥常用截面形式

（2）预应力混凝土 T 形梁。如图 2-12-5b）所示。T 形梁是我国应用最多的预应力混凝土简支梁桥截面形式，为了满足布置钢丝束的要求，常将下缘加宽成马蹄形。预应力混凝土简支 T 梁桥的适用跨径为 $25\sim40$m。T 形梁的高跨比一般为 $h/L=1/25\sim1/15$。下缘加宽部分的尺寸，根据布置钢筋束的构造要求确定。T 形梁的腹板起连接上、下翼缘和承受剪力的作用，由于预应力混凝土梁中剪应力较小，故腹板无需太厚，一般取 $160\sim200$mm。下缘马蹄形加宽部分的高度应与钢筋束的弯起相配合。在支点附近区段，通常是全高加宽，以适用钢筋束弯起和梁端布置锚具、安放千斤顶的需要。T 形梁的上翼缘宽度一般取 $1600\sim2500$mm。对于主梁间距较大的情况，由于受构件起吊和运输设备的限制，通常在中间设置现浇段，将预制部分的上翼缘宽度限制在 1800mm 以下。上翼缘作为行车道板，其尺寸按计算要求确定，悬臂端的最小板厚不得小于 100mm，两腹板间的最小板厚不应小于 120mm。

（3）预应力混凝土工字梁现浇整体组合式截面梁。如图 2-12-5c）所示。这种梁是在预制工字梁安装定位后，再现浇横梁和桥面混凝土使截面整体化。其受力性能如同 T 形截面，但横向联系较 T 形梁好，构件吊装质量相对较好。特别是它能较好的适用于各种斜桥，平面布置较容易。

（4）预应力混凝土槽形截面梁。如图 2-12-5d）所示。槽形梁属于组合式截面，预制主梁采用开口槽形截面。槽形梁架设就位后，在横向铺设先张法预应力混凝土板或钢筋混凝土板，最后再浇筑混凝土铺装层，将全桥连接成整体。

槽形组合式截面具有抗扭刚度大，荷载横向分布均匀、承载力高、结构自重轻、节省钢材等优点，而且槽形截面运输及吊装的稳定性好。所以，近年来这种槽形组合式截面的桥梁的应用增多，适用跨度为 $16\sim30$m，高跨比一般为 $1/20\sim1/16$。

（5）预应力混凝土箱形截面梁。如图 2-12-5e）所示。箱形截面为闭口截面，其抗扭刚度比一般开口截面（例如 T 形截面）大得多，可使荷载横向分布更加均匀，跨越能力大，材料利用合理，结构自重轻。箱形截面梁在简支梁中采用不多，更多的是用于预应力混凝土连续梁、形刚构等大跨径桥梁中。

三、设计基本步骤

对于不同的结构，尽管其形式不同，但其基本的设计理念大致相仿，根据结构的受力体系，划分出不同的受力构件或单体，分析各单体的实用条件以确定设计原则，然后进行各单体的设计，通过各单体的组装与联系，最终完成整体结构的设计。

构件的跨度、材料（钢筋与混凝土）、外荷载、支撑条件（约束条件）、施工方法（预制或现浇）等条件，一般在方案拟定时已确定，设计的任务是针对上述各项条件去选用合理的截面形状、尺寸和配筋（预应力与非预应力筋）。接着进行截面计算，校核承载能力和正常使用状态是否满足设计要求。如不能满足，进行修改，往往要经过多次试算才能达到经济合理的要求，具体的设计计算大致分以下几个步骤：

（1）根据使用要求，参照已有设计和有关资料，初步拟定截面尺寸，或者根据强度要求，初步估算截面尺寸；

（2）根据结构可能出现的荷载组合，计算控制截面最大的设计内力；

（3）根据控制截面在承载能力极限状态下的极限内力和正常使用极限状态下的使用内力，估算预应力筋的数量，并进行合理的布置；

（4）计算截面几何特征；

（5）进行张拉控制应力、预应力损失、有效预加力计算；

（6）进行控制截面的正截面强度和斜截面强度计算；

（7）使用荷载阶段和施工阶段的应力验算；

（8）变形（挠度和反拱度）计算；

（9）梁端部局部承压与锚固区设计计算。

对于超静定结构，如连续梁等，存在预应力二次矩。特别是中小跨径结构，预应力二次矩比重较大，预加力对截面的效应受到的影响也较大，往往导致估算预应力筋数量偏差较大，所以需要多次试算与调整预应力筋面积和位置，以达到设计的基本要求。预应力混凝土构件设计的基本流程见图 2-12-6。

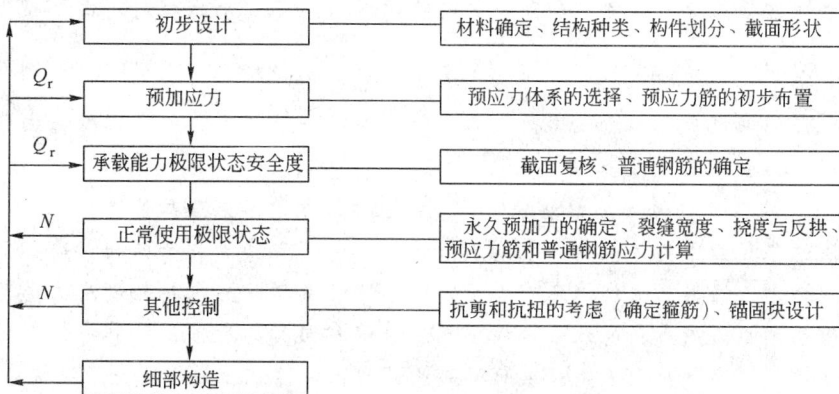

图 2-12-6　预应力混凝土构件设计流程

第十节 问题释义与算例

一、问题释义

1. 在预应力混凝土受弯构件承载力计算时，如何保证纵向受拉钢筋极限应变取值为 0.01 的控制条件？

在正截面承载力计算中，落实"纵向受拉钢筋极限拉应变取值为 0.01"的规定，可以通过规定混凝土最小受压区高度值的限制条件来实现，即 $\xi_{pu}h_0 \leqslant x \leqslant \xi_b h_0$，$\xi_{pu}$ 为混凝土压应变达到极限应变 ε_{cu}，纵向受拉钢筋应变达到极限值 0.01 时的混凝土受压区相对高度。对预应力混凝土构件，其极限拉应变应从混凝土消压时的钢筋应变 ε_{p0} 处开始计算。

对钢丝和钢绞线： $\xi_{pu} = \dfrac{\xi_{cu}}{\xi_{cu} + 0.002 + (0.01 - \sigma_{p0}/E_p)}$

对 C50 及以下混凝土取 $\varepsilon_{cu} = 0.0033$，$\beta = 0.8$，近似按 $\sigma_{p0} = 1000\text{MPa}$ 计算得 $\xi_{pu} = 0.2563$。

对精轧螺纹钢筋： $\xi_{pu} = \dfrac{\varepsilon_{cu}}{\varepsilon_{cu} + (0.01 - \sigma_{p0}/E_p)}$

对 C50 及以下混凝土取 $\varepsilon_{cu} = 0.0033$，$\beta = 0.8$，近似按 $\sigma_{p0} = 500\text{MPa}$ 计算得 $\xi_{pu} = 0.2444$。

ξ_b 为预应力混凝土相对界限受压区高度，可按表 2-12-4 取用。

预应力混凝土相对界限受压区高度 表 2-12-4

钢 筋 种 类 \ 混凝土强度等级（相对界限受压区高度）	ξ_b			
	C50 及以下	C60	C65、C70	C75、C80
钢绞线、钢丝	0.40	0.38	0.36	0.35
精轧螺纹钢筋	0.40	0.38	0.36	—

2. 后张法预应力混凝土构件弹性压缩损失的简化计算。

后张法预应力混凝土构件，当同一截面的预应力钢筋逐束张拉时，由混凝土弹性压缩引起的预应力损失，可按下列简化公式计算：$\sigma_{l4} = \dfrac{m-1}{2}\alpha_{EP}\sigma_{pc}$，$m$ 为预应力钢筋的张拉批数，每批钢筋的根数和预加力相同；σ_{pc} 为在计算截面一批钢筋截面重心处，由张拉全部钢筋产生的混凝土法向应力。

3. 为什么先张法构件预应力筋的张拉控制应力限制比后张法构件高？

后张法的张拉力由构件承受，在钢筋张拉的同时，混凝土即受挤压，当钢筋张拉完毕达到控制应力时，混凝土的弹性压缩已经完成，故仪表指示的张拉控制应力是已扣除混凝土弹性压缩后的钢筋应力。因此当张拉控制应力值相同时，后张法构件中钢筋的实际应力值比先张法构件的实际应力值高。故后张法构件的张拉控制应力值比先张法构件低。

4. 对钢筋混凝土构件施加预应力是否影响构件的承载能力？

当混凝土出现裂缝，在裂缝截面处，混凝土不再承受拉应力。加载至构件破坏，构件的承载能力取决于截面上所配置的钢筋的面积和强度。对于相同截面尺寸和相同材料强度等级的预应力混凝土与普通混凝土轴心受压构件，它们的正截面承载能力是相同的。

5. 在计算混凝土的预应力时，为什么先张法构件采用换算截面几何特征值，而后张法构件采用静截面几何特征值？

由于先张法构件在预压前（放松钢筋前）混凝土与预应力钢筋已产生粘结，在预压过程中预应力钢筋与混凝土同时发生压应变，共同承受预压力。因此，应将预应力钢筋换算成混凝土，采用换算截面几何特征来计算混凝土的预应力。此时，可将预应力钢筋的总拉力视为作用在换算截面上的轴心或偏心压力，按材料力学公式来计算混凝土的预压应力。

对于后张法构件，由于构件预压时，混凝土和预应力钢筋无粘结。在张拉（预压）过程中，仅由混凝土以及非预应力钢筋承受预压力。因此，对后张法构件采用静截面几何特征值计算混凝土的预应力。

6. 在预应力混凝土构件受拉构件中，配置非预应力钢筋 A_s 对构件的抗裂验算是有利因素还是不利因素？

在预应力混凝土轴心受拉构件中配置非预应力钢筋后，非预应力钢筋虽对混凝土的预压变形起约束作用，使混凝土的收缩、徐变减小，因而使预应力钢筋由于混凝土收缩、徐变产生的预应力损失得以降低，但是，当混凝土发生收缩、徐变时，由于非预应力筋的存在，阻碍了混凝土的收缩徐变的发展，使混凝土中产生拉应力，从而降低了构件的抗裂能力。研究表明，后者的不利影响较前者的有利影响大。上述影响在具体计算时就体现在从预应力钢筋的合力中要减去非预应力钢筋中产生的压力，而非预应力筋中的压力则按混凝土收缩徐变所引起的预应力损失值计算。

7. 在预应力混凝土轴心受拉构件的裂缝宽度计算中，为什么取钢筋应力 $\sigma_{ss}=\dfrac{N_s-N_{p0}}{A_p+A_s}$？

在钢筋混凝土构件的裂缝宽度计算公式中，σ_{ss} 表示在 N_s 作用下纵向受拉钢筋的应力，准确地说应该是从混凝土应力为零（$N=0$）到荷载为 N_s 时，纵向钢筋应力的增量。按照上述概念，对预应力混凝土构件，σ_{ss} 应该是从混凝土应力 $\sigma_{pc}=0$（相应的轴力为 σ_{p0}）到荷载为 N_s 时预应力钢筋应力的增量，即 $\sigma_{ss}=\dfrac{N_s-N_{p0}}{A_p+A_s}$。

8. 两个轴心受拉构件，设二者的截面尺寸、配筋及材料完全相同，一个施加了预应力，另一个没有，有人认为前者在施加外荷载以前钢筋中已有很大的拉应力，因此在受荷后其钢筋内必然先达到抗拉强度，试说明这种看法是否正确。

这种说法不正确。对预应力混凝土构件，当 $N=N_{cr}$，开裂后瞬间预应力钢筋的应力 $\sigma_p=\sigma_{p0}+\alpha_E f_{tk}+\dfrac{f_{tk}A_C}{A_p}=\sigma_{p0}+\dfrac{f_{tk}A_0}{A_p}=\dfrac{\sigma_{p0}A_p+N_{cr}-N_{p0}}{A_p}=\dfrac{N_{cr}}{A_p}$；对钢筋混凝土构件，当 $N=N_{cr}$，钢筋的应力 $\sigma_s=\dfrac{N_{cr}}{A_p}$。即开裂后，两种构件钢筋应力相同，故二者将同时达到钢筋的抗拉强度。

二、算例

[1] 已知安全等级为 II 级的 25m 预应力混凝土装配式 T 形梁，计算跨径为 24.16m。截面及配筋如图 2-12-7 所示。C50 混凝土；预应力钢筋采用 24ϕ5 消除应力光面钢丝，每束

面积为 $A=471\text{mm}^2$，$f_{pk}=1570\text{MPa}$，箍筋采用 R235 钢筋；跨中截面、支点截面及距支点为 1150mm 的变截面的内力见表 2-12-5；在变截面处，钢束 N1、N2 与水平轴夹角正弦值为 0.065，N3、N4 与水平轴夹角正弦值为 0.112；N5、N6 与水平轴夹角正弦值为 0.149 与 0.146。

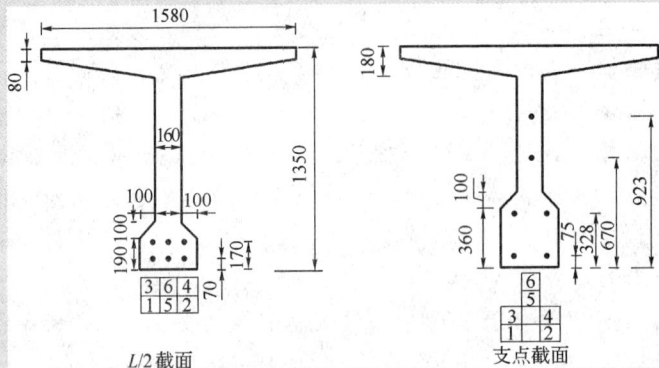

图 2-12-7 截面尺寸及配筋图（尺寸单位：mm）

截面内力标准值表　　　　　　　　　　　　　　　　　　　表 2-12-5

截面 荷载　内力值	跨　　中		变　截　面		支　点
	M_{max} (kN·m)	V (kN)	M^* (kN·m)	V_{max} (kN)	V_{max} (kN)
自重	916.7	0	188.3	134.8	151.3
恒载	317.2	0	74.4	58.9	68.9
汽车荷载	1307.3	85.9	291.1	213.8	225.8
合计	2541.2	85.9	553.8	407.5	446.0

注：表中 M^* 为相应预 V_{max} 的弯矩值。

求：（1）验算跨中正截面抗弯承载力。

（2）验算斜截面抗剪承载力。

解：（1）跨中正截面抗弯承载力验算

①计算内力：

$$M_d = 1.2M_{Gk} + 1.4M_{Qk} = 1.2 \times (916.7 + 317.2) + 1.4 \times 1307.3$$
$$= 3310.9\text{kN·m}$$

②计算受压翼缘计算宽度：

预应力钢筋合力点到截面底边的距离为 $a_{sp} = \dfrac{70+170}{2} = 120\text{mm}$，则：

$$h_0 = h - a_{sp} = 1350 - 120 = 1230\text{mm}$$

$$h'_f = \frac{80+180}{2} = 130\text{mm}$$

$$b'_f \leqslant \frac{L}{3} = \frac{24160}{3} = 8053\text{mm}$$

$$b'_f \leqslant b + 12h'_f = 160 + 12 \times 130 = 1720\text{mm}$$

$$b'_f \leqslant 1580$$

取三者中小值，则 $b'_f = 1580$。

③判断 T 形类型：

$$f_{cd}b'_f h'_f = 22.4 \times 1580 \times 130 \times 10^{-3} = 4600.96kN > f_{pd}A_p$$

$$= 1070 \times 6 \times 471 \times 10^{-3} = 3023.82kN$$

故中性轴在翼缘内，属于第一类 T 形截面梁。

$$x = \frac{f_{pd}A_p}{f_{cd}b'_f} = \frac{1070 \times 6 \times 471}{22.4 \times 1580}$$

$$= 85.4 < \xi_b h_0 = 0.4 \times 1230 = 492mm$$

④计算正截面抗弯承载力：

$$M_{du} = f_{cd}b'_f x\left(h_0 - \frac{x}{2}\right) = 22.4 \times 1580 \times 85.4 \times \left(1230 - \frac{85.4}{2}\right)/10^6$$

$$= 3588.6kN \cdot m > \gamma_0 M_d = 1.0 \times 3310.9kN \cdot m$$

计算结果表明，跨中截面的抗弯承载力满足要求。

（2）斜截面抗剪承载力验算（以变截面处为例）

①验算截面尺寸：

$$\gamma_0 V_d = \gamma_0(1.2V_{Gk} + 1.4V_{Qk})$$

$$= 1.0 \times [1.2 \times (58.9 + 134.8) + 1.4 \times 213.8] = 531.76$$

$$0.5 \times 10^{-3}\alpha_2 f_{td}bh_0 = 0.5 \times 10^{-3} \times 1.25 \times 1.83 \times 160 \times 1230$$

$$= 225.1kN < \gamma_0 V_d$$

$$0.51 \times 10^{-3}\sqrt{f_{cu,k}}bh_0 = 0.5 \times 10^{-3} \times \sqrt{50} \times 160 \times 1230$$

$$= 709.71 > \gamma_0 V_d$$

所以，截面尺寸满足要求，但应按计算设计配置箍筋和预应力弯起钢筋。

②斜截面抗剪承载力计算

斜截面抗剪承载力应满足 $\qquad \gamma_0 V_d \leqslant V_{cs} + V_{pb}$。

$$V_{cs} = \alpha_1\alpha_2\alpha_3 \times 0.45 \times 10^{-3}bh_0\sqrt{(2 + 0.6P)\sqrt{f_{cu,k}}\rho_{sv}f_{sd,v}}$$

$$V_{pb} = 0.75 \times 10^{-3}f_{pd}\sum A_{pd}\sin\theta_p$$

代入数值：

$$V_{cs} = 1 \times 1.25 \times 1.1 \times 0.45 \times 10^{-3} \times 160 \times 1230 \times$$

$$\sqrt{(2 + 0.6 \times 1.436)\sqrt{50} \times 0.0098 \times 195}$$

$$= 757.21kN$$

$$V_{pb} = 0.75 \times 10^{-3} \times 1070 \times (0.065 \times 2 \times 471 + 0.112 \times$$

$$2 \times 471 + 0.149 \times 471 + 0.146 \times 471)$$

$$= 245.31kN$$

$$V_{du} = V_{cs} + V_{pb} = 757.21 + 245.31 = 1002.52kN > \gamma_0 V_d = 531.76kN$$

故斜截面承载力满足要求。

其他验算截面可按此方法进行，均能满足要求，具体计算过程略。

[2] 已知：全预应力混凝土简支 T 形梁，截面及配筋如图 2-12-8 所示，计算跨径 $L=29.16\text{m}$，跨中截面承受结构自重产生的弯矩 $M_{Gk}=2029.8\text{kN}\cdot\text{m}$，汽车荷载弯矩 $M_{Q1k}=1178.2\text{kN}\cdot\text{m}$，人群荷载弯矩 $M_{Q2k}=177.4\text{kN}\cdot\text{m}$。C50 混凝土；后张法施工；传力锚固时预加力引起的弯矩 $M_p=2992.905\text{kN}\cdot\text{m}$，传力锚固时混凝土强度为设计强度的 80%，换算截面 $I_0=179184.15\times10^6\text{mm}^4$，净截面 $I_n=159222.25\times10^6\text{mm}^4$；车辆荷载内力已计入冲击 $1+\mu=1.19$。

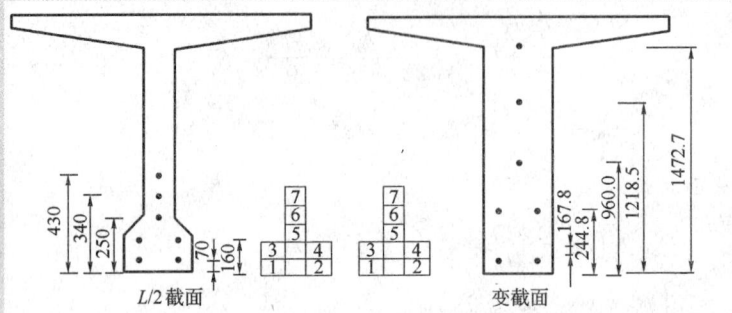

图 2-12-8　截面尺寸及配筋图（尺寸单位：mm）

求：（1）使用阶段的挠度值。

（2）判断是否需要设置预拱度。

解：（1）使用阶段的挠度计算

荷载短期效应组合：

$$M_s = M_{GK} + 0.7\frac{M_{Q1K}}{1+\mu} + M_{Q2K}$$

$$= 2029.8 + 0.7 \times \frac{1178.2}{1.119} + 177.4$$

$$= 2944.2\text{kN}\cdot\text{m}$$

跨中截面刚度：

$$B_0 = 0.95E_cI_0 = 0.95 \times 3.45 \times 10^{10} \times 179184.15 \times 10^{-6} = 0.5873 \times 10^{10}\text{mm}^4$$

荷载短期效应组合作用下的挠度值：

$$f_s = \frac{5}{48} \cdot \frac{M_sL^2}{B_0} = \frac{5}{48} \times \frac{2944.2 \times 29.6^2}{0.5873 \times 10^{10}} = 42.6\text{mm}$$

使用阶段挠度长期值：

$$f_1 = \eta_0 f_s = 1.425 \times 42.6 = 60.705\text{mm}$$

自重产生的挠度值：

$$f_s = \frac{5}{48} \cdot \frac{M_{GK}L^2}{B_0} = \frac{5}{48} \times \frac{2029.8 \times 29.6^2}{0.5873 \times 10^{10}} = 30.6\text{mm}$$

长期静活载挠度值：

$$\eta_0(f_s - f_G) = 1.425 \times (42.6 - 30.6) = 17.1\text{mm} < \frac{L}{600} = \frac{29160}{600} = 48.6\text{mm}$$

故使用阶段的挠度值满足要求。

(2) 预拱度设置计算

预加应力引起的跨中挠度由图乘法计算：

$$f_p = -\eta_\theta \frac{2\varpi_{M1/2}M_p}{B_0}$$

由于施加预应力时混凝土的强度为设计强度的 80%，故按 $0.8 \times 50 = 40$，即 C40 混凝土的弹性模量计算，并取净截面的刚度。

$$B_0 = E_c I_0 = 3.25 \times 10^{10} \times 159222.25 \times 10^{-6} = 5174.723 \times 10^6 \text{mm}^4$$

$$\varpi_{M1/2} = \frac{L^2}{16} = 53.1441 \text{m}^2$$

$$f_p = \eta_\theta \frac{2\varpi_{M1/2}M_p}{B_0} = -2 \times \frac{2 \times 53.1441 \times 2992.905 \times 10^3}{5174.723 \times 10^6}$$

$$= -122.9\text{mm} > \eta_\theta f_s = 60.705\text{mm}$$

所以，不用设置预拱度。

[3] 已知安全等级为 II 的后张法预应力简支 T 梁，端部锚具为四边形钢垫板，锚具压缩损失 $\sigma_{l2} = 84\text{MPa}$，每束高强钢丝面积 $A_p = 471\text{mm}^2$，$f_{pk} = 1670\text{MPa}$，每个锚具张拉时控制应力 $\sigma_{con} = 1252.5\text{MPa}$，垫板为 $150\text{mm} \times 150\text{mm}$ 的钢板，后 20mm，锚环直径为 110mm；C40 混凝土，间接钢筋由直径为 10mm 的 R235 钢筋焊成，网片间距 50mm，共 9 片。孔洞直径 50mm。锚头布置如图 2-12-9 所示。验算局部抗压抗裂性；验算局部承压承载力。

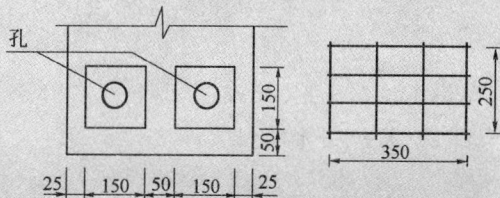

图 2-12-9 锚头布置（尺寸单位：mm）

解：(1) 验算局部抗压区的截面尺寸

根据公式 $\gamma_0 F_{ld} \leq 1.3\eta_s\beta f_{cd} A_{ln}$

$\eta_s = 1.0$；$f_{cd} = 22.4\text{MPa}$；$A_l = (110 + 2 \times 20 \times \tan45°)^2 = 22500\text{mm}^2$

$A_b = (110 + 2 \times 20 \times \tan45° + 25) \times (110 + 2 \times 20 \times \tan45° + 50) = 35000\text{mm}^2$

$$\beta = \sqrt{\frac{A_b}{A_l}} = \sqrt{\frac{35000}{22500}} = 1.25$$

$$A_{ln} = (110 + 2 \times 20 \times \tan45°)^2 - \frac{1}{4} \times \pi \times 50^2 = 20536.5\text{mm}^2$$

$$1.3\eta_s\beta f_{cd} A_{ln} = 1.3 \times 1.0 \times 1.25 \times 22.4 \times 20536.5 = 747.53\text{kN}$$

$$\gamma_0 F_{ld} = 1.0 \times 1.2 \times (\sigma_{con} - \sigma_{l2})A_p = 1.2 \times (1252.5 - 84) \times 471$$

$$= 660\text{kN} < 1.3\eta_s\beta f_{cd} A_{ln}$$

局部受压区的截面尺寸符合要求。

(2) 局部受压承载力验算

根据公式

$$\gamma_0 F_{ld} \leq 0.9 (\eta_s\beta f_{cd} + k\rho_v\beta_{cor}f_{sd}) A_{ln}$$

$$A_{cor} = 350 \times 250 = 87500 \text{mm}^2 > A_b = 35000 \text{mm}^2$$

$$\rho_v = \frac{n_1 A_{s1} l_1 + n_2 A_{s2} l_2}{A_{cor} s} = \frac{4 \times 50.3 \times 250 + 4 \times 50.3 \times 350}{87500 \times 50} = 0.028$$

$$\beta_{cor} = \sqrt{\frac{A_{cor}}{A_l}} = \sqrt{\frac{A_b}{A_l}} = \sqrt{\frac{35000}{22500}} = 1.25$$

$$0.9(\eta_s \beta f_{cd} + \kappa \rho_v \beta_{cor} f_{sd}) A_{ln}$$

$$= 0.9 \times (1.0 \times 1.25 \times 22.4 + 2 \times 0.028 \times 1.25 \times 195) \times 20536.5$$

$$= 769.81 \text{kN} > \gamma_0 F_{ld} = 660.4 \text{kN}$$

局部抗压承载力满足要求。

[4] 已知安全等级为 II 级的装配预应力混凝土简支 T 梁，截面尺寸及配筋如图2-12-10 所示，计算跨径为 29.14m。跨中截面承受计算弯矩 $M_d = 7600 \text{kN} \cdot \text{m}$；C50 混凝土；预应力钢筋采用 8 束 $24\Phi5$ 消除应力光面钢丝束，$A_p = 3768 \text{mm}^2$；$f_{pk} = 1670 \text{MPa}$。不计非预应力钢筋。验算跨中正截面抗弯承载力。

解：（1）确定翼缘计算宽度

$$b_f' \leqslant \frac{l}{3} = \frac{29140}{3} = 9713 \text{mm}$$

$$b_f' \leqslant b + 12 h_f' = 160 + 12 \times 110 = 1480 \text{mm}$$

$$b_f' \leqslant 2200 \text{mm}$$

取小值 $b_f' = 1480 \text{mm}$

（2）判断 T 形类型

$$a_p = \frac{100 \times 3 + 190 \times 3 + 280 + 370}{8} = 190 \text{mm}$$

$$f_{cd} b_f' h_f' = 22.4 \times 1480 \times 110$$

$$= 3646.72 \times 10^3 \text{N} < f_{pd} A_p$$

$$= 1140 \times 3768 = 4295.52 \times 10^3 \text{N}$$

第二类 T 形。

（3）跨中截面抗弯承载力验算

截面受压区高度：

$$x = \frac{1}{f_{cd} b} \left[f_{pd} A_p - f_{cd} (b_f' - b) h_f' \right]$$

$$= \frac{1}{22.4 \times 160} \times \left[1140 \times 3768 - 22.4 \times (1480 - 160) \times 110 \right]$$

$$= 291.00 \text{mm} < \xi_b h_0 = 0.4 \times 1910 = 764 \text{mm}$$

计算承载力：

$$M_{du} = f_{cd} b x \left(h_0 - \frac{x}{2} \right) + f_{cd} (b_f' - b) h_f' \left(h_0 - \frac{h_f'}{2} \right)$$

$$= 22.4 \times 160 \times 291.00 \times \left(1910 - \frac{291.00}{2} \right) + 22.4 \times (1480 - 160) \times 110 \times \left(1910 - \frac{110}{2} \right)$$

$$= 7873.63 \times 10^6 \text{N} \cdot \text{mm} = 7873.63 \text{kN} \cdot \text{m} > \gamma_0 M_d = 1.0 \times 7600 = 7600 \text{kN} \cdot \text{m}$$

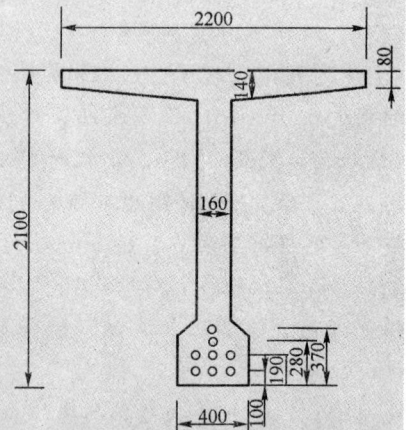

图 2-12-10　截面尺寸及配筋（尺寸单位：mm）

正截面抗弯承载力满足要求。

[5] 预应力混凝土简支空心预制板，采用 C40 混凝土，预应力钢筋采用 15 根直径为 12mm 的冷拉 IV 级钢筋，$\alpha_{EP}=6.15$；采用先张法施工，不计锚具变形损失，加热养护时，钢筋与台座之间温差为 20℃；一次张拉，$\sigma_{pc}=5.4$MPa；$\rho_{ps}=2.56$，$\rho=0.00355$；加载龄期为 3d，湿度为 75%，理论厚度为 164.27mm。计算控制应力和各项预应力损失。

解：（1）控制应力

$$\sigma_{con}=0.9f_{pk}=0.9\times700=630\text{MPa}$$

（2）预应力钢筋与管道壁之间的摩擦 $\sigma_{l1}=0$

（3）锚具变形、钢筋回缩和接缝压缩 $\sigma_{l2}=0$

（4）温差损失

$$\sigma_{l3}=2\Delta t=2\times20=40\text{MPa}$$

（5）混凝土的弹性压缩损失

$$\sigma_{l4}=\alpha_{EP}\sigma_{pc}=6.15\times5.4=33.21\text{MPa}$$

（6）预应力钢筋的应力松弛

$$\sigma_{l5}=0.05\sigma_{con}=0.05\times630=31.5\text{MPa}$$

（7）混凝土的收缩和徐变

查表得 $\varepsilon_{cs}(t,t_0)=0.274\times10^{-3}$；$\phi(t,t_0)=2.595$

$$\sigma_{l6}=\frac{0.9[E_p\varepsilon_{cs}(t,t_0)+\alpha_{EP}\sigma_{pc}\phi(t,t_0)]}{1+15\rho\rho_{ps}}$$

$$=\frac{0.9\times[2\times10^5\times0.274\times10^{-3}+6.15\times5.4\times2.595]}{1+15\times0.00355\times2.65}$$

$$=111.19\text{MPa}$$

第十一节　综合训练及参考答案

一、综合训练

1. 填空题

（1）减少因锚具变形和预应力钢筋回缩造成的预应力损失 σ_{l2} 的方法有：（　　）和（　　）。

（2）采用钢绞线作为预应力钢筋的预应力混凝土受弯构件，混凝土相对界限受压区高度 ξ_b 的计算公式为：（　　）。

（3）预应力混凝土结构的抗裂性验算包括（　　）和（　　）抗裂性验算两部分。

（4）《桥规》给出的局部承压计算公式是依据（　　）机理建立的。

（5）预应力混凝土受弯构件的变形由两部分组成：一部分是由（　　）产生的反拱度，另一部分是由（　　）产生的挠度。

（6）全预应力结构是在荷载效应组合作用下，控制截面受拉边缘混凝土不出现（　　）的结构。部分预应力结构是在荷载效应组合作用下，控制截面上受拉边缘混凝土允许出现（　　）但不超过规定的（　　）的结构称为部分预应力结构。

(7) 永存预应力是张拉控制应力（　　）的存余应力。

(8) 预应力度指（　　）与（　　）计算弯矩值的比值，$\lambda = \dfrac{M_0}{M_s}$。

(9) 消压弯距即使构件抗裂边缘预压应力抵消到（　　）时的弯矩值。

(10) 预应力混凝土结构是指结构在承受外（　　）以前，预先采用人为的方法在结构内部形成一种（　　），是结构在使用阶段产生拉应力的区域先受到（　　），从而推迟裂缝的出现，（　　）的展开，提高结构的刚度。

(11) 由于受（　　）、（　　）和（　　）等的影响，预应力筋在张拉时所具有的预应力将会有所（　　），这些减少的应力叫（　　）。

2. 问答题

(1) 预应力混凝土受弯构件斜截面承载力计算与普通钢筋混凝土有何不同？

(2) 桥梁预应力混凝土结构考虑哪几种预应力损失？如何组合？

(3) 预应力混凝土受弯构件的预应力钢筋数量如何确定？

(4) 后张法预应力筋布置有哪些要求？

(5) 桥梁预应力混凝土受弯构件常用截面形式有哪些种类？

(6) 为何张拉控制应力不宜过高？《桥规》对张拉控制应力的大小有何规定？

(7) 预应力混凝土受弯构件何时需要设置预拱度？

(8) 预应力混凝土结构采用曲线布筋有什么好处？

(9) 预应力混凝土结构设计计算的主要内容包括哪几方面？

(10) 预应力混凝土结构中，应力验算的内容包括哪几项？

3. 计算题

(1) 预应力混凝土 30m 的 T 形简支梁，计算跨径 29.16m。跨中截面如图 2-12-11 所示，承受 $\gamma_0 M_d = 4647.3 \text{kN} \cdot \text{m}$；采用 C40 混凝土，$\phi^P 5$ 消除应力光面钢丝。求：按截面承载力极限状态估算预应力钢筋的面积。

(2) 对算例 1 题进行构件的抗裂性验算。

(3) 全预应力混凝土简支空心板，计算跨径 $L = 9.7 \text{m}$，跨中截面承受结构自重产生的弯矩 $M_{G1k} = 85.7 \text{kN} \cdot \text{m}$，$M_{Q2k} = 125 \text{kN} \cdot \text{m}$；汽车荷载弯矩 $M_{Q1k} = 114.0 \text{kN} \cdot \text{m}$。先张法施工；C50 混凝土；预应力钢筋为 3 束 $4\phi^s 15.2$ 钢绞线，$A_p = 1668 \text{mm}^2$，传力锚固时预加力引起的弯矩 $M_p = 278.4 \text{kN} \cdot \text{m}$，传力锚固时混凝土强度为设计强度的 80%。换算截面 $I_0 = 21990.97 \times 10^6 \text{mm}^4$，$A_0 = 478400 \text{mm}^2$，$y_{x0} = 314 \text{mm}$，$e_{p0} = 274 \text{mm}$；预应力损失：$\sigma_I = 418 \text{MPa}$（没有计入 σ_{l4}），$\sigma_{III} = 209.2 \text{MPa}$；车辆荷载内力已计入冲击 $1 + \mu = 1.265$。进行挠度验算。

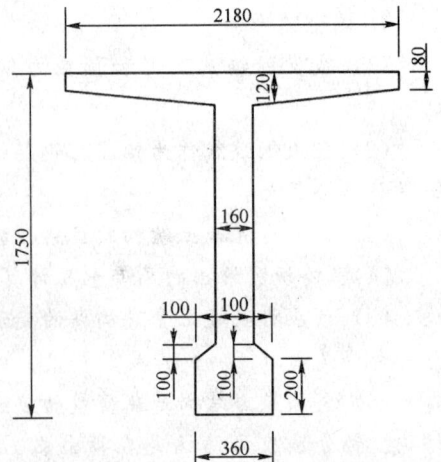

二、参考答案

1. 填空题

(1) 采用变形小的锚具、减少垫板数量采用长线法施工；

(2) $\xi_b = \dfrac{\varepsilon_{cu}}{\varepsilon_{cu} + 0.002 + (f_{pd} - \sigma_{p0}) / E_p}$；

图 2-12-11　跨中截面（尺寸单位：mm）

（3）正截面　斜截面；

（4）剪切破坏；

（5）预加力　荷载；

（6）拉应力　拉应力　限值；

（7）扣除全部预应力损失后；

（8）消压弯矩　短期效应组合；

（9）零；

（10）荷载　应力状态　压应力　限制裂缝；

（11）施工因素　材料性能　环境条件　降低　预应力损失。

2. 问答题

（1）答：预应力混凝土受弯构件斜截面承载力计算公式如下（未考虑普通弯起钢筋）：

$$\gamma_0 V_d \leqslant V_{cs} + V_{pd}$$

$$V_{cs} = \alpha_1 \alpha_2 \alpha_3 \times 0.45 \times 10^{-3} b h_0 \sqrt{(2 + 0.6P)\rho_{sv} f_{sd,v} \sqrt{f_{cu,k}}}$$

$$V_{pd} = 0.75 \times 10^{-3} f_{pd} \sum A_{pd} \sin\theta_p$$

α_2 为预应力提高系数，从上式可以看出，预应力混凝土受弯构件斜截面承载力计算考虑了预应力钢筋的影响。国内外的研究表明，预加应力可以提高梁的抗剪能力，这主要是由于轴向压力能阻滞斜裂缝的出现和开展，增加了混凝土剪压强度，从而提高了混凝土所承担的抗剪能力。预应力混凝土的斜裂缝长度比钢筋混凝土有所增长，也提高了斜裂缝内箍筋的抗剪能力。

（2）答：《桥规》规定，预应力混凝土构件在持久状态正常使用极限状态计算中，应考虑下列因素引起的预应力损失：预应力钢筋与管道壁之间的摩擦 σ_{l1}；锚具变形、钢筋回缩和接缝压缩 σ_{l2}；预应力钢筋与台座之间的温差 σ_{l3}；混凝土的弹性压缩 σ_{l4}；预应力钢筋的应力松弛 σ_{l5}；混凝土的收缩和徐变 σ_{l6}。

此外，尚应考虑预应力钢筋与锚圈之间的摩擦、台座弹性变形等因素引起的其他预应力损失。

所列各项预应力损失在不同的施工方法中所考虑的亦不相同。从损失完成的时间来看，有些损失出现在混凝土预压完成以前，有些损失出现在混凝土预压后；有些损失很快就完成，有些损失则需要延续很长时间。通常按损失完成的时间将其分为两批。

第一批损失。传力锚固时的损失，损失发生在混凝土预压过程完成以前，即预施应力阶段；

第二批损失。传力锚固后的损失，损失发生在混凝土预压过程完成以后的若干年内，即使用荷载作用阶段。

先张法及后张法预应力混凝土构件的各阶段预应力损失值按表 2-12-6 进行组合。

各阶段预应力损失值的组合　　　　　　　　表 2-12-6

预应力损失的组合	先　张　法	后　张　法
第一批预应力损失 σ_{lI}	$\sigma_{l2} + \sigma_{l3} + \sigma_{l4} + 0.5\sigma_{l5}$	$\sigma_{l1} + \sigma_{l2} + \sigma_{l4}$
第二批预应力损失 σ_{lII}	$0.5\sigma_{l5} + \sigma_{l6}$	$\sigma_{l5} + \sigma_{l6}$

（3）答：预应力混凝土梁钢筋数量估算的一般方法是，首先根据结构的使用性能要求（即正常使用极限状态正截面抗裂性或裂缝宽度限值）确定预应力钢筋的数量，然后再由构件的承载能力极限状态要求，确定普通钢筋的数量。即预应力混凝土梁钢筋数量估算的基本原则是根据结构使用性能要求确定预应力钢筋数量，极限承载力的不足部分由普通钢筋来补充。预应力钢筋数量估算可采用下列公式：

①全预应力混凝土：

$$N_{pe} \geqslant \frac{\dfrac{M_s}{W}}{0.85 \text{（或} 0.8\text{）} \left(\dfrac{1}{A} + \dfrac{e_p}{W}\right)}$$

②部分预应力混凝土 A 类构件：

$$N_{pe} \geqslant \frac{\dfrac{M_s}{W} - 0.75 f_{tk}}{\left(\dfrac{1}{A} + \dfrac{e_p}{W}\right)}$$

③部分预应力混凝土 B 类构件：

$$N_{pe} \geqslant \frac{\dfrac{M_s}{W} - [\sigma_{ct}^N]}{(0.85 \sim 0.90) \left(\dfrac{1}{A} + \dfrac{e_p}{W}\right)}$$

求得有效预加力后，所需预应力钢筋截面面积按下式计算，$A_p = \dfrac{N_{pe}}{\sigma_{con} - \sigma_1}$，$A$、$W$ 分别为构件截面面积和对截面受拉边缘的弹性抵抗矩，在设计时均可采用混凝土毛截面计算；e_p 为预应力钢筋重心对混凝土截面重心轴的偏心距，$e_p = y - a_p$，a_p 值可预先假定。M_s 为短期效应弯矩组合设计值；$[\sigma_{ct}^N]$ 为混凝土允许名义拉应力。根据容许裂缝宽度计入高度修正系数，见表 2-12-7；当构件的受拉区设有普通钢筋时，计算出的名义拉应力可以提高，其增量按普通钢筋配筋率计算，每增加 1‰，对先张法构件可提高 3MPa，对后张法构件可提高 4MPa。但经过修正和提高后的名义拉应力不得大于混凝土设计强度等级的 1/4。

混凝土名义拉应力构件高度修正系数 表 2-12-7

构件高度（mm）	≤200	400	600	800	≥1000
修正系数	1.1	1.0	0.9	0.8	0.7

（4）答：后张法主要采用曲线形布置方式，从跨中到支点，预应力钢筋必须从某一点开始以适当的形式弯起。预应力钢筋的弯起应综合考虑弯矩和剪力值沿梁长方向的变化，适应正截面抗弯和斜截面抗剪的受力要求，同时还要考虑结构构造的要求。

①结构抗弯对预应力筋线形的要求。对于后张法预应力构件，由于张拉操作有一定的自由度，预应力筋沿梁长方向的布置一般根据弯矩图按曲线形布置，同时也有利于提高结构的抗剪能力。钢束弯起的曲线可采用圆弧线、抛物线或悬链线三种形式。在矢跨比较小的情况下，这三种曲线的坐标值相差不大。但从施工角度来说，选择悬链线比较方便，但是悬链线弯起不急；从满足起弯角度来说，圆弧线比较好，施工放样也比较方便。预应力筋的形心线应位于束界内，以保证在施工阶段和使用阶段截面的上下边缘不出现拉应力。

②结构抗剪对预应力筋线形的要求。从理论上讲，预应力筋最佳的弯起角度为：

$$\theta_p = \arcsin[(V_G + 1/2V_Q)]/N_{pe}$$

但对于恒载较大的大跨径桥梁，按上式确定的弯起角度值显然过大，将使预应力钢筋的摩擦损失大大增加，所以一般只按抵消一部分恒载剪力来设计。预应力钢筋束的起弯点一般设在距支点 $L/4 \sim L/3$ 之间，弯起角度一般不宜大于20°。对于弯出梁顶锚固的钢筋束，弯起角度常在25°～30°之间。

③结构构造对预应力筋线形的影响。结构构造对预应力筋线形有着直接的影响。对于体内预应力来说，由于预应力筋直接布置在混凝土内，预应力筋的走向与结构的构造需要相互协调，以保证预应力筋全部位于混凝土体内。

④最小曲率半径对预应力筋线形的影响。《桥规》规定，后张法预应力混凝土构件的曲线形预应力钢筋，其曲线半径应符合下列规定：

a. 钢丝束中，钢绞线束的钢丝直径等于或小于5mm时，不宜小于4m；钢丝直径大于5mm时，不宜小于6m。

b. 精轧螺纹钢筋的直径等于或小于25mm时，不宜小于12m，直径大于25mm时，不宜小于15m。

(5) 答：桥梁预应力混凝土受弯构件常用截面形式和基本尺寸有：

①预应力混凝土空心板。其挖空部分采用圆形、圆端形等截面，跨径较大的后张法空心板则作成薄壁箱形截面，仅在顶板作成拱形。空心板的截面高度与跨度有关，一般取高跨比 $h/L = 1/20 \sim 1/15$。板宽一般取 1100～1400mm，顶板和底板的厚度均不宜小于80mm。预应力混凝土空心板一般采用现场预制直线配筋的先张法生产，适用跨径为8～20m；后张法预应力混凝土空心板的适用跨径为16～22m；采用小箱梁形式时跨度可达30m。

②预应力混凝土T形梁。T形梁是我国应用最多的预应力混凝土简支梁桥截面形式，为了满足布置钢丝束的要求，常将下缘加宽成马蹄形。预应力混凝土简支T梁桥的适用跨径为25～40m。T形梁的高跨比一般为 $h/L = 1/25 \sim 1/15$。下缘加宽部分的尺寸，根据布置钢筋束的构造要求确定。T形梁的腹板起连接上、下翼缘和承受剪力的作用，由于预应力混凝土梁中剪应力较小，故腹板无需太厚，一般取 160～200mm。下缘马蹄形加宽部分的高度应与钢筋束的弯起相配合。在支点附近区段，通常是全高加宽，以适用钢筋束弯起和梁端布置锚具、安放千斤顶的需要。T形梁的上翼缘宽度一般取 1600～2500mm。对于主梁间距较大的情况，由于受构件起吊和运输设备的限制，通常在中间设置现浇段，将预制部分的上翼缘宽度限制在1800mm以下。上翼缘作为行车道板，其尺寸按计算要求确定，悬臂端的最小板厚不得小于100mm，两腹板间的最小板厚不应小于120mm。

③预应力混凝土工字梁现浇整体组合式截面梁。这种梁是在预制工字梁安装定位后，再现浇横梁和桥面混凝土使截面整体化。其受力性能如同T形截面，但横向联系较T形梁好，构件吊装质量相对较好。特别是它能较好的适用于各种斜桥，平面布置较容易。

④预应力混凝土槽形截面梁。槽形梁属于组合式截面，预制主梁采用开口槽形截面。槽形梁架设就位后，在横向铺设先张法预应力混凝土板或钢筋混凝土板，最后再浇筑混凝土铺装层，将全桥连接成整体。

槽形组合式截面具有抗扭刚度大，荷载横向分布均匀、承载力高、结构自重轻、节省钢材等优点，而且槽形截面运输及吊装的稳定性好。所以，近年来这种槽形组合式截面的桥梁的应用增多，适用跨度为16～30m，高跨比一般为 1/20～1/16。

⑤预应力混凝土箱形截面梁。箱形截面为闭口截面，其抗扭刚度比一般开口截面（例如 T 形截面）大得多，可使荷载横向分布更加均匀，跨越能力大，材料利用合理，结构自重轻。箱形截面梁在简支梁中采用不多，更多的是用于预应力混凝土连续梁、形刚构等大跨径桥梁中。

（6）答：钢筋的张拉控制应力 σ_{con} 是指预应力钢筋锚固前，张拉千斤顶所指示的总拉力除以预应力钢筋截面面积所得的钢筋应力值。

从经济力上面来说，张拉控制应力愈高愈好，这样，在构件抗裂性相同的情况下，可以减少用钢量；在预应力筋数量相同的情况下，可使混凝土中的预压应力增大。但是，σ_{con} 值过高也将存在以下问题：

①可能引起钢丝束断丝。因为同一束中各根钢丝的应力不可能完全相同，其中少数钢丝的应力必然超过 σ_{con}，如果 σ_{con} 值本身定得过高，个别钢丝就可能断裂。另外，如果需要进行超张拉（即全束平均拉应力要比 σ_{con} 高 5%～10%），这种个别钢丝先被拉断的现象就可能更多一些。此外由于气温的降低，也可能使张拉后的预应力钢筋在与混凝土粘结之前突然断裂。

②σ_{con} 值愈高，钢筋的应力松弛也愈大。

③σ_{con} 值过高，预应力混凝土构件就没有足够的安全系数来防止混凝土的脆裂。因此，预应力钢筋的张拉控制应力不能定得过高，应留有适当的余地，一般宜在钢筋的比例极限之下。《桥规》规定，预应力混凝土构件预应力钢筋的张拉控制应力值 σ_{con} 应符合以下规定：

钢丝、钢绞线　　　　　　　　　　　$\sigma_{con} \leqslant 0.75 f_{pk}$

冷拉钢筋、精轧螺纹钢筋　　　　　　$\sigma_{con} \leqslant 0.90 f_{pk}$

f_{pk} 为预应力钢筋抗拉强度标准值。

当对构件进行超张拉或记入锚圈口摩阻损失时，钢筋中最大控制应力（千斤顶液压泵显示值）对于钢丝、钢绞线不超过 $0.8 f_{pk}$，对于精轧螺纹钢筋不超过 $0.95 f_{pk}$。

（7）答：为了保证结构在使用过程中不致产生过大的变形，应对使用荷载作用阶段梁的挠度值加以限制。《桥规》规定，预应力混凝土受弯构件在使用荷载作用阶段的长期挠度为（按荷载短期效应组合计算，乘以挠度长期增长系数），在消除结构自重产生的长期挠度后不应超过以下规定的限值：

梁式桥主梁的最大挠度处　　　　　　$L/600$

梁式桥主梁的悬臂端　　　　　　　　$L_1/300$

此处，L 为受弯构件的计算跨径，L_1 为悬臂长度。

预应力混凝土受弯构件的预拱度按下列规定设置：

①当预加力产生的长期反拱值大于按荷载短期效应组合计算的长期挠度时，可不设预拱度；

②当预加力产生的长期反拱值小于按荷载短期效应组合计算长期挠度时，应设置预拱度。预拱度值按该项荷载的挠度值与预加力的长期反拱值之差采用。预拱度的设置应按最大的预拱值沿顺桥向作成平滑的曲线。

（8）答：①保证构件无论是在施工阶段，还是在使用阶段，其任意面上、下缘混凝土的应力都不会超过规定的限值；

②使构件端部锚固点分散，有利于锚具的布置，改善锚固区的局部承压条件；

③构件端部范围逐步弯起的钢束将产生预剪力，从而可部分抵消支点附近由外荷载所生

的竖向剪力。

（9）答：截面形式的选择和尺寸的初步拟定；控制截面内力值的计算；钢筋数量的估算；主梁截面的几何特征值；预应力损失的计算；正截面和斜截面的承载力复核；进行持久状态使用荷载作用下的构件截面应力验算；短暂状态构件截面应力验算；正常使用极限状态下，进行裂缝和变形验算；锚固区局部承压计算。

（10）答：按持久状况：使用阶段正截面混凝土的法向压应力、受拉钢筋的拉应力和斜截面混凝土主压应力。

按短暂状况：计算在运输、制造和安装阶段，由预加力、结构自重及其他施工荷载引起的截面应力。

3. 计算题

（1）第一类 T 形截面；计算 $A_p = 2795 \text{mm}^2$

（2）提示：①截面几何尺寸计算；

②预应力损失计算；

③荷载短期效应组合下的应力计算；

④正截面抗裂、斜截面抗裂验算。

（3）①内力检验为全预应力混凝土；

②荷载短期效应组合 $M_s = 290.38 \text{kN} \cdot \text{m}$；

③使用阶段短期挠度 $f_s = 3.95 \text{mm}$；

④使用阶段长期挠度 $f_1 = 1.425 \times 3.95 = 5.63 \text{mm}$；

⑤自重产生的挠度 $f_G = 2.87 \text{mm}$；长期静活载挠度 $\eta_0 (f_s - f_G) = 1.54 \text{mm} \leqslant \dfrac{L}{600} = 16.2 \text{mm}$；

⑥预拱度计算，不必设置预拱度。

第十三章 其他预应力混凝土结构

本章重点

- 部分预应力混凝土结构的特点；
- 部分预应力混凝土结构承载力计算方法；
- 部分预应力混凝土结构裂缝宽度验算、挠度验算；
- 无粘结预应力混凝土结构特点。

本章难点

- 部分预应力混凝土结构承载力计算方法；
- 部分预应力混凝土结构裂缝宽度验算、挠度验算；

第一节 部分预应力混凝土结构的特点

一、部分预应力混凝土结构分类

部分预应力混凝土分为 A 类构件和 B 类构件两种情况。

A 类构件——在作用（或荷载）短期效应下，控制截面受拉边缘允许出现拉应力，但应控制拉应力不得超过某个允许值（对于这种情况，国际上习惯称为有限预应力混凝土）。

B 类构件——在作用（或荷载）短期效应下，允许出现裂缝，但对最大裂缝宽度加以限制。

二、部分预应力混凝土的特点

部分预应力混凝土的特点本章重点介绍 B 类。

（1）可合理控制裂缝与变形，节约钢材。因可根据结构件的不同使用要求、可变荷载的作用情况及环境条件等对裂缝和变形进行合理的控制，降低了预加应力值，从而减少了锚具的用量，适量降低了费用。

（2）可控制反拱值不致过大。由于预加应力值相对较小，构件的初始反拱值小，徐变变形亦减小。

（3）延性较好。在部分预应力混凝土构件中，通常配置非预应力钢筋，因而其正截面受弯的延性较好，有利于结构抗震，并可改善裂缝分布，减小裂缝宽度。

（4）与全预应力混凝土相比，可简化张拉、锚固等工艺，获得较好的综合经济效果。

（5）计算较为复杂。部分预应力混凝土构件需按开裂截面分析，计算较繁冗，又如部分预应力混凝土多层框架的内力分析中，除需计算由荷载及预应力作用引起的内力外，还需考虑构件在预加应力作用下的轴向压缩变形引起的内力。此外，在超静定结构中还需考虑预应力次弯矩和次剪力的影响，并需计算及配置非预应力筋。

第二节　部分预应力混凝土结构承载力计算方法

一、正截面承载力计算（见图 2-13-1）

部分预应力混凝土结构承载力计算方法同全预应力混凝土，但要考虑普通钢筋的作用。

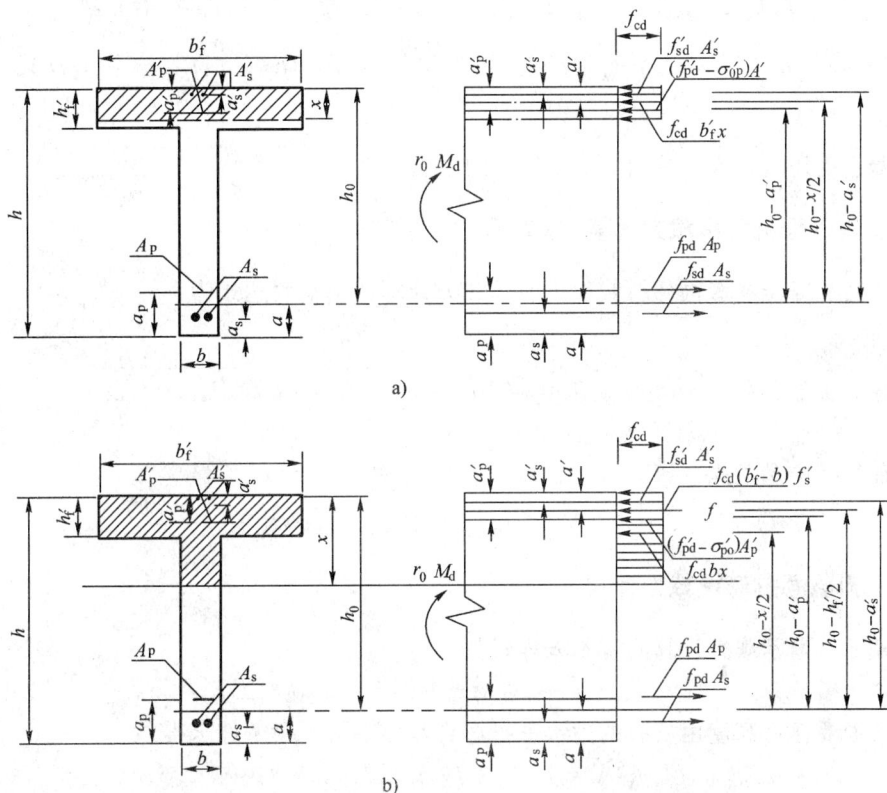

图 2-13-1　预应力混凝土 T 形截面受弯构件正截面承载力计算图式

a) $x \leqslant h'_f$;　b) $x > h'_f$

（1）当中性轴位于翼缘内，即 $x \leqslant h'_f$，混凝土受压区为矩形，应按宽度为 b'_f 的矩形截面计算。此时，应满足下列条件：

$$f_{pd}A_p + f_{sd}A_s \leqslant f_{cd}b'_f h'_f + f'_{sd}A'_s + (f'_{pd} - \sigma'_{p0})A'_p \qquad (2\text{-}13\text{-}1)$$

基本计算公式为：

$$f_{cd}b'_f x + f'_{sd}A'_s + (f'_{pd} - \sigma'_{p0})A'_p = f_{sd}A_s + f_{pd}A_p \qquad (2\text{-}13\text{-}2)$$

$$\gamma_0 M_d \leqslant f_{cd}b'_f x\left(h_0 - \frac{x}{2}\right) + f'_{sd}A'_s(h_0 - a'_s) + (f'_{pd} - \sigma'_{p0})A'_p(h_0 - a'_p) \qquad (2\text{-}13\text{-}3)$$

混凝土受压区高度 x 应符合下列条件：

$$x \leqslant \xi_b h_0 \text{ 和 } x \geqslant 2a' \qquad (2\text{-}13\text{-}4)$$

当 $x < 2a'$，受压区配有纵向普通钢筋和预应力钢筋，且预应力钢筋受压时，正截面受弯承载力按下列公式计算：

$$\gamma_0 M_d \leqslant f_{pd}A_p(h - a_p - a'_s) + f_{sd}A_s(h - a_s - a'_s) \qquad (2\text{-}13\text{-}5)$$

当 $x < 2a'_s$，受压区仅配有纵向普通钢筋或配有普通钢筋和预应力钢筋，且预应力钢筋受拉时，正截面受弯承载力按下列公式计算：

$$\gamma_0 M_d \leqslant f_{pd} A_p (h - a_p - a'_s) + f_{sd} A_s (h - a_s - a'_s) + (\sigma'_{p0} - f'_{sd}) A'_p (a'_p - a'_s)$$

$$(2\text{-}13\text{-}6)$$

（2）当中性轴位于腹板内，即 $x > h'_f$，此时，截面不符合式（2-13-1）的条件，其正截面承载力计算公式，由内力平衡条件求得。

$$f_{cd} b'_f x + f_{cd} (b'_f - b) h'_f + f'_{sd} A'_s + (f'_{pd} - \sigma'_{p0}) A'_p = f_{sd} A_s + f_{pd} A_p \qquad (2\text{-}13\text{-}7)$$

$$\gamma_0 M_d \leqslant f_{cd} bx \left(h_0 - \frac{x}{2} \right) + f_{cd} (b'_f - b) h'_f \left(h_0 - \frac{h'_f}{2} \right) + f'_{sd} A'_s (h_0 - a'_s) + (f'_{pd} - \sigma'_{p0}) A'_p (h_0 - a'_p)$$

$$(2\text{-}13\text{-}8)$$

混凝土受压区高度 x 应符合 $x \leqslant \xi_b h_0$ 的限制条件。

二、斜截面抗剪承载力计算

预应力混凝土受弯构件斜截面抗剪承载力计算的基本表达式为：

$$\gamma_0 V_d \leqslant V_{cs} + V_{pd} \qquad (2\text{-}13\text{-}9)$$

$$V_{cs} = \alpha_1 \alpha_2 \alpha_3 \times 0.45 \times 10^{-3} bh_0 \sqrt{(2 + 0.6P) \rho_{sv} f_{sd,v} \sqrt{f_{cu,k}}} \qquad (2\text{-}13\text{-}10)$$

$$V_{pd} = 0.75 \times 10^{-3} f_{pd} \sum A_{pd} \sin\theta_p \qquad (2\text{-}13\text{-}11)$$

截面尺寸应满足式（2-13-12）的要求：

$$\gamma_0 V_d \leqslant 0.51 \times 10^{-3} \sqrt{f_{cu,k}} bh_0 \qquad (2\text{-}13\text{-}12)$$

三、斜截面抗弯承载力计算

斜截面抗弯承载力计算的基本方程式为：

$$\gamma_0 M_d \leqslant f_{sd} A_s z_s + f_{pd} A_p z_p + \sum f_{pd} A_{pb} z_{pb} + \sum f_{sv} A_{sv} z_{sv} \qquad (2\text{-}13\text{-}13)$$

斜截面受压区高度由所有的力水平投影之和为零的平衡条件求得：

$$f_{cd} A_c = f_{sd} A_s + f_{pd} A_p + \sum f_{pd} A_{pb} \cos\theta_p \qquad (2\text{-}13\text{-}14)$$

预应力混凝土受弯构件斜截面抗弯承载力计算时，首先应确定最不利斜截面位置。一般是对受拉区抗弯薄弱处，自下而上沿斜向计算几个不同角度的斜截向，按下列条件确定最不利的斜截面位置。

$$\gamma_0 V_d = \sum f_{sv} A_{sv} + \sum f_{pd} A_{pb} \sin\theta_p + \sum f_{sd} A_{sd} \sin\theta_s \qquad (2\text{-}13\text{-}15)$$

第三节 部分预应力混凝土结构裂缝宽度验算、挠度验算

一、裂缝宽度验算

部分预应力混凝土 B 类构件在荷载短期效应作用下的裂缝宽度：

$$W_f = C_1 C_2 C_3 \frac{\sigma_{ss}}{E_s} \left(\frac{30 + d}{0.28 + 10\rho} \right) \qquad (2\text{-}13\text{-}16)$$

式中：σ_{ss}——由作用（或荷载）短期效应组合引起的开裂截面纵向受拉钢筋的应力；

$$\sigma_{ss} = \frac{M_s - N_{p0}(z - d_{p0}) \pm M_{p2}}{(A_p + A_s) z} \qquad (2\text{-}13\text{-}17)$$

$$z = \left[0.87 - 0.12\left(1 - \gamma_{\mathrm{f}}^{1}\right)\left(\frac{h_0}{e}\right)^2\right]h_0$$

$$e = d_{p0} + \frac{M_s \pm M_{p2}}{N_{p0}}$$

N_{p0}——消压状态的虚拟荷载（混凝土法向预应力为零时预应力钢筋和普通钢筋的合力）。

二、挠度验算

预应力混凝土 A 类构件同全预应力混凝土，允许开裂的部分预应力混凝土 B 类构件简支梁，使用截断挠度计算公式为：

$$f_s = \frac{5}{48}\left(\frac{M_{cr}L^2}{B_0} + \frac{M_s - M_{cr}}{B_{cr}}L^2\right)(\downarrow) \tag{2-13-18}$$

式中：B_0——全截面抗弯刚度，$B_0 = 0.95E_c I_0$；

B_{cr}——开裂截面抗弯刚度，$B_{cr} = E_c I_{cr}$；

I_0——全截面换算截面惯性距；

I_{cr}——开裂截面换算截面惯性距，按应力验算所求值取用；

M_{cr}——开裂弯矩，$M_{cr} = (\sigma_{pc} + \gamma f_{tk})W_0$；

γ——构件受拉区混凝土塑性影响系数，$\gamma = 2S_0/W$；

S_0——全截面换算截面重心轴以上（或以下）部分面积对其重心轴的面积矩；

W_0——全截面换算截面受拉边缘的弹性抵抗矩；

f_{tk}——混凝土抗拉强度标准值；

σ_{pc}——相应于 N_{p0} 作用时构件抗裂验算边缘混凝土的预压应力。

第四节 无粘结预应力混凝土结构特点，正截面承载力计算方法

一、无粘结预应力混凝土结构特点

无粘结预应力混凝土是指预应力钢筋与其相邻的混凝土没有任何粘结强度，在荷载作用下，预应力钢筋与相邻的混凝土各自变形。

无粘结部分预应力混凝土是继有粘结预应力混凝土和部分预应力混凝土之后又一种新的预应力形式。无粘结预应力混凝土及其结构有如下优点：

（1）结构自重轻。后张无粘结预应力混凝土结构不需要预留孔道，可以减小构件的尺寸，减轻自重，有利于减小下部支承结构的荷载和降低造价。

（2）施工简便、速度快。施工时，无粘结预应力筋同非预应力筋一样，按设计要求铺设在模板内，然后浇筑混凝土，待混凝土达到一定强度后进行张拉、锚固、封堵端部。它无需预埋孔道、穿筋、灌浆等复杂工序，简化了施工工艺，加快了施工进度。同时，构件可以预制也可以现浇，特别适用于构造比较复杂的曲线布筋构件和运输不便、施工场地狭小的建筑。

（3）抗腐蚀能力强。涂有防腐油脂外包塑料套管的无粘结预应力筋束，具有双重防腐能力，可以避免预埋孔道穿筋的后张预应力构件因压浆不密实而发生预应力筋锈蚀以致断丝。

（4）使用性能良好。在使用荷载作用下，容易使应力状态满足要求，挠度和裂缝得到控制。通过采用无粘结预应力筋束和普通钢筋的混合配筋，在满足极限承载能力的同时，可以

避免较大集中裂缝的出现，使之具有有粘结部分预应力混凝土相似的力学性能。

（5）防火性能满足要求。

（6）抗震性能好。在地震荷载作用下，无粘结预应力混凝土结构，当承受大幅度位移时，无粘结预应力筋一般始终处于受拉状态，不像有粘结预应力筋可能由受拉转为受压。无粘结预应力筋承受的应力变化幅度较小，可将局部变形均匀地分布到钢筋全长上，使无粘结筋的应力保持在弹性阶段，并且部分预应力构件中配置的非预应力普通钢筋，使结构的能量消散能力得到保证，并仍保持良好的挠度恢复性能。

（7）应用广泛。无粘结预应力混凝土常用于多层和高层建筑中的单向板、双向连续平板和密肋板，以及井字梁、悬臂梁、框架梁、扁梁等结构。也适用于桥梁结构中的简支板（梁）、连续梁、预应力拱桥、桥梁厂部结构、灌注桩的墩台等，亦可应用于旧桥加固工程中。

但是无粘结结构也有一定的缺点，主要表现在三个方面：

（1）极限强度小。由于无粘结筋与混凝土之间存在着滑动，其应变是沿钢筋全长分配，所以结构的最大弯矩（或开裂截面）处预应力筋的实际应变只是平均应变。这就造成在极限荷载作用下的无粘结预应力筋的实际应力远远小于相应的有粘结筋的实际应力。所以无粘结预应力混凝土结构的极限抗弯强度要大大低于相应的有粘结预应力混凝土结构。

（2）裂缝宽、挠度发展快。由于预应力筋与混凝土无粘结，无粘结预应力混凝土结构在开裂荷载作用下，混凝土构件具有裂缝条数少、缝宽、开裂集中以及裂缝和挠度发展快等不利特性，这就导致混凝土应变集中，最后造成结构的过早破坏。

（3）连续破坏问题。对于连续多跨的单向无粘结预应力混凝土结构（板或梁），当其中某一跨由于某种原因而造成预应力筋失效时，势必将影响其他跨的预应力，使连续结构丧失部分或全部的承载能力。

二、正截面承载力计算方法

无粘结预应力混凝土梁与有粘结部分预应力混凝土梁强度计算的根本区别在于计算截面中无粘结筋的变形不符合平面假定。只要我们用理论分析公式或经验公式求出构件无粘结筋的极限应力，截面的强度计算便可根据截面内普通钢筋与混凝土变形协调的特点按静力平衡原理进行计算。

因此，参照有粘结预应力混凝土受弯构件正截面承载能力计算的基本公式及其公式的限制条件及其他有关公式，将这些公式中 f_{py} 的改为有粘结预应力筋的极限应力，即可建立无粘结预应力混凝土受弯构件正截面承载能力计算公式。

第五节　问题释义与算例

一、问题释义

1. 部分预应力混凝土结构的发展。

部分预应力混凝土结构的想法出现在法国工程师 E·Freyssinet 对全预应力混凝土结构理论做出关键性突破不久。1939 年，奥地利的 V·Emperger 就提出了引进少量的非预应力钢筋以改善裂缝和挠度性能的部分预应力的概念。而后，英国的 P·W·Abeles 又进一步提出，在全部使用荷载下允许混凝土出现拉应力，甚至出现裂缝的更为具体的部分预应力概念。

但是，部分预应力混凝土的发展，开始是十分缓慢的，真正被重视并得以发展还是近30年的事情。过去把全预应力混凝土和钢筋混凝土，作为两种截然不同的材料处理、两者之间不存在什么过渡。然而，在预应力混凝土结构的长期使用过程中，经过不断的研究结果表明，部分预应力混凝土结构的工作性能是完全满足要求的。

1970年的CEB-FIP布拉格国际会议，进一步对预应力混凝土和钢筋混凝土之间的整个范围进行了预应力分级，从而确立了部分预应力混凝土结构在配筋混凝土结构中的地位。

我国对部分预应力混凝土结构的应用和研究十分重视，在工业与民用建筑、公路桥梁上已广泛使用部分预应力混凝土构件，并已经制定出相应的设计和施工规范。

2. B类预应力混凝土构件配筋特点。

配筋为以应用普通钢筋来代替一部分预应力高强钢筋的方式最为常见。采用预应力高强钢筋与非预应力钢筋的混合配筋方式，既具有两种配筋的优点，又基本排除两者的缺点。构件中的预应力钢筋可以平衡一部分荷载，提高构件的抗裂度，减小挠度，并提供部分或大部分的承载力；非预应力钢筋可以分散裂缝，提高承载力和破坏时的延性，以及加强构件中难以配置预应力钢筋的那些部分。非预应力钢筋的作用为：协助受力，承受意外荷载，改善梁的正常使用性能和增加梁的承载力。

3. B类预应力混凝土构件正截面计算特点。

允许开裂的B类预应力混凝土受弯构件与全预应力混凝土及A类预应力混凝土受弯构件在使用阶段的计算不同点在于截面可以开裂。开裂截面的中性轴位置和有效截面的几何特性，不仅取决于材料与截面尺寸，而且还取决于轴向力（预加力）与作用（荷载）的大小和位置、预应力钢筋和非预应力钢筋数量的多少。梁开裂后仍然具有一个良好的弹性工作性能阶段，即开裂弹性阶段。因此部分预应力混凝土梁开裂后使用阶段的应力计算可以采用弹性分析方法。

4. 预应力度的表达形式有哪几种？

（1）按弯矩比计算的表达形式

$$\lambda = \frac{M_0}{M_s}$$

式中：M_0——消压弯矩，即使构件抗裂边缘预压应力抵消到零时的弯矩值；

M_s——按作用（或荷载）短期效应组合计算的弯矩值。

（2）按应力比计算的表达形式

$$\lambda = K_{f0} = \frac{\sigma_{pc}}{\sigma_{st}}$$

式中：σ_{pc}——消压应力，即为扣除全部预应力损失后的预加力在构件抗裂边缘产生的预压应力；

σ_{st}——由作用短期效应组合产生的构件抗裂边缘的法向拉应力。

将上式上下同乘以截面抗力矩 W_0 即得与（1）形式同的表达式，即 $\lambda = \frac{\sigma_{pc}}{\sigma_{st}} \cdot \frac{W_0}{W_0} = \frac{M_0}{M_s}$。

以上两种表达形式虽相近，但含义上却有所区别。且方法（1）对轴心受拉构件不适用，需要方法（2）来补充。

（3）采用部分预应力比计算的表达形式

$$PPR = \frac{(M_u)_p}{(M_u)_{p+s}} = \frac{A \cdot f_{pd}(h_0 - a_p)}{A \cdot f_{pd}(h_0 - a_p) + A_s \cdot f_{sd}(h_0 - a_s)}$$

此法是用预应力钢筋与所有钢筋（预应力钢筋和普通钢筋）提供的抗力矩的比值来表达。

（4）按预应力指标计算的表达形式

$$i_p = \frac{A_p f_{pd}}{A_p f_{pd} + A_s f_{sd}}$$

此法表达形式又称为预应力的力学度，是预应力钢筋的屈服拉力与所有钢筋（预应力钢筋和普通钢筋）的屈服拉力的比。

（5）荷载平衡法的表达形式

$$K = \frac{S_p}{S_p + S_g} = \frac{预应力产生的作用效应}{可变荷载产生的作用效应 + 永久荷载产生的作用效应}$$

二、算例

混凝土简支 T 梁，跨径 25m，跨中截面尺寸如图 2-13-2 所示，承受结构自重弯矩 $M_{G1K} = 916.7kN \cdot m$，II 期恒荷载产生的弯矩 $M_{G2K} = 317.2kN \cdot m$，汽车荷载产生的弯矩 $M_{Q1K} = 386.7kN \cdot m$。采用 C40 混凝土，配置非预应力钢筋 6 根直径为 25mm 的 HRB335 级钢筋，$A_s = 2945mm^2$，$a_s = 53.7mm$；配置预应力钢筋为 4 束 18ϕ5 的钢丝，$A_p = 1413.36mm^2$，$a_p = 137.5mm$。为 B 类部分预应力混凝土构件。$a_{sp} = 107.9mm$；$A_n = 4.55942 \times 10^5 mm^2$；$A_0 = 4.71279 \times 10^5 mm^2$；$I_n = 1.055187 \times 10^{11} mm^4$；截面重心到下边缘距离：$y_{nx} = 815.0mm$；所有的预应力损失 $\sigma_l = 213.67MPa$，其中 $\sigma_{l6} = 53.47MPa$（冲击系数 $1 + \eta = 1.153$）。验算在结构自重作用下的裂缝和在使用荷载作用下的裂缝。

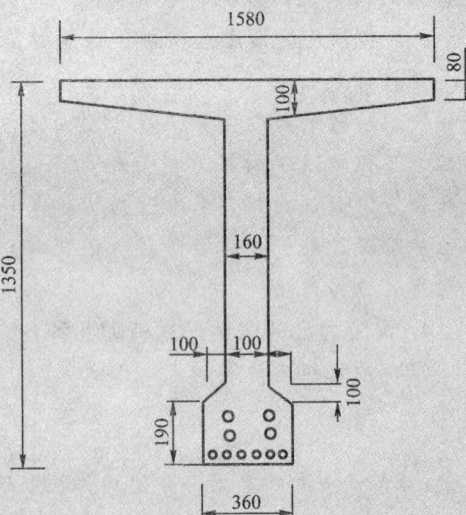

图 2-13-2　截面尺寸与配筋（尺寸单位：mm）

解：（1）结构在自重作用下的裂缝验算

结构在自重下的验算截面下边缘混凝土的法向应力：

$$\sigma_{G1t} = \frac{M_{G1K}}{I_n} y_{nx} = \frac{916.7 \times 10^6}{1.055187 \times 10^{11}} \times 851.0 = 7.39MPa$$

混凝土的预压应力：

预应力钢丝的控制应力

$$\sigma_{con} = 0.75 f_{tk} = 0.75 \times 1570 = 1177.5MPa$$

$$N_p = \sigma_{pc} A_p - \sigma_{l6} A_s = (\sigma_{con} - \sigma_l) A_p - \sigma_6 A_s = (1177.5 - 213.67) \times 1413.36 - 53.47 \times 2945$$

$$= 1204.77 \times 10^3 N$$

$$e_{pn} = \frac{\sigma_{pe} A_p (y_{nx} - a_p) - \sigma_{l6} A_s (y_{nx} - a_s)}{\sigma_{pe} A_p - \sigma_{l6} A_s}$$

$$= \frac{963.83 \times 1413.36 \times (851.0 - 137.5) - 53.47 \times 2945 \times (851.0 - 53.7)}{963.83 \times 1413.36 - 53.47 \times 2945} = 702.5mm$$

$$\sigma_{pc} = \frac{N_p}{A_n} + \frac{N_p e_{pn}}{I_n} y_{nx} = \frac{1204.77 \times 10^3}{4.55942 \times 10^5} + \frac{1204.77 \times 10^3 \times 702.5}{1.055187 \times 10^{11}} \times 851.0 = 9.47MPa$$

$$\sigma_{G1l} - \sigma_{pc} = 7.39 - 9.47 = -2.08MPa < 0$$

在结构自重作用下不消压。

(2) 结构在使用荷载下的裂缝验算

① 荷载效应组合：

$$M_L = M_{G1K} + 0.4 \frac{M_{Q1K}}{1 + \eta} = 916.7 + 0.4 \times \frac{836.7}{1.153} = 1524.17kN \cdot m$$

$$M_s = M_{G1K} + M_{G2K} + 0.7 \frac{M_{Q1K}}{1 + \eta} = 916.7 + 317.2 + 0.7 \times \frac{836.7}{1.153} = 1741.87kN \cdot m$$

② 参数计算：

$$C_1 = 1.0; \quad C_3 = 1.0$$

$$C_2 = 1 + 0.5 \frac{M_L}{M_s} = 1 + 0.5 \times \frac{1524.17}{1741.87} = 1.438$$

③ 等效直径的计算。

$18\phi 5$ 钢丝束的公称直径近似取 $\sqrt{18 \times 5} = 21.21mm$，4 束 $18\phi 5$ 预应力钢丝与 6 根直径 25mm 的钢筋的等效直径为：

$$d = d_e = \frac{\sum n_i d_i^2}{\sum n_i d_i} = \frac{4 \times 21.21^2 + 6 \times 25^2}{4 \times 21.21 + 6 \times 25} = 28.27mm$$

④ 配筋率：

$$\rho = (A_p + A_s) / [bh_0 + (b_f - b) h_f]$$

$$= (1413.36 + 2945) / [160 \times 1242.1 + (360 - 160) \times 240]$$

$$= 0.01766$$

⑤ 计算荷载短期效应组合引起的开裂截面纵向受拉钢筋应力。

预应力钢丝及普通钢筋的合力作用下，预应力钢丝重心处混凝土压应力：

$$\sigma_c = \frac{N_p}{A_n} + \frac{N_p e_{pn}}{I_n} (y_{nx} - a_p)$$

$$= \frac{1204.77 \times 10^3}{4.55924 \times 10^5} + \frac{1204.77 \times 10^3 \times 702.5}{1.055187 \times 10^{11}} \times$$

$$(851.0 - 137.5) = 8.365MPa$$

消压状态下的虚拟荷载：

$$N_{p0} = \sigma_{p0} A_p - \sigma_{l6} A_s = (\sigma_{con} - \sigma_l - \alpha_{Ep} \sigma_c) A_p - \sigma_{l6} A_s$$

$$= (1177.5 - 213.67 - \frac{2.05 \times 10^5}{3.25 \times 10^4} \times 8.365) \times 1413.36 - 53.47 \times 2945$$

$$= 1279.338 \times 10^3 N$$

N_{p0} 为作用点到净截面重心的距离。

$$e_{p0n} = \frac{\sigma_{p0}A_p e_{pn} - \sigma_{l6}A_s e_{sn}}{\sigma_{p0}A_p - \sigma_{l6}A_s}$$

$$= \frac{\left(1177.5 - 213.67 - \dfrac{2.05 \times 10^5}{3.25 \times 10^4} \times 8.365\right) \times 1413.36 \times 702.7 - 53.47 \times 2945 \times (851.0 - 53.7)}{\left(1177.5 - 213.67 - \dfrac{2.05 \times 10^5}{3.25 \times 10^4} \times 8.365\right) \times 1413.36 + 53.47 \times 2945}$$

$$= 703.2\text{mm}$$

$$d_{e0} = y_{nx} - a_{sp} - e_{p0n} = 851.0 - 107.9 - 703.2 = 39.9\text{mm}$$

$$e = d_{e0} + \frac{M_s \pm M_{p2}}{N_{p0}} = 39.9 + \frac{1741.87 \times 10^6 \pm 0}{1279.338 \times 10^3} = 1401.4\text{mm}$$

$$\gamma'_f = (b'_f - b)h'_f / bh_0 = (1600 - 160) \times 130 / 160 \times 1242.1 = 0.942$$

$$z = \left[0.87 - 0.12(1 - \gamma'_f)\left(\frac{h_0}{e}\right)^2\right]h_0 = \left[0.87 - 0.12 \times (1 - 0.942) \times \left(\frac{1242.1}{1401.4}\right)^2\right] \times 1242.1$$

$$= 1073.8\text{mm}$$

$$\sigma_{ss} = \frac{M_s - N_{p0}(z - d_{e0}) \pm M_{p2}}{(A_p + A_s)z}$$

$$= \frac{1741.87 \times 10^6 - 1279.338 \times 10^3 \times (1073.8 - 39.9) \pm 0}{(1413.36 + 2945) \times 1073.8} = 89.56\text{MPa}$$

⑥裂缝宽度的计算：

$$W_f = C_1 C_2 C_3 \frac{\sigma_{ss}}{E_s}\left(\frac{30 + d}{0.28 + 10\rho}\right)$$

$$= 1.0 \times 1.438 \times 1.0 \times \frac{89.56}{2.05 \times 10^5} \times \left(\frac{30 + 28.27}{0.28 + 10 \times 0.01766}\right) = 0.08\text{mm} < 0.1\text{mm}$$

满足要求。

第六节　综合训练及参考答案

一、综合训练

1. 填空题

(1) 部分预应力混凝土构件分为（　　）构件和（　　）构件两种情况。

(2) 无粘结预应力混凝土截面的强度计算可根据截面内（　　）与（　　）变形协调的特点按静力平衡原理进行计算。

(3) 部分预应力混凝土构件，由于配置了（　　）钢筋，提高了结构的（　　）和反复荷载下结构的（　　）能力，这对结构抗震极为有力。

(4) 为了计算的需要，在部分预应力混凝土设计时，建立了一个（　　）状态，即构件的正截面上混凝土个点的（　　）为零。

(5) 纯无粘结预应力混凝土梁，是指受力主筋全部采用（　　）钢筋；无粘结预应力混凝土梁，是指受力主筋采用（　　）与适当数量（　　）的混合配筋梁。

(6) 影响无粘结预应力钢筋的极限应力值的因素有（　　）、（　　）、（　　）和（　　）等。

（7）有粘结预应力结构是指沿预应力钢筋全长，其周围均与混凝土（　　　）、（　　　）在一起的预应力混凝土结构。无粘结预应力结构是指预应力钢筋（　　　）、（　　　），不与周围混凝土（　　　）的预应力混凝土结构。

2. 问答题

（1）部分预应力混凝土有何特点？

（2）实现部分预应力，可以实行的方法有哪些？

（3）B 类预应力构件在使用阶段正截面的强度分析可以分为哪几个过程？

（4）部分预应力混凝土受弯构件的构造要求怎样？

（5）预应力混凝土从张拉钢筋到受荷破坏可分为哪几个阶段？

3. 计算题

混凝土简支 T 梁，计算跨径 24.3m，跨中截面尺寸如图 2-13-2 所示，承受结构自重弯矩 $M_{GK}=1233.9\text{kN}\cdot\text{m}$，汽车荷载产生的弯矩 $M_{Q1K}=836.7\text{kN}\cdot\text{m}$。采用 C40 混凝土，配置非预应力钢筋 6 根直径为 25mm 的 HRB335 级钢筋，$A_s=2945\text{mm}^2$，$a_s=53.7\text{mm}$；配置预应力钢筋为 4 束 18ϕ^P5 的钢丝，$A_p=1413.36\text{mm}^2$，$a_p=137.5\text{mm}$。为 B 类部分预应力混凝土构件。$a_{sp}=107.9\text{mm}$；$A_n=4.55942\times10^5\text{mm}^2$；$A_0=4.71279\times10^5\text{mm}^2$；$I_n=1.055187\times10^{11}\text{mm}^4$；截面重心到下边缘距离：$y_{nx}=815.0\text{mm}$；所有的预应力损失 $\sigma_l=213.67\text{MPa}$，其中 $\sigma_{l6}=53.47\text{MPa}$；（冲击系数 $1+\eta=1.153$）。试验算挠度。

二、参考答案

1. 填空题

（1）A 类　　B 类

（2）普通钢筋　　混凝土

（3）非预应力　　延性　　能量耗散

（4）全消压　　应力

（5）无粘结预应力　　无粘结预应力　　非预应力钢筋

（6）无粘结筋的有效应力　　综合配筋指标　　构件的高跨比　　加载条件

（7）粘结　　握裹　　伸缩　　滑动自由　　粘结

2. 问答题

（1）答：①可合理控制裂缝与变形，节约钢材。因可根据结构件的不同使用要求、可变荷载的作用情况及环境条件等对裂缝和变形进行合理的控制，降低了预加应力值，从而减少了锚具的用量，适量降低了费用。

②可控制反拱值不致过大。由于预加应力值相对较小，构件的初始反拱值小，徐变变形亦减小。

③延性较好。在部分预应力混凝土构件中，通常配置非预应力钢筋，因而其正截面受弯的延性较好，有利于结构抗震，并可改善裂缝分布，减小裂缝宽度。

④与全预应力混凝土相比，可简化张拉、锚固等工艺，获得较好的综合经济效果。

⑤计算较为复杂。部分预应力混凝土构件需按开裂截面分析，计算较繁冗，又如部分预应力混凝土多层框架的内力分析中，除需计算由荷载及预应力作用引起的内力外，还需考虑框架在预加应力作用下的轴向压缩变形引起的内力。此外，在超静定结构中还需考虑预应力次弯矩和次剪力的影响，并需计算及配置非预应力筋。

（2）答：①全部采用高强钢筋，将其中的一部分拉到最大容许张拉应力，保留一部分作为非预应力钢筋，这样可以节省锚具和张拉工作量。

②将全部预应力钢筋都张拉到一个较低的应力水平。

③用普通钢筋（如热轧 HRB335、HRB400 级钢筋）来代替一部分预应力高强钢筋。

（3）答：①分析建立混凝土预压应力的大小，预应力钢筋的有效应力和非预应力钢筋的应力。

②全截面混凝土应力消压的虚拟状态的分析。

③混凝土开裂状态的分析，分析裂缝考虑预应力钢筋在消压状态下后的应力增长部分的影响。

④承载力状态的分析。

（4）答：①部分预应力混凝土梁应采用混合配筋。位于受拉区边缘的非预应力钢筋宜采用直径较小的带肋钢筋，以较密的间距布置。

②非预应力钢筋的数量应根据预应力度的大小按下列原则配置。

a. 当预应力度较高（$\lambda > 0.7$）时，宜采用较小直径及较小间距，按配筋率 $\rho_s = A_s / A_{he} = (0.2 \sim 0.3)\%$ 设置，A_{he} 为受拉区混凝土面积。

b. 当预应力度为（$0.4 \leqslant \lambda \leqslant 0.7$）时，由于非预应力钢筋增多，钢筋直径可以加大，特别是最外排的钢筋直径。

c. 当预应力度较低（$\lambda < 0.4$）时，非预应力钢筋的数量已超过预应力钢筋的数量，构件受力性能已接近钢筋混凝土构件，故可按钢筋混凝土梁的构造规定配置非预应力钢筋。

③非预应力钢筋宜采用 HRB335、HRB400 级热轧钢筋。

④截面配筋率：

a. 最小配筋率要满足 $M_u / M_{cr} > 1.25$；

b. 最大配筋率要满足 $x \leqslant \xi_b h_p$。

（5）答：第一阶段：预加应力阶段；第二阶段：整体工作阶段；第三阶段：带裂缝工作阶段；第四阶段：破坏阶段。

3. 计算题

短期效应组合作用下的挠度 $f_s = 31.1 \text{mm}$

自重产生的挠度 $f_G = 21.74 \text{mm}$

扣除自重影响后的长期挠度 $f_l = 13.57 \text{mm}$

由预加力产生的反拱度 $f_p = 32.87 \text{mm}$

预拱度 $f' = 12.23 \text{mm}$

第三篇　圬工结构

第十四章　圬工结构基本概念与材料

本章重点

- 圬工结构特点；
- 圬工结构材料；
- 砌体强度指标确定；
- 砌体的模量。

本章难点

- 砌体的弹性模量。

第一节　圬工结构特点

圬工结构是砖石结构和混凝土结构的总称。以砖、石材为建筑材料，通过与砂浆或小石子混凝土砌筑成的砌体结构叫砖石结构；用砂浆砌筑混凝土预制块、整体浇筑的混凝土或片石混凝土构成的结构，叫混凝土结构。

圬工结构常以砌体形式出现。砌体就是用砂浆将一定规格的块材按要求的砌筑规则砌成的，并满足构件既定尺寸和形状要求的受力整体。

圬工结构的特点如下。

优点：砂、石原材料易于就地取材，价格低廉；有较强的耐久性、良好的耐火性及稳定性，维修养护费用低；施工简便；有较强的抗冲击性能及较大的超载能力；与钢筋混凝土结构相比，可节约钢材。

缺点：自重大；施工周期长，机械化程度低；抗拉、抗弯强度很低，抗震能力差。

第二节　圬工结构材料

石材：片石；块石；细料石；半细料石；粗料石。

混凝土：混凝土预制块；整体浇筑混凝土；小石子混凝土。

砂浆：无塑性掺料的水泥砂浆；有塑性掺料的混合砂浆；石灰（石膏、粘土）砂浆。对砂浆的基本要求主要是强度、可塑性和保水性。

第三节　砌体强度指标确定，砌体的弹性模量

1. 砌体抗压强度

《公路圬工桥涵设计规范》（JTG D61—2005）规定的砂浆砌体抗压强度设计值，是按照《砌体结构设计规范》（GB 50003—2001）的取值原则，采用标准值除以材料分项系数得出。

砌体抗压强度平均值：

$$f_m = k_1 f_1^a (1 + 0.07 f_2) k_2 \tag{3-14-1}$$

砌体抗压强度标准值：

$$f_k = f_m (1 - 1.645 \delta_f) \tag{3-14-2}$$

砌体抗压强度设计值：

$$f_d = f_k / \gamma_f \tag{3-14-3}$$

式中：f_1——块材的强度（MPa）；

　　　f_2——砂浆的强度（MPa）；

　　　k_1——随砌体中块体类别和砌筑方法而变化的参数；

　　　a——与块体高度有关的系数；

　　　k_2——低强度等级砂浆砌筑的砌体强度修正系数；

　　　δ_f——砌体变异系数；

　　　γ_f——砌体材料分项系数。

2. 砌体抗拉强度、抗弯及抗剪强度

砂浆砌体抗拉强度、抗弯及抗剪强度设计值，是按照《砌体结构设计规范》（GB 50003—2001）的取值原则，采用标准值除以材料分项系数得出。

各类砌体轴心抗拉强度平均值：

$$f_{tm} = k_3 \sqrt{f_2} \tag{3-14-4}$$

各类砌体弯曲抗拉强度平均值：

$$f_{tmm} = k_4 \sqrt{f_2} \tag{3-14-5}$$

各类砌体抗剪强度平均值：

$$f_{vm} = k_5 \sqrt{f_2} \tag{3-14-6}$$

式中：k_3、k_4、k_5——计算系数。

规则块材砌体：

$$f_k = f_m (1 - 1.645 \delta_f) = k \sqrt{f_2} (1 - 1.645 \times 0.2) = 0.671 k \sqrt{f_2} \tag{3-14-7}$$

片石砌体：

$$f_k = f_m (1 - 1.645 \delta_f) = k \sqrt{f_2} (1 - 1.645 \times 0.26) = 0.572 k \sqrt{f_2} \tag{3-14-8}$$

规则块材砌体：

$$f_d = 0.3355 k \sqrt{f_2} \tag{3-14-9}$$

片石砌体：

$$f_d = 0.2862 k \sqrt{f_2} \tag{3-14-10}$$

式中：f_m——概括代表砌体抗拉、抗弯、抗剪强度平均值；

　　　f_k——概括代表砌体抗拉、抗弯、抗剪强度标准值；

f_d——概括代表砌体抗拉、抗弯、抗剪强度设计值；

k——概括代表 k_3、k_4、k_5，视相关荷载效应采用。

3. 砌体的弹性模量

砌体的受压弹性模量一般有三种表示方法。

（1）初始弹性模量（原点弹性模量）。初始弹性模量是砌体受压 σ-ε 曲线的原点切线的斜率，是不变的量。

（2）割线模量。割线模量是砌体受压 σ-ε 曲线上任一点与原点连线的斜率，是随着应力变化而变化的。

（3）切线模量。切线模量是砌体受压 σ-ε 曲线上任一点切线的斜率，是随着应力变化而变化的。

实际工程中是将砌体加载到其抗压强度平均值 $40\%\sim50\%$ 的情况下卸载，反复 5 次以后，砌体受压 σ-ε 曲线趋于直线，此时割线模量、切线模量接近初始弹性模量，此时的模量称为砌体的受压弹性模量，即弹性模量。可以采用较为简化的结果，取应力为 0.43 倍的砌体抗压强度值的割线模量，作为设计中取用的"砌体弹性模量"。

第四节　问题释义

1. 保证砂浆强度、可塑性和保水性要求的意义。

工程中要求砂浆的强度与块材的强度相配合，块材强度高应配用强度较高的砂浆，块材强度低宜用强度低的砂浆。

为使砌筑时能将砂浆很均匀地铺开，能使砌缝均匀和密实，保证砌体质量，提高砌体的强度和砌筑效率，砂浆必须具有适当的可塑性（流动性）。

砂浆的质量在很大程度上取决于它的保水性。砂浆的保水性好，不易发生离析现象，能良好地保证砌体的设计强度。

2. 为什么砌体抗压强度一般低于单块块材的抗压强度？

在砌筑时，砂浆的摊铺不可能很均匀，块材表面也不是十分平整的，则块材与砂浆层并非全面的等条件的接触，这就造成了块材在受压的过程中，并非均匀受压，而是局部处在受压、受弯和受剪的复合应力状态下，当弯、剪引起的主压应力超过块材的抗拉强度后，块材就会裂开。

一般情况下，块材的横向变形小，砂浆的横向变形大，砌体中的块材和砂浆之间的粘结力和摩擦阻力约束了块材和砂浆彼此的横向自由变形，这样块材因砂浆的影响而增大横向变形，造成块材出现附加的水平拉力。

砂浆可以看成是块材的"弹性地基梁"，砂浆的弹性模量小，块材的变形愈大，块材内产生的弯剪应力也愈大。

砌体的竖向灰缝未能很好地填满，造成砌体的不连续性和块材的应力集中，降低了砌体的抗压强度。

综上所述，单块的块材没有很好地发挥出其抗压能力，砌体的抗压强度总是低于块材的抗压强度。这也说明了，砌体受压破坏总是从单块材开始的。

3. 影响砌体抗压强度的主要因素。

块材的强度：块材和砂浆的强度是影响砌体强度的主要因素，块材更为主要。块材在砌体中处于复杂的受力状态，块材的强度在很大程度上决定着砌体的强度。试验表明，当块材强度等级一定，当把低等级砂浆换成高等级砂浆时，砌体的抗压强度较明显的提高，但在此条件下，再提高砂浆的强度等级，砌体的抗压强度提高不是很明显。

块材形状和尺寸：块材形状规则的程度也显著影响砌体的抗压强度。块材表面平整，可以减小弯剪的作用。随着块材厚度的增加，灰缝的数量也在减少，弯剪的作用分布的区域也在减少。这样块材的强度得以发挥，砌体的抗压强度得到了提高。

砂浆的物理力学性能：砂浆的强度等级越低，块材与砂浆的横向变形差异越大，块材受到的水平拉力也越大，砌体的抗压强度会降低。但单纯提高砂浆的强度并不会使砌体抗压强度有很大的提高。提高砂浆的可塑性、流动性，增加砂浆在摊铺时的均匀性和密实性，减小块材的弯剪效应。

灰缝的厚度：灰缝越厚，则灰缝的密实性越差，导致块材的复杂应力状态越严重；灰缝越厚，块材与砂浆之间的横向变形差异越大，块材的附加水平拉力也越大。灰缝在10～12mm为宜。

砌筑质量：加强砌筑质量管理，减小块材的复杂受力效应。

第五节　综合训练及参考答案

一、综合训练

1. 填空题

(1) 圬工结构所用块材的共同特点是（　　）高，（　　）、（　　）低。在桥涵工程中，圬工结构常用作以（　　）为主的结构。

(2) 为了保证砌体的整体性和受力性能，必须使砌体中的竖向灰缝相互（　　）和（　　）。

(3) 石材是无明显（　　）的天然天然岩石经过（　　）和（　　）后的外形规则的建筑材料。

(4) 片石是由爆破或楔劈法开采的（　　）块石，在使用时，一般形状不受限制，但厚度不得小于（　　），（　　）和（　　）不得采用。

(5) 小石子混凝土中胶结材料是（　　），粗集料粒径不大于（　　）。若用小石子混凝土代替砂浆，则建成的砌体称为（　　），在一定条件下是（　　）的代用品。

(6) 砌体中的石及混凝土材料，除应符合规定的强度外，还应具有（　　）、（　　）。

(7) 砌体的抗拉、抗弯与抗剪强度取决于（　　），即取决于砌缝间块材与砂浆的（　　）。

(8) 粘结强度分为（　　）和（　　）。

2. 问答题

(1) 常用的砌体分为哪几类？

(2) 轴向受拉、弯曲抗拉、抗剪的砌体破坏形式怎样？

二、参考答案

1. 填空题

(1) 抗压强度　抗拉强度　抗剪强度　承压

(2) 咬合　错缝

(3) 风化　人工开采　加工

(4) 不规则　150mm　卵形　薄片

(5) 水泥　20mm　小石子混凝土砌体　水泥砂浆

(6) 耐风化　抗侵蚀

(7) 砌缝强度　粘结强度

(8) 切向粘结强度　法向粘结强度

2. 问答题

(1) 答：片石砌体；块石砌体；粗料石砌体；半细料石砌体；细料石砌体，混凝土预制块砌体。

(2) 答：轴向受拉砌体：在受到平行于水平砌缝的轴向力作用下，可能发生沿砌体齿缝截面破坏，其强度主要取决于砌缝与块材间切向粘结强度；也可能发生沿竖向砌缝和块材破坏，其强度主要取决于块材的抗拉强度。

弯曲抗拉：可能发生通缝截面的破坏，此时砌体的弯曲抗拉强度主要取决于砂浆与块材间的法向粘结强度；也可能发生齿缝截面的破坏，其强度主要取决于砌体中块材与砂浆的切向粘结强度。

抗剪：可能发生通缝截面的受剪破坏，其强度主要取决于砌体中块材与砂浆的切向粘结强度；也可能发生齿缝截面的破坏，其强度主要取决于砌体中块材与砂浆的切向粘结强度。

第十五章 圬工结构构件承载力计算

第一节 轴心、偏心受压构件正截面承载力计算方法

圬工构件承载力的计算采用以概率理论为基础的极限状态设计方法，采用分项系数表达式进行计算。

圬工桥涵结构应按承载能力极限状态设计，并满足正常使用极限状态的要求，一般情况下可由相应的构造措施来保证。

圬工桥涵结构按承载力极限状态设计时，采用的表达式为：

$$\gamma_0 S \leqslant R(f_d, a_d) \tag{3-15-1}$$

式中：γ_0——结构重要性系数，一级、二级、三级设计安全等级分别取用 1.1、1.2、1.3，一级：特大桥、重要大桥；二级：大桥、中桥、重要小桥；三级：小桥、涵洞；

S——作用效应组合设计值，按《公路桥涵设计通用规范》(JTG D60—2004)的规定计算。

砌体构件不管轴心受压还是偏心受压构件，其承载力与构件的长细比 β 值有关。可以将构件分为短柱和长柱两种情况，两种情况又分为轴心受压和偏心受压两种情形，这样就有四种情况的计算，计算采用统一的计算公式形式 $\gamma_0 N_d < \varphi A f_{cd}$（$f_{cd}$ 砌体或混凝土混凝土轴心抗压强度设计值）。随着构件的受力情况不同 φ 系数的意义在变化。

混凝土构件的承载力计算公式主要考虑纵向弯曲的影响，对于混凝土受压面积的确定：假定受压区法向应力图形为矩形，其应力取混凝土抗压强度设计值，轴向力作用点与受压区法向应力的合力作用点相重合的原则确定受压区面积。

一、砌体受压构件正截面承载力计算方法

计算公式：

$$\gamma_0 N_d \leqslant \varphi A f_{cd} \tag{3-15-2}$$

式中：N_d——轴向力设计值；

φ——构件长细比 β 对受压构件承载力的影响系数 φ，$\varphi = \dfrac{1}{\dfrac{1}{\varphi_x} + \dfrac{1}{\varphi_y} - 1}$；

$$\varphi_x = \frac{1-\left(\dfrac{e_x}{x}\right)^m}{1+\left(\dfrac{e_x}{i_y}\right)^2} \cdot \frac{1}{1+\alpha\beta_x(\beta_x-3)\left[1+1.33\left(\dfrac{e_x}{i_y}\right)^2\right]}$$

$$\varphi_y = \frac{1-\left(\dfrac{e_y}{y}\right)^m}{1+\left(\dfrac{e_y}{i_x}\right)^2} \cdot \frac{1}{1+\alpha\beta_y(\beta_y-3)\left[1+1.33\left(\dfrac{e_y}{i_x}\right)^2\right]}$$

a——与砂浆强度等级有关的系数，$\beta_x = \dfrac{\gamma_\beta l_0}{3.5 i_y}$，$\beta_y = \dfrac{\gamma_\beta l_0}{3.5 i_x}$，当 β 小于 3 时取 3；

i——截面轴的回转半径；

γ_β——长细比修正系数，见表 3-15-1；

l_0——构件计算长度，见表 3-15-2。$e_x = M_{dx}/N_d$，$e_y = M_{dy}/N_d$，x、y 为 x 方向、y 方向截面重心至偏心方向的截面边缘的距离，如图 3-15-1 所示；

m——截面形状系数，对于圆形截面取 2.5；对于 T 形和 U 形截面取 3.5，对于箱形截面或矩形截面（包括两端设有曲线形或圆弧形的矩形墩身截面）取 8.0。

长细比修正系数 γ_β 表 3-15-1

砌体材料类别	γ_β
混凝土预制块砌体或组合构件	1.0
细料石、半细料石砌体	1.1
粗料石、块石、片石砌体	1.3

构件计算长度 l_0 表 3-15-2

构件及其两端约束情况		计算长度 l_0
直杆	两端固结	$0.5l$
	一端固定，一端为不移动的铰	$0.7l$
	两端均为不动的铰	$1.0l$
	一端固定，一端自由	$2.0l$

注：l 为构件支点间长度。

二、混凝土受压构件正截面承载力计算方法

1. 轴心受压构件正截面承载力计算方法

计算公式：

$$\gamma_0 N_d \leqslant \varphi f_{cd} A_c \tag{3-15-3}$$

2. 单向偏心受压构件正截面承载力计算方法

按混凝土受压区面积确定的原则，如图 3-15-2 所示，对于矩形则受压区混凝土法向应力合力作用点至截面重心的距离 e_c 等于轴向力的偏心距 e，有混凝土受压区面积 $A_c = b(h-2e)$。则计算公式为：

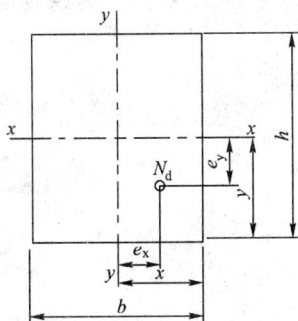

图 3-15-1 砌体构件偏心受压

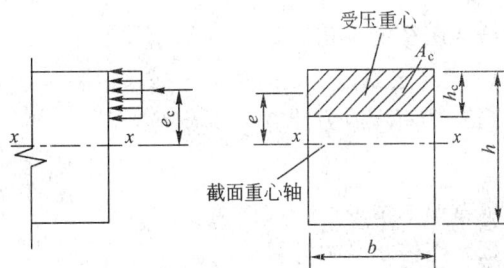

图 3-15-2 混凝土构件偏心受压（单向偏心）

$$\gamma_0 N_d \leqslant \varphi f_{cd} b(h-2e) \tag{3-15-4}$$

当构件弯曲平面外长细比大于弯曲平面内长细比时，尚应按轴心受压构件验算其承载力。

3. 双向偏心受压构件正截面承载力计算方法

按混凝土受压区面积确定的原则，如图 3-15-3 所示，对于矩形则对应 y 方向偏心受压区混凝土法向应力合力作用点至截面重心的距离 e_{cy} 等于轴向力的偏心矩 e_y，对应 x 方向偏心受压区混凝土法向应力合力作用点至截面重心的距离 e_{cx} 等于轴向力的偏心矩 e_x，有混凝土受压区面积 $A_c = (h-2e_y)(b-2e_x)$，则计算式为：

$$\gamma_0 N_d \leqslant \varphi f_{cd}(h-2e_y)(b-2e_x) \tag{3-15-5}$$

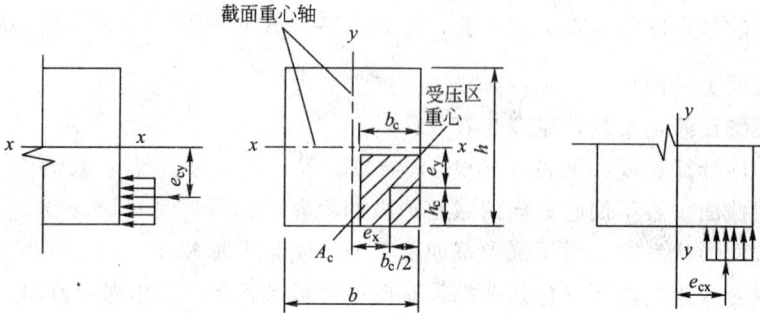

图 3-15-3　混凝土构件偏心受压（双向偏心）

三、拱的承载力计算方法

要求进行截面承载力计算和整体承载力计算，两者采用的公式是一致的，但应用的情况不一样。

1. 砌体拱圈

（1）截面承载力计算

$$\gamma_0 N_d \leqslant \varphi A f_{cd} \tag{3-15-6}$$

仅考虑受力不利截面轴向力和偏心距对承载力的影响，计算时不计长细比对受压构件承载力的影响，取 $\beta_x = \beta_y = 3$。

（2）整体承载力计算

计算式同式（3-15-6），计算长细比时，拱圈纵向（弯曲平面内）计算长度 l_0 的取值为：三角拱为 $058L_a$、双铰拱为 $054L_a$、无铰拱为 $036L_a$，L_a 为拱轴线长度。注意无铰拱拱圈横向（弯曲平面外）计算长度的计算。$N_d = \dfrac{H_d}{\cos\varphi_m}$，$H_d$ 为拱的水平推力值，φ_m 为拱顶与拱脚的连线与跨径的夹角。

2. 混凝土拱圈

（1）截面承载力计算

$$\gamma_0 N_d \leqslant \varphi f_{cd} A_c \tag{3-15-7}$$

取弯曲系数 $\varphi = 1.0$。

（2）整体承载力计算

计算式同式（3-15-7）。

l_0 的计算同砌体拱圈。$N_d = \dfrac{H_d}{\cos\varphi_m}$，$H_d$ 为拱的水平推力值，φ_m 为拱顶与拱脚的连线与跨径的夹角。

四、关于偏心距 e 的说明

不管在什么情况下受压构件的偏心距在满足表 3-15-3 的要求，可以采用上述的方法计算构件的承载力。

受压构件偏心距限值　　　　　　　　　表 3-15-3

基本作用	偏心距限值 e
基本组合	$\leqslant 0.6s$
偶然组合	$\leqslant 0.7s$

注：1. 混凝土结构单向偏心的受拉一边混凝土双向偏心的各受拉边，当设有不小于截面面积 0.05％ 的纵向钢筋时，表内规定值可增加 0.1s。

　　2. 表中 s 值为截面或换算截面重心轴至偏心方向截面边缘的距离。

当轴向力的偏心距 e 超过上述规定，构件的承载力要按下式计算，受压构件偏心距如图 3-15-4 所示。

单向偏心：
$$\gamma_0 N_d \leqslant \varphi \frac{A f_{tmd}}{\dfrac{Ae}{W} - 1} \qquad (3\text{-}15\text{-}8)$$

双向偏心：
$$\gamma_0 N_d \leqslant \varphi \frac{A f_{tmd}}{\left(\dfrac{Ae_x}{W_y} + \dfrac{Ae_y}{W_x} - 1 \right)} \qquad (3\text{-}15\text{-}9)$$

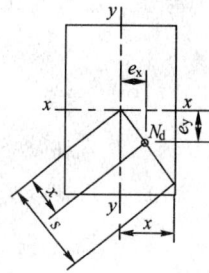

图 3-15-4　受压构件偏心距

第二节　受弯、受剪构件及局部承压承载力计算方法

1. 砌体受弯构件的承载力计算

$$\gamma_0 M_d \leqslant W f_{tmd} \qquad (3\text{-}15\text{-}10)$$

2. 砌体受剪构件的承载力计算

$$\gamma_0 V_d \leqslant A f_{vd} + \frac{1}{1.4} \mu_f N_k \qquad (3\text{-}15\text{-}11)$$

3. 混凝土局部承压承载力计算方法

$$\gamma_0 N_d \leqslant 0.9 \beta A_1 f_{cd} \qquad (3\text{-}15\text{-}12)$$

$$\beta = \sqrt{\frac{A_d}{A_l}} \qquad (3\text{-}15\text{-}13)$$

式中：β——局部承压强度提高系数；

　A_l——局部承压面积；

　A_b——局部承压计算底面积，根据底面积重心与局部受压面积重心相重合的原则确定。

第三节　问题释义与算例

一、问题释义

1. 影响砌体受压承载力的主要因素。

试验证明，影响砌体受压构件承载力的主要因素有：截面尺寸、砌体强度、偏心距和长细比。

对于轴心受压构件应考虑构件侧向变形增大产生纵向弯曲破坏，导致构件的承载力降低；对于偏心受压构件，通过考虑构件因侧向挠曲来考虑长细比对其受压承载力的影响。

2. 砌体受压承载力计算公式的统一性。

根据《公路圬工桥涵设计规范》(JTG D61—2005)，砌体受压可以采用统一的计算公式为 $\gamma_0 N_d \leqslant \varphi A f_{cd}$，$\varphi = \dfrac{1}{\dfrac{1}{\varphi_x} + \dfrac{1}{\varphi_y} - 1}$。

(1) 当为轴心受压且长细比小于 3 时，构件为轴心受压短柱，则 $\varphi_x = \varphi_y = 1$，即 $\varphi = 1$。

(2) 当为轴心受压且长细比大于 3 时，构件为轴心受压长柱，在截面形心轴方向偏心距为 $e_x = e_y = 0$，则 $\varphi = \dfrac{1}{\dfrac{1}{\varphi_x} + \dfrac{1}{\varphi_y} - 1}$，$\varphi_x = \dfrac{1}{1 + \alpha \beta_x \ (\beta_x - 3)}$，$\varphi_y = \dfrac{1}{1 + \alpha \beta_y \ (\beta_y - 3)}$，只考虑长细比对承载力的影响。

(3) 当为单向偏心受压且长细比小于 3 时，构件为单向偏心受压短柱。若 $e_y = 0$，$\varphi_y = 1$，$\varphi_x = \dfrac{1 - \left(\dfrac{e_x}{x}\right)^m}{1 + \left(\dfrac{e_x}{i_y}\right)^2}$，$\varphi = \dfrac{1}{\dfrac{1}{\varphi_x}} = \varphi_x$。同理可以计算 $e_x = 0$ 的情形。

(4) 当为双向偏心受压且长细比小于 3 时，构件为双向偏心受压短柱：

$$\varphi_x = \dfrac{1 - \left(\dfrac{e_x}{x}\right)^m}{1 + \left(\dfrac{e_x}{i_y}\right)^2}, \varphi_y = \dfrac{1 - \left(\dfrac{e_y}{y}\right)^m}{1 + \left(\dfrac{e_y}{i_x}\right)^2}, \varphi = \dfrac{1}{\dfrac{1}{\varphi_x} + \dfrac{1}{\varphi_y} - 1}$$

(5) 当为单向偏心受压且长细比大于 3 时，构件为单向偏心受压长柱，若 $e_y = 0$，

$$\varphi_y = \dfrac{1}{1 + \alpha \beta_y (\beta_y - 3)}, \varphi_x = \dfrac{1 - \left(\dfrac{e_x}{x}\right)^m}{1 + \left(\dfrac{e_x}{i_y}\right)^2} \cdot \dfrac{1}{1 + \alpha \beta_x (\beta_x - 3)\left[1 + 1.33\left(\dfrac{e_x}{i_y}\right)^2\right]}$$

$\varphi = \dfrac{1}{\dfrac{1}{\varphi_x} + \dfrac{1}{\varphi_y} - 1}$。同理可以计算 $e_x = 0$ 的情形。

(6) 当为双向偏心受压且长细比大于 3 时，构件为双向偏心受压长柱，$\varphi = \dfrac{1}{\dfrac{1}{\varphi_x} + \dfrac{1}{\varphi_y} - 1}$

$$\varphi_x = \frac{1 - \left(\frac{e_x}{x}\right)^m}{1 + \left(\frac{e_x}{i_y}\right)^2} \cdot \frac{1}{1 + \alpha\beta_x(\beta_x - 3)\left[1 + 1.33\left(\frac{e_x}{i_y}\right)^2\right]}$$

$$\varphi_y = \frac{1 - \left(\frac{e_y}{y}\right)^m}{1 + \left(\frac{e_y}{i_x}\right)^2} \cdot \frac{1}{1 + \alpha\beta_y(\beta_y - 3)\left[1 + 1.33\left(\frac{e_y}{i_x}\right)^2\right]}$$

通过上述 6 中情况的分析，砌体受压采用的是统一计算公式。

3. 关于对偏心距 e 的限值。

当荷载的偏心距较大时，随着荷载的增加，在构件中部截面受拉边会出现水平裂缝，截面的受拉区逐渐减小，截面刚度也在下降，纵向弯曲的不利影响随之增大，使构件的承载力明显下降。为了控制裂缝的出现和开展，同时保证截面的稳定性，对荷载的偏心距值要进行限值。试验表明，在偏心距 $e_0 > 0.7s$ 时，平均加载至破坏荷载的 70% 时才开始出现裂缝，由于设计荷载一般不大于破坏荷载的 50%，因此在设计荷载作用下，当 $e_0 \leqslant (0.5 \sim 0.6)s$，一般不会出现裂缝。当 $e_0 > (0.5 \sim 0.6)s$ 以后，在设计荷载作用下，有出现裂缝的可能性，但都属于特殊的受力情况。当偏心距超过相应的限值时，为了防止构件产生裂缝或避免产生过大的裂缝，要进行弯曲抗拉的计算。

二、算例

[1] 已知截面为 $b \times h = 490\text{mm} \times 620\text{mm}$ 的轴向受压柱，安全等级为二级 ($\gamma_0 = 1.0$)，采用 MU50 的粗石料、M7.5 水泥砂浆砌筑 ($f_{cd} = 1.2 \times 3.45 = 4.14\text{MPa}$)，柱高 5.5m，两端铰支，柱承受轴向设计值 $N_d = 800\text{kN}$。该柱的承载力是否满足要求。

解题思路：这是轴心受压柱，只考虑长细比对柱的承载力影响，计算长细比后计算影响系数 φ，可得柱的承载力，然后与设计值比较。

解：(1) 长细比计算

矩形截面回转半径：

$$i_x = h/\sqrt{12} = 620/\sqrt{12} = 179\text{mm}$$

$$i_y = b/\sqrt{12} = 490/\sqrt{12} = 141\text{mm}$$

x 方向的长细比：

$$\beta_x = \frac{\gamma_\beta l_0}{3.5 i_y} = \frac{1.3 \times 5.5 \times 10^3}{3.5 \times 141} = 14.49$$

y 方向的长细比：

$$\beta_y = \frac{\gamma_\beta l_0}{3.5 i_x} = \frac{1.3 \times 5.5 \times 10^3}{3.5 \times 179} = 11.41$$

(2) 计算承载力影响系数

$e_x = e_y = 0$，砂浆强度等级大于 M5，$\alpha = 0.002$。

x 方向受压承载力影响系数：

$$\varphi_x = \frac{1 - \left(\frac{e_x}{x}\right)^m}{1 + \left(\frac{e_x}{i_y}\right)^2} \cdot \frac{1}{1 + \alpha \beta_x (\beta_x - 3)\left[1 + 1.33\left(\frac{e_x}{i_y}\right)^2\right]}$$

$$= \frac{1}{1 + \alpha \beta_x (\beta_x - 3)} = \frac{1}{1 + 0.002 \times 14.49 \times (14.49 - 3)} = 0.7502$$

y 方向受压承载力影响系数:

$$\varphi_y = \frac{1 - \left(\frac{e_y}{y}\right)^m}{1 + \left(\frac{e_y}{i_x}\right)^2} \cdot \frac{1}{1 + \alpha \beta_y (\beta_y - 3)\left[1 + 1.33\left(\frac{e_y}{i_x}\right)^2\right]}$$

$$= \frac{1}{1 + \alpha \beta_y (\beta_y - 3)} = \frac{1}{1 + 0.002 \times 11.41 \times (11.41 - 3)} = 0.8390$$

受压构件承载力影响系数:

$$\varphi = \frac{1}{\frac{1}{\varphi_x} + \frac{1}{\varphi_y} - 1} = \frac{1}{\frac{1}{0.7502} + \frac{1}{0.8390} - 1} = 0.6558$$

(3) 柱的承载力计算

$$N_u = \varphi A f_{cd} / \gamma_0 = 0.6558 \times 490 \times 620 \times 4.14 \div 1$$
$$= 824.811 \times 10^3 N = 824.811 kN > N_d = 800 kN$$

柱的承载力满足要求。

[2] 某桥立柱用混凝土预制砌块砌筑,安全等级一级 ($\gamma_0 = 1.1$)。柱的截面尺寸 $b \times h = 600mm \times 800mm$,采用 C30 混凝土预制块、M10 水泥砂浆砌筑 ($f_{cd} = 5.06MPa$),柱高 6m,两端铰支。作用效应基本组合轴向力设计值 $N_d = 600kN$,弯矩设计值 $M_{yd} = 100kN \cdot m$,$M_{xd} = 0$,y 轴为截面的长边方向。计算柱的承载力是否满足要求。

解题思路:这是单向偏心受压柱,只考虑一个方向的偏心距,同时考虑长细比对柱的承载力影响,计算偏心距、计算长细比后计算影响系数 φ,可得柱的承载力,然后与设计值比较。

解:(1) 轴向力偏心距计算

$$e_x = 0$$

$$e_y = \frac{M_{yd}}{N_d} = \frac{100}{600} = 0.167m = 167mm$$

$e_y < 0.6s = 0.6 \times 800/2 = 240mm$,满足偏心距限值要求。

(2) 长细比计算

矩形截面回转半径:

$$i_x = h / \sqrt{12} = 800 / \sqrt{12} = 231mm$$
$$i_y = b / \sqrt{12} = 600 / \sqrt{12} = 173mm$$

x 方向的长细比:

$$\beta_x = \frac{\gamma_\beta l_0}{3.5 i_y} = \frac{1.0 \times 6.0 \times 10^3}{3.5 \times 173} = 9.91$$

y 方向的长细比：

$$\beta_y = \frac{\gamma_\beta l_0}{3.5 i_x} = \frac{1.0 \times 6.0 \times 10^3}{3.5 \times 231} = 7.42$$

（3）计算承载力影响系数

砂浆强度等级大于 M5，$\alpha = 0.002$。矩形截面，截面形状系数 $m = 8.0$

x 方向受压承载力影响系数：

$$\varphi_x = \frac{1 - \left(\dfrac{e_x}{x}\right)^m}{1 + \left(\dfrac{e_x}{i_y}\right)^2} \cdot \frac{1}{1 + \alpha\beta_x(\beta_x - 3)\left[1 + 1.33\left(\dfrac{e_x}{i_y}\right)^2\right]}$$

$$= \frac{1}{1 + \alpha\beta_x(\beta_x - 3)} = \frac{1}{1 + 0.002 \times 9.91 \times (9.91 - 3)} = 0.8795$$

y 方向受压承载力影响系数：

$$\varphi_y = \frac{1 - \left(\dfrac{e_y}{y}\right)^m}{1 + \left(\dfrac{e_y}{i_x}\right)^2} \cdot \frac{1}{1 + \alpha\beta_y(\beta_y - 3)\left[1 + 1.33\left(\dfrac{e_y}{i_x}\right)^2\right]}$$

$$= \frac{1 - \left(\dfrac{167}{800/2}\right)^8}{1 + \left(\dfrac{167}{231}\right)^2} \times \frac{1}{1 + 0.002 \times 7.42 \times (7.42 - 3) \times \left[1 + 1.33 \times \left(\dfrac{167}{231}\right)^2\right]}$$

$$= 0.5905$$

受压构件承载力影响系数：

$$\varphi = \frac{1}{\dfrac{1}{\varphi_x} + \dfrac{1}{\varphi_y} - 1} = \frac{1}{\dfrac{1}{0.8795} + \dfrac{1}{0.5905} - 1} = 0.5463$$

（4）柱的承载力计算

$$N_u = \varphi A f_{cd} / \gamma_0 = 0.5463 \times 600 \times 800 \times 5.06 \div 1.1$$

$$= 1206.23 \times 10^3 \text{N} = 1206.23\text{kN} > N_d = 600\text{kN}$$

柱的承载力满足要求。

[3] 某桥立柱用混凝土预制砌块砌筑，安全等级一级（$\gamma_0 = 1.1$）。柱的截面尺寸 $b \times h = 600\text{mm} \times 800\text{mm}$，采用 C30 混凝土预制块、M10 水泥砂浆砌筑（$f_{cd} = 5.06\text{MPa}$），柱高 6m，两端铰支。作用效应基本组合轴向力设计值 $N_d = 600\text{kN}$，弯矩设计值 $M_{yd} = 140\text{kN} \cdot \text{m}$，$M_{xd} = 100\text{kN}$，$y$ 轴为截面的长边方向，x 轴为截面的短边方向。计算柱的承载力是否满足要求。

解题思路：这是双向偏心受压柱，只考虑一个方向的偏心距，同时考虑长细比对柱的承载力影响，计算偏心距、计算长细比后计算影响系数 φ，可得柱的承载力，然后与设计值比较。

解：（1）轴向力偏心距计算

$$e_x = \frac{M_{xd}}{N_d} = \frac{100}{600} = 0.167\text{m} = 167\text{mm}$$

$$e_y = \frac{M_{yd}}{N_d} = \frac{140}{600} = 0.233\text{m} = 233\text{mm}$$

$$e_x < 0.6s = 0.6 \times 600/2 = 180\text{mm}$$

$e_y < 0.6s = 0.6 \times 800/2 = 240\text{mm}$，满足偏心距限值要求。

（2）长细比计算

矩形截面回转半径：

$$i_x = h/\sqrt{12} = 800/\sqrt{12} = 231\text{mm}$$

$$i_y = b/\sqrt{12} = 600/\sqrt{12} = 173\text{mm}$$

x 方向的长细比：

$$\beta_x = \frac{\gamma_\beta l_0}{3.5 i_y} = \frac{1.0 \times 6.0 \times 10^3}{3.5 \times 173} = 9.91$$

y 方向的长细比：

$$\beta_y = \frac{\gamma_\beta l_0}{3.5 i_x} = \frac{1.0 \times 6.0 \times 10^3}{3.5 \times 231} = 7.42$$

（3）计算承载力影响系数

砂浆强度等级大于 M5，$\alpha = 0.002$。矩形截面，截面形状系数 $m = 8.0$

x 方向受压承载力影响系数：

$$\varphi_x = \frac{1 - \left(\dfrac{e_x}{x}\right)^m}{1 + \left(\dfrac{e_x}{i_y}\right)^2} \cdot \frac{1}{1 + \alpha \beta_x (\beta_x - 3)\left[1 + 1.33\left(\dfrac{e_x}{i_y}\right)^2\right]}$$

$$= \frac{1 - \left(\dfrac{167}{600/2}\right)^8}{1 + \left(\dfrac{167}{173}\right)^2} \cdot \frac{1}{1 + 0.002 \times 9.91 \times (9.91 - 3)\left[1 + 1.33 \times \left(\dfrac{167}{173}\right)^2\right]}$$

$$= 0.385$$

y 方向受压承载力影响系数：

$$\varphi_y = \frac{1 - \left(\dfrac{e_y}{y}\right)^m}{1 + \left(\dfrac{e_y}{i_x}\right)^2} \cdot \frac{1}{1 + \alpha \beta_y (\beta_y - 3)\left[1 + 1.33\left(\dfrac{e_y}{i_x}\right)^2\right]}$$

$$= \frac{1 - \left(\dfrac{233}{800/2}\right)^8}{1 + \left(\dfrac{233}{231}\right)^2} \times \frac{1}{1 + 0.002 \times 7.42 \times (7.42 - 3) \times \left[1 + 1.33 \times \left(\dfrac{233}{231}\right)^2\right]}$$

$$= 0.424$$

受压构件承载力影响系数：

$$\varphi = \frac{1}{\dfrac{1}{\varphi_x} + \dfrac{1}{\varphi_y} - 1} = \frac{1}{\dfrac{1}{0.385} + \dfrac{1}{0.424} - 1} = 0.253$$

（4）柱的承载力计算

$$N_u = \varphi A f_{cd}/\gamma_0 = 0.253 \times 600 \times 800 \times 5.06 \div 1.1$$

$$= 558.154 \times 10^3 \text{N} = 558.15\text{kN} < N_d = 600\text{kN}$$

柱的承载力不满足要求。

第四节　综合训练及参考答案

一、综合训练

1. 填空题

(1)《公路圬工桥涵设计规范》（JTG D61—2005）对圬工结构采用以（　　）为基础的（　　）设计方法，以（　　）度量结构构件的可靠度，采用（　　）的设计表达式进行计算。

(2) 偏心受压砌体构件截面上同时存在（　　）和（　　）。与相同条件下的理想轴向受压构件相比，（　　）承载力将减小。减小的程度与（　　）有关，较长的偏心受压构件还受到构件的（　　）的影响。

(3) 根据对砌体受压短柱和长柱的分析，对砌体受压构件，可以采用（　　）来综合考虑（　　）和（　　）对受压构件（　　）的影响。

(4)《公路圬工桥涵设计规范》（JTG D61—2005）规定对拱圈要进行各阶段的（　　）验算和拱体的（　　）验算。

(5) 如果考虑拱上建筑与拱圈的联合作用时，由于拱上建筑的（　　）作用，可不考虑纵向（　　）对承载力的影响，取纵向（　　）；当板拱拱圈宽度等于或大于（　　）计算跨径时，对砌体拱可取横向长细比等于（　　）。

2. 问答题

(1) 砌体受压短柱的受力特点怎样？

(2) 砌体受压长柱的受力特点怎样？

(3) 砌体局部受压破坏形态怎样？

(4) 怎样理解砌体局部承压强度提高系数？

3. 计算题

(1) 已知截面为 370mm×620mm 的轴向受压柱，安全等级为二级（$\gamma_0 = 1.0$），采用 MU50 的粗石料、M7.5 水泥砂浆砌筑（$f_{cd} = 1.2 \times 3.45 = 4.14\text{MPa}$），柱高 5m，两端铰支，柱承受轴向设计值 $N_d = 550\text{kN}$。该柱的承载力是否满足要求。

(2) 某桥立柱用混凝土预制砌块砌筑，安全等级一级（$\gamma_0 = 1.1$）。柱的截面尺寸 $b \times h = 500\text{mm} \times 680\text{mm}$，采用 C30 混凝土预制块、M10 水泥砂浆砌筑（$f_{cd} = 5.06\text{MPa}$），柱高 6m，两端铰支。作用效应基本组合轴向力设计值 $N_d = 540\text{kN}$，弯矩设计值 $M_{yd} = 75\text{kN·m}$，$M_{xd} = 0$，y 轴为截面的长边方向。计算柱的承载力是否满足要求。

二、参考答案

1. 填空题

(1) 概论理论　极限状态　可靠指标　分项系数

(2) 轴压应力　弯曲应力　受压　偏心距　长细比

(3) 一个系数 φ　纵向弯曲　轴向力偏心距　承载力

(4) 截面强度　整体"强度—稳定"

(5) 约束　长细比　长细比等于 3　1/20　3

2. 问答题

(1) 答：当为轴心受压时，砌体截面上产生均匀的压应力；构件破坏时，正截面所能承受的最大压力为砌体的抗压承载力。

当为偏心受压时，砌体截面上产生的压应力是不均匀的，压应力分布随着偏心距的变化而变化，砌体表现出塑性性能。当偏心距不大时，整个截面受压，破坏将发生在较大压应力的一侧，边缘压应力较轴心受压的压应力稍高。随着偏心距的增大，在远离偏心力的截面边缘，由受压逐步过渡到受拉，在没有达到通缝抗拉强度就不会开裂。偏心距继续增大，砌体受拉区会出现沿截面通缝的水平裂缝，开裂的截面脱离工作，实际受压区面积减小，受压区合力将于偏心力平衡，这种平衡随着裂缝的不断扩展被打破达到新的平衡，受压截面的压应力进一步加大，并出现竖向裂缝，最后由于受压区的承载能力耗尽而破坏。构件的承载力随着偏心距的增大而降低。

(2) 答：当为轴心受压时，轴向力不可能完全作用在砌体截面中心，产生一定的初始偏心，会出现相应的初始侧向变形，增加长柱的附加应力。

当为偏心受压时，在偏心力的作用下，柱会发生侧向挠曲，随着杆件长细比的增大，侧向挠曲越来越明显，在原有偏心距的基础上将产生附加偏心距，附加偏心距在构件截面上产生较大的附加应力，使构件的承载力大大地降低，这样的相互作用加剧了构件的破坏。

对于砌体细长构件，不论是轴向受压还是偏心受压，构件的长细比的变化将影响砌体的承载力。

(3) 答：纵向裂缝发展而引起的破坏；劈裂破坏；与支座垫板直接接触的砌体局部破坏。

(4) 答：在局部压力的作用下，局部受压的砌体在产生纵向变形的同时还产生横向变形，当局部受压部分的砌体四周或对边有砌体包围时，未直接承受压力的部分像套箍一样约束其横向变形，使与加载板接触的砌体处于三向受压或双向受压的应力状态，抗压能力大大提高。但"套箍强化"作用并不是在所有情况都有，当局部受压面积位于构件边缘，"套箍强化"作用则不明显，甚至没有。按"应力扩散"的概念加以分析，只要在砌体内存在未直接承受压力的面积，就有应力扩散的现象，就可以在一定程度上提高砌体的抗压强度。

3. 计算题

(1) ①长细比计算：

矩形截面回转半径

$$i_x = 179mm$$
$$i_y = 107mm$$

x 方向的长细比

$$\beta_x = 17.36$$

y 方向的长细比

$$\beta_y = 10.38$$

②计算承载力影响系数：$e_x = e_y = 0$，砂浆强度等级大于 M5，$\alpha = 0.002$。

x 方向受压承载力影响系数：$\varphi_x = 0.6673$

y 方向受压承载力影响系数：$\varphi_y = 0.8671$

受压构件承载力影响系数：$\varphi = 0.6054$

③柱的承载力计算：$N_u = 574.96kN > N_d = 550kN$　柱的承载力满足要求。

（2）①轴向力偏心距计算：

$$e_x = 0$$

$$e_y = 167mm$$

$e_y < 0.6s = 0.6 \times 680/2 = 204mm$，满足偏心距限值要求。

②长细比计算：

矩形截面回转半径

$$i_x = 196mm$$

$$i_y = 144mm$$

x 方向的长细比

$$\beta_x = 11.9$$

y 方向的长细比

$$\beta_y = 8.75$$

③计算承载力影响系数

砂浆强度等级大于 M5，$\alpha = 0.002$。矩形截面，截面形状系数 $m = 8.0$

x 方向受压承载力影响系数：$\varphi_x = 0.8252$

y 方向受压承载力影响系数：$\varphi_y = 0.482$

受压构件承载力影响系数：$\varphi = 0.4373$

④柱的承载力计算：

$N_u = 683.94kN > N_d = 450kN$

柱的承载力不满足要求。

第四篇 钢 结 构

第十六章 钢结构材料

本章重点

- 钢结构的特点与应用；
- 钢结构用钢材机械性能；
- 钢材的种类及影响钢材机械性能的因素、钢材的疲劳。

本章难点

- 钢结构用钢材机械性能；
- 影响钢材性能的因素；
- 钢材的疲劳。

本章应了解钢结构材料的基本知识，熟悉钢材的主要性能及其鉴定，掌握钢材的类别，等级，并进行合理选用。

第一节 钢结构的特点与应用

一、钢结构的特点

钢结构是用钢板、热轧型钢或冷加工成型的薄壁型钢制造而成的。和其他材料的结构相比，钢结构有如下一些特点。

1. 材料的强度高，塑性和韧性好

（1）钢材和其他建筑材料诸如混凝土、砖石和木材相比，强度要高得多。因此，特别适用于跨度大或荷载很大的构件和结构。

（2）钢材还具有塑性和韧性好的特点。塑性好，钢结构在一般条件下不会因超载而突然断裂；韧性好，使钢结构具有优越的抗震性能。由于钢材的强度高，作成的构件截面小而壁薄，动力荷载的适应性强，且具有良好的吸能能力和延性。但受压时需要满足稳定的要求，强度有时不能充分发挥。拉杆的极限承载能力高于压杆，这和混凝土抗压强度远远高于抗拉强度形成鲜明的对比。

2. 材质均匀，和力学计算的假定比较符合

钢材内部组织比较接近于匀质和各向同性体，而且在一定的应力幅度内几乎是完全弹性的。因此，钢结构的实际受力情况和工程力学计算结果比较符合。钢材在冶炼和轧制过程中质量可以严格控制，材质波动的范围小。

3. 钢结构制造简便，施工周期短

钢结构所用的材料单纯而且是成材，加工比较简便，并能使用机械操作。因此，大量的钢结构一般在专业化的金属结构厂作成构件，精确度较高。构件在工地拼装，可以采用安装简便的普通螺栓和高强度螺栓，有时还可以在地面拼装和焊接成较大的单元再行吊装，以缩短施工周期。

4. 钢结构的质量轻

钢材的密度虽比混凝土等建筑材料大，但钢结构却比钢筋混凝土结构轻，原因是钢材的强度与密度之比要比混凝土大得多。

5. 钢材耐腐蚀性差

钢材耐腐蚀的性能比较差，必须对结构注意防护。尤其是暴露在大气中的结构如桥梁，更应特别注意，这使维护费用比钢筋混凝土结构高。

6. 钢材耐热但不耐火

钢材长期经受热辐射时，强度没有多大变化，具有一定的耐热性能；但温度达 150℃ 以上时，就须用隔热层加以保护。钢材不耐火，重要的结构必须注意采取防火措施。

二、钢结构的应用

从技术角度看，钢结构的合理应用范围包括以下几个方面。

1. 大跨度结构

结构跨度越大，自重在全部荷载中所占比重也就越大，减轻自重可以获得明显的经济效果。因此，钢结构强度高而质量轻的优点对于大跨桥梁特别突出。

如：1968 年在长江上建成的第一座铁路公路两用的南京桥，最大跨度 160m；628m 的南京斜拉桥；900m 的西陵峡悬索桥和 1385m 的江阴悬索桥。

2. 重型厂房结构

钢铁联合企业和重型机械制造业有许多车间属于重型厂房。

3. 受动力荷载影响的结构

由于钢材具有良好的韧性，可以吸收一定的能量。对于抗震能力要求高的结构，用钢来做也是比较适宜的。

4. 高耸结构和高层建筑

高耸结构包括塔架和桅杆结构，如高压输电线路的塔架、广播和电视发射用的塔架和桅杆等。上海的东方明珠电视塔高度达 468m。

5. 其他应用

容器、其他构筑物；建筑轻型钢结构。

第二节 钢结构用钢材的机械性能

一、强度

低碳钢和低合金钢一次拉伸时的应力—应变曲线如图 4-16-1 所示。

1. 比例极限 σ_P—弹性阶段 OA

比例极限 σ_P 是应力—应变图中直线段的最大应力值。严格地说，比 σ_P 略高处还有弹性极限，但弹性极限与 σ_P 极其接近，所以通常略去弹性极限的点，把 σ_P 看作是弹性极限。这样，应力不超过比例极限 σ_P 时，应力与应变成正比关系，且卸荷后变形完全恢复。这一阶段，是弹性阶段。

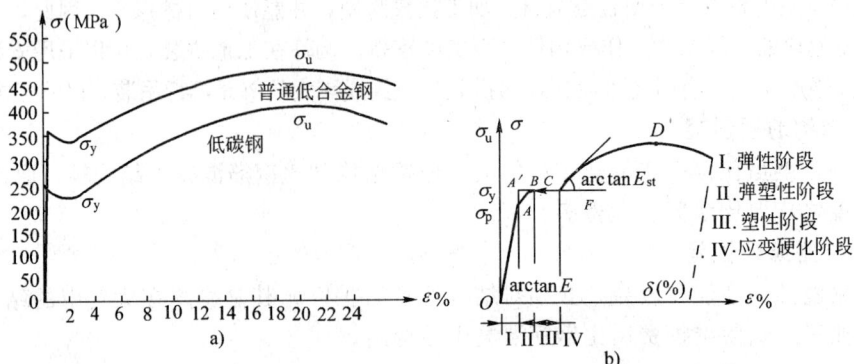

图 4-16-1　钢材的一次拉伸应力－应变曲线

弹性极限范围内符合线性虎克定律，应力小于比例极限 σ_P 构件符合线性虎克定律。

2. 屈服点 σ_y——弹塑性阶段 *AB*

应变在比例极限 σ_P 之后不再与应力成正比。而是随着应力渐渐加大，应力—应变间成曲线关系，一直到屈服点 σ_y。这一阶段，是图 4-16-1b) 中的弹塑性阶段 *AB*，过了屈服点 σ_y 之后应力不变的情况下，应变增大并持续发展，形成的水平线段 *BC* 叫屈服平台，*BC* 段即塑性流动阶段。

应力超过比例极限 σ_P 以后，任一点的变形中都将包括有弹性变形和塑性变形两部分，其中的塑性变形在卸载后不再恢复，故称残余变形或永久变形。

3. 极限强度 σ_u

屈服平台之后，应变增长时又需有应力的增长，但相对地说应变增加得快，呈现曲线关系直到最高点，这个阶段叫应变硬化阶段 *CD*。该阶段最高点应力为材料的抗拉强度 σ_u（设计时作为材料抗力用 f_u 表示）。到达 f_u 后试件出现局部横向收缩变形，即"颈缩"，随后断裂。

由于到达 σ_y 后构件产生较大变形，故把它取为计算构件的强度标准。由于到达 *D* 点时构件开始断裂破坏，故 σ_u 是材料的安全储备。塑性设计虽然把钢材看作理想弹塑性体，忽略应变硬化的有利因素，却是以 σ_u 高出 σ_y 为条件的。如果没有硬化阶段，或是 σ_u 高出 σ_y 不多，就不具备塑性设计应有的转动能力。

二、塑性

1. 伸长率 δ_{10} 或 δ_5

伸长率代表材料断裂前的塑性变形能力，伸长率是断裂前试件的永久变形与原标定长度的百分比。取圆形试件直径 d 的 5 倍或 10 倍为标定长度，其相应的伸长率用 δ_{10} 或 δ_5 表示，伸长率代表材料断裂前具有的塑性变形的能力，是工程中常用的钢材塑性指标。

2. 断面收缩率

断面收缩率反应钢材在颈缩区的三维应力状态下所产生的最大塑性变形。

结构或构件在受力时（尤其承受动力荷载时），材料塑性好坏往往决定了结构是否安全可靠，因此钢材塑性指标比强度指标更为重要。

三、冷弯性能

冷弯性能是判别钢材塑性变形能力及冶金质量的综合指标。根据试样厚度，按规定的弯心直径将

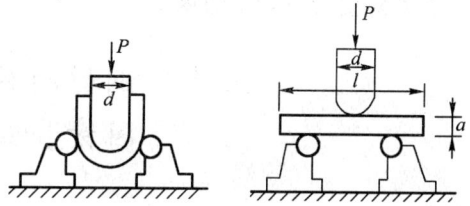

图 4-16-2 钢材的冷弯试验

试样弯曲180°，其表面及侧面无裂纹或分层则为"冷弯试验合格"，如图 4-16-2 所示。

"冷弯试验合格"一方面同伸长率符合规定一样，表示材料塑性变形能力符合要求，另一方面表示钢材的冶金质量（颗粒结晶及非金属夹杂分布，甚至在一定程度上包括可焊性）符合要求，因此，重要结构中需要有良好的冷热加工的工艺性能时，应有冷弯试验合格保证。

四、冲击韧性

韧性是与抵抗冲击作用有关的钢材的性能。韧性是钢材断裂时吸收机械能能力的量度。吸收较多能量才断裂的钢材，是韧性好的钢材。

五、可焊性

可焊性是指采用一般焊接工艺就可完成合格的（无裂纹的）焊缝的性能。影响钢材的可焊性的因素有：

（1）碳含量。碳含量在 0.12%～0.20% 范围内的碳素钢，可焊性最好。碳含量再高可使焊缝和热影响区变脆。

（2）合金元素含量。提高钢材强度的合金元素大多也对可焊性有不利影响。衡量低合金钢的可焊性可以用碳当量。

综上所述，钢材可焊性的优劣实际上是指钢材在采用一定的焊接方法、焊接材料、焊接工艺参数及一定的结构形式等条件下，获得合格焊缝的易难程度。可焊性稍差的钢材，要求更为严格的工艺措施。

六、钢材性能的鉴定

（1）反映钢材性能的力学指标有：屈服强度、抗拉强度、伸长率、冲击韧性、冷弯性能。

（2）进入现场钢材验收内容有：质量合格证明、中文标识、钢材质量检验报告。

对属于下列情况之一的钢材，应进行抽样复验，抽样复验的内容包括品种、规格、性能。其复验结果应符合现行国家产品标准和要求。

①国外进口钢材；

②钢材混批；

③板厚等于或大于 40mm，且设计有性能要求的厚板；

④结构安全等级为一级，大跨度钢结构中主要受力构件所采用的钢材；

⑤设计有复验要求的钢材；

⑥对质量有疑义的钢材。

第三节　钢材的种类及影响钢材机械性能的
因素、钢材的疲劳

一、钢材的种类

1. 钢材的种类

钢结构用的钢材主要有两个种类，即碳素结构钢和低合金高强度结构钢。后者因含有锰、钒等合金元素而具有较高的强度。此外，处在腐蚀性介质中的结构，可采用高耐候性结构钢，这种钢因含铜、磷、铬、镍等合金元素而具有较高的抗锈能力。

钢：是含碳量小于2%的铁碳合金。

铁：含碳量大于2%时则为铸铁。

低碳钢：其中纯铁约占99%，碳及杂质元素约占1%。

低合金结构钢：除铁、碳元素外还加入合金元素，合金元素总量通常不超过3%。

1）碳素结构钢

碳素结构钢的牌号（简称钢号）有Q195，Q215A及B，Q235A、B、C及D，Q255A及B以及Q275。其中的Q是屈服强度中屈字汉语拼音的字首，后接的阿拉伯字表示以N/mm²为单位屈服强度的大小，A、B、C或D等表示按质量划分的级别。最后还有一个表示脱氧方法的符号如F或b。从Q195到Q275，是按强度由低到高排列的，钢号的由低到高在较大程度上代表了含碳量的由低到高。

Q195及Q215的强度比较低，而Q255的含碳量上限和Q275的含碳量都超出低碳钢的范围，所以结构在碳素结构钢这一钢种中主要应用Q235这一钢号。

按脱氧程度的不同钢材有镇静钢、半镇静钢与沸腾钢之分。用汉语拼音字首表示，符号分别为Z、b、F。此外还有用铝补充脱氧的特殊镇静钢，用TZ表示。

2）低合金高强度结构钢

低合金高强度结构钢是在钢的冶炼过程中添加少量几种合金元素（合金元素的总量低于5），便钢的强度明显提高，故称低合金高强度结构钢。国家标准规定，低合金高强度结构钢分为Q295、Q345（16Mn和16Mnq）、Q390、Q420、Q460等五种，其符号的含义和碳素结构钢牌号的含义相同。

Q235、Q345和Q390是钢结构设计规范规定采用的钢种。

3）高强钢丝和钢索材料

悬索结构和斜张拉结构的钢索、桅杆结构的钢丝绳等通常都采用由高强钢丝组成的平行钢丝束、钢绞线和钢丝绳。

高强钢丝：由优质碳素钢经过多次冷拔而成，分为光面钢丝和镀锌钢丝两种类型。

平行钢丝束：由7根、19根、37根或61根钢丝组成，钢丝束内各钢丝受力均匀，弹性模量接近一般受力钢材。用来组成钢丝束的钢丝除圆形截面外，还有梯形和异形截面的钢丝。

钢绞线：亦称单股钢丝绳，由多根钢丝捻成，钢丝根数也为7根、19根、37根。7根者捻法最简单，一根在中心，其余6根在周围顺着同一方向缠绕。钢绞线受拉时，中央钢丝应力最大，其他外层钢丝应力稍小。由于各钢丝之间受力不均匀，弹性模量也有所降低。钢绞线也可几根平行放置组成钢绞线束。

2. 钢材的规格

钢结构常用的轧制钢材主要为热轧成型的钢板和型钢两大类。

1）热轧钢板

钢板又分毛边钢板和轧边钢板两种。

（1）毛边钢板是将钢锭经过纵横两个方向辊轧而成的。因此其纵横两个方向的强度均较高。这种钢板多用于钢板梁的腹板和节点板等两向受力处。根据钢板的尺寸，又分薄钢板和厚钢板。厚度在 4mm 以下者为薄钢板，4.5mm 以上者为厚钢板。

（2）轧边钢板即扁钢，这种钢材只在纵向轧制，因此其横向抗拉强度较纵向低，只能用于梁翼缘板及轴向受力构件等单向受力处。

钢板－12×200×1000 表示钢板厚 12mm，宽 200mm，长 1000mm。

2）热轧型钢

常用的型钢有下列几种：

（1）等边角钢和不等边角钢。∟100×12 表示边宽 100mm、厚 12mm 的等边角钢。L100×80×10 表示长边宽 100mm、短边宽 80mm、厚 10mm 的角钢。

（2）槽钢。槽钢型号以高度的 cm 数表示为 5～40 号。同一高度而宽度及厚度不相同时则在型号的后面附加字母 a、b、c 以示区别。槽钢的标注方法为 ∟40a，则表示其高度为 40cm、腿宽为 100mm、腰厚为 10.5mm。

（3）工字钢。工字钢型号以其高度的 cm 数表示为 10～63 号。同一高度而宽度及厚度不相同时，则在型号的后面附加字母 a、b、c 以示区别。工字钢的标注方法为 I25a，则表示工字钢的高度为 25cm、腿宽 116mm、腰厚为 8mm。

宽翼缘的工字钢用得较多，由于它两个方向的稳定性相等，可以单独作受压的柱或梁。

上述各种型钢的详细尺寸及其截面几何特征可查型钢表。

二、影响钢材性能的因素

1. 化学成分的影响

1）碳（C）

碳是形成钢材强度的主要成分。碳含量提高，则钢材强度提高，但同时钢材的塑性、韧性、冷弯性能、可焊性及抗锈蚀能力下降。

2）锰（Mn）

锰能显著提高钢材强度但不过多降低塑性和冲击韧性。锰有脱氧作用，是弱脱氧剂。锰还能消除硫对钢的热脆影响。碳素钢中锰是有益的杂质，在低合金钢中它是合金元素。我国低合金钢中锰的含量在 1.0%～1.7%。但锰可使钢材的可焊性降低，故含量不宜过高。

3）硅（Si）

硅是强脱氧剂。硅能使钢材的粒度变细，控制适量可提高强度而不显著影响塑性、韧性、冷弯性能及可焊性。硅的含量在碳素镇静钢中为 0.12%～0.30%，低合金钢中为 0.2%～0.55%，过量会恶化可焊性及抗锈蚀性。

4）硫和磷

硫使钢材在高温（800～1000℃）时变脆，因而在焊接或热加工时，有可能引起热裂纹，此现象称为钢材的"热脆"。此外，硫还会降低钢的冲击韧性、疲劳强度和抗锈蚀性能。钢中的含硫量，一般不应超过0.055%。普通低合金钢中则不应超过0.050%。

磷能提高钢的强度和抗锈蚀能力，但严重地降低钢的塑性、冲击韧性、冷弯性能和可焊性，特别是在低温时使钢材变脆，即通称为"冷脆"，故对磷的含量要严格控制，一般不应超过0.045%。普通低合金钢不应超过0.050%。

5）氧、氮

氧和氮也属于有害杂质（氮用作合金元素的个别情况除外）。氧使钢"热脆"，氮的影响与磷相似，因此氧和氮的含量也应严格控制。

2. 成才过程的影响

由于在冶炼过程中所产生的缺陷，不仅在构件或结构受力工作时会表现出来，有时在加工中也可表现出来。冶炼中产生的缺陷对钢材有下列影响。

1）偏析

钢中化学成分的不均匀称为偏析。偏析能恶化钢材的性能，特别是硫、磷的偏析会使钢材的塑性、冷弯性能、冲击韧性及可焊性变坏。一般地说，沸腾钢的偏析要比镇静钢严重得多。

2）非金属夹杂

掺杂在钢材中的非金属杂物（硫化物和氧化物）对钢材的性能有极为不利的影响。硫化物在800～1200℃高温下，使钢材变脆（即热脆），氧化物则严重地降低钢材的力学性能和工艺性。

3）裂纹

成品钢材中的裂纹（微观的或宏观的），不论其成因如何均可使钢材的冷弯性能、冲击韧性、疲劳强度大大降低，使钢材抗脆性破坏的能力降低。

4）分层

钢材在厚度方向不密合，分成多层称为分层。分层并不影响垂直于厚度方向的强度，但会严重降低冷弯性能。在分层夹缝处还易锈蚀，甚至形成裂纹，大大降低钢材的冲击韧性、疲劳强度及抗脆断能力。

3. 钢材硬化的影响

钢材的硬化对钢结构是不利的，钢材经过冲孔、剪切、冷压、冷弯等加工后，都会产生局部或整体硬化，这种现象叫做加工硬化或冷作硬化。在加工硬化的区域，钢材出现一些裂纹或损伤，受力后出现应力集中现象，更进一步加剧了钢材的脆性。

4. 温度的影响

当温度低于常温时，钢材的强度会提高，但其塑性和韧性则会随着温度的降低而降低，而温度降到某一临界温度时，钢材会完全处于脆性状态。对于经常处于低温下工作的结构，应特别注意低温变脆的影响。

当温度超过85℃以后，随着温度的升高，钢材的抗拉强度、屈服点及其弹性模量等均随着降低，而应变增大。

5. 应力集中及荷载反复作用的影响

如果构件的截面发生急剧的变化，形成应力集中。截面形状变化越大，应力集中的程度越严重。应力集中的存在将大大加速钢材变脆，使钢材的冲击韧性显著下降。

对于承受动力荷载和反复荷载作用下的结构以及处于低温工作的结构，由于钢材的脆性增加，应力集中的存在往往会产生严重的后果，需要特别注意。

三、钢材的疲劳

1. 疲劳破坏

在荷载的反复作用下，应力集中处的钢材发生塑性变形，经过很多次之后就会形成微观裂缝，然后逐渐发展形成肉眼可见的宏观裂纹，宏观裂纹在反复荷载作用下继续扩展，构件的截面面积逐渐减少，达到一定的循环次数后，被削弱的截面处就会发生突然的脆性断裂。称为疲劳断裂，也称疲劳破坏。疲劳断裂时，截面的应力低于材料的抗拉强度，甚至低于屈服强度，疲劳破坏属于脆性破坏，危险性大。

2. 疲劳验算的有关概念

1）应力循环特征值 ρ

凡构件每发生一次应力大小或应力方向（拉或压）的变化称为一次循环。应力循环特征值 ρ 表示为：

$$\rho = \frac{\sigma_{min}}{\sigma_{max}} \qquad\qquad (4\text{-}16\text{-}1)$$

式中：σ_{min}——每次应力循环中的绝对值较小应力（下限应力）；

σ_{max}——每次应力循环中的绝对值较大应力（上限应力）。

$\rho = -1$ 时，为对称循环，疲劳强度最小；$\rho = 1$ 时，相当于静荷载作用；$\rho = 0$ 时，最大应力为拉应力而最小应力为零，为反对称循环（脉冲循环），疲劳强度稍低于屈服强度；$\rho > 0$ 时，最大应力和最小应力不相等，称为不对称循环，疲劳强度高于屈服强度。因此，ρ 值越小疲劳强度越低，反之则越高。

2）应力循环次数 n

引起疲劳破坏所需要的应力大小，随着循环次数 n 的增加而减少。当保持 ρ 值不变，构件上作用的应力较小其破坏时的循环次数 n 就多，但是当应力小到某一极限值时，循环次数再多，试件也不破坏。桥梁结构中，一般取循环次数为 200 万次时的应力作为钢的疲劳强度。

3）疲劳容许应力的确定

应力的种类（拉、压、弯）、钢材的种类、钢材本身的均匀性、温度和残余应力等都会影响钢的疲劳强度。将影响疲劳强度的各种因素用统一的安全系数 k 予以考虑，得到受拉为主的疲劳容许应力的计算公式为：

$$[\sigma_n] = \frac{[\sigma_0]}{1 - k\rho} \qquad\qquad (4\text{-}16\text{-}2)$$

受压为主的疲劳容许应力的计算公式为：

$$[\sigma_n] = \frac{[\sigma_0]}{k - \rho} \qquad\qquad (4\text{-}16\text{-}3)$$

式中：$[\sigma_0]$——为 $\rho = 0$ 时钢材或连接的疲劳容许应力。

$[\sigma_n]$ 可以查钢构件连接的疲劳容许应力表求得。铆钉采用普通碳素结构钢，是因为它的塑性能够适应连接的要求。

第四节 问题释义

1. 怎样理解钢结构中塑性材料和脆性材料？

塑性材料：有屈服现象的钢材或者虽然没有明显屈服现象而能发生较大塑性变形的钢材，一般属于塑性材料。钢结构需要用塑性材料制作。规范推荐的几种钢材都是塑性好的含碳量低的钢材，它们都是塑性材料。

脆性材料：没有屈服现象或塑性变形能力很小的钢材，则属于脆性材料。钢结构不能用脆性材料如铸铁来制造，因为没有明显变形的突然断裂会在房屋、桥梁及船体等供人使用的结构中造成恶性后果。

所谓塑性材料是指由于材料原始性能以及在常温、静载并一次加荷的工作条件之下能在破坏前发生较大塑性变形的材料。然而一种钢材具有塑性变形能力的大小，不仅取决于钢材原始的化学成分、熔炼与轧制条件，也取决于后来所处的工作条件。即使原来塑性表现极好的钢材，改变了工作条件，如在很低的温度之下受冲击作用，也完全可能呈现脆性破坏。所以，严格地说，不宜把钢材划分为塑性和脆性材料，而应该区分材料可能发生的塑性破坏与脆性破坏。

2. 钢材的延性破坏（塑性破坏）和非延性破坏（脆性破坏）。

延性破坏：超过屈服点即有明显塑性变形产生的构件，当达到抗拉强度时将在很大变形的情况下断裂，这是材料的塑性破坏，也称为延性破坏。塑性破坏的断口常为杯形，并因晶体在剪切之下相互滑移的结果而呈纤维状。塑性破坏前，结构有很明显的变形，并有较长的变形持续时间，便于发现和补救。因此，在钢结构中未经发现与补救而真正发生塑性破坏的情形是很少见的。

脆性破坏：当没有塑性变形或只有很小塑性变形时发生的破坏，是材料的脆性破坏。其断口平直并因各晶粒往往在一个面断裂而呈光泽的晶粒状。由于变形极小并突然破坏，脆性破坏的危险性大。因设计、制造或使用条件不适当而发生脆性破坏的情形是有的。

除选用塑性好的材料外，还必须注意避免或减少导致材料转脆的条件。

3. 结构钢材的屈服点的意义。

屈服点是钢材的一个重要力学特性。其意义在于以下两个方面：

（1）作为结构计算中材料强度标准，或材料抗力标准。应力达到 σ_y 时的应变（约为 $\varepsilon=0.15$）与 σ_p 时的应变（约为 $\varepsilon=0.1$）较接近，可以认为应力达到 σ_y 时为弹性变形的终点。同时，达到 σ_y 后在一个较大的应变范围内（约从 $\varepsilon=0.15\%$ 到 $\varepsilon=2.5\%$）应力不会继续增加，表示结构一时丧失继续承担更大荷载的能力，故此以 σ_y 作为弹性计算时强度的标准。

（2）形成理想弹塑性体的模型，为发展钢结构计算理论提供基础。σ_y 之前，钢材近于理想弹性体，σ_y 之后，塑性应变范围很大而应力保持不增长，所以接近理想塑性体。钢结构设计规范对塑性设计的规定，就以材料是理想弹塑性体的假设为依据，忽略了应变硬化的有利作用。

有屈服平台并且屈服平台末端的应变比较大，这就有足够的塑性变形来保证截面上的应力最终都达到 σ_y。因此一般的强度计算中不考虑应力集中和残余应力。在拉杆中截面的应力按均匀分布计算，即以此为基础。

（3）热处理钢材有较好的塑性性质但没有明显的屈服点和屈服平台，应力应变曲线形成一条连续曲线。对于没有明显屈服点的钢材，规定永久变形为 0.2% 时的应力作为屈服点，把这种名义屈服点称作屈服强度。

4. 钢材韧性的意义。

钢材韧性是钢材在一次拉伸静载作用下断裂时所吸收的能量，用单位体积吸收的能量来表示，其值等于应力—应变曲线下的面积。

实际工作中，不用上述方法来衡量钢材的韧性，而用冲击韧性衡量钢材抗脆断的性能，因为实际结构中脆性断裂总是发生在有缺口高峰应力的地方，最有代表性的是钢材的缺口冲击韧性，简称冲击韧性或冲击功。

冲击韧性的测量方法：我国过去多用梅氏（Mesnger）方法进行。该法规定用跨中带U形缺口的方形截面小试件在规定试验机上进行。试件在摆锤冲击下折断后，断口处单位面积上的功即为冲击韧性值，用 a_k 表示，单位为 J/cm^2。

现行国家标准《碳素结构钢》（GB 700—88）规定采用国际上通用的夏比试验法，试件和梅氏试件的区别仅仅在于带 V 形缺口，由于 V 形缺口比较尖锐，缺口根部的高峰应力及其附近的应力状态能更好地描绘实际结构的缺陷。夏比缺口韧性用 A_{kv} 或 C_v 表示，其值为试件折断所需的功，单位为 J。因为试件都用同一标准尺寸，不用缺口处单位面积的功，可以使测量工作简化。

缺口韧性值受温度影响，温度低于某值时将急剧降低。设计处于不同环境温度的重要结构，尤其是受动载作用的结构时，要根据相应的环境温度对应提出常温（20±5℃）冲击韧性、0℃冲击韧性或负温（—20℃或—40℃）冲击韧性的保证要求。

5. 蓝脆现象。

在 250℃ 左右，钢材的抗拉强度略有提高，而塑性和冲击韧性下降，钢材会变脆，这种现象称为蓝脆。钢材不应在此温度下进行加工，以防钢材发生裂纹。

6. 疲劳破坏。

钢材在连续的反复荷载作用下，其应力虽然低于抗拉强度，甚至低于屈服点时，也往往会发生突然破坏。这种现象叫做钢材的疲劳破坏。导致疲劳破坏的应力叫做疲劳强度。

与前述钢材的静力拉伸试验时的塑性破坏不同，它并不出现明显的变形和局部颈缩，往往不被人们所注意，而是一种突然发生的脆性破坏。即使材料具有良好的韧性性能，并且构件中没有任何缺陷，也没有截面的突然改变，疲劳破坏也同样会发生。因此对于经常直接承受动力荷载的结构，必须进行疲劳验算。对只承受数值变动的压力构件和临时性结构物的构件，可不必验算疲劳强度。

7. 钢结构用钢材的性能要求。

（1）较高的强度。

（2）足够的变形能力。

（3）良好的加工性能。

（4）适应低温。

(5) 防有害介质侵蚀。

(6) 承受重复荷载的性能。

(7) 容易生产，价格便宜。

8. 钢材质量等级的划分。

钢号中质量分级由 A 到 D，表示质量的由低到高。质量高低主要是以对冲击韧性的要求区分的。对 A 级钢，冲击韧性不作为要求条件，对冷弯试验只在需方有要求时才进行，而 B、C、D 各级则都要求冲击韧性值不小于 27J，不过三者的试验温度有所不同，B 级要求常温（20±5℃）冲击值，C 和 D 级则分别要求 0℃和−20℃冲击值。B、C、D 级也都要求冷弯试验合格。为了满足以上性能要求，不同等级的 Q235 钢的化学元素含量略有区别。对 C 级和 D 级钢要提高其锰含量以改进韧性，同时降低其含碳量的上限以保证可焊性，此外，还降低它们的硫、磷含量以保证质量。

9. 钢材表达方法及符号代表的意义。

以 Q235 钢为例，其钢号表示法及代表的意义如下：

Q235A   屈服强度为 235MPa，A 级，镇静钢；

Q235A·b   屈服强度为 235MPa，A 级，半镇静钢；

Q235A-F   屈服强度为 235MPa，A 级，沸腾钢；

Q235B   屈服强度为 235MPa，B 级，镇静钢；

Q235B·b   屈服强度为 235MPa，B 级，半镇静钢；

Q235B·F   屈服强度为 235MPa，B 级，沸腾钢；

Q235C   屈服强度为 235MPa，C 级，镇静钢；

Q235D   屈服强度为 235MPa，D 级，特殊镇静钢。

低合金钢和碳素结构钢一样，也包括 A、B、C、D、E 五种质量等级，不同质量等级是按对冲击韧性（夏比 V 形缺口试验）的要求区分的。低合金高强度结构钢的 A、B 级属于镇静钢，C、D、E 级属于特殊镇静钢。

16 锰钢表示平均碳当量为 0.16%，而含锰量在 1.5%以下。它具有强度高，塑性、韧性和可焊性都好等优点，16 锰桥钢表示专用于桥梁的 16 锰钢。它抗低温抗冲击韧性和强度均比 16 锰钢为高，因而对于动荷载较大的铁路钢桥目前多采用 16 锰桥钢。

10. 钢材选用的原则。

选择钢材的目的是要做到结构安全可靠，同时用材经济合理。为此，在选择钢材时应考虑下列各因素：

(1) 结构或构件的重要性；

(2) 荷载性质（静载或动载）；

(3) 连接方法（焊接、铆接或螺栓连接）；

(4) 工作条件（温度及腐蚀介质）。

(5) 对于重要结构、直接承受动载的结构、处于低温条件下的结构及焊接结构，应选用质量较高的钢材。

(6) 连接所用钢材，如焊条、自动或半自动焊的焊丝及螺栓的钢材应与主体金属的强度相适应。

第五节 综合训练及参考答案

一、综合训练

1. 选择题

(1) 钢结构设计规范推荐使用的承重结构钢材是（　）。

  A. Q235、45 号钢、Q345　　　　　B. Q235、Q345、Q390

  C. Q235、45 号钢、Q420 钢　　　　D. Q235、35 号钢、Q190

(2) 承重结构所用钢材应保证的基本力学性能内容应是什么？（　）

  A. 抗拉强度、碳含量、冷弯性能　　B. 抗拉强度、屈服强度、伸长率

  C. 屈服强度、伸长率、韧性性能　　D. 抗拉强度、伸长率、冷弯性能

(3) 结构钢的三项主要力学（机械）性能指标是什么？（　）

  A. 抗拉强度、碳含量、冷弯性能　　B. 抗拉强度、屈服强度、伸长率

  C. 屈服强度、伸长率、韧性性能　　D. 抗拉强度、伸长率、冷弯性能

(4) 关于常用结构钢材的叙述中，下列哪种说法是正确的？（　）

  A. 常用结构钢材一般分为普通碳素钢和优质碳素钢两大类

  B. 普通碳素钢随钢号增大，强度降低，伸长率降低

  C. 普通碳素钢随钢号增大，强度提高，伸长率增加

  D. 普通碳素钢按脱氧程度分为沸腾钢、镇静钢、半镇静钢三种

(5) 钢结构所用钢材，按含碳量划分应属于哪一种钢？（　）

  A. 各种含碳量的钢材　　　　　　　B. 高碳钢

  C. 低碳钢　　　　　　　　　　　　D. 中碳钢

(6) 在什么温度下，钢结构会失去承载力，产生很大的变形？（　）

  A. 150～200℃　　B. 250～300℃　　C. 350～400℃　　D. 450～600℃

(7) 在钢材的化学成分中，下列哪种元素会使钢材转向冷脆？（　）

  A. S、P　　　　　B. S、P、O、N　　C. P、N　　　　　D. S、O

(8) 我国规范中，对焊接结构规定了严格的含碳量标准，即要求含碳量不大于多少？（　）

  A. 0.02%　　　　B. 0.6%　　　　　C. 0.2%　　　　　D. 2.0%

(9) 工字钢 I20a 中的数字 20 表示什么内容？（　）

  A. 工字钢截面高度 200mm　　　　B. 工字钢截面高度 20mm

  C. 工字钢截面宽度 200mm　　　　D. 工字钢截面宽度 20mm

(10) 关于钢材规格的叙述，下列哪种说法不正确？（　）

  A. 热轧钢板—20×300×9000 代表钢板厚 20mm，宽 0.3m，长 9m

  B. 角钢 L140×90×10 代表不等边角钢，长肢宽 140mm，短肢宽 90mm，厚
   10mm

  C. I25b 代表工字钢，高度为 250mm，字母 b 表示工字钢翼缘宽度类型

  D. 角钢 L90×8 代表等边角钢，肢宽 90mm，厚 8mm

(11) 钢结构的主要缺点之一是什么？（　）

  A. 结构的自重大　　　　　　　　　B. 施工困难

  C. 不耐火、易锈蚀　　　　　　　　D. 不便于加工

(12) 随着钢材的厚度增大，下列哪种说法是正确的？（　　）

    A. 抗拉、抗弯、抗剪强度值减小

    B. 抗拉、抗压、抗弯强度值增大

    C. 抗拉、抗剪强度值减小；抗压强度值增大

    D. 抗拉、抗压、抗弯强度值增大，抗剪强度值减小

(13) 现行《公路桥涵钢结构及木结构设计规范》（JTJ 025—86）所采用的钢结构设计方法是下列哪一种？（　　）

    A. 半概率、半经验的极限状态设计法

    B. 容许应力法

    C. 以概率理论为基础的极限状态设计方法

    D. 全概率设计法

(14) 设计承重结构或构件时，承载能力极限状态涉及的计算内容有哪些？（　　）

    A. 强度、梁的挠度　　　　　　B. 稳定性、柱的变形

    C. 梁的挠度、柱的变形　　　　D. 强度、稳定性

2. 问答题

(1) 简述钢结构对钢材的要求、指标，规范推荐使用的钢材有哪些？

(2) 哪些因素可使钢材变脆？从设计角度防止构件脆断的措施有哪些？

(3) 什么是钢材的可焊性？影响钢材可焊性的化学元素有哪些？

(4) 什么情况下会产生应力集中？应力集中对材料性能有何影响？

(5) 选择钢材应考虑哪些因素？

(6) 什么是疲劳断裂？他的特点如何？简述其破坏过程。

二、参考答案

1. 选择题

(1) B　　(2) B　　(3) B　　(4) D　　(5) C　　(6) D　　(7) C

(8) C　　(9) A　　(10) C　　(11) C　　(12) A　　(13) B　　(14) D

2. 问答题

(1) 钢结构用材必须具有下列性能：

①较高的强度；

②足够的变形能力；

③良好的加工性能；

④适应低温；

⑤防有害介质侵蚀；

⑥承受重复荷载的性能；

⑦容易生产，价格便宜。

钢材力学指标有：屈服强度、抗拉强度、伸长率、冲击韧性、冷弯性能。

钢结构设计规范推荐使用：普通碳素结构钢和低合金高强度结构钢。

(2) 使钢材变脆的因素：

①化学元素：硫、氧使钢材在高温时变脆，为钢材的"热脆"。磷、氮在低温时使钢材变脆，即通称为"冷脆"。

②成才过程。

③钢材的硬化。

④温度的影响。

⑤应力集中。

⑥钢材疲劳。

防脆断的措施：合理选择钢材、避免应力集中现象、注意结构所处的温度、结构所受的荷载（动荷载、静荷载）防止疲劳破坏。

（3）答：可焊性是指采用一般焊接工艺就可完成合格的（无裂纹的）焊缝的性能。实际上是指钢材在采用一定的焊接方法、焊接材料、焊接工艺参数及一定的结构形式等条件下，获得合格焊缝的易难程度。影响钢材的可焊性的因素有：

①碳含量：碳含量在 0.12% ~0.20% 范围内的碳素钢，可焊性最好。碳含量再高可使焊缝和热影响区变脆。

②合金元素含量：提高钢材强度的合金元素大多也对可焊性有不利影响。衡量低合金钢的可焊性可以用其碳当量。

（4）答：当截面完整性遭到破坏，如有裂纹（内部的或表面的）、孔洞、刻槽、凹角以及截面的厚度或宽度突然改变时，构件中的应力分布将变得很不均匀。在缺陷或截面变化处附近，应力线曲折、密集、出现高峰应力，就会产生应力集中。

孔边应力高峰处将产生双向或三向的应力。三向同号应力且各应力数值接近时，材料不易屈服。当为数值相等三向拉应力时，直到材料断裂也不屈服。没有塑性变形的断裂是脆性断裂。所以，三向应力的应力状态，使材料沿力作用方向塑性变形的发展受到很大约束，材料容易脆性破坏。因此，对于钢材应该要求更高的韧性。

（5）答：①结构安全可靠，满足使用要求，节约钢材，降低造价。

②选择钢材的性能，如强度、刚度足够，塑性、韧性比较适宜，加工性能好等。

③钢材使用位置的不同，如公路钢桥主体结构采用的钢号，常见的有16Mn普通低合金钢和普通碳素结构钢。支座通常用铸钢比较适宜。

（6）答：疲劳断裂是微观裂缝在连续重复荷载作用下不断扩展直至断裂的脆性破坏。断口可能贯穿于母材，可能贯穿于连接焊缝，也可能贯穿于母材及焊缝。

特点：出现疲劳断裂时，截面上的应力低于材料的抗拉强度，甚至低于屈服强度。同时，疲劳破坏属于脆性破坏，塑性变形极小，因此是一种没有明显变形的突然破坏，危险性较大。

疲劳断裂的三个阶段：

①裂纹的形成。对建筑钢结构来说不存在裂纹形成阶段，因为焊缝中经常有微观裂纹或者孔洞、夹渣等缺陷，这些缺陷与微裂纹类似。

②裂纹缓慢扩展。微观裂纹随着应力的连续重复作用而扩展，裂纹两边的材料时而相互挤压时而分离，形成光滑区。

③最后迅速断裂。裂纹的扩展使截面愈易被削弱，至截面残余部分不足以抵抗破坏时，构件突然断裂，因有撕裂作用而形成粗糙区。

第十七章 钢结构的连接

钢结构是由钢板、型钢通过必要的连接组成构件，各构件再通过一定的安装连接而形成整体结构。本章重点介绍钢结构连接的几种方法、连接的构造要求及连接的设计计算。

钢结构的连接方法可分为焊接、铆接、普通螺栓连接和高强度螺栓连接，如图 4-17-1 所示。

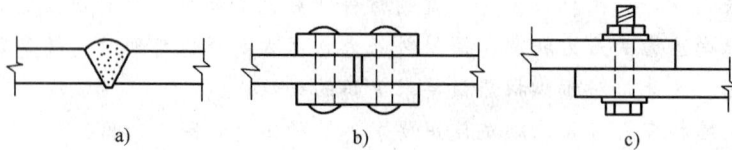

图 4-17-1　钢结构的连接方法

a) 焊缝连接；b) 铆钉连接；c) 螺栓连接

第一节　钢材焊接的形式，焊缝计算

焊缝连接是钢结构最主要的连接方法，其优点是构造简单、不削弱构件截面、节约钢材、加工方便、易于采用自动化操作、连接的密封性好、刚度大。缺点是焊接残余应力和残余变形对结构有不利影响，焊接结构的低温冷脆问题也比较突出。

一、常用焊接方法

钢结构中一般采用的焊接方法有电弧焊、电渣焊、气体保护焊和电阻焊等。

电弧焊的质量比较可靠，是钢结构最常用的焊接方法。电弧焊可分为手工电弧焊、自动或半自动埋弧焊。

二、焊缝连接形式

1. 连接形式

焊缝连接形式按被连接构件间的相对位置分为平接、搭接、T 形连接和角接四种。这些连接所采用的焊缝形主要有对接焊缝和角焊缝。

图 4-17-2a）所示为用对接焊缝的平接连接，它的特点是用料经济，传力均匀平缓，没有明显的应力集中，承受动力荷载的性能较好。

图 4-17-2b）所示为用拼接板和角焊缝的平接连接，这种连接传力不均匀、费料，但施工简便，所接两板的间隙大小无需严格控制。

图 4-17-2c）所示为用顶板和角焊缝的平接连接，施工简便，用于受压构件较好。受拉构件为了避免层间撕裂，不宜采用。

图 4-17-2d）所示为用角焊缝的搭接连接，这种连接传力不均匀，材料较费，但构造简单，施工方便，目前广泛应用。

图 4-17-2e）所示为用角焊缝的 T 形连接，构造简单，受力性能较差，应用也颇广泛。

图 4-17-2f）所示为焊透的 T 形连接，其性能与对接焊缝相同。在重要的结构中用它来代替图 4-17-2e）的连接。长期实践证明：这种要求焊透的 T 形连接焊缝，即使有未焊透现象，但因腹板边缘经过加工，焊缝收缩后使翼缘和腹板顶得十分紧密，焊缝受力情况大为改善，一般能保证使用要求。

图 4-17-2g）、h）所示为用角焊缝和对接焊缝的角接连接。

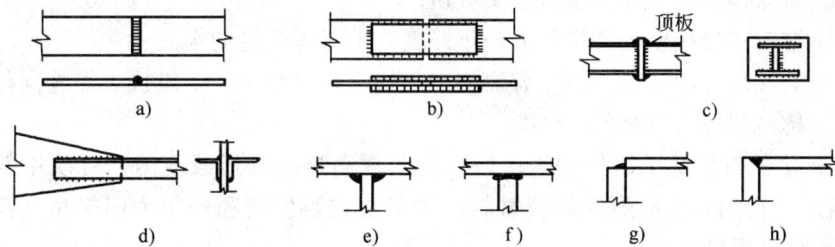

图 4-17-2　焊缝连接形式

2. 焊缝形式

对接焊缝按所受力的方向可分为对接正焊缝和对接斜焊缝（图 4-17-3a）、b）。

角焊缝长度方向垂直于力作用方向的称为正面角焊缝，平行于力作用方向的称为侧面角焊缝，如图 4-17-3c）所示。

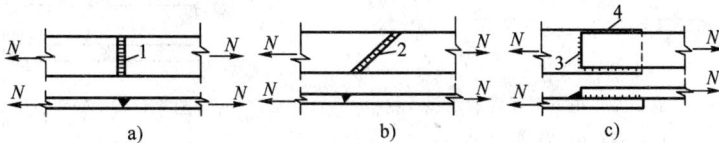

图 4-17-3　焊缝形式
1、2、3、4-焊缝

焊缝按沿长度方向的分布情况来分，有连续角焊缝和断续角焊缝两种形式。

焊缝按施焊位置分，有俯焊（平焊）、立焊、横焊、仰焊几种，如图 4-17-4 所示。俯焊的施焊工作方便，质量最易保证。立焊、横焊的质量及生产效率比俯焊差一些。

仰焊操作条件最差，焊缝质量不易保证，因此应尽量避免采用仰焊焊缝。

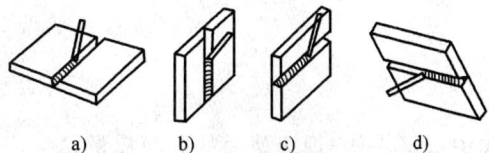

图 4-17-4　焊缝施焊位置
a）俯焊；b）立焊；c）横焊；d）仰焊

二、焊缝计算

1. 对接焊缝

当焊条的型号符合《公路桥涵钢结构及木结构设计规范》(JTJ 025—86)，且焊接的质量有保证时，对接焊缝的各项容许应力规定与钢材的容许应力相同，故对接连接的焊缝可不用验算强度。

对接焊缝的应力分布情况，基本上与焊件原来的情况相同，可用计算焊件的方法进行计算。对于重要的构件，按一、二级标准检验焊缝质量，焊缝和构件等强，不必另行计算。三级焊缝按下列各式验算焊缝的强度。

(1) 轴心受力的对接焊缝，如图 4-17-5a) 所示，按下式计算：

$$\sigma = \frac{N}{L_w t} \leqslant [\sigma_t] \tag{4-17-1}$$

式中：N——轴心拉力或压力的设计值；

L_w——焊缝计算长度，当采用引弧板施焊时，取焊缝实际长度；当未采用引弧板时，每条焊缝取实际长度减去 10mm；

t——在对接连接中为连接件的较小厚度，不考虑焊缝的余高；

$[\sigma_t]$——对接焊缝的抗拉、抗压容许应力，抗压焊缝和一、二级抗拉焊缝同母材，三级抗拉焊缝为母材的 85%。

当正缝连接的强度低于焊件的强度时，为了提高连接的承载能力，可改用斜缝，如图 4-17-5b) 所示，但用斜缝时焊件较费材料。规范规定当斜缝和作用力间夹角 θ 符合 $\tan\theta \leqslant 1.5$ 时，可不计算焊缝强度。

(2) 受弯、受剪的对接焊缝计算。

矩形截面的对接焊缝，其正应力与剪应力的分布分别为三角形与抛物线形，如图 4-17-6 所示，应分别计算正应力和剪应力。

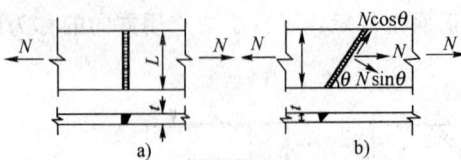

图 4-17-5 轴心力作用下对接焊缝连接
a) 正缝；b) 斜缝

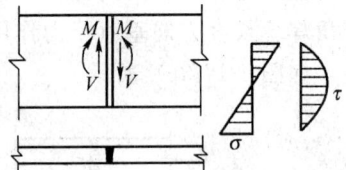

图 4-17-6 受弯、受剪的对接焊缝

正应力：

$$\sigma = \frac{M}{W_w} \leqslant [\sigma_t] \tag{4-17-2}$$

剪应力：

$$\tau = \frac{V S_w}{I_w t} \leqslant [\tau] \tag{4-17-3}$$

式中：W_w——焊缝截面的截面模量；

I_w——焊缝截面对其中性轴的惯性矩；

S_w——焊缝截面在计算剪应力处以上部分对中性轴的面积矩；

M、V——弯矩、剪力计算值。

I 字形、箱形、T 形等构件，在腹板与翼缘交接处焊缝截面同时受有较大的正应力 σ_1 和较大的剪应力 τ_1，对此类截面构件，除应分别验算焊缝截面最大正应力和剪应力外，还应按下式验算折算应力：

$$\sqrt{\sigma_1^2 + 3\tau_1^2} \leqslant 1.1[\sigma_t] \tag{4-17-4}$$

式中：σ_1、τ_1——验算点处（腹板、翼缘交接点）焊缝截面正应力和剪应力。

2. 角焊缝

角焊缝的形式如图 4-17-7 所示，在学习中要注意角焊缝的尺寸限制的要求。按照焊缝与力的作用方向不同，角焊缝可以分为侧面角焊缝、正面角焊缝及围焊焊缝。杆件与节点板的连接焊缝，一般采用两面侧焊，也可采用三面围焊，对角钢杆件也可用 L 形围焊，所有围焊的转角处必须连续施焊。当角焊缝的端部在构件转角处时，可连续地作长度为 $2h_f$ 的绕角焊，以免起落弧缺陷发生在应力集中较大的转角处，从而改善连接的工作。

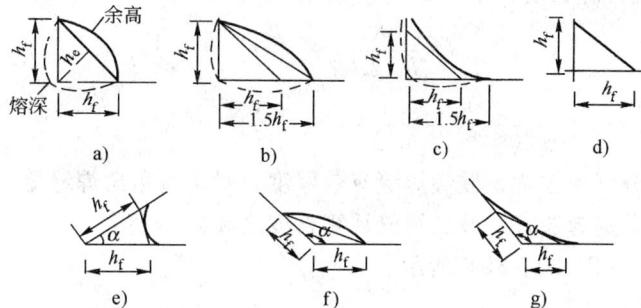

图 4-17-7　角焊缝的形式

1）受轴心力焊件的拼接板连接

当焊件受轴心力，且轴力通过连接焊缝群形心时，焊缝有效截面上的应力可认为是均匀分布的，可按下式计算：

$$\tau = \frac{N}{he \sum l_w} \leqslant [\tau_f] \tag{4-17-5}$$

式中：h_e——角焊缝的有效厚度，取 $0.7h_f$；

$\sum l_w$——连接一侧角焊缝的计算长度之和，自动焊取焊缝的实际长度，手工焊取实际长度减 10mm；

$[\tau_f]$——角焊缝的容许应力，取用焊件的容许剪应力。

用拼接板将两焊件连成整体，需要计算拼接板和连接一侧（左侧或右侧）角焊缝的强度。

2）受轴心力作用的角钢连接

（1）当用侧面角焊缝连接角钢时，虽然轴心力通过角钢截面形心，但肢背焊缝和肢尖焊缝到形心的距离 $e_1 \neq e_2$，如图 4-17-8 所示，受力大小不等。设肢背焊缝受力为 N_1，肢尖焊缝受力为 N_2，由平衡条件得：

$$N_1 = \frac{e_2}{e_1 + e_2} = K_1 N \tag{4-17-6}$$

$$N_2 = \frac{e_1}{e_1 + e_2} = K_2 N \tag{4-17-7}$$

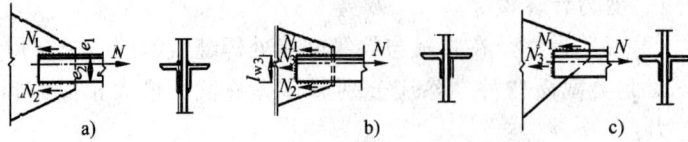

图 4-17-8 角钢角焊缝上受力分配

a) 两面侧焊；b) 三面围焊；c) L 形焊

式中：K_1、K_2——角钢肢背、肢尖焊缝内力分配系数，见表 4-17-1。

角钢角焊缝内力分配系数

表 4-17-1

连接情况	内力分配系数		连接情况	内力分配系数	
	K_1	K_2		K_1	K_2
等肢角钢一肢连接	0.7	0.3	不等肢角钢长肢连接	0.65	0.35
不等肢角钢短肢连接	0.75	0.25			

验算肢背、肢尖焊缝强度：

$$\frac{N_1}{h_{e1} \sum l_{w1}} \leqslant [\tau_f] \tag{4-17-8}$$

$$\frac{N_2}{h_{e2} \sum l_{w2}} \leqslant [\tau_f] \tag{4-17-9}$$

式中：h_{e1}、h_{e2}——分别为肢背、肢尖焊缝有效厚度，对于直角角焊缝等于 $0.7h_f$；

$\sum l_{w1}$、$\sum l_{w2}$——分别为肢背、肢尖焊缝计算长度之和。

（2）三面围焊，如图 4-17-8b) 所示。

正面角焊缝受力：

$$N_3 = h_e l_{w3} [\tau_f] \tag{4-17-10}$$

利用平衡关系得：

$$N_1 = k_1 N - \frac{N_3}{2} \tag{4-17-11}$$

$$N_2 = k_2 N - \frac{N_3}{2} \tag{4-17-12}$$

（3）L 形焊，如图 4-17-8c) 所示。

$$N_1 = (1 - 2k_2)N \tag{4-17-13}$$

$$N_3 = -2k_2 N \tag{4-17-14}$$

3）扭矩、剪力共同作用下角焊缝计算

如图 4-17-9 所示，在偏心拉力 N 作用下，产生扭矩 T 和剪力 N，角焊缝的破坏主要是由剪切引起的，扭矩、剪力共同作用下仍是验算剪应力。

剪力 N 在焊缝中产生的剪应力为：

$$\tau_N = \frac{N}{h_e \sum l_w} \tag{4-17-15}$$

扭矩 $T = N \cdot e$ 在焊缝 A 产生的最大剪应力为：

$$\tau_A = \frac{T \cdot r}{I_0} = \frac{T \cdot r}{I_x + I_y} \tag{4-17-16}$$

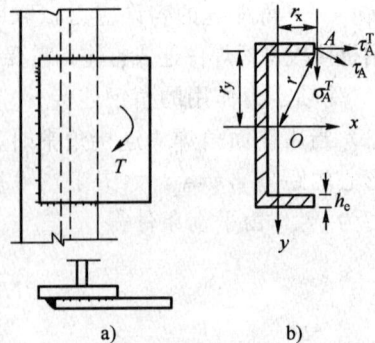

图 4-17-9 扭矩作用时角焊缝应力

式中：I——焊缝有效截面绕形心 O 的极惯性矩，

I_x，I_y 分别为焊缝有效截面绕 x，y 轴的惯性矩，$I_0 = I_x + I_y$；

　r——距形心最远点到形心的距离；

　T——扭矩设计值；

　τ_T——在焊缝中由扭矩引起的最大剪应力；

记为 τ_A 只是权宜之计，将它分解到 x 轴方向（沿焊缝长度方向）和 y 轴方向（垂直焊缝长度方向）的分应力为：

$$\tau_A^T = \tau_A \cdot \cos\phi = \frac{T \cdot r_y}{J} \tag{4-17-17}$$

$$\sigma_A^T = \tau_A \sin\phi = \frac{T \cdot r_x}{J} \tag{4-17-18}$$

焊缝中最大组合应力验算公式为：

$$\tau_A = \sqrt{(\tau_N + \sigma_A^T)^2 + (\tau_A^T)^2} \leqslant [\tau_f] \tag{4-17-19}$$

4）弯矩、剪力、轴力共同作用下角焊缝计算

如图 4-17-10 所示，将所受水平力 N，垂直力 V 平移到焊缝群形心，得到弯矩 $M = V \cdot e$，剪力 V 和轴力 N。弯矩作用下，焊缝有效截面上的应力为三角形分布，方向与焊缝长度方向垂直。剪力 V 在焊缝有效截面上产生沿焊缝长度方向均匀分布的应力。N 力产生垂直于焊缝长度方向均匀分布的应力。三种应力状态叠加，危险点 A 的受力状态如图 4-17-10 所示。

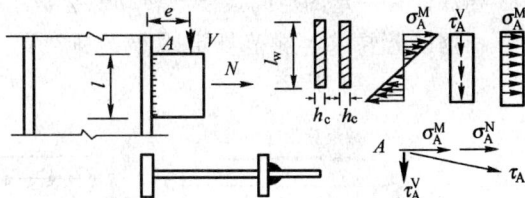

图 4-17-10 受弯、受剪、受轴心力的角焊缝应力

$$\sigma_A^M = \frac{M}{W_w} \tag{4-17-20}$$

$$\tau_A^V = \frac{V}{h_e \sum l_w} \tag{4-17-21}$$

$$\sigma_A^N = \frac{N}{h_e \sum l_w} \tag{4-17-22}$$

A 点处角焊缝应力计算公式为：

$$\tau_A = \sqrt{(\sigma_A^M + \sigma_A^N)^2 + (\tau_A^V)^2} \leqslant [\tau_f] \tag{4-17-23}$$

弯矩、剪力共同作用时角焊缝计算：

$$\tau_A = \sqrt{(\sigma_A^M)^2 + (\tau_A^V)^2} \leqslant [\tau_f] \tag{4-17-24}$$

弯矩、轴力共同作用下角焊缝计算：

$$\tau_A = \sigma_A^M + \sigma_A^N \leqslant [\tau_f] \tag{4-17-25}$$

仅弯矩作用下角焊缝计算：

$$\tau_A = \tau_A^M \leqslant [\tau_f] \tag{4-17-26}$$

第二节　普通螺栓连接、铆钉连接

普通螺栓连接的优点是施工简单、拆装方便。缺点是用钢量多。适用于安装连接和需要经常拆装的结构。

普通螺栓分为 C 级螺栓和 A 级、B 级螺栓。螺栓一般用 Q235 钢制成。

铆钉连接的优点是塑性和韧性较好,传力可靠,质量易于检查,适用于直接承受动载结构的连接。缺点是构造复杂,用钢量多,目前已很少采用。

一、螺栓的排列和构造要求

螺栓在构件上的排列可以是并列或错列,排列时应考虑下列要求。

1. 受力要求

为避免钢板端部不被剪断,螺栓的端距不应小于 $2d_0$,d_0 为螺栓孔径。对于受拉构件,各排螺栓的栓距和线距不应过小,否则螺栓周围应力集中相互影响较大,且对钢板的截面削弱过多,从而降低其承载能力。对于受压构件,沿作用力方向的栓距不宜过大,否则在被连接的板件间容易发生凸曲现象。铆钉排列的要求与螺栓类同。

2. 构造要求

若栓距及线距过大,则构件接触面不够紧密,潮气易于侵入缝隙而发生锈蚀。

3. 施工要求

要保证有一定的空间,便于转动螺栓扳手。

根据以上要求,规范规定螺栓的排列最大和最小间距如图 4-17-11、图 4-17-12 及表 4-17-2、表 4-17-3 所示。

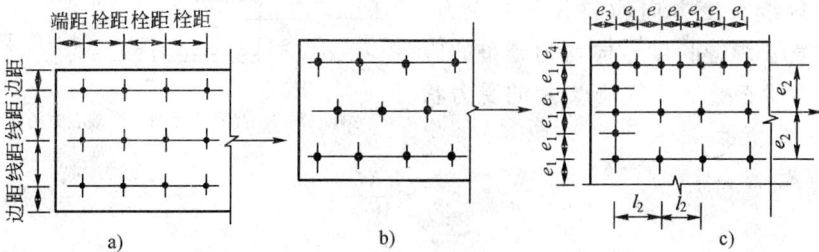

图 4-17-11　钢板上螺栓的排列

a) 并列;b) 错列;c) 容许距离

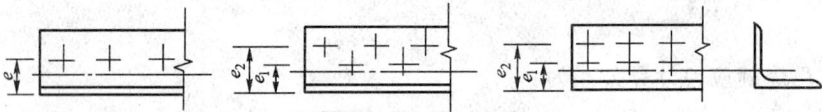

图 4-17-12　角钢上螺栓的排列

螺栓或铆钉的最大与最小容许距离　　　　　　　　　　　　表 4-17-2

名　　称	位置和方向			最大容许距离 (取两者的较小值)	最小容许距离
中心间距	任意方向	外排		$8d_0$ 或 $12t$	$3d_0$
		中间排	构件受压力	$12d_0$ 或 $18t$	
			构件受拉力	$16d_0$ 或 $24t$	
中心至构件边缘的距离	垂直内力方向	顺内力方向			$2d_0$
		切割边		$4d_0$ 或 $8t$	$1.5d_0$
		轧制边	高强度螺栓		
			其他螺栓或铆钉		$1.2d_0$

注:1. d_0 为螺栓孔或铆钉孔的直径,t 为外层较薄板件厚度。

　　2. 钢板边缘与刚性构件(如角钢、槽钢等)相连的螺栓或铆钉的最大间距,可按中间排的数值采用。

单 行 排 列	角钢肢宽	40	45	50	56	63	70	75	80	90	100	110	125
	线距 e	25	25	30	30	35	40	40	45	50	55	60	70
	钉孔最大直径	11.5	13.5	13.5	15.5	17.5	20	22	22	24	24	26	26

双行错排	角钢肢宽	125	140	160	180	200	双 行 并 列	角钢肢宽	160	180	200
	e_1	55	60	70	70	80		e_1	60	70	80
	e_2	90	100	120	140	160		e_2	130	140	160
	钉孔最大直径	24	24	26	26	26		钉孔最大直径	24	24	26

二、普通螺栓连接受剪、受拉计算

普通螺栓连接按螺栓传力方式，可分为抗剪螺栓和抗拉螺栓连接。抗剪螺栓依靠螺栓杆的承压和抗剪来传力。抗拉螺栓依靠螺杆受拉来传递平行于螺杆的外力。

1. 抗剪螺栓连接

抗剪计算的容许承载力：

$$[N_v^b] = n_v \frac{\pi d^2}{4} [\sigma_v^b] \qquad (4\text{-}17\text{-}27)$$

承压计算的容许承载力：

$$[N_c^b] = d \sum t \ [\sigma_c^b] \qquad (4\text{-}17\text{-}28)$$

式中：　n_v——螺栓受剪面数，单剪 $n_v = 1$，双剪 $n_v = 2$，四剪面 $n_v = 4$；

d——螺栓杆直径，对铆接取孔径 d_0；

$\sum t$——在同一方向承压的构件较小总厚度；

$[\sigma_v^b]$、$[\sigma_c^b]$——螺栓的抗剪、承压容许应力值。

一个抗剪螺栓的容许承载力值应该取 $[N_v^b]$ 和 $[N_c^b]$ 的最小值。

2. 抗拉螺栓连接

在抗拉螺栓连接中，外力趋向于将被连接构件拉开，而使螺栓受拉，最后螺栓杆会被拉断。

一个抗拉螺栓的承载力容许值按下式计算：

$$[N_t^b] = \frac{\pi d_1^2}{4} [\sigma_t^b] \qquad (4\text{-}17\text{-}29)$$

式中：d_1——普通螺栓或锚栓螺纹处的有效直径，对铆钉连接取孔径 d_0；

$[\sigma_t^b]$——普通螺栓或锚栓的抗拉容许应力值。

3. 螺栓群的计算

1）螺栓群在轴心力作用下的抗剪计算

当外力通过螺栓群形心时，假定螺栓平均分担剪力，接头一边所需要的螺栓数目为：

$$n = \frac{N}{[N^b]_{max}} \qquad (4\text{-}17\text{-}30)$$

式中：N——作用于螺栓群的轴心力的设计值。

构件的净截面强度验算：

$$\sigma = \frac{N}{A_n} \leqslant [\sigma] \qquad (4\text{-}17\text{-}31)$$

式中：A_n——净截面面积。

2) 螺栓群在扭矩作用下的抗剪计算

承受扭矩的螺栓连接，一般都是先布置好螺栓，计算时假定：

（1）被连接构件是刚性的，而螺栓则是弹性的。

（2）各螺栓绕螺栓群形心 O 旋转如图 4-17-13 所示，其受力大小与其至螺栓群形心的距离成正比，力的方向与其和螺栓群形心的连线相垂直。

图 4-17-13 所示连接，螺栓群承受扭矩 T，而使每个螺栓受剪。设各螺栓至其形心的距离分别为 r_1、r_2、r_3、$\cdots$、r_n，所承受的剪力分别为 N_1^T、N_2^T、N_3^T、$\cdots$、N_n^T。

图 4-17-13　螺栓群受扭计算

由力的平衡条件，各螺栓的剪力对螺栓群形心 O 的力矩总和应等于外扭矩 T，故有：

$$T = N_1^T r_1 + N_2^T r_2 + N_3^T r_3 + \cdots + N_n^T r_n \tag{4-17-32}$$

由于螺栓受力大小与其距 O 点的距离成正比，于是：

$$\frac{N_1^T}{r_1} = \frac{N_2^T}{r_2} = \frac{N_3^T}{r_3} = \cdots = \frac{N_n^T}{r_n}$$

因而

$$N_2^T = \frac{N_1^T r_2}{r_1}, \quad N_3^T = \frac{N_1^T r_3}{r_1}, \quad \cdots, \quad N_n^T = \frac{N_1^T r_n}{r_1} \tag{4-17-33}$$

将式（4-17-33）代入式（4-17-32）得：

$$T = \frac{N_1^T}{r_1}(r_1^2 + r_2^2 + r_3^2 + \cdots + r_n^2) = \frac{N_1^t}{r_1} \sum r_i^2$$

所以：

$$N_1^T = \frac{Tr_1}{\sum r_i^2} = \frac{Tr_1}{\sum x_i^2 + \sum y_i^2} \tag{4-17-34}$$

为了计算简便，当螺栓布置成狭长带时，例如 $y_1 > 3x_1$ 时，r_1 趋近于 y_1，$\sum x_i^2$ 与 $\sum y_i^2$ 比较可忽略不计。因此，式（4-17-34）可简化为：

$$N_1^T = \frac{Ty_1}{\sum y_i^2} \tag{4-17-35}$$

设计时，受力最大的一个螺栓所承受的设计剪力 N_1^T 应不大于螺栓的抗剪容许应力值，即：

$$N_1^T \leqslant [N_v^t] \tag{4-17-36}$$

3) 螺栓群在扭矩、剪力、轴心力共同作用下的抗剪计算

螺栓群承受扭矩 T、剪力 V、轴心力 N 的共同作用（见图 4-17-14），设计时，通常先布置好螺栓，再进行验算。

在扭矩 T 作用下，距中心最远的螺栓受力最大，为 N_1^T，其在 x、y 两个方向的分力为：

$$N_{1x}^T = N_1^T \frac{y_1}{r_1} = \frac{Ty_1}{\sum x_i^2 + \sum y_i^2} \tag{4-17-37}$$

$$N_{1y}^T = N_1^T \frac{x_1}{r_1} = \frac{Tx_1}{\sum x_i^2 + \sum y_i^2} \tag{4-17-38}$$

在剪力 Q 和轴心力 N 作用下，螺栓均匀受力，每个螺栓受力为：

$$N_{1y}^v = \frac{Q}{n} \tag{4-17-39}$$

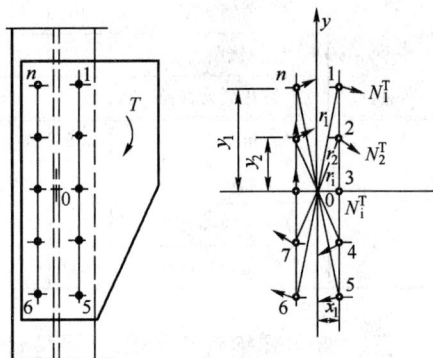

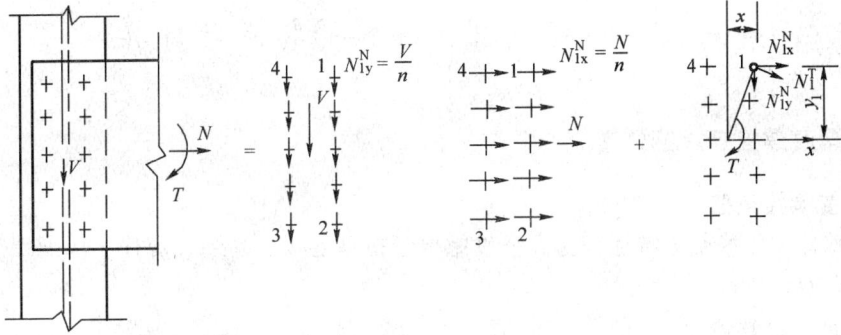

图 4-17-14　螺栓群受扭、受剪、手轴心力的计算

$$N_{1x}^N = \frac{N}{n} \qquad (4\text{-}17\text{-}40)$$

以上各力对螺栓来说都是剪力，故受力最大螺栓承受的合力 N_1^T 应满足下式：

$$N_1^T = \sqrt{(N_{1x}^T + N_{1x}^N)^2 + (N_{1y}^N + N_{1y}^V)^2} \leqslant [N^b]_{min} \qquad (4\text{-}17\text{-}41)$$

为了计算简便，当螺栓布置成狭长带时，例如 $y_1 > 3x_1$ 时，r_1 趋近于 y_1，$\sum x_i^2$ 与 $\sum y_i^2$ 比较可忽略不计。因此，上式可简化为：

$$N_1^T = \frac{T y_1}{\sum y_i^2} \qquad (4\text{-}17\text{-}42)$$

设计时，受力最大的一个螺栓所承受的设计剪力 N_1^T 应不大于螺栓的抗剪承载力容许值 $[N_{min}^b]$，即：

$$N_1^T \leqslant [N_{min}^b] \qquad (4\text{-}17\text{-}43)$$

4) 螺栓群在轴心拉力 N 作用下抗拉计算

当设计拉力 N 通过螺栓群形心时，所需要的螺栓数目为

$$n = \frac{N}{[N_t^b]} \qquad (4\text{-}17\text{-}44)$$

5) 螺栓群在弯矩 M 作用下的抗拉计算

普通 C 级螺栓群在图 4-17-15a) 所示弯矩 M 作用下，上部螺栓受拉。精确确定中性轴位置的计算比较复杂。通常近似地假定在最下边一排螺栓轴线上（图 4-17-15b），并且忽略压力所提供的力矩（因力臂很小）。

因此：$M = m(N_1^M y_1 + N_2^M y_2 + \cdots + N_n^M y_n)$

从而可得螺栓最大内力：

$$N_1^M = \frac{M y_1}{(m \sum y_i^2)} \leqslant [N_t^b] \qquad (4\text{-}17\text{-}45)$$

式中：m——螺栓排列的纵列数。

6) 螺栓群同时承受力矩 M 和拉力 N 的计算

$$N_1 = N_1^M + N_1^N \leqslant [N_t^b] \qquad (4\text{-}17\text{-}46)$$

其中：$\qquad N_1^N = \frac{N}{n}$

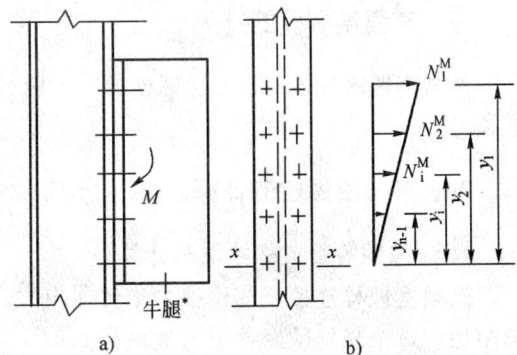

图 4-17-15　弯矩作用下抗拉螺栓计算

第三节　高强度螺栓连接的特点与计算

一、高强度螺栓连接的性能

1. 高强度螺栓类型

高强度螺栓连接按受力特征分为高强度螺栓摩擦型连接、高强度螺栓承压型连接和承受拉力的高强度螺栓连接。

2. 高强度螺栓特点

（1）安装迅速。

（2）连接紧密，不易松动。

（3）受力性能好，耐疲劳强度高。

（4）施工方便，有利于维护。

二、高强度螺栓的预拉力

高强度螺栓的设计预拉力值由材料强度和螺栓有效截面确定，高强度螺栓的预拉力是通过扭紧螺母实现的。一般采用扭矩法、转角法或扭掉螺栓梅花头来控制预拉力。

扭矩法是采用可直接显示扭矩的特制扳手，根据事先测定的扭矩和螺栓拉力之间的关系施加扭矩，并考虑必要的超张拉值。此法往往由于螺纹条件、螺母下的表面情况，以及润滑情况等因素的变化，使扭矩和拉力间的关系变化幅度较大，扭矩可用下式求得：

$$T = KdP \tag{4-17-47}$$

式中：K——扭矩系数，要事先由试验测定；

$\quad\quad d$——螺栓直径；

$\quad\quad P$——设计时规定的螺栓预拉力。

转角法，分初拧和终拧两步。初拧是先用普通扳手使被连接构件相互紧密贴合，终拧就是以初拧的贴紧位置为起点，根据按螺栓直径和板叠厚度所确定的终拧角度，用强有力的扳手旋转螺母，拧至预定角度值时，螺栓的拉力即达到了所需要的预拉力数值。

扭剪法，扭剪型高强度螺栓的受力特征与一般高强度螺栓相同，只是施加预拉力的方法为用拧断螺栓梅花头切口处截面来控制预拉力数值。这种螺栓施加预拉力简单、准确。

三、高强度螺栓的排列

高强度螺栓的排列和普通螺栓相同，应符合图 4-17-11、图 4-17-12、表 4-17-2、表 4-17-3的要求。

四、高强度螺栓的计算

1. 摩擦型高强度螺栓抗剪计算

高强度螺栓连接是靠摩擦力来传递内力，连接承受剪力时的设计准则是外力不得超过摩擦阻力。每个螺栓的摩擦阻力应该是 $n_f \mu P$，故一个高强度螺栓的抗剪容许承载力为：

$$[N_v^b] = \frac{1}{K} n_f \mu P \tag{4-17-48}$$

式中：n_f——一个螺栓的传力摩擦面数目；

μ——摩擦面的抗滑移系数，见表 4-17-4；

P——高强度螺栓预拉力；

K——安全系数，取 1.70。

摩擦面抗滑移系数 μ 值 表 4-17-4

在连接处构件接触面的处理方法	构件的钢号		
	Q235 钢	Q345、Q390 钢	Q420 钢
喷砂	0.45	0.50	0.50
喷砂后涂无机富锌漆	0.35	0.40	0.40
喷砂后生赤锈	0.45	0.50	0.50
钢丝刷消除浮锈或未经处理的干净轧制表面	0.30	0.35	0.40

2. 摩擦型高强度螺栓抗拉计算

单个摩擦型高强度螺栓的抗拉容许承载力可取为：

$$[N_t^b] = 0.6P \tag{4-17-49}$$

式中：P——高强度螺栓的预拉力。

3. 摩擦型高强度螺栓同时抗拉和抗剪计算

摩擦型高强度螺栓同时抗拉和抗剪时，单个螺栓的容许承载力为：

$$[N_v^b] = \frac{1}{K} n_f \mu (P - 1.5N_t) \tag{4-17-50}$$

式中 $N_t \leqslant 0.6P$，抗剪螺栓所受剪力 $N_v \leqslant [N_v^b]$。

4. 高强度螺栓数量计算

螺栓数 n 为：

$$n = \frac{N}{[N_v^b]} \tag{4-17-51}$$

式中：N——构件承受的最大内力；

n——螺栓数；

$[N_v^b]$——一个高强度螺栓的容许承载力。

第四节 问题释义与算例

一、问题释义

1. A、B、C 级螺栓的要求怎样？

A、B 级螺栓一般用 45 号钢和 35 号钢制成。A、B 两级的区别只是尺寸不同，其中 A 级包括 $d \leqslant 24$mm，且 $L \leqslant 150$mm 的螺栓，B 级包括 $d > 24$mm 或 $L > 150$mm 的螺栓，d 为螺杆直径，L 为螺杆长度。A、B 级螺栓需要机械加工，尺寸准确，要求 I 类孔，栓径和孔径的公称尺寸相同，容许偏差为 $0.18 \sim 0.25$mm 间隙。这种螺栓连接传递剪力的性能较好，变形很小，但制造和安装比较复杂，价格昂贵，目前在钢结构中较少采用。

C 级螺栓加工粗糙，尺寸不够准确，只要求 II 类孔，成本低，栓径和孔径之差设计规范未作规定，通常多取 1.5~2.0mm。由于螺栓杆与螺孔之间存在着较大的间隙，传递剪力时，连接较早产生滑移，但传递拉力的性能仍较好，所以 C 级螺栓广泛用于承受拉力的安装连接、不重要的连接或用作安装时的临时固定。

I 类孔的精度要求为连接板组装时，孔口精确对准，孔壁平滑，孔轴线与板面垂直。质量达不到 I 类孔要求的都为 II 类孔。

2. 高强度螺栓连接和普通螺栓连接的主要区别是什么？

普通螺栓扭紧螺母时螺栓产生的预拉力很小，由板面挤压力产生的摩擦力可以忽略不计。普通螺栓连接抗剪时是依靠孔壁承压和栓杆抗剪来传力。高强度螺栓除了其材料强度高之外，施工时还给螺栓杆施加很大的预拉力，使被连接构件的接触面之间产生挤压力，因此板面之间垂直于螺栓杆方向受剪时有很大的摩擦力。依靠接触面间的摩擦力来阻止其相互滑移，以达到传递外力的目的，因而变形较小。高强度螺栓抗剪连接分为摩擦型连接和承压型连接。前者以滑移作为承载能力的极限状态，后者的极限状态和普通螺栓连接相同。

高强度螺栓摩擦型连接只利用摩擦传力这一工作阶段，具有连接紧密、受力良好、耐疲劳、可拆换、安装简单以及动力荷载作用下不易松动等优点，目前在桥梁结构中得到广泛应用。尤其在桁架桥中已被证明具有明显的优越性。高强度螺栓承压型连接，起初由摩擦传力，后期则依靠栓杆抗剪和承压传力，它的承载能力比摩擦型的高，可以节约钢材，也具有连接紧密、可拆换、安装简单等优点。但这种连接在摩擦力被克服后的剪切变形较大，高强度螺栓承压型连接不得用于直接承受动力荷载的结构。

3. 怎样理解摩擦型高强度螺栓和承受拉力的高强度螺栓的应用？

高强度螺栓摩擦型连接单纯依靠被连接构件间的摩擦阻力传递剪力，以剪力等于摩擦力为承载能力的极限状态。高强度螺栓承压型连接的传力特征是剪力超过摩擦力时，构件间发生相互滑移，螺栓杆身与孔壁接触，开始受剪并和孔壁承压。但是，另一方面，摩擦力随外力继续增大而逐渐减弱，到连接接近破坏时，剪力全由杆身承担。高强度螺栓承压型连接以螺栓或钢板破坏为承载能力的极限状态，可能的破坏形式和普通螺栓相同。

承受拉力的高强度螺栓连接，由于预拉力作用，构件间在承受荷载前已经有较大的挤压力，拉力作用首先要抵消这种挤压力。至构件完全被拉开后，高强度螺栓的受拉力情况就和普通螺栓受拉相同。不过这种连接的变形要小得多。当拉力小于挤压力时，构件未被拉开，可以减少锈蚀危害，改善连接的疲劳性能。

高强度螺栓连接中板件间的挤压力和摩擦力对外力的传递有很大影响。栓杆预拉力、连接表面的抗滑移系数和钢材种类都直接影响到高强度螺栓连接的承载力。

4. 焊缝连接的优缺点怎样？

焊缝连接与螺栓连接、铆钉连接比较有下列优点：

(1) 不需要在钢材上打孔钻眼，既省工，又不减损钢材截面，使材料可以充分利用；

(2) 任何形状的构件都可以直接相连，不需要辅助零件，构造简单；

(3) 焊缝连接的密封性好，结构刚度大。

但是焊缝连接也存在下列问题：

(1) 由于施焊时的高温作用，形成焊缝附近的热影响区，使钢材的金属组织和机械性能发生变化，材质变脆；

（2）焊接的残余应力使焊接结构发生脆性破坏的可能性增大，残余变形使其尺寸和形状发生变化，矫正费工；

（3）焊接结构对整体性不利的一面是，局部裂缝一经发生，便容易扩展到整体。焊接结构低温冷脆问题比较突出。

5. 焊缝有哪些缺陷？

焊缝中可能存在裂纹、气孔、烧穿和未焊透等缺陷，其他缺陷有烧穿、夹渣、未焊透、咬边、焊瘤等。

裂纹是焊缝连接中最危险的缺陷。按产生的时间不同，可分为热裂纹和冷裂纹，前者是在焊接时产生的，后者是在焊缝冷却过程中产生的。产生裂纹的原因很多，如钢材的化学成分不当，未采用合适的电流、弧长、施焊速度、焊条和施焊次序等。如果采用合理的施焊次序，可以减少焊接应力，避免出现裂纹；进行预热，缓慢冷却或焊后热处理，可以减少裂纹形成。

气孔是由空气侵入或受潮的药皮熔化时产生气体而形成的，也可能是焊件金属上的油、锈、垢物等引起的。气孔在焊缝内或均匀分布，或存在于焊缝某一部位，如焊趾或焊跟处。

6. 抗剪螺栓连接的工作性能。

螺栓在受力以后，首先由构件间的摩擦力抵抗外力。不过摩擦力很小，构件间不久就出现滑移，螺栓杆和螺栓孔壁发生接触，使螺栓杆受剪，同时螺栓杆和孔壁间互相接触挤压。

螺栓连接有五种可能破坏情况。其中对螺栓杆被剪断、孔壁挤压、板被拉断要进行计算。而对于钢板剪断和螺栓杆弯曲破坏两种形式，可以通过限制端距 $e_3 \geq 2d_0$，以避免板因受螺栓杆挤压而被剪断；限制板叠厚度不超过 $5d$，以避免螺杆弯曲过大而影响承载能力。

当连接处于弹性阶段时，螺栓群中各螺栓受力不相等，两端大而中间小，超过弹性阶段出现塑性变形后，因内力重分布使各螺栓受力趋于均匀。但当构件的节点处或拼接缝的一侧螺栓很多，且沿受力方向的连接长度 l_1 过大时，端部的螺栓会因受力过大而首先破坏，随后依次向内发展逐个破坏（即所谓解纽扣现象）。因此规范规定当 l_1 大于 $15d_0$ 时，应将螺栓的承载力乘以折减系数 $\beta = 1.1 - l_1/150d_0$，当 l_1 大于 $60d_0$ 时，折减系数为 0.7，d_0 为螺栓孔径。这样，在设计时，当外力通过螺栓群中心时，可认为所有螺栓受力相同。

7. 角焊缝的尺寸有什么限制？

在直接承受动力荷载的结构中，为了减缓应力集中，角焊缝表面应作成直线形或凹形（图 4-17-7d）、c）。焊缝直角边的比例：对正面角焊缝宜为 1∶1.5，见图 4-17-7b）长边顺内力方向，侧面角焊缝可为 1∶1，图 4-17-7a）。

角焊缝的焊脚尺寸 h_f 不应过小，以保证焊缝的最小承载能力，并防止焊缝因冷却过快而产生裂纹。规范规定：角焊缝的焊脚尺寸 h_f 不得小于 $1.5\sqrt{t}$，t 为较厚焊件厚度（单位取mm）；对自动焊，最小焊脚尺寸可减小 1mm；对 T 形连接的单面角焊缝，应增加 1mm；当焊件厚度小于 4mm 时，则取与焊件厚度相同。

角焊缝的焊脚尺寸 h_f 如果太大，则焊缝收缩时将产生较大的焊接变形，且热影响区扩大，容易产生脆裂，较薄焊件容易烧穿。因此，规范规定：角焊缝的焊脚尺寸不宜大于较薄焊件厚度的 1.2 倍（钢管结构除外）。但板件（厚度为 t）的边缘焊缝最大 h_f 尚应符合下列要求：

(1) 当 $t \leqslant 6mm$ 时，$h_f \leqslant t$；

(2) 当 $t > 6mm$ 时，$h_f = t - (1 \sim 2)\ mm$。

当两焊件厚度相差悬殊，用等焊脚尺寸无法满足最大、最小焊缝厚度要求时，可用不等焊脚尺寸，按满足图 4-17-7b) 所示要求采用。

角焊缝长度 l_w 也有最大和最小的限制：焊缝的厚度大而长度过小时，会使焊件局部加热，应力集中现象严重，且起落弧坑相距太近，加上一些可能产生的缺陷，使焊缝不够可靠。因此，侧面角焊缝或正面角焊缝最小计算长度不得小于 $8h_f$（自动焊）和 40mm（手工焊）。

侧面角焊缝的应力沿长度分布不均匀，焊缝越长应力不均匀分布越严重，两端大，中间小。焊缝过长，两端已屈服，中间焊缝尚未充分发挥承载力。因此，规定承受动载焊缝的最长长度 l_w 不大于 $50h_f$，承受静载焊缝的最长长度 l_w 不大于 $60h_f$。

8. 钢结构对连接有哪些要求？

(1) 连接部位应有足够的强度、刚度及延性。

(2) 被连接构件间应保持正确的相互位置，以满足传力和使用要求。

(3) 连接的加工和安装比较复杂、费工，因此选定合适的连接方案和节点构造是钢结构设计中重要的环节。

(4) 连接设计不合理会影响结构的造价、安全和寿命。

9. 摩擦型高强度螺栓连接时，构件截面强度验算应注意的问题。

对摩擦型连接，要考虑由于摩擦阻力作用，一部分剪力由孔前接触面传递，如图 4-17-16 所示。按照规范规定，孔前传力占螺栓传力的 50%。这样截面 1—1 处净截面传力为

$$N' = N\left(1 - \frac{0.5n_1}{n}\right) \qquad (4\text{-}17\text{-}52)$$

式中：n_1——计算截面上的螺栓数；

n——连接一侧的螺栓总数。

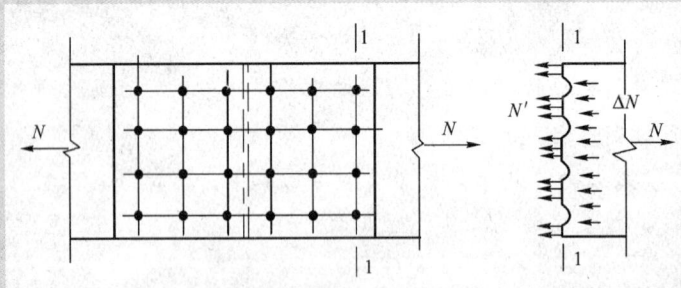

图 4-17-16　摩擦型高强度螺栓孔前传力

所以构件净截面强度按下式进行验算：

$$\sigma = \frac{N'}{A_n} \leqslant f \qquad (4\text{-}17\text{-}53)$$

10. 高强度螺栓的设计预拉力值确定。

高强度螺栓的设计预拉力值由材料强度和螺栓有效截面确定，并且考虑了下列三点因素：

(1) 在扭紧螺栓时扭矩使螺栓产生的剪应力将降低螺栓的承拉能力，故对材料抗拉强度除以系数 1.2。

（2）施工时为补偿预拉力的松弛要对螺栓超张拉 $5\%\sim10\%$，故乘以系数 0.9。

（3）考虑材料抗力的变异等影响，乘以系数 0.9。

由于以抗拉强度为准，再引进一个附加安全系数 0.9，这样，预拉力设计值由下式计算。

$$P = 0.9 \times 0.9 \times 0.9 f_u A_e / 1.2 = 0.608 f_u A_e \tag{4-17-54}$$

式中：f_u——高强度螺栓的抗拉强度；

A_e——高强度螺栓的有效截面面积。

根据热处理后螺栓的最低值 f_u，对 10.9 级取 1040MPa，8.8 级取 830MPa，计算预拉力值 P，并且取 5kN 倍数，即得表 4-17-5 所示数值。

高强度螺栓的预拉力值（MPa）   表 4-17-5

螺栓的强度等级	螺栓的公称直径（mm）					
	M16	M20	M22	M24	M27	M30
8.8 级	80	125	150	175	230	280
10.9 级	100	155	190	225	290	355

11. 螺栓连接构件净截面面积的确定。

并列排列螺栓，其净截面面积为：

$$A_n = t(b - n_1 d_0) \tag{4-17-55}$$

式中：n——半部分螺栓总数，n_1、n_2、n_3，分别为截面 1—1、2—2、3—3 上螺栓数；

d_0——螺栓孔径。

错列排列螺栓，如图 4-17-17 所示，其净截面面积对于板件不仅需要考虑沿截面 1—1（正交截面）破坏的可能，还需要考虑沿截面 2—2（折线截面）破坏的可能。此时按式（4-17-56）计算净截面面积：

$$A_n = t \left[2e_4 + (n_2 - 1) \sqrt{e_1^2 + e_2^2} - n_2 d_0 \right] \tag{4-17-56}$$

式中：n_2——折线截面 2—2 上的螺栓数。

计算拼接板的净截面面积时，其方法相同。不过计算的部位应在拼接板受力最大处。

二、算例

[1] 计算图 4-17-18 所示对接焊缝，已知牛腿翼缘宽度为 116mm，厚度为 12mm，腹板高 200mm，厚 10mm。牛腿承受竖向力设计值 $V = 100$kN，$e = 150$mm，钢材为 Q345，焊条 E50 型，施焊时无引弧板，焊缝质量标准为三级。

解：因施焊时无引弧板，翼缘焊缝的计算长度为 106mm，腹板焊缝的计算长度为 190mm。

焊缝的有效截面如图 4-17-18b）所示。

（1）焊缝有效截面形心轴计算

$$y_1 = \frac{10.6 \times 1.2 \times 0.6 + 19.0 \times 1.0 \times 10.7}{10.6 \times 1.2 + 19.0 \times 1.0} = 6.65 \text{cm}$$

$$y_2 = 19.0 + 1.2 - 6.65 = 13.55 \text{cm}$$

（2）焊缝有效截面惯性矩

$$I_x = \frac{1}{12} \times 19.0^3 + 19.0 \times 1 \times 4.05^2 + \frac{10.6}{12} \times 1.2^3 + 10.6 \times 1.2 \times 6.05^2 = 1350.33 \text{cm}^4$$

（3）验算翼缘上边缘处焊缝拉应力

V 力在焊缝形心处产生剪力 $V=150\text{kN}$ 和弯矩 $M=Ve=100\times0.15=15\text{kN}\cdot\text{m}$

$$\sigma_\text{t}=\frac{M\cdot y_1}{I_\text{x}}=\frac{15\times66.5\times10^6}{1350.33\times10^4}=73.87\text{MPa}<[\sigma_\text{t}]=200\text{MPa}$$

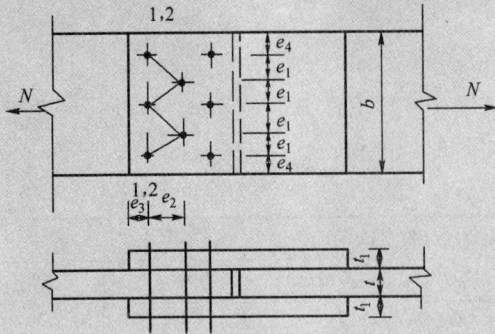

图 4-17-17　错列螺栓排列

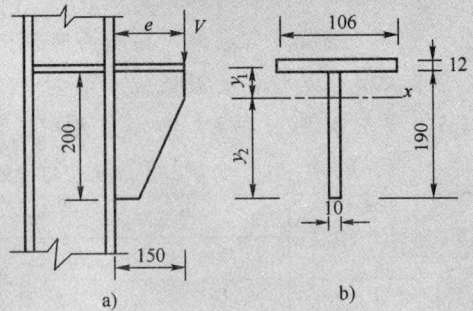

图 4-17-18　对接焊缝截面图
a）T 形牛腿对接焊缝连接；b）焊缝有效截面

（4）验算腹板下端焊缝压应力

$$\sigma_\text{c}=\frac{M\cdot y_2}{I_\text{x}}=\frac{15\times135.5\times10^6}{1350.33\times10^4}=150.52\text{MPa}<[\sigma_\text{c}]=300\text{MPa}$$

（5）验算剪应力

为简化计算，可认为剪力由腹板焊缝单独承担，剪应力按均匀分布考虑。

$$\tau=\frac{V}{A_\text{w}}=\frac{100\times10^3}{190\times10}=52.6\text{MPa}$$

（6）验算折算应力

腹板下端正应力、剪应力均较大，故需验算腹板下端点的折算应力。

$$\sigma=\sqrt{\sigma^2+3\tau^2}$$
$$=\sqrt{150.52^2+3\times52.6^2}$$
$$=175.94\text{MPa}\leqslant1.1[\sigma_\text{t}]=1.1\times200=220\text{MPa}$$

焊缝强度满足要求。

[2] 用拼接板平接两块钢板，采用角焊缝连接，主板截面为 14mm×400mm，承受轴心力设计值 $N=420\text{kN}$（静力荷载），钢材为 Q235，采用 E43 系列型焊条，手工焊。试按（a）用侧面角焊缝；（b）用三面围焊，设计拼接板尺寸。

解：（1）拼接板截面选择

根据拼接板和主板承载能力相等原则，拼接板钢材亦采用 Q235，两块拼接板截面面积之和应不小于主板截面面积。考虑拼接板要侧面施焊，取拼接板宽度为 360mm（主板和拼接板宽度差略大于 $2h_\text{f}$）。

拼接板厚度 $t=40\times1.4/$（2×36）$=0.78\text{cm}$，取 8mm，故每块拼接板截面 8mm×360mm。

（2）焊缝计算

直角角焊缝的容许强度为 85MPa。取 $h_\text{f}=6\text{mm}$（<8mm）。

①只采用侧面角焊缝，每段侧面角焊缝的实际长度为：

$$l_w = N/ \ (4 \times 0.7 h_f \ [\tau_f]) \ +10 = 420 \times 1000/ \ (4 \times 0.7 \times 6 \times 85) \ +10 = 294 + 10$$
$$= 304mm$$

取 31cm。

被拼接两板间留出缝隙 10mm，拼接板长度为：

$$l = 2l_w + 1 = 31 \times 2 + 1 = 63cm$$

②采用三面围焊时，正面角焊缝承担力为：

$$N_3 = 0.7 h_f \sum l_w 3 \ [\tau_f] \ = 0.7 \times 6 \times 2 \times 360 \times 85 = 257040N = 257kN$$

侧面角焊缝的实际长度为：

$l_w = \ (N - N_3) \ / \ (4 \times 0.7 h_f \ [\tau_f]) \ = \ (420 - 257) \ / \ (4 \times 0.7 \times 6 \times 85) \ = 114mm$，取
13cm

拼接板长度为：

$$l = 2l_{w'} + 1 = 26 + 1 = 27cm$$

由此可见，三面围焊方案拼接板尺寸较小，从受力情况看也优于侧焊。

[3] 角钢和节点板采用两边侧面角焊缝的连接，角钢受轴向拉力 N 作用，$N = 351kN$
（静力荷载），角钢为 2L110×10，节点板厚度 $t = 12mm$，钢材为 Q235，焊条为 E43 系列
型，手工焊。试确定所需角焊缝的焊脚尺寸 h_f 和实际长度。

解：（1）最小焊脚尺寸 h_f：

$$h_f \geqslant 1.5\sqrt{t} = 1.5\sqrt{12} = 5.2mm$$

角钢肢尖处最大焊脚尺寸 h_f：

$$h_f \leqslant t - (1 \sim 2)mm = 10 - (1 \sim 2) = 9 \sim 8mm$$

角钢肢背处最大焊脚尺寸 h_f：

$$h_f \leqslant 1.2t = 1.2 \times 10 = 12mm$$

角钢肢尖、角钢肢背焊脚尺寸取 h_f 取 8mm。

（2）焊缝受力

角钢肢背： $\qquad N_1 = K_1 N = 351 \times 0.7 = 245.7kN$

角钢肢尖： $\qquad N_2 = K_2 N = 351 \times 0.3 = 105.3kN$

（3）所需焊缝长度

$$l_{w1} = \frac{N_1}{2h_e[\tau_f]} = \frac{245.5 \times 10^3}{2 \times 0.7 \times 0.8 \times 85 \times 10^2} = 25.8cm$$

$$l_{w2} = \frac{N_2}{2h_e[\tau_f]} = \frac{105.3 \times 10^3}{2 \times 0.7 \times 0.8 \times 85 \times 10^2} = 11.06cm$$

侧焊缝实际长度：$l_1 = l_{w1} + 1 = 25.8 + 1 = 26.8cm$，取 28cm

$$l_2 = l_{w2} + 1 = 11.06 + 1 = 12.06cm，取 13cm$$

[4] 图 4-17-19 所示为一支托板与柱搭接连接，$l_1 = 297mm$，$l_2 = 400mm$，作用力 $V = 100kN$，钢材为 Q235，焊条 E43 系列型，手工焊，作用力距柱边缘的距离为 $e = 300mm$，设支托板厚度为 12mm，试设计角焊缝。

解: 取三边的焊脚尺寸 h_f 相同，取$=8mm$，并近似地按支托与柱的搭接长度来计算角焊缝的有效截面。因水平焊缝和竖向焊缝在转角处连续施焊，在计算焊缝长度时，仅在水平焊缝端部减去 10mm，竖焊缝则不减少。

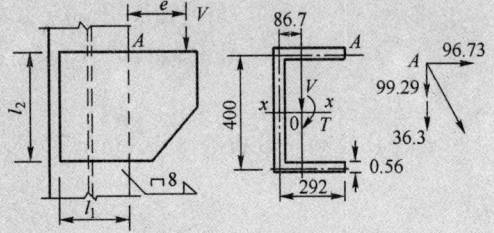

(1) 计算角焊缝有效截面的形心位置

$$\bar{x} = 2 \times 0.7 \times 0.8 \times \frac{29.2^2}{2} / [0.7 \times 0.8(2 \times 29.2 + 40)] = 8.67cm$$

图 4-17-19 支托板与柱搭接

(2) 计算角焊缝有效截面的惯性矩

$$I_{wx} = 0.7 \times 0.8 \times (40^3/12 + 2 \times 29.2 \times 20^2) = 16068cm^4$$

$$I_{wy} = 0.7 \times 0.8 \times [40 \times 8.67^2 + 2 \times 29.2^3/12 + 2 \times 29.2 \times (29.2/2 - 8.67)^2]$$
$$= 5158cm^4$$

$$J = I_{wx} + I_{wy} = 16068 + 5158 = 21226cm^4$$

(3) 扭矩

$$T = V(e + l_1 - \bar{x}) = 100 \times (30 + 30 - 8.67) = 5133kN \cdot cm$$

(4) 角焊缝有效截面上 A 点应力

$$\tau_A^T = \frac{Tr_y}{J} = \frac{5133 \times 10^4}{21226 \times 10^4} = 48.365MPa$$

$$\sigma_A^T = \frac{Tr_x}{J} = \frac{5133 \times 10^4 \times (292 - 86.7)}{21226 \times 10^4} = 49.645MPa$$

$$\sigma_A^V = \frac{V}{A_w} = \frac{V}{0.7 \times h_f \sum l_w} = \frac{100 \times 10^3}{0.7 \times 0.8 \times (40 + 29.2 \times 2) \times 10^2} = 18.15MPa$$

(5) 角焊缝的强度验算

$$\tau = \sqrt{(\tau_A^T)^2 + (\sigma_A^T + \sigma_A^V)^2}$$

$$= \sqrt{48.365^2 + (49.645 + 18.15)^2}$$

$$= 83.27MPa < [\tau_f] = 85MPa$$

角焊缝的强度满足要求。

[5] 设计两角钢用 C 级普通螺栓的拼接，已知角钢型号为 L90×6，所承受轴心拉力的设计值为 $N = 100kN$，采用拼接角钢型号与构件的相同，钢材为 Q235，螺栓直径 $d = 20mm$，孔径 $d_0 = 21.5mm$。

解: (1) 计算螺栓数

一个螺栓的承载力设计值为：

抗剪容许承载力

$$N_v^b = n_v \frac{\pi d^2}{4} [\sigma_v^b] = 1 \times 3.1416 \times 2^2 \times 80/10 = 25.133kN$$

承压容许承载力

$$N_C^b = d \sum t [\sigma_c^b] = 2 \times 0.6 \times 170/10 = 20.4kN$$

连接一边所需螺栓数

$$n = N/N_{\min}^b = 100/20.4 = 4.9$$

取 5 个，连接构造如图 4-17-20 所示

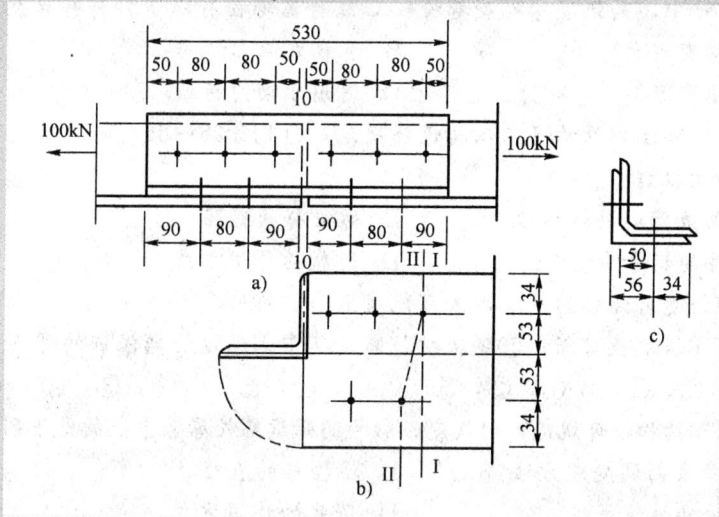

图 4-17-20 螺栓排列（尺寸单位：mm）

（2）构件净截面强度验算

已知角钢的毛截面面积为 $A = 10.6\text{cm}^2$；将角钢按中线展开，如图 4-17-20b）所示。截面 1—1（正交截面）净面积为：

$$A_{n1} = A - n_1 d_0 t = 10.6 - 1 \times 2.15 \times 0.6 = 9.31\text{cm}^2$$

截面 2—2（折线截面）净面积为：

$$A_{n2} = t[2e_4 + (n_2 - 1)\sqrt{e_1^2 + e_2^2} - n_2 d_0]$$
$$= 0.6 \times [2 \times 3.4 + (2 - 1)\sqrt{4^2 + 10.6^2} - 2 \times 2.15]$$
$$= 8.3\text{cm}^2$$

故角钢的净截面应力为：

$$\sigma = \frac{N}{A_{\text{nmin}}} = 100 \times 10/8.3 = 120.5\text{MPa} < [\sigma]$$
$$= 140\text{MPa}$$

螺栓线距对拼接角钢按表 4-17-3 取为 50mm，构件的螺栓线距相应为 56mm，边距则为 34mm。

第五节 综合训练及参考答案

一、综合训练

1. 选择题

（1）根据《公路桥涵钢结构及木结构设计规范》（JTJ 025—86）规定，高强度螺栓的承压型连接适用于下列哪一种情况？（ ）

A. 直接承受动力荷载的连接

B. 冷弯薄壁型钢结构的连接

C. 承受反复荷载作用的结构

D. 承受静力荷载及间接承受动力荷载的连接

（2）抗剪连接中，高强度摩擦型螺栓较 C 级普通螺栓有以下哪种特点？（　　）

A. 连接变形大　　　　　　　B. 承载力低

C. 连接变形小　　　　　　　D. 适用于动力荷载

（3）依《公路桥涵钢结构及木结构设计规范》（JTJ 025—86）的规定，下列哪种因素影响高强度螺栓的预拉力 P。（　　）

A. 连接表面的处理方法　　　B. 螺栓杆的直径

C. 构件的钢号　　　　　　　D. 荷载的作用方式

（4）普通螺栓受剪连接的破坏形式可能有五种，即①螺栓杆被剪断；②孔壁挤压破坏；③螺栓杆弯曲；④板端被剪断；⑤钢板被拉断。其中需通过计算保证的是下列哪一组？（　　）

A. ①、②、③　　B. ①、②、⑤　　C. ②、④、⑤　　D. ②、③、④

（5）依据《钢结构设计规范》的规定，影响高强度螺栓摩擦系数的是下列何种因素？（　　）

A. 连接表面的处理方法　　　B. 螺栓杆的直径

C. 螺栓的性能等级　　　　　D. 荷载的作用方式。

（6）具有构造简单、节约钢材、加工方便、易于自动化操作的连接方法为（　　）。

A. 焊接连接　　　　　　　　B. 高强度螺栓连接

C. 普通螺栓连接　　　　　　D. 铆钉连接

2. 简答题

（1）简述钢结构连接的类型及特点。

（2）受剪普通螺栓有哪几种破坏形式？容许承载力如何确定？

（3）为何要规定螺栓排列的最大和最小间距要求？

（4）影响摩擦型高强度螺栓承载力的因素有哪些？

（5）钢结构的焊缝有哪两种形式？各自的优缺点有哪些？适用于哪些部位的连接？

3. 计算题

（1）试设计两钢板的对接接头，已知钢板为截面尺寸 $18mm \times 600mm$，钢材 Q235，承受扭矩 $T = 30kN \cdot m$，剪力 $V = 125kN$，轴心力 $N = 160kN$，采用拼接板和 C 级螺栓，螺栓直径 $d = 20mm$，孔径 $d_0 = 21.5mm$（设计拼接板尺寸，螺栓的个数及排列）。

（2）设计用高强度螺栓的双拼接拼接板。承受轴心拉力设计值 $N = 1050kN$，钢板截面为 $20mm \times 340mm$，钢材为 Q345 钢，采用 8.8 级的 M22 高强度螺栓，连接处构件接触面用喷砂处理。

二、参考答案

1. 选择题

（1）D　　　（2）C　　　（3）B　　　（4）B　　　（5）A　　　（6）A

2. 问答题

（1）答：焊缝连接、普通螺栓连接、铆钉连接、高强度螺栓连接。

焊缝连接是钢结构最主要的连接方法，其优点是构造简单、不削弱构件截面、节约钢材、加工方便、易于采用自动化操作、连接的密封性好、刚度大。缺点是焊接残余应力和残余变形对结构有不利影响，焊接结构的低温冷脆问题也比较突出。

普通螺栓连接的优点是施工简单、拆装方便。缺点是用钢量多。适用于安装连接和需要经常拆装的结构。

铆钉连接的优点是塑性和韧性较好，传力可靠，质量易于检查，适用于直接承受动载结构的连接。缺点是构造复杂，用钢量多，目前已很少采用。

高强度螺栓特点：安装迅速、连接紧密，不易松动。受力性能好，耐疲劳强度高。施工方便，有利于维护。

（2）答：螺栓连接有五种可能破坏情况。其中对螺栓杆被剪断、孔壁挤压、板被拉断要进行计算。

一个抗剪螺栓的承载能力按下面两式计算。

抗剪计算的容许承载力：

$$[N_v^b] = n_v \frac{\pi d^2}{4} [\sigma_v^b]$$

承压计算的容许承载力：

$$[N_c^b] = d \sum t [\sigma_c^b]$$

一个抗剪螺栓的承载力设计值应该取 $[N_v^b]$ 和 $[N_c^b]$ 的最小值。

（3）答：对于钢板剪断和螺栓杆弯曲破坏两种形式，可以通过限制端距 $e_3 \geq 2d_0$，以避免板因受螺栓杆挤压而被剪断；限制板叠厚度不超过 $5d$，以避免螺杆弯曲过大而影响承载能力。

（4）答：一个螺栓的传力摩擦面数目；摩擦面的抗滑移系数，即连接处构件接触面的处理方法；高强度螺栓的预拉力的大小。

（5）答：连接所采用的焊缝形式主要有对接焊缝和角焊缝。对接焊缝按所受力的方向可分为对接正焊缝和对接斜焊缝；角焊缝长度方向垂直于力作用方向的称为正面角焊缝，平行于力作用方向的称为侧面角焊缝。

对接焊缝的平接连接，它的特点是用料经济，传力均匀平缓，没有明显的应力集中，承受动力荷载的性能较好，当符合一、二级焊缝质量检验标准时，焊缝和被焊构件的强度相等。但是焊件边缘需要加工，对被连接两板的间隙和坡口尺寸有严格的要求。

角焊缝的搭接连接，连接传力不均匀，材料较费，但构造简单，施工方便，目前还广泛应用。焊缝按施焊位置分，有俯焊（平焊）、立焊、横焊、仰焊几种。俯焊的施焊工作方便，质量最易保证。立焊、横焊的质量及生产效率比俯焊的差一些。焊仰的操作条件最差，焊缝质量不易保证，因此应尽量避免采用仰焊焊缝。

3. 计算题

（1）解：

①确定拼接板尺寸

采用两块 $10mm \times 600mm$ 的拼接板，其截面面积为 $60 \times 1 \times 2 = 120cm^2$，大于被拼接钢板的截面面积 $60 \times 1.8 = 108cm^2$

②螺栓计算

先布置好螺栓（图 4-17-21），再进行验算。布置时可在容许的螺栓距离范围内，螺栓间水平距离取较小值，以减小拼接板的长度；竖向距离取较大值，以避免截面削弱过多。

一个抗剪螺栓的容许承载力为 $\qquad N_v^b = 50.26kN$

承压容许承载力为 $\qquad N_c^b = 61.2kN$

取 $N_{\min}^b = 50.26\text{kN}$。

螺栓受力计算：扭矩作用时，最外螺栓承受剪力最大，为 $N_{1x}^T = 23.98\text{kN}$，$N_{1y}^T = 3.5\text{kN}$

剪力和轴心力作用时，每个螺栓承受剪力分别为 $N_{1y}^V = V/n = 125/10 = 12.5\text{kN}$，$N_{1x}^N = N/n = 160/10 = 16\text{kN}$

以上各力对螺栓来说都是剪力，故受力最大螺栓 1 承受的合力应满足下式

$$N_1 = \sqrt{(N_{1x}^T + N_{1x}^N)^2 + (N_{1y}^N + N_{1y}^V)^2} = \sqrt{(23.98 + 16)^2 + (3.5 + 12.5)^2}$$
$$= 43.06\text{kN} \leqslant N_{\min}^b = 50.26\text{kN}$$

③钢板净截面强度验算

钢板截面 1—1 面积最小，而受力较大，应校核这一截面强度。其几何参数为

$A_n = 88.65\text{cm}^2$；$I_n = 26827\text{cm}^4$；$W_n = 894.23\text{cm}^3$；$S = 810\text{cm}^3$

钢板截面最外边缘正应力 $\sigma_n = 51.72\text{MPa} < [\sigma_w] = 145\text{MPa}$

钢板截面靠近形心处的剪应力 $\tau = \dfrac{VS}{It} = 17.36\text{MPa} < [\tau] = 85\text{MPa}$

钢板截面靠近形心处的折算应力 $\sigma_z = \sqrt{\sigma^2 + 3\tau^2} = 35.07\text{MPa} < 1.1[\sigma_t] = 1.1 \times 140 = 154\text{MPa}$
强度满足要求。

（2）解：

①采用摩擦型高强度螺栓时：

一个螺栓的抗剪容许承载力 $[N_v^b] = \dfrac{1}{K}n_f\mu P = 88.235\text{kN}$

所需螺栓数为 $n = N/[N_v^b] = 11.9$

用 12 个，螺栓排列如图 4-17-22 所示。

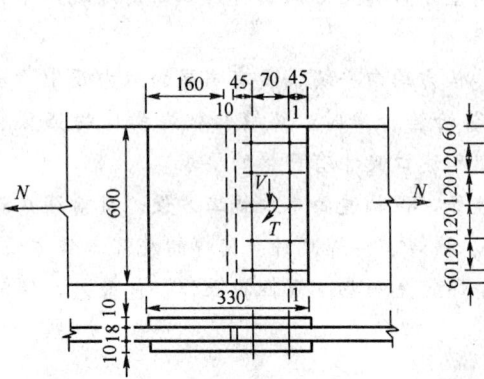

图 4-17-21　拼接板连接（尺寸单位：mm）

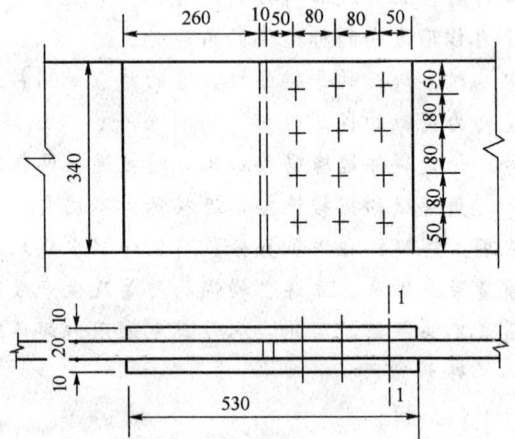

图 4-17-22　附图

②构件验算：钢板的截面 1—1 最危险。

$$N' = N\left(1 - \frac{0.5n_1}{n}\right) = 875\text{kN}$$

$$A_n = t(b - n_1 d_0) = 48.8\text{cm}^2$$

$$\sigma = \frac{N'}{A_n} 875 \times 10/48.8 = 179.3\text{MPa} < [\sigma] = 200\text{MPa}$$

净截面强度满足要求。

第十八章　轴心受力构件计算

本章主要介绍轴心受拉、轴心受压、偏心受拉、偏心受压构件的强度、刚度、稳定性的计算，根据构件所受的外力进行构件的截面设计，并进行相应的验算，选择合适的构件形式和尺寸。

第一节　轴心受拉构件的截面形式、强度验算、刚度验算

一、轴心受力构件截面形式和应用

1. 轴心受力构件的截面形式

(1) 热轧型钢截面，圆钢、圆管、方管、角钢、工字钢、T 型钢和槽钢。

(2) 用型钢和钢板连接而成的组合截面，实腹式组合截面，格构式组合截面。

2. 应用

主要承重钢结构，如平面、空间桁架和网架等。

二、轴心受拉构件强度

1. 受拉构件的强度验算

计算公式：

$$\sigma = \frac{N}{A_\mathrm{n}} \leqslant [\sigma] \tag{4-18-1}$$

2. 对于摩擦型高强度螺栓连接的轴心受压构件，拉杆的强度计算公式：

$$\sigma = \frac{N'}{A_\mathrm{n}} \leqslant [\sigma] \tag{4-18-2}$$

规定除进行上述计算外，还要按全部拉力计算构件的全截面强度。

$$\sigma = \frac{N}{A} \leqslant [\sigma] \qquad (4\text{-}18\text{-}3)$$

三、构件刚度验算

对于受拉构件刚度不易直接计算，而是通过限制构件最大长细比来限制构件的变形。刚度验算公式为：

$$\lambda = \frac{l_0}{r} \leqslant [\lambda] \qquad (4\text{-}18\text{-}4)$$

第二节　实腹式轴心受压构件设计方法

一、实腹式轴心受压构件的整体稳定

轴心受压柱计算公式：

$$\sigma = \frac{N}{A} \leqslant \varphi_1[\sigma] \qquad (4\text{-}18\text{-}5)$$

二、实腹式轴心受压构件的局部稳定

验算压杆板件的局部稳定公式：

$$\frac{b}{t} \leqslant \left[\frac{b}{t}\right] \qquad (4\text{-}18\text{-}6)$$

式中：b、t——分别为板件的宽度和厚度，$\left[\dfrac{b}{t}\right]$为容许的板件宽厚比。

三、刚度验算

压杆刚度要求比拉杆更高些，对于受压构件刚度也是通过限制构件最大长细比来限制构件的变形。刚度验算公式为：

$$\lambda = \frac{l_0}{r} \leqslant [\lambda] \qquad (4\text{-}18\text{-}7)$$

第三节　组合式轴心受压构件设计方法

一、组合式轴心压杆的组成

组合式构件通常由两个或四个肢件组成，组合式构件也叫格构式。压杆肢件为槽钢、工字钢或 H 型钢，用缀材把它们连成整体，对于十分强大的柱，肢件有时用焊接组合工字形截面。槽钢肢件的翼缘向内者比较普遍，因为这样可以有平整的外表，而且在轮廓尺寸相同的情况下，前者可以得到较大的截面惯性矩。

缀材：包括缀条和缀板。缀条用斜杆组成，也可以用斜杆和横杆共同组成，一般用单角钢作缀条；缀板用钢板组成。

实轴：在构件的截面上与肢件的腹板相交的轴线称为实轴。

虚轴：与缀材平面相垂直的轴线称为虚轴。

二、对虚轴换算长细比

当格构式轴心受压杆绕实轴发生弯曲失稳时情况和实腹式压杆一样。但是当绕虚轴发生弯曲失稳时，因为剪力导致构件产生较大的附加侧向变形，按照规范，用换算长细比 λ_{0x} 来代替对虚轴 x 轴的长细比 λ_x。格构式构件对虚轴的换算长细比的计算公式如下。

（1）双肢格构式构件对虚轴的换算长细比：

①缀条构件：
$$\lambda_{0x}=\sqrt{\lambda_x^2+27A/A_{1x}} \tag{4-18-8}$$

②缀板构件：
$$\lambda_{0x}=\sqrt{\lambda_x^2+\lambda_1^2} \tag{4-18-9}$$

（2）四肢格构式构件两个方向都是虚轴，所以，四肢格构式构件对两个虚轴的换算长细比的计算公式是：

①缀条构件：
$$\lambda_{0x}=\sqrt{\lambda_x^2+40A/A_{1x}} \tag{4-18-10}$$

$$\lambda_{0y}=\sqrt{\lambda_y^2+40A/A_{1y}} \tag{4-18-11}$$

②缀板构件：
$$\lambda_{0x}=\sqrt{\lambda_x^2+\lambda_1^2} \tag{4-18-12}$$

$$\lambda_{0y}=\sqrt{\lambda_y^2+\lambda_1^2} \tag{4-18-13}$$

式中：λ_x、λ_y——整个构件对虚轴的长细比；

$\quad\quad A$——构件的横截面的毛面积；

A_{1x}、A_{1y}——构件截面中垂直于 x、y 轴各斜缀条的毛截面面积之和；

$\quad\quad \lambda_1$——单肢对平行于虚轴的形心轴的长细比，其计算长度取缀板之间的净距离。

三、杆件的截面选择

格构柱对实轴的稳定同实腹式压杆一样计算，即可确定肢件截面的尺寸。肢件之间的距离是根据对实轴和虚轴的等稳定条件所决定的。

等稳条件是 $\varphi_{1x}=\varphi_{1y}$，$\lambda_x=\lambda_y$，代入上式可以得到对虚轴的长细比是：

$$\lambda_x=\sqrt{\lambda_{0x}^2-27A/A_{1x}}=\sqrt{\lambda_{0y}^2-27A/A_{1x}} \tag{4-18-14}$$

算出需要的 λ_x，$i_x=l_0/\lambda_x$，利用截面回转半径与轮廓尺寸的近似关系确定单肢之间的距离。

四、格构式杆件单肢稳定计算

对格构式构件除需作为整体计算其强度、刚度和稳定外，还应计算各分肢的强度、刚度和稳定，且应保证各分肢失稳不先于格构式构件整体失稳。因此，《公路桥涵钢结构及木结构设计规范》（JTJ 025—86）规定，格构式受压构件分肢的长细比 λ_1 不得大于 40，且不得大于格构式构件的换算长细比 λ_{1x}。

五、格构式轴心受压构件的剪力

当格构式压杆绕虚轴弯曲时产生剪力 $V=dM/dz$。为了设计方便，此剪力可认为沿构件全长不变，方向可以是正或负，由各缀件面共同承担。对双肢格构式构件有两个缀件面，每

面承担 $V_1 = V/2$。考虑初始缺陷的影响，经理论分析，《公路桥涵钢结构及木结构设计规范》（JTJ 025—86）采用以下实用公式计算格构式轴心受压构件中可能发生的最大剪力 V，即：

$$V = \beta A \tag{4-18-15}$$

《公路桥涵钢结构及木结构设计规范》（JTJ 025—86）规定，当构件材料为 Q345 钢时，取 $\beta = 0.017 [\sigma]$，当构件材料为 Q235 钢时，则取 $\beta = 0.015 [\sigma]$，式中的 A 为格构式构件截面面积，以 cm^2 为单位；最大剪力 V 以 N 为单位。

格构式压杆承受反复应力，即构件不但受压而且受拉，截面的选择将由疲劳容许应力 $[\sigma_n]$ 决定，则在剪力 V 的计算中应乘以折减系数 $\dfrac{[\sigma_n]}{\varphi_{min} [\sigma]}$，其中 $[\varphi_{min}]$ 为按构件最大长细比求得的轴心受压构件纵向弯曲系数。

六、缀材设计

当缀件采用缀条时，格构式构件的每个缀件面如同缀条与构件分肢组成的平行弦桁架体系，缀条可看作桁架的腹杆，其内力可按铰接桁架进行分析。

（1）对于缀条柱，将缀条看作平行弦行架的腹杆进行计算。一根缀条的内力 N_1 为：

$$N_1 = V_1 n \sin\alpha \tag{4-18-16}$$

式中：α——缀条与构件轴线夹角，在 $30°\sim60°$ 之间采用；

V_1——分配到一个缀材面的剪力；

n——承受剪力 V_1 的缀条数。

横缀条主要用于减小肢件的计算长度，其截面尺寸与斜缀条相同，也可按容许长细比确定，取较小的截面。

（2）对于缀板柱，在满足缀板刚度要求的前提下，可以假定缀板和肢件组成多层刚架，缀板的内力就根据多层刚架计算简图定。根据内力平衡可得每一个缀板面分担的剪力 V_{b1} 和缀板与肢件连接处的弯矩 M_{b1} 为：

剪力 $$V_{b1} = \frac{V_1 l_1}{c} \tag{4-18-17}$$

弯矩（与肢件连接处）$$M_{b1} = \frac{V_1 l_1}{2} \tag{4-18-18}$$

式中：l_1——两相邻缀板轴线间的距离，需根据分肢稳定和强度条件确定；

c——分肢轴线间的距离。

根据剪力 V_{b1} 和弯矩 M_{b1} 可验算缀板剪应力和弯曲应力，以及缀板和分肢的连接强度。由于角焊缝容许应力低于缀板容许应力，所以一般只计算缀板和分肢的连接强度。

第四节　偏心受拉、受压构件设计方法

一、偏心受拉构件

偏心受拉构件的计算包括静力强度、疲劳强度和刚度三个方面。由于轴向拉力会使弯矩所产生的挠曲变形减小，使构件截面承受的弯矩减小。因此，可比较简便而又偏于安全地采用简单的叠加公式进行强度验算。

1. 强度验算

偏心受拉构件按下式验算强度：

$$\sigma = \frac{N}{A} + \frac{M}{W} \leqslant [\sigma] \ \text{或} [\sigma_w] \tag{4-18-19}$$

式中：$[\sigma]$ 或 $[\sigma_w]$，当 $\frac{N}{A} \geqslant \frac{M}{W}$，容许应力取 $[\sigma]$，当 $\frac{N}{A} < \frac{M}{W}$，容许应力取 $[\sigma_w]$。

2. 疲劳强度验算

受拉并在一个主平面内受弯曲或与此相当的偏心受拉构件，其疲劳强度的验算公式：

$$\sigma = \frac{N}{A_n} + \frac{M}{W_n} \leqslant [\sigma_n] \tag{4-18-20}$$

式中：$[\sigma_n]$——结构构件的疲劳容许应力，应根据 $\sigma = \frac{N}{A_n} + \frac{M}{W_n}$ 的变化范围决定 ρ 值，再用

《公路桥涵钢结构及木结构设计规范》公式算出 $[\sigma_n]$ 值。

由于偏心受拉构件的挠度及受压边缘的最大应力，均较纯弯曲时为小，因此，偏心受拉构件的稳定性一般不需要进行验算。偏心受拉构件的刚度要求与轴心受拉构件相同。

二、偏心受压构件

压弯构件的计算包括强度、总体稳定性、局部稳定性和刚度，通常由总体稳定性控制。

1. 强度验算

$$\sigma = \frac{N}{A_m} + \frac{M}{W_m} \leqslant [\sigma] \ \text{或} [\sigma_w] \tag{4-18-21}$$

式中：$[\sigma]$——轴向容许应力，用于当 $\frac{N}{A_m} \geqslant \frac{M}{W_m}$；

$[\sigma_w]$——弯曲容许应力，用于当 $\frac{N}{A_m} < \frac{M}{W_m}$；

A_m——验算截面的构件毛截面面积；

W_m——验算截面的构件毛截面模量。

2. 弯矩作用平面内的稳定性验算

偏心受压构件可能在弯矩作用平面内丧失总体稳定性。其验算公式为：

$$\sigma = \frac{N}{\varphi_1 A_m} + \frac{1}{\mu} \cdot \frac{M}{W_m} \leqslant [\sigma] \tag{4-18-22}$$

验算公式包括两项，其中第一项表示轴向压力的作用，而第二项则表示弯矩的作用并考虑了 N 对弯矩值的增大影响。

3. 平面外的稳定性验算

当偏心受压构件两个方向的刚度相差较大，且弯矩作用在刚度较大的平面内时，除了需要验算弯矩作用平面内的稳定性外，考虑到构件还有可能朝着垂直于弯矩作用平面的方向倾斜扭弯，因此还必须验算垂直于弯矩平面方向的稳定性，其验算公式为：

$$\sigma = \frac{N}{\varphi_1 A_m} + \frac{1}{\varphi_2} \frac{1}{\mu} \cdot \frac{M}{W_m} \leqslant [\sigma] \tag{4-18-23}$$

φ_2 为纯弯构件的纵向弯曲系数（若是压弯杆，可按 $N=0$ 的情况确定），在不作进一步分析时，可按式（4-18-24）计算构件的换算长细比 λ_e，并按 λ_e 得相应 φ_1 以替代 φ_2。

$$\lambda_e = \alpha \cdot \frac{l_0}{h} \cdot \frac{r_x}{r_y} \tag{4-18-24}$$

α系数当为焊接构件时取 1.8，铆接构件时取 2.0；对于箱形截面构件、任意截面构件，当所验算的失稳平面和弯矩作用平面一致时取 $\varphi_2 = 1$。

《公路桥涵钢结构及木结构设计规范》（JTJ 025—86）将上述弯矩作用平面内的稳定性验算公式和弯矩作用平面外稳定性验算公式综合统一的表达式，即：

$$\frac{N}{A_m} + K \cdot \frac{M}{W_m} \leqslant \varphi_1[\sigma] \tag{4-18-25}$$

式中：$K = \dfrac{\varphi_1}{\mu \varphi_2}$。

在验算弯矩作用平面内的稳定性时，$\varphi_2 = 1$；而其中 φ_1 则为验算平面的轴向受压纵向弯曲系数。

4. 局部稳定性和刚度验算

偏心受压构件的局部稳定性和刚度验算同轴心受压构件。

第五节　问题释义与算例

一、问题释义

1. 轴心受压构件的稳定系数（纵向弯曲系数）。

影响轴心受压构件的整体稳定性的主要因素是截面的纵向残余应力、构件的初弯曲、荷载作用点的初偏心以及构件的端部约束条件等。影响柱承载力的几个不利因素，其最大值同时出现于一根柱子的可能性是极小的。理论分析表明，考虑初弯曲和残余应力两个最主要的不利因素比较合理，初偏心不必另行考虑。初弯曲的矢高取柱长度的千分之一，而残余应力则根据柱的加工条件确定。这些不利因素可以换算为一个影响系数，通过这个影响系数合理地计算受压构件的整体承载力，这个系数称为轴心受压构件稳定系数（纵向弯曲系数），可以用符号 φ_1 表示。

2. 什么是钢压杆局部失稳？

钢压杆通常由若干较薄的钢板和型钢组成，在轴心压力作用下，压杆丧失整体稳定性以前，压杆中某一薄而宽的板件在压力大到一定值时，不能再继续保持平面状态的平衡而发生局部翘曲的现象，叫做压杆丧失局部稳定。压杆板件的局部失稳会降低压杆的承载能力，导致压杆提前破坏，在设计压杆时应提前防止，为此要求压杆各板件的临界应力值均不应小于整个杆件丧失总体稳定时的临界应力值。

为了在设计中使用方便，针对桥梁中最常用的 H 形、箱形截面杆件，进行了局部稳定实验，直接确定受压构件中的单板或板束的宽度 b 与其厚度 t 的最大比值。只要压杆板件的宽厚比不超过容许的比值就可保证压杆在丧失总体稳定之前不致出现局部失稳现象。

3. 轴心受压构件的截面设计步骤。

已知构件的自由长度、轴心压力、钢材的标号，确定构件的截面形式和尺寸。

（1）根据结构物的要求，选择构件的截面形式，假定长细比，一般长细比取 $\lambda = 50 \sim 100$，当压力大而计算长度小时取较小值，反之取较大值。

（2）根据假定的长细比得稳定系数 φ_1，利用公式 $A_m = N/\varphi_1 [\sigma]$ 计算所需的毛截面积。

（3）利用假定的 λ 值和构件的自由长度 l_0，算出所需的截面回转半径 $i_x = l_{0x}/\lambda$，$i_y = l_{oy}/\lambda$。

（4）按选定的截面形式和回转半径 i 与截面高度 h 和截面宽度 b 的近似关系，即 $i_x = a_1 h$，$i_y = a_2 b$，（a_1、a_2 与截面形式有关的系数），求出所需截面的轮廓尺寸。对于型钢截面，可根据截面几何所需要的截面回转半径直接查表确定型号。

（5）选配截面。对于焊接组合截面，根据所需的面积 A、h、b，并考虑局部稳定和构造要求具体确定构件截面的翼缘和腹板尺寸。

（6）截面验算。按选定的构件截面尺寸 $(h、b)$、面积 A、φ、λ_{max}，验算构件的整体稳定性、局部稳定性和刚度。若不符合要求，应修改假定的截面重新验算，直到满足要求。

4. 杆件的计算长度和几何长度的关系。

杆件的自由长度和几何长度不完全一致，设计和计算取杆的自由长度，也称为计算长度，二者的关系如下。

1）弦杆在主桁平面内的计算长度

在计算受压弦杆的稳定时，偏安全的假定是：（1）略去腹杆对弦杆的约束影响；（2）假定相邻的受压弦杆和验算的受压弦杆同时达到压溃临界状态。这样，在桁架平面内就可把弦杆的两端视作支承在不沉陷的支座上，并在支座上可以自由转动的杆件。这种弦杆在桁架平面内的稳定，同各弦杆在节点处互相铰接的情况一样，其计算长度可取其几何长度。

2）腹杆在桁架平面内的计算长度

由于节点板的刚性及弦杆对腹杆的约束作用，腹杆在桁架平面内的计算长度一般将小于其几何长度，中间腹杆采用 $0.8L$（L 为杆件的几何长度）；端斜杆及端立杆由于仅一端与受拉弦杆相连接，且当弦杆应力较高时，对端斜杆的约束作用较小，因此其计算长度采用 $0.9L$。

3）交叉腹杆在主桁平面内的计算长度

多根腹杆交会在一起时，由于其交会的情况不同，对所计算腹杆的计算长度的影响也不相同。当腹杆一端与弦杆铰接，另一端与受拉弦杆刚接并在中部与一腹杆相交时，受拉弦杆对该腹杆所起的约束作用并不大，因此，该腹杆自由长度是按相交点至杆端较长的一段取值。

4）弦杆与腹杆在桁架平面外的计算长度

当杆件两端在桁架平面外均设有刚度足够的支撑系，并略去与其相连的其他杆件（包括节点板）的约束影响时，两端可看作是铰接，其计算长度可采用几何长度。

5）交叉腹杆在桁架平面外的计算长度

压杆与拉杆相交，当拉杆应力较小，则压杆在丧失稳定时较相交腹杆应力为零的情况为好。因此在此情况下，该受压腹杆可偏安全地视作两端铰接、中间具有一个拉力为零的交叉杆作弹性支承的杆件，据此可推求其自由长度的折减系数。

当交叉腹杆的惯性矩及几何长度相同时，无论是具有一处或两处交叉的受压腹杆，如果相交各杆件都是贯通的（且断面不变），则它在桁架平面外的自由长度折减系数均为 0.7 左右。但若在交点处各杆件不贯通或不采用全断面连接，则受压腹杆的自由长度将有可能大于《公路桥涵钢结构及木结构设计规范》规定的自由长度。

在实际设计工作中，常根据各种构件的具体情况，采用经验数据来确定压杆的自由长度。对于平行弦桁架各受压构件的自由长度如表 4-18-1 所示。

受压构件的自由长度 　　　　　　　　　　　　　表 4-18-1

杆件			弯曲平面	
			平面内	平面外
主桁	弦杆		l_0	l_0
	端斜杆、端立杆、连续梁中间支点处立柱或斜杆作为桥门架时		$0.9l_0$	l_0
	桁架的腹杆	无相交和无交叉	$0.8l_0$	l_0
		与杆件相交或相交叉（不包括与拉杆相交叉）	l_1	l_0
		与拉杆相交叉	l_1	$0.7l_0$
纵向及横向联结系	无交叉		l_2	l_2
	与拉杆相交叉		l_1	$0.7l_2$
	与杆件相交或相交叉（不包括与拉杆相交叉）		l_1	l_2

注：l_0——主桁各杆件的几何长度（即杆端节点中距，如杆件全长被横向结构分割时，则为其较长的一段长度。

l_1——从相交点至杆端节点中较长的一段长度。

l_2——纵向（横向）联结系杆件轴线与节点板连在主桁杆件的固着线交点之间的距离。

5. 格构式轴心受压杆的换算长细比。

实腹式轴心受压杆无论因丧失整体稳定而产生弯曲变形或存在初始弯曲，构件中横向剪力总是很小的。实腹式压杆的抗剪刚度又比较大，因此横向剪力对构件产生的附加变形很微小，对构件临界力的降低不到 1％，可以忽略不计。

当格构式轴心受压杆绕实轴发生弯曲失稳时情况和实腹式压杆一样。但是当绕虚轴发生弯曲失稳时，因为剪力要由比较柔弱的缀材负担或是柱腹也参与负担，剪切变形较大，导致构件产生较大的附加侧向变形，它对构件临界力的降低是不能忽略的。经理论分析，用换算长细比 λ_{0x} 来代替对 x 轴的长细比 λ_x，就可以确定剪切变形影响的格构式轴心压杆的临界力。所以，格构式构件的稳定性计算采用换算长细比。

6. 轴心受拉构件的设计。

设计轴心受拉构件时，构件截面尺寸的选择要从强度和刚度两方面考虑，但一般由强度控制设计。轴心受拉构件可按内力均匀地分布在构件的净截面 A_n 上计算，即：

$$A_n = \frac{N}{[\sigma]} \tag{4-18-26}$$

构件的全截面： 　　　　　　$A = (1.10 \sim 1.15) A_n$

根据计算的全截面积，就可选择适当的截面形式和尺寸。

7. 格构式构件的构造要求。

格构式构件由肢件（包括型钢或焊接构件）用缀板、缀条连接而成。缀板、缀条用角焊缝与肢件相连接，搭接的长度一般为 20～30mm。角焊缝承受剪力 T 和弯矩 M 的共同作用。如果验算角焊缝后确认符合了强度要求就不必再验算缀板的强度，因为角焊缝的强度设计值不如钢材。

为了保证杆件的截面形状不变和增加杆件的刚度，应该设置横隔，它们之间的中距不应大于杆件截面较大宽度的 9 倍，也不应大于 8m，且每个运送单元的端部应设置横隔。横隔可用钢板或角钢组成。

8. 偏心受压构件强度验算公式说明。

偏心受压构件的强度验算公式与偏心受拉构件相似，唯其截面积和截面模量改为按毛截面计算，用叠加原理求构件截面边缘处的最大压应力，并使其不超过容许应力。

偏心受压构件的强度验算公式为：

$$\sigma = \frac{N}{A_m} + \frac{M}{W_m} \leqslant [\sigma] \ 或 [\sigma_w]$$

在强度验算公式中，没有考虑因偏心压力所产生的附加挠度的影响。因为对一般两端铰支的构件而言，铰支端的附加挠度为零，而在构件中部附加挠度最大，但此时构件主要以总体稳定性要求所控制，所以在强度验算中，附加挠度的影响可略而不计。

二、算例

[**1**] 某钢桁架下弦长度 2.2m，承受静力拉力 300kN，杆件采用 2L125×12 双角钢截面，倒 T 形放置，在杆件同一截面上设有用于连接支撑的两个直径为 21.5mm 的螺栓孔，钢材为 Q235，验算此拉杆的强度和刚度。

解： 查型钢表知，一个角钢的面积 $A = 28.91\text{cm}^2$，竖向平面内回转半径 $i = 3.83\text{cm}$。

强度验算：

$$A_n = 2 \times 28.91 - 2 \times 2.15 \times 1.2 = 52.64\text{cm}^2$$

$$\sigma = \frac{N}{A_n} = \frac{300 \times 10^3}{52.64 \times 10^2} = 52.92a < [\sigma_t] = 140\text{N/mm}^2$$

强度满足要求。

刚度验算：

$$\lambda = \frac{l_0}{i} = \frac{2.2 \times 10^3}{3.83 \times 10} = 57.4 < [\lambda] = 130$$

刚度满足要求。

[**2**] 验算图 4-18-1 所示轴心受压柱，截面为热轧工字钢 I32a，在强轴平面内下端固定、上端铰接，在弱轴平面内两端及三分点处均有可靠的铰支点支承，柱高 6m，承受轴心压力值为 500kN，钢材为 Q235。

解： 已知强轴平面内计算长度 $l_x = 0.7 \times 6 = 4.2\text{m}$，弱轴平面内计算长度 $l_y = 2.0\text{m}$。

查型钢表可知，I32a 的截面特性为：$A = 67.0\text{cm}^2$，$i_x = 12.8\text{cm}$，$i_y = 2.62\text{cm}$。

柱子的长细比为：

$$\lambda_x = l_x / i_x = 420/12.8 = 32.8 < [\lambda] = 150$$

$$\lambda_y = l_y / i_y = 200/2.62 = 76.3 < [\lambda] = 150$$

$\lambda_x = 32.8$ 时查附表 29 得 $\varphi_1 = 0.8934$

$\lambda_y = 76.3$ 时查附表 29 得 $\varphi_1 = 0.6739$

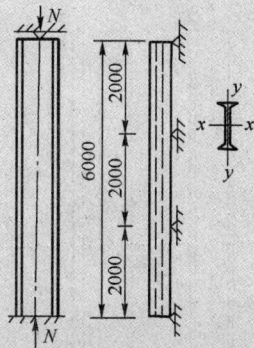

图 4-18-1 例题 2 图

$$\sigma = \frac{N}{A} = \frac{500 \times 10^3}{67.0 \times 10^2} = 74.63\text{MPa} \leqslant \varphi_1[\sigma] = 0.6739 \times 140 = 94.346\text{MPa}$$

构件满足整体稳定和容许长细比的要求。因轧制型钢的翼缘和腹板一般都较厚，都能满足局部稳定的要求，不必验算。

[3] 两端铰接的焊接 H 形截面轴心受压柱，截面几何尺寸如图 4-18-2 所示。柱高 4.2m，钢材为 Q235，翼缘系轧制边，焊条为 E43 系列，手工焊。计算柱所能承受的压力，截面的局部稳定性是否满足要求。

解： 已知 $l_x = l_y = 4.2$m

（1）计算截面特性

$$A = 2 \times 25 \times 1 + 22 \times 0.6 = 63.2 \text{cm}^2$$

$$I_x = 2 \times 25 \times 1 \times (11 + 0.5)^2 + 0.6 \times 22^3 / 12 = 7144.9 \text{cm}^4$$

$$I_y = 2 \times 1 \times 25^3 / 12 = 2604.2 \text{cm}^4$$

$$i_x = \sqrt{I_x/A} = 10.63 \text{cm}, \quad i_y = \sqrt{I_y/A} = 6.42 \text{cm}$$

$$\lambda_x = l_x/i_x = 420/10.63 = 39.5 < [\lambda] = 150$$

$$\lambda_y = l_y/i_y = 420/6.42 = 65.4 < [\lambda] = 150$$

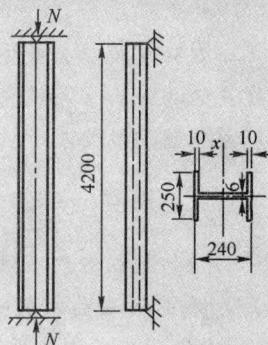

图 4-18-2　例题 3 图

（2）能够承受的最大压力计算

根据整体稳定性，构件能够承受的最大压力：

$\lambda_x = 39.5$ 时　得 $\varphi_1 = 0.8765$

$\lambda_y = 65.4$ 时　得 $\varphi_1 = 0.7401$

由 $\sigma = \dfrac{N}{A} \leqslant \varphi_1 [\sigma]$

有 $N = A\varphi_1[\sigma] = 63.2 \times 10^2 \times 0.7401 \times 140 = 654840 \text{N} = 654.84 \text{kN}$

可承受的最大压力 654.84kN。

（3）局部稳定性验算

翼缘宽厚比为 $\dfrac{b_1}{t_f} = (12.5 - 0.3) / 1 = 12.2$

$\lambda_y = 65.4 > 60$，翼缘宽厚比不能超过 18。翼缘局部稳定性满足要求。

腹板高厚比为 $\dfrac{b_w}{t_w} = (24 - 2) / 0.6 = 36.7$

$\lambda_y = 65.4 > 50$，腹板高厚比不能超过 $0.6\lambda + 5 = 44.24$，且不大于 50。腹板局部稳定性满足要求。

构件的整体稳定、刚度和局部稳定都满足要求。

[4] 轴心受压平台柱，采用焊接 H 字形截面，截面尺寸如图 4-18-3 所示，柱两端铰接，柱高 6m，承受的轴心压力设计值为 5000kN，翼缘为焰切边，钢材为 Q235，焊条为 E43 系列，手工焊。验算该柱是否满足要求。

解： 已知 $l_x = l_y = 4.2$m

1）计算截面特性

$$A = 2 \times 50 \times 2.2 + 46 \times 1.6 = 293.6 \text{cm}^2$$

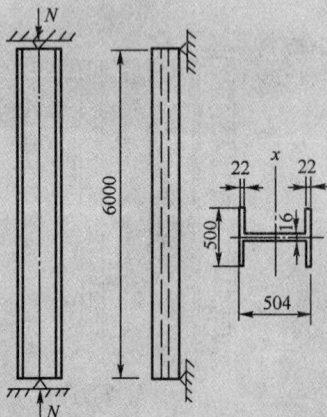

图 4-18-3　例题 4 图

$$I_x = 2 \times 50 \times 2.2 \times 24.1^2 + 1.6 \times 46^3/12 = 140756.3 \text{cm}^4$$

$$I_y = 2 \times 2.2 \times 50^3/12 = 45833.3 \text{cm}^4$$

$$i_x = \sqrt{I_x/A} = 21.9 \text{cm}, \quad i_y = \sqrt{I_y/A} = 12.5 \text{cm}$$

2）验算整体稳定、刚度和局部稳定性

（1）刚度验算：

$$\lambda_x = l_x/i_x = 600/21.9 = 27.4 < [\lambda] = 150$$

$$\lambda_y = l_y/i_y = 600/12.5 = 48 < [\lambda] = 150$$

刚度满足要求。

（2）稳定性验算：

$\lambda_x = 27.4$ 时，$\varphi_1 = 0.900$

$\lambda_y = 48$ 时，$\varphi_1 = 0.8378$

$$\sigma = \frac{N}{A} = \frac{3000 \times 10^3}{293.6 \times 10^2} = 102.18 \text{MPa} \leqslant \varphi_1[\sigma] = 0.8378 \times 140 = 117.292 \text{MPa}$$

稳定性满足要求。

（3）局部稳定性验算：

翼缘宽厚比为 $\dfrac{b_f}{t_f} = (250-8)/22 = 11$

$\lambda_y = 48 < 60$，翼缘宽厚比不能超过 14，且不超过 $0.15\lambda + 5 = 12.2$。翼缘局部稳定性满足要求。

腹板高厚比为 $\dfrac{b_w}{t_w} = 460/16 = 28.75$

$\lambda_y = 48 < 50$，腹板高厚比不能超过 35。腹板局部稳定性满足要求。

所选截面的整体稳定、刚度和局部稳定都满足要求。

[5] 某缀板式和缀条式格构式轴心受压柱示于图 4-18-4，柱身均由两个槽钢 2 [32b 组成（槽钢肢尖向内）。其中缀板采用截面 200×10 钢板，缀条采用 L63×5，钢材为 Q235，焊条为 E43 系列，手工焊。柱高 6.5m，两端铰接，承受的轴心压力为 1000kN。分别验算缀板式和缀条式格构式轴心受压柱。

解： 已知 $l_{0x} = l_{0y} = 6.5 \text{m}$

由型钢表知，单个槽钢 [32b 的截面特性为：$A = 55.1 \text{cm}^2$，$I_1 = 336 \text{cm}^4$，$i_1 = 2.47 \text{cm}$，$i_y = 12.1 \text{cm}$，$z_1 = 2.16 \text{cm}$，自重为 864N/m，总重为 5616N，加上缀板、柱头、柱脚等构造用钢，柱重按 10kN 计算。

1）对缀板式柱

（1）截面绕实轴整体稳定和刚度验算：

$$\lambda_y = l_{0y}/i_y = 650/12.1 = 53.7 < [\sigma] = 150$$

得 $\varphi_1 = 0.8072$

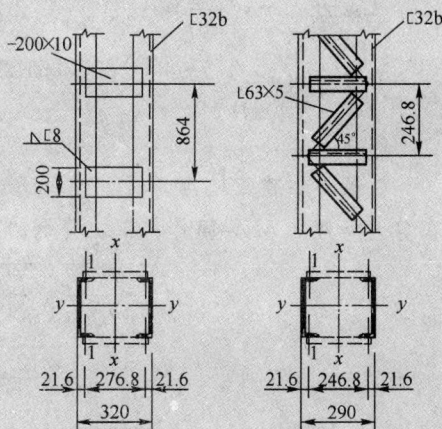

图 4-18-4　例题 5 图

$$\sigma = \frac{N}{A_m} = \frac{1010 \times 10^3}{110.2 \times 10^2} = 91.65 \text{MPa} \leqslant \varphi_1[\sigma] = 0.8072 \times 140 = 113.01 \text{MPa}$$

满足要求。

（2）截面绕虚轴整体稳定性验算：

$$I_x = 2 \times [336 + 55.1 \times (27.68/2)^2] = 21780 \text{cm}^4$$

$$i_x = \sqrt{\frac{I_x}{A}} = \sqrt{\frac{21780.3}{110.2}} = 14.06 \text{cm}$$

$$\lambda_x = 650/14.06 = 46.2$$

缀板间净距为 $l_1 = 86.4 - 20 = 66.4 \text{cm}$，$\lambda_1 = 66.4/2.47 = 26.9$

换算长细比 $\lambda_{0x} = \sqrt{\lambda_x^2 + \lambda_1^2} = \sqrt{46.2^2 + 26.9^2} = 53.5 < [\lambda] = 150$

由 $\lambda_{0x} = 53.5$ 得 $\varphi_1 = 0.8084$

$$\sigma = \frac{N}{A} = (1010 \times 10^3)/(110.2 \times 10^2)$$

$$= 91.65 \text{MPa} \leqslant \varphi_1[\sigma] = 0.8084 \times 140 = 113.2 \text{MPa}$$

稳定性满足要求。

（3）强度验算：因截面无削弱不需验算净截面强度。

（4）局部稳定验算：因柱分肢为型钢，局部稳定满足要求。

（5）分肢稳定性：$\lambda_1 = 26.9 < 40$，且 $\lambda_1 = 26.9 <$ 换算长细比 $\lambda_{0x} = 53.5$

分肢稳定性满足要求。

（6）缀板验算：

缀板的中心距离 $l_1 = 864 \text{mm}$

构件所受的最大剪力 $V = \beta A = 0.0015 [\sigma] A = 0.0015 \times 140 \times 2 \times 55.1 \times 10^2 = 23.142 \text{kN}$

每个缀板面承受剪力为 $V_1 = V/2 = 11.571 \text{kN}$

每个缀板承受的最大剪力和弯矩 $V_{b1} = \frac{V_1 l_1}{c} = \frac{11.571 \times 864}{276.8} = 36.12 \text{kN}$

$$M_{b1} = \frac{V_1 l_1}{2} = 5 \times 10^6 \text{N} \cdot \text{mm}$$

正应力为 $\sigma = \frac{6M_{b1}}{t_b h_{b1}^2} = \frac{6 \times 5 \times 10^5}{10 \times 200^2} = 75 \text{MPa} < [\sigma] = 140 \text{MPa}$

剪应力为 $\tau = \frac{1.5 V_{b1}}{t_b h_{b1}} = \frac{1.5 \times 36120}{10 \times 200} = 27.09 \text{MPa} < [\tau] 85 \text{MPa}$

满足要求。

缀板与柱肢连接角焊缝用 $h_f = 8 \text{mm}$，焊缝两端围焊，计算长度偏于安全地取 20cm。
在剪力和弯矩 M 共同作用下，焊缝的总应力为：

$$\tau_f = \sqrt{\left(\frac{V_{b1}}{0.7 h_f l_f}\right)^2 + \left(\frac{6M}{0.7 h_f l_f^2}\right)^2}$$

$$= \sqrt{\left(\frac{36.12 \times 10^3}{0.7 \times 8 \times 300}\right)^2 + \left(\frac{6 \times 5 \times 10^6}{0.7 \times 8 \times 300^2}\right)^2}$$

$$= \sqrt{(21.5)^2 + (59.5)^2} = 63.27 \text{MPa} < [\tau_f] = 85 \text{MPa}$$

故缀板的尺寸与连接构造均符合要求。

2) 对缀条式柱

(1) 截面绕实轴整体稳定和刚度验算：计算完全同缀板式柱，满足要求。

(2) 截面绕虚轴整体稳定验算：

由型钢表知，缀条角钢 2 $\llcorner$ 63×5 的截面特性为：$A=6.14×2=12.28cm$，$i_{min}=1.25cm$

$$I_x=2\ [336+55.1×\ (2468/2)^2]\ =17452.8cm^4$$

$$i_x=\sqrt{17452.8/2×55.1}=12.58cm$$

$$\lambda_x=650/12.58=51.7$$

缀条构件换算长细比：

$$\lambda_{0x}=\sqrt{\lambda_x^2+40A/A_{1x}}=\sqrt{51.7^2+40×\frac{2×55.1}{12.28}}=55.06<\ [\lambda]\ =150$$

查表得 $\varphi_x=0.8$

$$\sigma=\frac{N}{A}=\ (1010×10^3)\ /\ (110.2×10^2)\ =91.65MPa\leqslant\varphi_1\ [\sigma]\ =0.8×140=112MPa$$

(3) 强度及局部稳定验算：同缀板式柱，满足要求。

(4) 分肢稳定验算：

斜缀条与水平线夹角为45°，则 $l_1=246.8mm$。单肢长细比 $\lambda_1=\dfrac{246.8}{24.7}=10.0<40$，且 $\lambda_1=26.9<$ 换算长细比 $\lambda_{0x}=55.06$

(5) 缀条验算：

因为采用单缀条体系，故按轴心压杆设计。

构件所受的最大剪力

$$V=\beta A=0.0015\ [\sigma]\ A=0.0015×140×2×55.1×10^2=23.142kN$$

作用于一侧缀条系剪力为

$$V_1=V/2=11.571kN$$

一个斜缀条的内力 $\qquad N_t=\dfrac{V_1}{\cos45°}=\dfrac{11.571}{\cos45°}=16.36kN$

斜缀条长度 $\qquad l_d=246.8/\cos45°=470mm$

斜缀条长细比 $\qquad \lambda_d=\dfrac{l_d}{i_{min}}=\dfrac{470}{12.5}=37.6<\ [\lambda]\ =150$

由 $\lambda_{0x}=37.6$ 附表29，得 $\varphi_1=0.8825$

$$\sigma=\frac{N_t}{A}=\ (16.36×10^3)\ /\ (12.28×10^2)\ =13.32MPa\leqslant\varphi_1[\sigma]\ =0.8825×140=123.55MPa$$

满足要求。

缀条与柱肢连接：

缀条与柱肢连接角焊缝采用角钢两侧角焊缝连接，设 $h_f=5mm$，按构造焊缝长度肢尖和肢背都取40cm。

焊缝受力：

角钢肢背 $N_1=K_1N=0.7×16.36=11.45kN$

角钢肢尖 $N_2=K_2N=0.3×16.36=4.91kN$

焊缝强度验算：

$$\tau_f = \frac{N_1}{2h_e l_w} = \frac{11.45 \times 10^3}{2 \times 0.7 \times 5 \times 400} = 40.89\text{MPa} < [\tau_f] = 85\text{MPa}$$

[6] 焊接 H 型截面压弯构件，弯曲平面内的计算长度 $l_{oy} = 10\text{m}$，弯曲平面外的计算长度 $l_{ox} = 5\text{m}$，钢材为 Q345 钢。构件最大弯矩 $M = 323.4\text{kN} \cdot \text{m}$，作用于弯曲平面内。轴心压力 $N = 1185\text{kN}$。验算构件的强度与稳定性。

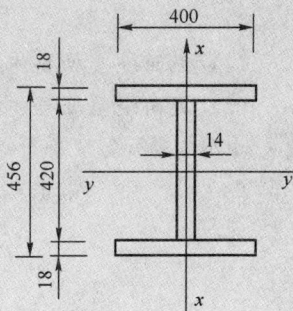
图 4-18-5　例题 6 图

解： 1) 构件截面特性计算

$$A = 2 \times 400 \times 18 + 420 \times 14 = 20300\text{mm}^2$$

$$I_y = \frac{1}{12} \times 14 \times 420^3 + 2 \times 400 \times 18\left(\frac{420}{2} + \frac{18}{2}\right)^2 = 777.07 \times 10^6\text{mm}^4$$

$$i_y = \sqrt{\frac{I_y}{A}} = \sqrt{\frac{777.07 \times 10^6}{20300}} = 195.7\text{mm}$$

$$W_x = \frac{777.07 \times 10^6 \times 2}{456} = 3.408 \times 10^6\text{mm}^3$$

$$I_x = \frac{1}{12} \times 2 \times 18 \times 400^3 + \frac{1}{12} \times 420 \times 14^3 = 192 \times 10^6\text{mm}^4$$

$$i_x = \sqrt{\frac{I_x}{A}} = \sqrt{\frac{192 \times 10^6}{20300}} = 97.3\text{mm}$$

2) 强度验算

$$\sigma = \frac{N}{A} + \frac{M}{W} = \frac{1185 \times 10^3}{20300} + \frac{323.4 \times 10^6}{3.408 \times 10^6} = 58.37 + 94.89 = 153.26\text{MPa}$$

因 $\frac{N}{A} = 58.37\text{MPa} < \frac{M}{W} = 94.89\text{MPa}$，故取 Q345 钢的弯曲应力容许值 $[\sigma_w]$。有 $\sigma = 153.26\text{MPa} < [\sigma_w] = 210\text{MPa}$，故满足要求。

3) 弯矩作用平面内的稳定性验算

构件中部最大弯矩为 $M = 323.4\text{kN} \cdot \text{m}$

$$\lambda_y = \frac{l_{oy}}{i_y} = \frac{1000}{19.57} = 51.1$$

得 $\varphi_1 = 0.767$，有

$$\frac{N}{\varphi_1 A} = \frac{1185 \times 10^3}{0.767 \times 20300} = 76.1\text{MPa} > 0.15[\sigma] = 0.15 \times 200 = 30\text{MPa}$$

取 $\mu = \left(1 - \frac{n_1 N \lambda^2}{\pi^2 E A_m}\right)m = \left[1 - \frac{1.7 \times 1185 \times 10^3 \times 51.1^2}{\pi^2 \times 2.1 \times 10^5 \times 20300}\right] \times 1.0 = 0.873$

$$\sigma = \frac{N}{\varphi_1 A_m} + \frac{1}{\mu} \cdot \frac{M}{W_m} = \frac{1185 \times 10^3}{0.767 \times 20300} + \frac{287.5 \times 10^6}{0.873 \times 3.408 \times 10^6}$$

$$= 76.11 + 96.63 = 172.74\text{MPa} < [\sigma] = 200\text{MPa}，满足要求。$$

4) 弯矩作用平面外的稳定性验算

$$\lambda_x = \frac{l_{ox}}{i_x} = \frac{5000}{97.3} = 51.4$$

查表得 $\varphi_1 = 0.765$，有

$$\lambda_e = \alpha \cdot \frac{l_0}{h} \cdot \frac{r_x}{r_y} = 1.8 \times \frac{5000}{456} \times \frac{195.7}{97.3} = 39.7$$

由 $\lambda_e = 39.7$ 查得 $\varphi_2 = 0.843$，有

$$\sigma = \frac{N}{\varphi_1 A_m} + \frac{1}{\varphi_2} \cdot \frac{1}{\mu} \cdot \frac{M}{W_m} = \frac{1185 \times 10^3}{0.767 \times 20300} + \frac{1}{0.843} + \frac{287.5 \times 10^6}{0.873 \times 3.408 \times 10^6}$$

$$= 76.1 + 114.6 = 190.7 \text{MPa} < [\sigma] = 200 \text{MPa}，满足要求。$$

5) 局部稳定性验算

(1) 腹板的局部稳定性：

腹板宽 $b_2 = 420$mm，腹板厚 $t_2 = 14$mm

查附表 30，当 $\lambda_x = 51.4 > 50$ 时

$$\frac{b_2}{t_2} = \frac{420}{14} = 30 < 0.5\lambda_x + 5 = 30.7$$ 且不大于 45，满足要求。

(2) 翼缘板的局部稳定性：

翼缘板厚 $b_3 = 18$mm，翼缘板宽度的一半 $b_3 = 200$mm

当 $\lambda_x = 51.4 < 60$ 时

$$\frac{b_3}{t_3} = \frac{200}{18} = 11.1 < 12 \quad 但 \frac{b_3}{t_3} = \frac{200}{18} = 11.1 > 0.2\lambda_x = 10.28$$

规范规定，当 λ_x 值较大时，宽厚比的限制过于保守，可适当放宽。11.1 与 10.28 相差较小，认为满足要求。

6) 刚度验算

由上述计算中可知，$\lambda_y = 51.1$ $\lambda_x = 51.4$，均小于 $[\lambda] = 100$，故构件刚度满足要求。

第六节 综合训练及参考答案

一、综合训练

1. 填空题

(1) 在格构式构件截面中，通过分肢腹板的主轴称为 (   )，通过分肢缀件的主轴称为 (   )。

(2) 轴心受拉构件是以截面的平均应力达到 (   ) 作为强度计算准则。

(3) 轴心受力构件的刚度是以构件的 (   ) 来控制的。

(4) 对抗扭刚度较差的轴心受压构件，最可能发生 (   ) 失稳（或屈曲）；对单轴对称或无对称轴的轴心受压构件，最可能发生 (   ) 失稳（或屈曲）。

(5) 轴心受压构件的局部稳定性是通过控制翼缘和腹板的 (   ) 实现的。

(6) 格构式轴心受压构件的设计包括 (   )、(   )、(   )、(   )。

(7) 《公路桥涵钢结构及木结构设计规范》采用 (   ) 实用公式计算格构式轴心受压构件中可能发生的最大剪力 V。

(8) 当构件材料为 Q345 钢时，公式 $V = \beta A$ 中取 $\beta = $ (   )，当构件材料为 Q235 钢

时，则取 $\beta=$ （　　）；式中的 A 为（格构式构件截面面积），以 cm^2 为单位；最大剪力 V 以 N 为单位。

（9）为了保证格构式杆件的截面形状不变和增加杆件的刚度，应该设置（　　），它们之间的中距不应大于杆件截面较大宽度的（　　）倍，也不应大于（　　）m。

（10）《公路桥涵钢结构及木结构设计规范》规定，对于拉弯和压弯构件的强度计算是以（　　）作为强度计算准则。

（11）压弯构件的失稳现象有可能出现（　　）、（　　）、（　　）几种情况。

2. 问答题

（1）提高实腹式轴心受压构件整体稳定性的措施有哪些？

（2）构件强度计算与稳定计算的区别是什么？

（3）简述实腹式轴心单向压弯构件整体失稳的形式及计算方法。

（4）格构式受压构件换算长细比的计算公式是什么？说出各符号的含义。

（5）简述压弯构件失稳的计算方法。

3. 计算题

（1）某四肢轴心受压缀条柱，柱身由四个角钢 $\llcorner 56\times5$ 组成，如图 4-18-6 所示，缀条采用单角钢 $\llcorner 40\times4$，为单系缀条，柱高 8m，轴线压力值为 $N=100kN$，钢材 Q235，截面无削弱。验算柱整体稳定性及缀条稳定性。

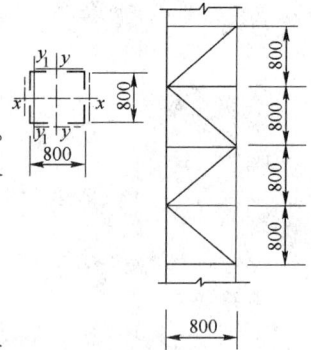

图 4-18-6　缀条柱图

（2）焊接工字形截面的拉弯构件，钢材为 Q235，计算长度 $l_{ox}=l_{oy}=3m$，与节点板相连处的翼缘上有两个高强度螺栓孔，孔径 23mm。作用轴向拉力 $N=150kN$；弯矩 $M_x=20kN\cdot m$。腹板厚 10mm，如图 4-18-7 所示。试进行构件验算。

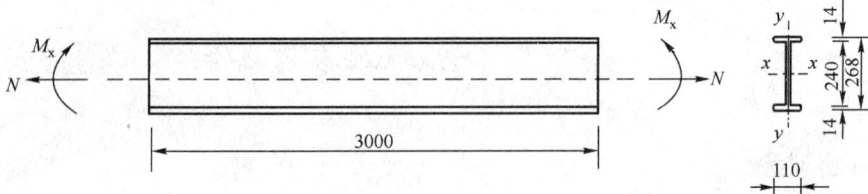

图 4-18-7　拉弯构件图

二、参考答案

1. 填空题

（1）实轴　虚轴；（2）钢材的屈服强度；（3）长细比；（4）扭转　弯扭；（5）高厚比；（6）强度计算　刚度验算　整体和局部稳定性　缀件的设计；（7）$V=\beta A$；（8）0.017 $[\sigma]$　0.015 $[\sigma]$；（9）横隔　9　8；（10）构件截面边缘纤维屈服；（11）平面内失稳　平面外失稳　局部失稳

2. 问答题

（1）答：可以从以下几个方面考虑：

尽量减小构件的几何缺陷，包括制造、运输和安装过程中产生的初弯曲，构造、施工和加载等原因产生的初偏心；

尽量减小构件的力学缺陷，减小构件焊接残余应力；

构件的约束大，可以减小计算长度，提高稳定性；

合理增大构件截面面积，截面尽量舒展外伸，提高惯性矩，增大构件的回转半径。

（2）答：①构件截面的承载能力取决于材料的强度和应力性质及其在截面上的分布，属于强度问题，强度计算也就是截面承载能力计算。

②构件有可能在受力最大截面还未达到强度极限之前因丧失稳定而失去承载能力，这就是构件承载能力，也就是构件的稳定性。稳定承载力取决于构件的整体刚度，因而属于构件承载力。稳定计算也就是构件承载能力计算。整体结构的承载能力往往和失稳有关。钢构件的板件还有可能局部失稳，它也不属于个别截面的承载能力问题。

（3）答：整体失稳分为弯矩作用平面内失稳和平面内失稳两种情况。弯矩作用平面内失稳是弯曲失稳，弯矩作用平面外失稳是弯扭失稳。增加侧向约束或有足够的侧向刚度可防止弯矩作用平面外的位移和变形，构件只发生平面内失稳。失稳的计算见压弯构件的稳定一节。

（4）答（略）

（5）答（略）

3. 计算题

（1）参考答案：$\llcorner 56 \times 5$ 截面特性：$A=5.42\text{cm}^2$，$I_{x1}=16.02\text{cm}^4$，$z_0=15.7\text{mm}$；$\llcorner 56 \times 5$ 截面特性：$A=4\times5.42=21.68\text{cm}^2$，$I_x=I_y=32082.5\text{cm}^4$，$i_x=i_y=38.5\text{cm}$，$\lambda_x=\lambda_y=800/38.5=20.8$

缀条 2 $\llcorner 40 \times 4$ 截面特性：$A=2\times3.09=6.18\text{cm}^2$，$\lambda_{0x}=\lambda_{0y}=23.9<[\lambda]=150$；稳定和强度满足要求。

注意：缀条验算，缀条为角钢，焊缝的验算参见第十七章焊件连接。

（2）参考答案：计算过程参见本章算例 6，注意强度验算时，应进行净截面强度验算，考虑螺栓孔的影响，刚度、强度、平面内的稳定性、平面外的稳定性、局部稳定性均满足要求。

第十九章　钢桁架与钢板梁

本章重点

- 钢桁架组成特点、设计要求、节点设计；
- 钢板梁构造要求、设计方法。

本章难点

- 钢桁架的节点设计；
- 钢板梁的设计方法。

第一节　钢桁架组成特点、设计要求、节点设计

一、钢桁架组成特点

钢桁架结构是由上下弦杆、腹杆及纵、横联结系杆件组成。

节点是杆件交汇的地方，由弦杆、腹杆、节点板组成。节点板的作用是将各杆件轴心交汇在一起，传递杆件所受的力。

在钢桁架中，交汇于桁架节点的各杆件，可采用焊接、铆接或螺栓等连接到节点板上。杆件的内力通过节点板上的焊缝（或栓钉），使相互传递的内力达到平衡。节点设计应满足连接牢固、构造合理和制作方便的要求。

二、钢桁架设计

钢桁架的设计，通常可用作图的方式进行。

（1）作出节点处各杆件的轴心交汇图，并根据轴线决定各杆件的边线位置。

各杆件的轴线交汇于一点以形成节点的中心。各轴线间的夹角由桁架的计算图式决定。为了避免杆件的偏心受力，杆件的轴线理论上应该通过杆件截面的形心。

（2）定出杆端的裁切形式及其位置。

确定各腹杆端部的裁切位置。为了便于拼装与施焊，以及避免焊缝过分集中，应使腹杆与弦杆或腹杆与腹杆边缘之间留有 $15\sim20\mathrm{mm}$ 的空隙。为了制作方便，角钢端部最好垂直其轴线裁切。但为了减小节点板的尺寸，使之传力更好，可在垂直于角钢轴线裁切后，再切去一个角。

（3）根据各杆所传内力的大小，以计算出焊缝长度或栓钉数量并在图上进行布置。

节点的构造应尽量紧凑和传力合理。节点板的形状由节点图形和连接桁架腹杆的焊缝长度或栓钉数目来决定。节点板的外形必须避免凹角，以免增加钢板裁切的困难，尽量减少受力性能的改变。

（4）适当调整焊缝（或栓钉）的布置，决定节点板的形状和尺寸。

节点板通常伸出弦杆角钢背外 10～15mm，以利施焊；但有时为了在弦杆上放置其他构件，要求弦杆外缘平直，则让节点板缩入弦杆角钢背内 5～10mm。

钢桁架的节点板厚度通常根据经验确定而不进行计算。一般全桁架的节点板取相同厚度，以利施工。

三、钢桁架节点设计

1. 桁架的节点螺栓（铆钉）连接计算

杆件端部连接螺栓（铆钉）的作用，是将杆件的内力传递给节点板或拼接板。根据杆件受力性质的不同，杆端连接螺栓（铆钉）有以下两种不同的计算原则。

1）按杆件的承载能力计算

按杆件的承载能力计算，又称等强度原则。如为螺栓连接，则所需螺栓数 n 为：

$$受拉杆件：n \geqslant \frac{A_n [\sigma_n]}{[N]} \tag{4-19-1}$$

$$受压杆件：n \geqslant \frac{A_m \varphi_1 [\sigma]}{[N]} \tag{4-19-2}$$

2）按杆件的内力计算

不承受活载的杆件以及受活载影响的次要杆件，如联结系杆件，纵、横梁的梁端连接以及由安装内力控制截面的杆件，对于这些杆件若按等强度计算连接螺栓（铆钉）的数量，则螺栓（铆钉）数目偏多，很不经济，所需螺栓数 n 为：

$$n \geqslant \frac{N}{[N]} \tag{4-19-3}$$

2. 桁架的节点焊缝连接计算

连接于节点板的所有构件均按轴心受力构件计算，焊缝的长度设计、焊脚尺寸的选择参照第十七章角焊缝的连接计算。

3. 节点板强度的验算

节点板的应力状态比较复杂，既有拉应力，也有压应力，还有剪应力。其应力分布也极不均匀。要精确地进行节点板的计算是很困难的。目前采用的节点板设计方法是首先按照经验数据确定节点板的厚度，然后根据连接构件确定节点板的外形及其尺寸，最后采用近似方法进行节点板的强度验算，应满足：

$$\sigma \leqslant [\sigma] \tag{4-19-4}$$

第二节　钢板梁构造要求、设计方法

本节主要介绍焊接钢板梁的设计与计算原则。

一、钢板梁构造

钢梁通常用作钢板梁桥的主梁、钢桁架桥中的纵梁和横梁等。钢梁可分为型钢梁和钢板梁两种，其截面形状一般是工字形。

1. 型钢梁

热轧成型的型钢梁，只能用于跨径不大、荷载较小的桥梁。

2. 钢板梁

由钢板、角钢等通过焊接或铆接而组成的工字形截面梁，适用于跨径较大或弯矩较大的场合，是一种应用很广的受弯构件。

（1）焊接钢板梁是由腹板和翼缘板等焊接成工字形截面的受弯构件。

（2）铆接钢板梁是由腹板、翼缘板和翼缘角钢用铆钉铆接而成，各组成构件的尺寸，通常采用沿梁的长度方向是不变的。

二、钢板梁设计方法

1. 钢板梁的强度计算

1）抗弯强度计算

单向弯曲梁的抗弯强度应满足：

$$\sigma_{\mathrm{w}} = \frac{M_{\max}}{W_{\mathrm{x}}} \leqslant [\sigma_{\mathrm{w}}] \tag{4-19-5}$$

双向弯曲梁的抗弯强度应满足：

$$\sigma_{\mathrm{w}} = \frac{M_{\mathrm{x}}}{W_{\mathrm{x}}} + \frac{M_{\mathrm{y}}}{W_{\mathrm{y}}} \leqslant C[\sigma_{\mathrm{w}}] \tag{4-19-6}$$

$$C = 1 + 0.3 \frac{\sigma_{\mathrm{w1}}}{\sigma_{\mathrm{w2}}} \leqslant 1.15 \tag{4-19-7}$$

为了既保证安全又节省钢材，梁截面上的最大弯曲应力 σ_{w} 应接近并不超过其容许弯曲应力 $[\sigma_{\mathrm{w}}]$，否则应重新选择截面尺寸并进行验算。

2）抗剪计算

$$\tau_{\max} = \frac{VS}{It_{\mathrm{w}}} \leqslant C'[\tau] \tag{4-19-8}$$

3）折算强度计算

梁在受弯的同时经常会受剪。当一个截面上弯矩和剪力都较大时，需要考虑它们的组合效应。

工形截面梁的 σ 和 τ，在截面上都是变化的，它们的最不利组合出现在腹板边缘。该处达到屈服时，相邻材料都还处于弹性阶段，不妨碍梁继续承受更大的荷载，因而折算应力验算公式为：

折算应力 $\qquad\qquad \sigma_{\mathrm{red}} = \sqrt{\sigma^2 + 3\tau^2} \leqslant 1.1[\sigma_{\mathrm{w}}] \tag{4-19-9}$

当还有对腹板边缘产生局部压力的集中荷载时，折算应力公式扩展为：

$$\sigma_{\mathrm{red}} = \sqrt{\sigma_{\mathrm{w}}^2 + \sigma_{\mathrm{c}}^2 - \sigma_{\mathrm{w}}\sigma_{\mathrm{c}} + 3\tau^2} \leqslant 1.1[\sigma_{\mathrm{w}}] \tag{4-19-10}$$

式中：σ_{w}、σ_{c}、τ——验算部位按净截面计算的弯曲应力、局部压应力、剪应力；

$\qquad$ 1.1——即将强度设计值提高 10%。

2. 刚度验算

当梁高 h 大于或等于按刚度条件所决定的最小梁高时，可不必验算梁的挠度，否则应计算由静活载（不计冲击力）引起的最大挠度，并使其不超过计算跨径的 $L/600$，即：

$$f \leqslant \frac{L}{600} \tag{4-19-11}$$

3. 梁的总体稳定性验算

按照《公路桥涵钢结构及木结构设计规范》(JTJ 025—86) 规定，梁的整体稳定性采用近似的计算方法验算：

$$\sigma = \frac{M}{W_{\mathrm{m}}} \leqslant \varphi_2 [\sigma] \tag{4-19-12}$$

式中：M——计算弯矩；

$\quad W_{\mathrm{m}}$——板梁的毛截面抵抗矩；

$\quad \varphi_2$——受弯构件的纵向弯曲系数，$\varphi_2 = \sigma_{\mathrm{cr}} / f_{\mathrm{y}}$。

4. 梁的局部稳定性

梁的局部稳定性通常通过设置加劲肋保证。

1) 加劲肋的设置原则

为了保证梁的局部稳定性，可以使腹板和翼缘的高厚比不超过临界值，即 $h/t \leqslant [h/t]$ 或设计具有足够刚度的加劲肋。

(1) 当腹板的高厚比 $h_{\mathrm{w}}/t_{\mathrm{w}} \leqslant 70$ (Q235 钢) 和 $h_{\mathrm{w}}/t_{\mathrm{w}} \leqslant 60$ (Q345 钢) 时，可不设加劲肋。

(2) 当 $70 < h_{\mathrm{w}}/t_{\mathrm{w}} \leqslant 160$ (Q235 钢) 和 $60 < h_{\mathrm{w}}/t_{\mathrm{w}} \leqslant 140$ (Q345 钢) 时，设竖向加劲肋；间距 $a \leqslant 950 t_{\mathrm{w}}/\sqrt{\tau}$，且不得大于 2m。$\tau$ 为腹板平均剪应力。

(3) 当 $160 < h_{\mathrm{w}}/t_{\mathrm{w}} \leqslant 280$ (Q235 钢) 和 $140 < h_{\mathrm{w}}/t_{\mathrm{w}} \leqslant 240$ (Q345 钢) 时，除设竖向加劲肋外，还应设水平加劲肋。水平加劲肋布置在距受压翼缘 $(1/4 \sim 1/5) h_{\mathrm{w}}$ 处。h_{w} 为腹板的高度，t_{w} 为腹板的厚度。

(4) 板梁支撑处和外力集中处应设置支撑加劲肋和腹板共同承力。支撑加劲肋应按压杆验算稳定。当支撑加劲肋端部刨平顶紧于梁翼缘时，应验算接触处的支撑压力。

2) 加劲肋的截面选择

加劲肋应有足够的刚度才能起到支承边的作用，在腹板两侧成对设置的腹板加劲肋，《公路桥涵钢结构及木结构设计规范》(JTJ 025—86) 规定其截面尺寸应符合下列要求：

(1) 当仅设置竖向加劲肋加强腹板时，其每侧加劲肋的外伸宽度 $b_1 \geqslant 40 + h_{\mathrm{w}}/30$ (腹板计算高度 h_{w} 以 mm 计)；厚度 $t_1 \geqslant b_1/15$。

(2) 当既设置竖向加劲肋，又设置水平加劲肋时，竖向加劲肋的尺寸除应符合第 (1) 项规定外，其截面对腹板水平中线 (图 4-19-1 中 z-z 轴) 的惯性矩 $I_{\mathrm{c}1}$ 应满足 $I_{\mathrm{c}1} \geqslant 3 h_{\mathrm{w}} t_{\mathrm{w}}^3$；水平加劲肋截面对腹板竖直中线的惯性矩 $I_{\mathrm{c}2}$ 应满足 $I_{\mathrm{c}2} \geqslant \dfrac{a^2}{h_{\mathrm{w}}} t_{\mathrm{w}}^3 \left(2.5 - 0.45 \dfrac{a}{h_{\mathrm{w}}} \right)$，也不宜小于 $1.5 h_0 t_{\mathrm{w}}^3$。

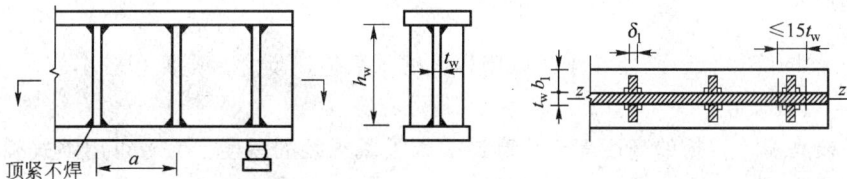

图 4-19-1　钢板梁的竖向加劲肋和水平加劲肋

（3）当必须设置单侧加劲肋时，单侧加劲肋截面对腹板与其相贴的边缘为轴线的惯性矩不应小于成对设置的加劲肋截面对腹板中线的惯性矩。

3）支承加劲肋计算

（1）稳定计算。支承加劲肋连同其附近腹板可能在腹板平面外（图 4-19-2 中 z-z 轴）的失稳应按下式计算：

$$\sigma = \frac{N}{\varphi A} \leqslant [\sigma] \tag{4-19-13}$$

（2）端面承压应力计算。支承加劲肋端部刨平顶紧于梁翼缘时，其端面承压应力按下式计算：

$$\sigma_{ce} = \frac{N}{A_{ce}} \leqslant [\sigma_{ce}] \tag{4-19-14}$$

如果端部为焊接时，还应计算其焊缝应力。支承加劲肋与腹板的连接焊缝或其端部与翼缘的焊缝，应按承受的支座反力或集中荷载计算，计算时可假定应力沿焊缝全长均匀分布。

当上述支承加劲肋的稳定验算或局部承压强度验算不能满足要求时，则应增大加劲肋的厚度和宽度，但宽度不能超过翼缘板的宽度。

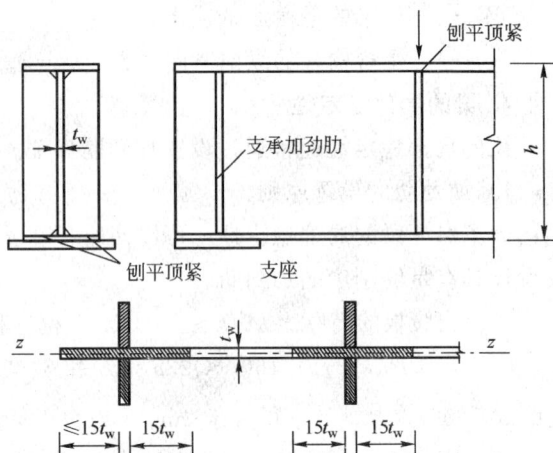

图 4-19-2　支承加劲肋构造

5. 钢板梁截面设计

钢板梁的截面设计，首先是根据受力的需要和构造上的要求预先选定截面各部分尺寸，然后再对所选截面进行强度、刚度和稳定性验算，其设计步骤如下。

1）初定梁的高度

（1）按梁的刚度要求拟定梁的最小高度。钢板梁从满足竖向刚度的要求出发，可以获得梁的容许最小高度。

$$h_{min} = \frac{5}{24} \cdot \frac{[\sigma_w]}{E} \cdot \frac{1}{[f/l]} \cdot \frac{pl}{q + (1 + \mu) p} \tag{4-19-15}$$

（2）经济条件。最经济梁高的计算公式为：

$$h = m^3 \sqrt{W} \tag{4-19-16}$$

式中：m——系数，约为 $6 \sim 7$；

W——需要的截面模量。

（3）常用高度。根据经验，简支钢板梁的常用高度为：

$$h = \left(\frac{1}{8} \sim \frac{1}{12} \right) l \tag{4-19-17}$$

式中：l——梁的跨径。当跨径较小时取用较大的系数值，反之，则取用较小值。

2）确定腹板尺寸

（1）腹板高度。腹板的高度等于梁高减去上下翼缘板的厚度，大致可用下式确定：

$$h_w = h - (5 \sim 10 \text{cm}) \tag{4-19-18}$$

选用的腹板高度应符合钢板的产品规格，腹板高度通常采用 50mm 的倍数。

（2）腹板厚度。梁的腹板采用薄一些的钢板比较经济，但应满足抗剪强度和局部稳定性的要求。一般可按下列公式估算腹板的最小厚度：

$$t_w \geqslant \frac{1.2V_{max}}{h_w[\tau]} \tag{4-19-19}$$

若考虑翼缘的抗剪作用，应按下列经验公式进行估算：

$$t_w = \frac{\sqrt{h_w}}{10} \tag{4-19-20}$$

按照《公路桥涵钢结构及木结构设计规范》（JTJ 025—86）规定，焊接板梁的腹板厚度不宜小于 10mm，以免锈蚀后对截面的削弱过大。但腹板的厚度也不宜过厚，一般不宜超过 24mm，以利加工制造。

3）确定翼缘尺寸

腹板的尺寸确定后，就可根据抗弯强度条件，确定翼缘的尺寸。翼缘的面积为：

$$A_n = \frac{M_{max}}{[\sigma_w]h} - \frac{t_w h}{6} \tag{4-19-21}$$

为了保证受压翼缘的局部稳定性，普通焊接梁受压翼缘板的宽度 b 不宜大于 80cm，并且不宜大于其厚度同的 24 倍。如横梁（或木桥面板）直接放置在焊接板梁的受压翼缘上时，则其翼缘板的宽度 6 不宜大于其厚度 t 的 20 倍。

翼缘板的宽度通常取梁高的 1/2.5～1/5。在选择翼缘板的宽度和厚度时，应符合钢板的供料规格。

第三节　问题释义与算例

一、问题释义

1. 钢桁架的节点。

是主桁杆件交汇的地方，也是纵、横联结系杆件及横梁连接于主桁架的地方。它将位于三个正交平面内的主桁、纵向联结系、横向联结系杆件连接在一起，这些杆件的内力都要通过节点取得平衡。节点是钢桁梁的重要组成部分之一，其构造和计算都比较复杂。

2. 钢桁架的形式。

根据用途的不同，在各种不同荷载作用下，可以采用不同形式的钢桁架。轻型桁架的特点是杆力不大，每个节点处用一块节点板传力即可，其杆件截面属于单壁式，主要集中在一个竖直平面内。而重型桁架则每个节点要用两块节点板传力，其杆件的截面属于双壁式，主要集中在两个竖直平面内，分别与两块节点板相连接。

3. 钢桁架节点的设计步骤。

（1）按照结构的计算图式，画出交汇于节点的各杆件截面形心轴线。这些轴线交汇于一点，拱度要求除外。

（2）画出弦杆的外轮廓线，其次画出直腹杆和斜腹杆的外轮廓线。

（3）布置杆件上的螺栓孔或焊缝，定出斜杆的端线。

（4）根据斜杆螺栓孔或焊缝的布置，画出节点板的外轮廓线。

（5）根据图纸比例计算实际节点板的尺寸。

（6）拼接板和节点板的强度计算。

4. 节点板的容许应力规定。

按照《公路桥涵钢结构及木结构设计规范》（JTJ 025—86）规定，验算节点板上可能被连接杆件撕裂的危险截面上的强度时，其容许应力规定为：

（1）撕裂截面垂直于被连接杆件的轴线方向时，采用钢材的容许轴向应力 $[\sigma]$。

（2）撕裂截面与被连接杆件轴线倾斜角小于 90°的截面，采用 0.75 $[\sigma]$。

（3）节点板除验算撕裂强度外，尚应验算水平和竖直截面上的剪应力和法向应力，其容许轴向应力分别为 0.75 $[\sigma]$ 及 $[\sigma]$。

5. 加劲肋构造要求。

构造应符合《公路桥涵钢结构及木结构设计规范》（JTJ 025—86）的下列规定：

（1）为了避免焊缝过于接近，造成焊接热影响区和应力集中区的重叠而导致结构产生脆性破坏，与腹板对接焊缝平行的加劲肋，到对接焊缝的距离不应小于 $10t_w$（t_w 为腹板厚度）。

（2）为了保证加劲肋及其焊缝的连续性，且便于制造，允许与腹板对接焊缝相交的加劲肋及其焊缝不间断，而使其与对接焊缝相交。

（3）为了避免焊缝三条交叉，减小焊接应力，竖向加劲肋与翼缘板和腹板的焊接处，应将竖向加劲肋端部切去不大于 5 倍腹板厚度 t_w 的斜角，使翼缘与腹板的焊缝连续通过。

（4）当水平加劲肋与竖向劲肋相交时，宜截断竖向加劲肋并切去斜角后焊接于水平加劲肋和腹板，使水平加劲肋及其与腹板的连接焊缝连续通过；也可以将水平加劲肋截断并切去斜角后焊接于竖直加劲肋和腹板，而使竖向加劲肋及其与腹板的连接焊缝连续通过。

6. 加劲肋的作用和设置。

加劲肋的作用保证梁的局部稳定性。钢板梁的支承处和集中荷载作用处，局部压应力较大，如无加劲肋，腹板容易出现屈曲现象，因此需要设置加劲肋和腹板共同来传力。加劲肋设计应具有足够刚度。

在梁的支点处须设置支承加劲肋，以承受支点反力。为了防止腹板在弯曲应力、剪应力和梁顶竖压力作用下丧失稳定，沿梁的长度上每隔一定距离可设一对中间竖加劲肋，对较高的板梁，还可在腹板承受较大法向压力处设置水平加劲肋。

7. 支承加劲肋。

支承加劲肋指承受集中荷载或者支座反力的竖向加劲肋，并且应在腹板两侧成对设置，其宽度宜与梁的翼缘板平齐。支承加劲肋应有足够的刚度，端部必须磨光与翼缘顶紧，与受压翼缘也可以焊接；对于受拉翼缘，由于侧焊缝方向正好和拉应力正交，在使用过程中由于应力集中可能出现裂缝，因此支承加劲肋不得与受拉翼缘焊接。

8. 钢板梁高度的确定。

钢板梁的高度可根据刚度要求、经济条件和容许高度等因素，并结合经验数据综合考虑而拟定。在受力条件相同的情况下，板梁翼缘的用钢量随着梁高的增加而减小，而腹板的用钢量则随着梁高的加大而增加，为了得到经济的梁高，则梁的总重量（包括翼缘和腹板）应最小。可见按刚度要求可决定板梁所需的最小高度，而实际工程中的容许高度却决定了板梁可能的最大高度。在这个范围内，根据经验选择用钢量最省的梁高，再结合钢材供料的规格，最后权衡比较后选定一个较为合适的梁高。

9. 螺栓连接节点设计的原则。

（1）在设计节点构造时，应尽可能使同一节点的各杆截面的重心轴交汇于一点，以避免由于偏心的影响而增加杆件的次应力。

（2）为了使杆件端头的连接螺栓受力均匀，应当使螺栓群的重心布置在杆件截面的重心轴上。第一排螺栓孔使杆件截面的削弱对杆件强度影响最大，一般可在第一排少布置几个螺栓孔。

（3）为了使节点构造刚劲些，同时还为使节点板的用料较少，应将各杆件端头布置得尽量靠拢。

（4）杆件及节点板工地连接的螺栓孔眼，都是用机器样板钻制成的，这些螺栓孔位置应尽量与工厂已有的机器样板的栓孔位置相符，以利加工和安装。

（5）节点外形力求设计得紧凑、简单，不宜有凹角，以免受力不良，加工不便。设计时，为了使节点板外形比较方正，可以适当增加一些螺栓。

（6）杆件端部离最近一排螺栓孔中心的距离不宜小于 $1.5d$，以免杆件端部被拉裂。

（7）为了便于使同类型的杆件可以互换，除使这些杆件的实际长度一致外，还应使杆件端部的工地螺栓孔布置也一致。

（8）所有节点板、拼接板及杆件的连接螺栓均应满足强度要求。

10. 钢板梁形式的选择。

在一般情况下，焊接钢板梁比铆接钢板梁更为经济合理、省工省料。对跨径较大的板梁，可采用全焊接板梁，也可采用栓焊梁或铆焊梁，即在工厂分段焊成，然后在工地用焊接、高强螺栓或铆钉进行拼接。从用钢量来说，跨径不超过 40m 时，钢板梁比较经济，当超出此范围时，以采用钢桁架桥为宜。

11. 支承加劲肋稳定性验算说明。

支承加劲肋应作为承受集中荷载的轴心受压构件进行稳定验算，计算时取腹板的一部分与加劲肋共同受力。腹板参与共同受力的面积因钢材品种不同而有所变化，设计时为了简化计算，统一规定取 30 倍板厚，即在支承加劲肋的两侧的腹板上各取 $15t_w$（t_w 为板厚）与支承加劲肋组成轴心受压构件（图 4-19-2），其计算长度取腹板高度 h_w。

二、算例

计算跨度 16m 的简支钢板梁桥，其主梁的焊接工字形截面尺寸如图图 4-19-3 所示，上、下纵向联结系两相邻节点间距为 2.0m，钢材采用 Q235 钢；主梁跨中截面计算弯矩 $M=1657.62$ kN·m，计算剪力 $V=88.62$ kN；支座截面计算剪力 $V_0=369.48$ kN。试进行主梁强度和整体稳定性验算。

解：钢板梁为等截面简支梁，其截面几何特性计算如下：

截面中性轴距受压翼缘边缘距离：

$$y_1 = \frac{h}{2} = 643\text{mm}$$

对截面中性轴的毛截面惯性矩：

$$I = 2[1 \times 400 \times 18^3/12 + 400 \times 18 \times 634^2] + 1 \times 12 \times 1250^3/12$$
$$= 7.74 \times 10^5 \text{mm}^4$$

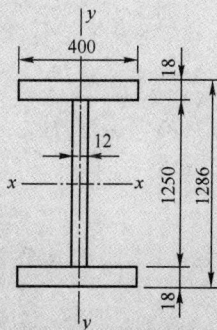

图 4-19-3 截面尺寸

截面中性轴以上部分面积对中性轴的面积矩：
$$S = 400 \times 18684 + 625 \times 12 \times 625/2 = 7.27 \times 10^6 \text{mm}^3$$

截面受拉翼缘与腹板交界处以下部分对中性轴的面积矩：
$$S_1 = 400 \times 18 \times 684 = 4.92 \times 10^6 \text{mm}^3$$

1）主梁截面弯曲正应力验算

取简支钢板梁的跨中截面为验算截面，计算弯矩 $M = 1657.92 \text{kN} \cdot \text{m}$，则有：
$$\sigma = \frac{M}{I} y_1 = \frac{1657.92 \times 10^6}{7.74 \times 10^9} \times 634 = 137.73 < 1.25[\sigma_w] = 181.25 \text{MPa}$$

根据《公路桥涵钢结构及木结构设计规范》（JTJ 025—86）规定，当对永久性结构按荷载组合 III 进行强度验算时，钢材和连接容许应力应乘以提高系数 1.25。

2）主梁截面剪应力验算

取简支钢板梁的支点截面为验算截面，这时计算剪力 $V = 369.46 \text{kN}$，腹板宽度 $t_w = 12 \text{mm}$，
$$\tau_{\max} = \frac{V_0 S_m}{I_m t_w} = \frac{369.46 \times 10^3 \times 7.27 \times 10^6}{7.74 \times 10^9 \times 12} = 28.92 \text{MPa}$$

因 $\tau_0 = \dfrac{V_0}{h_0 t_w} = \dfrac{369.46 \times 10^2}{1250 \times 12} = 24.63 \text{MPa}$，$\dfrac{\tau_{\max}}{\tau_0} = 1.17 < 1.25$，故可取 $C = 1.0$，则 $\tau_{\max} = 28.92 \text{MPa} <$ 容许应力 $C \cdot k \cdot [\tau] = 1.0 \times 1.25 \times 85 = 106.25 \text{MPa}$

满足要求。

3）主梁截面折算应力验算

对于简支梁可取 1/4 跨处截面作为验算截面，且取该截面最大剪力 V_1 和相应的弯矩 M_1 计算，则：
$$M_1 = M\left(1 - \frac{4x^2}{l^2}\right) = 1657.69\left(1 - \frac{1}{4}\right) = 1243.4 \text{kN} \cdot \text{m}$$
$$V_1 = \frac{1}{2}(V_0 + V) = \frac{1}{2}(369.48 + 88.62) = 229.05 \text{kN}$$

在截面受拉翼缘与腹板交界处的应力为：
$$\sigma = \frac{M_1}{I} y = \frac{1243.44 \times 10^6}{7.74 \times 10^9} \times \frac{1250}{2} = 1001.41 \text{MPa}$$
$$\tau = \frac{V_1 S_1}{I t_w} = \frac{229.05 \times 10^3 \times 4.92 \times 10^6}{7.74 \times 10^9 \times 12} = 12.13 \text{MPa}$$

折算应力为：
$$\sigma_{red} = \sqrt{\sigma^2 + 3\tau^2} = \sqrt{(1001.4)^2 + 3(12.13)^2} = 102.58 \text{MPa}$$

腹板与翼缘采用 K 形剖口半自动焊缝，由上式计算结果可见，折算应力亦远小于容许应力 $1.1 \times 1.25[\sigma_w] = 181.25$，故满足要求。

4）主梁整体稳定性验算

计算主梁截面绕 y 轴的惯性矩和回转半径如下：
$$I_y = 2 \times 18 \times 400^3 \times \frac{1}{12} + \frac{1}{12} \times 1250 \times 12^3 = 0.192 \times 10^9 \text{mm}^4$$

主梁受压翼缘两相邻节点的距离，等于上平纵联两相邻节点间距 $l_0=2.0\text{m}$，而主梁截面高度 $h=1286\text{mm}$，则换算长细比为：

$$\lambda_e = \frac{al_0}{h}\frac{i_x}{i_y} = a\frac{l_0}{h}\sqrt{\frac{I_x}{I_y}} = 1.8 \times \frac{2000}{1286} \times \sqrt{\frac{7.74 \times 10^9}{0.192 \times 10^9}} = 17.77$$

$$\varphi_2 = 0.9$$

$$\sigma = \frac{M}{W_m} = \frac{1657.92 \times 10^6}{7.74 \times 10^9} \times 643 = 137.0\text{MPa} \leqslant \varphi_2[\sigma] = 157.5\text{MPa}$$

主梁受压翼缘宽度 $b=400\text{mm}$，侧向固定点间距即为上纵向联结系相邻节点间距 $l_0=2.0\text{m}$ 钢梁材料为 Q235 钢，则：

$l_0/b = 5 < 18$

由以上计算结果可知，主梁的整体稳定性满足要求。

第四节　综合训练及参考答案

一、综合训练

1. 填空题

(1) 组成节点的节点板、拼接板及杆件的连接均应满足（　　）、（　　）、（　　）的要求。

(2) 在设计节点构造时，应尽可能使同一节点的各杆截面的重心轴（　　），以避免由于偏心的影响而增加杆件的次应力。

(3) 根据杆件受力性质的不同，杆端连接螺栓（铆钉）有（　　）和（　　）两种不同的计算原则。

(4) 在梁的支点处须设置（　　），以承受支点反力。为了防止腹板在弯曲应力、剪应力和梁顶竖压力作用下丧失稳定，沿梁的长度上每隔一定距离可设一对（　　），对较高的板梁，还可在腹板承受较大法向压力处设置（　　）。

(5) 钢板梁的强度计算包括（　　）、（　　）的计算，必要时还要进行（　　）和（　　）的计算。

(6) 双向弯曲梁的抗弯强度验算时，应考虑梁在双向弯矩作用下，钢材容许弯曲应力的（　　）。

(7) 与压弯构件弯矩作用平面外的失稳一样，梁的整体失稳是一种（　　）。

(8)《公路桥涵钢结构及木结构设计规范》规定，焊接钢板梁的受压翼缘板外伸宽度不宜大于（　　）mm，并不宜大于其厚度的（　　）倍。

(9) 理论分析表明，防止腹板剪切失稳的有效措施是设置（　　），防止腹板弯曲失稳的有效措施是设置（　　）。

(10) 当仅设置竖向加劲肋加强腹板时，其每侧加劲肋的外伸宽度（　　），厚度（　　）。

(11) 支承加劲肋应有足够的刚度，端部必须磨光与翼缘顶紧，与受压翼缘也可以（　　）；对于受拉翼缘，由于侧焊缝方向正好和拉应力正交，在使用过程中由于应力集中可能出现裂缝，因此支承加劲肋不得与受拉翼缘（　　）。

（12）支承加劲肋应进行（　　）和（　　）计算。

2. 问答题

（1）梁可以不进行整体稳定性验算的条件是什么？

（2）影响梁的整体稳定性的因素有哪些？如何提高梁的整体稳定性？

（3）防止钢板梁发生局部失稳的措施是什么？

（4）钢板梁腹板加劲肋设置原则有哪些？这些原则是怎样确定的？

（5）什么情况下计算梁的折算应力？如何计算？

3. 计算题

一焊接工字形简支平台梁，跨度 12m，如图 4-19-4 所示。梁三分点上翼缘处各作用一集中荷载 $F=150kN$，钢材 Q235 钢，手工焊。验算此梁的强度和稳定性（不计梁的自重）。

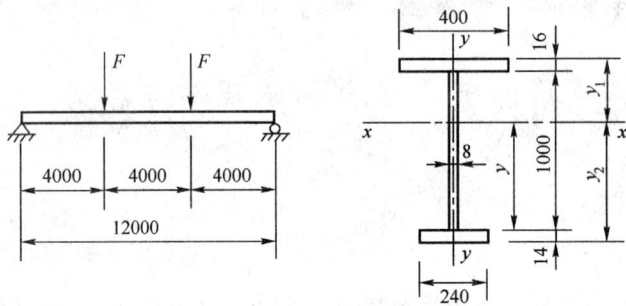

图 4-19-4　焊接工字形简支平台梁

二、参考答案

1. 填空题

（1）强度　刚度　构造要求；（2）交汇于一点；（3）按杆件的承载能力计算　按杆件的内力计算；（4）支承加劲肋　竖加劲肋　水平加劲肋；（5）抗弯强度　抗剪强度　局部应力　折算应力；（6）增大系数；（7）弯扭失稳；（8）400　12；（9）竖向加劲肋　水平加劲肋；（10）$b_1 \geqslant 40 + h_w/30$　　$t_1 \geqslant b_1/15$；（11）焊接　焊接；（12）稳定计算　端面成压应力

2. 问答题

（1）答：《公路桥涵钢结构及木结构设计规范》（JTJ 025—86）规定，在钢板梁端部支承处应采取设置横隔等措施以防止梁端截面扭转；当符合以下任一要求时，可不进行整体稳定性验算：

①工字形截面简支钢板梁受压翼缘的侧向支撑点间距与宽度之比，对 Q235 钢不超过 18，对 Q345 钢不超过 15。

②有钢筋混凝土板或整体金属板固接在钢板梁的受压翼缘上。此时，可不设置支撑点和在梁端设置横隔。当钢板梁不能符合这些要求时，应该进行梁的整体稳定性计算。

（2）答：影响梁的整体稳定性的因素有构件材料、构件的截面尺寸和形式、梁的支撑方式、荷载的类型、横向荷载作用位置等。

梁的侧向抗弯刚度和抗扭刚度愈大、梁受压翼缘的自由长度愈小，则梁的临界弯矩或临界荷载就愈大，梁的整体稳定性就愈有保证。因此提高梁整体稳定性最有效的措施就是在梁的跨中增设受压翼缘的侧向支撑点，以缩短其自由长度，或者增加受压翼缘的宽度以提高其侧向抗弯刚度，或者采用箱形截面、设置横隔、横联等以增加其抗扭刚度。

（3）答：

①限制翼缘和腹板的宽（高）厚比；

②在垂直于钢板平面的方向，设置具有一定刚度的加劲肋。

梁的翼缘因承受较大的正应力，为了充分发挥钢材的强度，使翼缘板的临界应力不低于钢材的屈服点，从而使翼缘板的钢材达到屈服强度前，翼缘板不丧失局部稳定。根据这个原则，可以确定翼缘板不丧失局部稳定的容许宽厚比，可见梁的翼缘板是采用第一种措施来保证局部稳定的。

工字形梁的腹板厚度主要由抗剪强度确定，但按抗剪强度所要求的腹板厚度一般很小，如果采用加厚腹板的办法来保证局部稳定，显然是不经济的。因此，钢板梁的腹板采用第二种措施（即设置加劲肋）来保证局部稳定。

（4）答：钢板梁腹板加劲肋设置原则（略）。

原则的确定是根据弹性稳定理论，并考虑翼缘板对腹板的嵌固作用和钢材的初始缺陷的影响，保证梁不会发生剪切失稳和弯曲失稳确定的。

（5）答：梁在受弯的同时经常会受剪。当一个截面上弯矩和剪力都较大时，需要考虑它们的组合效应。

工形截面梁的 σ 和 τ，在截面上都是变化的，它们的最不利组合出现在腹板边缘。该处达到屈服时，相邻材料都还处于弹性阶段，不致妨碍梁继续承受更大的荷载，因而折算应力验算公式是：折算应力 $\sigma_{red} = \sqrt{\sigma^2 + 3\tau^2} \leqslant 1.1 \ [\sigma_w]$。

3. 计算题

解：1）计算截面特性

$$A = 1.6 \times 40 + 0.8 \times 100 + 24 \times 1.4 = 177.6 \text{cm}^2$$

中性轴位置 $y_1 = 42.9 \text{cm}$，$y_2 = 60.1 \text{cm}$，$I_x = 304709 \text{cm}^4$

受压最大截面模量 $W_{1x} = 7103 \text{cm}^3$

受拉最大截面模量 $W_{2x} = 5070 \text{cm}^3$

受压翼缘对 x 轴的面积矩 $S_{1x} = 2694 \text{cm}^3$

受拉翼缘对 x 轴的面积矩 $S_{2x} = 1996 \text{cm}^3$

x 轴以上截面的面积矩 $S_x = 3376 \text{cm}^3$

2）内力计算

最大剪力 $V = 150 \text{kN}$

跨中最大弯矩 $M_{max} = = 600 \text{kN} \cdot \text{m}$

3）验算

（1）抗弯强度：

$$\sigma_w = 118.3 \text{MPa} < [\sigma_w] = 145 \text{MPa}$$

（2）抗剪强度：

$$\tau_{max} = 20.78 \text{MPa}$$

$$\tau_0 = 18.75 \text{MPa}$$

$$\frac{\tau_{max}}{\tau_0} = 1.108 \leqslant 1.25 \text{ 时，取 } C' = 1.00;$$

因此 $\tau_{max} = 20.78\text{MPa} < C'[\tau] = 1.00 \times 85 = 85\text{MPa}$

（3）折算强度：

在梁垮 1/3 的截面处的弯矩和剪力都较大，分别为：剪力 $V = 150\text{kN}$，弯矩 $M_{max} = 600\text{kN·m}$

在翼缘和腹板交接处：

$$\sigma_{w1} = 115.6\text{MPa}$$

$$\tau_1 = 12.3\text{MPa}$$

折算应力

$$\sigma_{red} = 117.5\text{MPa} \leqslant 1.1[\sigma_w] = 1.1 \times 145 = 159.5\text{MPa}$$

（4）整体稳定性：

整体稳定性验算同算例 1，计算过程略，稳定性满足要求。

第五篇 其 他 结 构

第二十章 钢管混凝土结构

> **本章重点**
> - 钢管混凝土基本原理、特点；
> - 钢管混凝土受压承载力计算。
>
> **本章难点**
> - 钢管混凝土基本原理；
> - 钢管混凝土受压承载力计算。

第一节 钢管混凝土基本原理、特点

钢管混凝土就是将混凝土填入钢管内，由钢管对核心混凝土施加套箍作用的一种约束混凝土，它是在螺旋箍筋钢筋混凝土及钢管结构基础上演变发展起来的。一方面，钢管对混凝土的套箍作用，不仅使混凝土的抗压强度提高，而且还使混凝土由脆性材料转变为塑性材料；另一方面，钢管内部的混凝土提高了薄壁钢管的局部稳定性，使钢管的屈服强度可以得到利用。在钢管混凝土构件中，两种材料能相互弥补对方的弱点，发挥各自的优点。

钢管混凝土构件具有如下特点：

（1）承载力高。

（2）塑性与韧性好。

（3）施工方便。

（4）经济效益显著。

（5）耐锈蚀性能与耐火性能比钢结构好。

第二节 钢管混凝土受压承载力计算

根据规程 CECS28：90 规定单管截面钢管混凝土受压构件的承载力计算公式为：

$$N \leqslant N_u = \varphi_1 \varphi_e N_0 \tag{5-20-1}$$

满足限制条件 $\varphi_1\varphi_e\leqslant\varphi_0$。

式中：N——钢管混凝土构件的轴心压力设计值；

N_0——钢管混凝土轴心受压构件短柱的承载力设计值，$N_0=A_cf_c$ $(1+\sqrt{\theta}+\theta)$，θ 为钢管混凝土的套箍指标，$\theta=A_sf/A_cf_c$，A_c、f_c 分别为核心混凝土的截面面积、抗压强度设计值，A_s、f 分别为钢管的截面面积、抗拉（抗压）强度设计值；

φ_1——考虑受压构件长细比影响的承载力系数，当 $l_e/D\leqslant4$ 时，$\varphi_1=1$，当 $l_e/D>4$ 时，$\varphi_1=1-0.115\sqrt{(l_e/D)-4}$，$l_e$ 为受压构件的等效计算长度，D 为钢管外直径；

φ_e——考虑偏心率影响的承载力折减系数，当 $e_0/r_c\leqslant1.55$ 时，$\varphi_e=1+1.85e_0/r_c$，当 $e_0/r_c>1.55$ 时，$\varphi_e=0.4/(e_0/r_c)$，e_0 为计算偏心距，r_c 为核心混凝土截面的半径；

φ_0——为轴心受压构件的 φ_1 值。

公式（5-20-1）适用于轴心受压构件、偏心受压构件、短柱和长柱。

第三节　问　题　释　义

1. 怎样理解核心混凝土的 N-ε_c 曲线作为描述和评价钢管混凝土受压构件力学依据？

钢管混凝土受压构件，在荷载作用下的应力状态和应力途径十分复杂。最简单的加载情况是荷载仅施加于核心混凝土上，钢管不直接承受纵向压力，只起套箍作用，犹如钢筋混凝土柱中的螺旋箍筋一样；一般情况下是钢管与核心混凝土同时共同承担荷载；更多的情况则是钢管先于核心混凝土承受预压应力。

上述情况可模拟为三种加载方式：

（1）荷载直接施加于核心混凝土上，钢管不直接承受纵向荷载；

（2）荷载直接同时施加于钢管和混凝土上；

（3）钢管预先单独承受荷载，直至钢管被压缩到与混凝土齐平后，方与核心混凝土共同承受荷载。

试验表明：上述三种方式加载对 N-ε_c 曲线的变形特征有明显的影响。在低荷载下，钢管没有屈服前，第（1）方式的纵向压缩变形大于第（2）方式；随着荷载的加大，差异减小，当达到极限荷载时，两种方式的差异已不明显。上述不同加载方式对钢管混凝土柱的极限承载能力没有显著的影响。

不管哪种方式加载，钢管表面的纵向应变 ε_s 明显小于核心混凝土的纵向应变 ε_c，这是钢管混凝土受压构件在荷载作用下的变形特点。对于（1）主要是钢管和混凝土之间发生错位造成的；对于（2），钢管是圆柱形薄壳，在纵向压力作用下发生皱曲和鼓曲，对于薄片形直杆压弯后，沿弓弧的应变总小于沿弦长方向的应变，这样就钢管外表面的应变就相当于沿弓弧的应变，测得混凝土的应变相当于沿弦长方向的应变。这样钢管的屈服、皱曲、核心混凝土的开裂、错动和滑移等现象所造成的位移，都可以在 N-ε_c 曲线上很稳定地反映出来。所以核心混凝土的 N-ε_c 曲线作为描述和评价钢管混凝土受压构件力学依据。

2. N-ε_c曲线的特点与应用。

对于钢管外径 D 与其厚度 t 之比 $D/t \geqslant 20$ 的钢管混凝土受压短柱，试验曲线如图 5-20-1 所示。

在较低荷载阶段，N-ε_c 曲线大致为一直线；当荷载增加到 B 点，钢管表面开始有铁皮剥落或出现滑移斜线，说明钢管开始屈服，曲线明显偏离初始的直线，表现出塑性特点，切线模量开始随着荷载增加而减小，到达曲线顶点 C 时切线模量 $dN/d\varepsilon_c =$ 0，荷载达到最大值；随后，$dN/d\varepsilon_c < 0$ 荷载达到最大值，往往在 N-ε_c 下降过程中，钢管被胀破，出现纵向裂缝而完全破坏。

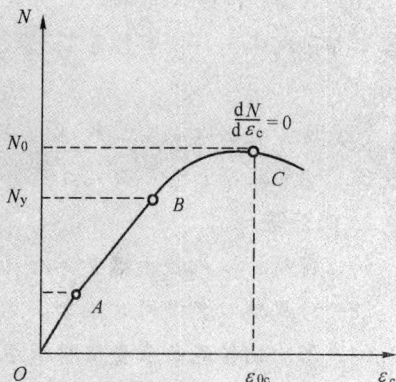

图 5-20-1 N-ε_c 曲线

对于钢管外径 D 与其厚度 t 之比较小的试件，在荷载缓慢下降过程中，变形仍然持续发展而不破坏。

对应于 B 点的荷载，定义为屈服荷载 N_y；对应于 C 点的荷载，定义为极限荷载 N_0，相应的混凝土应变，定义为极限应变 ε_{oc}。

3. 怎样理解钢管混凝土受压公式的统一性？

钢管混凝土受压统一公式为：$N \leqslant N_u = \varphi_1 \varphi_e N_0$。

轴心受压短柱（$l_e/D \leqslant 4$）：$\varphi_1 = 1$，不考虑 φ_e，承载力计算公式为 $N \leqslant N_u = N_0$。

偏心受压短柱（$l_e/D \leqslant 4$）：$\varphi_1 = 1$，考虑 φ_e，承载力计算公式为 $N \leqslant N_u = \varphi_e N_0$。

轴心受压长柱（$l_e/D > 4$）：不考虑 φ_e 而考虑 φ_1，承载力计算公式为 $N \leqslant N_u = \varphi_1 N_0$。

偏心受压长柱（$l_e/D > 4$）：同时考虑 φ_e、φ_1，承载力计算公式为 $N \leqslant N_u = \varphi_1 \varphi_e N_0$。

这样随着钢管混凝土柱的特征和受力的不同，对于承载力计算公式为 $N \leqslant N_u = \varphi_1 \varphi_e N_0$，只是选择其中的 φ_e、φ_1 的变化，所以钢管混凝土受压公式具有统一性。

第四节　综合训练及参考答案

一、综合训练

1. 填空题

（1）钢管和混凝土两种材料的最佳组合使用，构件具有很高的（　　）、（　　）和（　　）承载力，其中抗压承载力约为钢管和核心混凝土单独承载力之和的（　　）倍。

（2）由于承载力高，钢管混凝土受压构件比钢筋混凝土受压构件（　　）而（　　），适于作成更大跨度的（　　）结构。

（3）钢管混凝土构件在反复荷载作用下的荷载—位移滞回曲线（　　）且刚度（　　）很小，说明其耗能性能高、延性和韧性好，适于承受（　　），有较好的（　　）。

（4）钢管混凝土结构与钢筋混凝土结构相比，可省去（　　），钢管本身作为模板适于采用先进的泵送混凝土工艺且不会发生漏浆现象；钢管替代了（　　）。

(5) 在保证自重相近和承载力相同的条件下，钢管混凝土柱与钢筋混凝土柱相比，耗钢量基本相同或略高，但节约混凝土（　　）以上，减轻自重（　　）以上，构件截面面积减小约（　　）。

(6) 通常把核心混凝土的（　　）曲线作为描述和评价钢管混凝土受压构件的（　　）。

(7) 钢管混凝土受压公式具有（　　）。

2. 问答题

(1) 荷载轴心施加于钢管混凝土核心混凝土上时，钢管和混凝土的工作怎样？

(2) 荷载轴心直接同时施加于钢管和混凝土上时，钢管和混凝土的工作怎样？

(3) 影响钢管混凝土受压极限承载力的因素有哪些？怎样处理？

(4) 钢管混凝土的一般构造要求有哪些？

二、参考答案

1. 填空题

(1) 抗压　抗剪　抗扭　1.7～2.0；(2) 小　轻　拱；(3) 饱满　退化　动力荷载　抗震性能；(4) 模板　钢筋；(5) 50%　50%　一半；(6) N-ε_c　力学依据；(7) 统一性

2. 问答题

(1) 答：在荷载作用的初始阶段，核心混凝土未出现微裂缝以前，钢管中应力几乎为零，核心混凝土单独承担全部纵向压力。随着荷载的增加，混凝土因内部开始出现微裂而向外挤胀，在混凝土与钢管壁之间出现径向的压力，钢管开始受到环向拉应力，同时由于钢管和混凝土接触面之间的摩擦力，使钢管也受到不同程度的纵向压应力，从此，钢管处于纵压、环拉的双向应力状态，而核心混凝土则处于三向受压状态、脆性减小、塑性增加。当钢管达到屈服阶段后，钢管混凝土的应变急剧增加，钢管混凝土的外观体积增大，钢管的环向拉力不断增大、纵向压力不断减小，在钢管和混凝土之间产生纵向压力重分布。钢管由主要承受纵向压应力转变为主要承受环向拉应力。最后当钢管和核心混凝土所承受的纵向压力之和达到最大值，钢管混凝土即达到极限状态。

(2) 答：在荷载作用的初始阶段，钢管与混凝土之间不发生挤压，钢管与混凝土共同承受纵向压力。随着荷载的增加，核心混凝土出现微裂缝并不断开展，混凝土的侧向膨胀超过了钢管的侧向膨胀，钢管处于纵压、环拉的双向应力状态，而核心混凝土则处于三向受压状态、脆性减小、塑性增加。当钢管达到屈服阶段后，钢管混凝土的应变急剧增加，钢管混凝土的外观体积增大，钢管的环向拉力不断增大、纵向压力不断减小，在钢管和混凝土之间产生纵向压力重分布。钢管由主要承受纵向压应力转变为主要承受环向拉应力。最后当钢管和核心混凝土所承受的纵向压力之和达到最大值，钢管混凝土即达到极限状态。

(3) 答：长细比；柱段的约束条件；荷载作用的偏心率；沿柱身的弯矩变化，即柱两端较小弯矩与较大弯矩的方向及其比值。将这些因素归结为两大系数，即考虑受压构件长细比影响的承载力系数，考虑偏心率影响的承载力折减系数。

(4) 答：钢管可采用直缝焊接管、螺旋形缝焊接管和无缝钢管。焊缝必须采用对接焊缝，并达到与母材等强度的要求。

钢管材料可选用 Q235、Q345、Q390。

混凝土采用普通混凝土，强度等级不低于 C30。Q235 钢管宜配用 C30、C40 等级混凝土，Q345 钢管宜配用 C40、C50 或 C60 等级混凝土，Q390 钢管宜配用 C50 或 C60 等级混凝土。

钢管接长时，如管径不变，宜采用等强的坡口焊缝；如管径改变，可采用法兰盘和螺栓连接。

钢管外径不宜小于 100mm，管壁厚度不宜小于 4mm。

钢管的外径与壁厚之比宜限制在 20 到 $85\sqrt{235/f_y}$ 之间。

套箍指标 θ 宜限制在 0.3～3 之间。

第二十一章　钢—混凝土组合结构

~~~
本章重点
 • 钢—混凝土组合结构梁截面设计方法；
 • 连接件的设计与构造要求。
本章难点
 • 钢—混凝土组合结构梁截面设计方法。
~~~

第一节　钢—混凝土组合结构梁基本概念

组合梁是钢—混凝土组合结构中的一种基本构件，它通过剪力连接件将混凝土板与钢梁连接起来，以使二者共同承受外力作用。

组合梁的截面形式如图 5-21-1 所示。

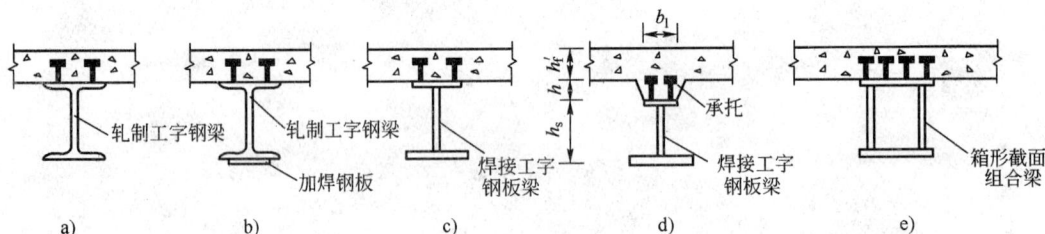

图 5-21-1　组合梁截面的形式

a)、b) 型钢组合梁；c) 焊接钢板组合梁（无承托）；d) 焊接钢板组合梁（有承托）；e) 箱形组合梁

对于简支组合梁，截面一般承受正弯矩作用，此时混凝土板大部分受压、钢梁主要受拉和受剪。

第二节　截面设计方法

按《公路桥涵钢结构及木结构设计规范》（JTJ 025—86）对钢—混凝土组合梁，采用弹性理论计算方法，即容许应力法。

一、受压混凝土板的计算宽度

组合梁中钢筋混凝土桥面板的计算宽度 b'_f 采用下列三种宽度中的最小者。

（1）梁的计算跨径的 1/3；

（2）相邻两梁轴线间的距离 s；

（3）承托的宽度 b_1（如无承托时，则为钢梁上翼缘的宽度）加 12 倍的板厚度 h'_f，即 $b_1 + 12h'_f$，如图 5-21-2 所示。

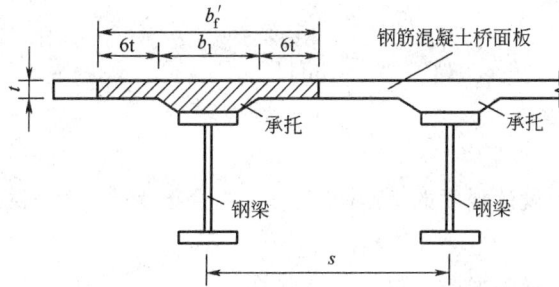

图 5-21-2　组合梁中钢筋混凝土桥面板的计算宽度

二、基本假定与换算截面

采用弹性理论计算方法时，采用如下假定：

（1）钢材与混凝土均为理想的弹性体；

（2）钢筋混凝土板与钢梁之间有可靠的连接，弯曲变形后仍保持平面；

（3）钢筋混凝土板按计算宽度内全部面积计算，可不扣除其中受拉开裂部分；

（4）忽略钢筋混凝土板中钢筋和承托的作用。

按照弹性理论计算原则，组合梁的应力及刚度计算，一般采用材料力学方法。因此，对于由钢与混凝土两种材料组成的组合梁截面，应该把它换算成同一种材料的截面，即换算截面。遵循混凝土板的截面形心高度换算前后不变；合力作用点位置、大小不变的原则，将钢—混凝土组合梁截面换算为等价的钢梁截面。将混凝土的面积、计算宽度分别除以 $\alpha_{ES} = E_s/E_c$，即将混凝土截面换算成钢截面。

三、组合梁的截面验算

组合梁主要验算其强度和刚度，并应结合组合梁的施工方法进行。现以浇筑钢筋混凝土板、钢梁无临时支撑的组合梁为例，说明组合梁的弹性计算原理。不计算组合梁的温度应力、混凝土收缩应力、徐变及其组合对组合梁强度的影响。

1. 第一受力阶段验算

1）钢梁的抗弯强度验算

当混凝土未凝固前，一期恒载（混凝土板、模板和钢梁自重等）g_1 和相应的施工活载 q_1 由钢梁承受，钢梁截面的弯曲强度计算公式为：

钢梁上翼缘板边缘　　　　$\sigma_{s1} = \dfrac{M_{g1} + M_{q1}}{W_{s1}} \leqslant [\sigma_w]$　　　　　　（5-21-1）

钢梁下翼缘板边缘　　　　$\sigma_{s2} = \dfrac{M_{g1} + M_{q1}}{W_{s2}} \leqslant [\sigma_w]$　　　　　　（5-21-2）

式中：M_{g1}、M_{q1}——分别为一期恒载 g_1 产生的弯矩、第一受力阶段施工活载 q_1 产生的弯矩；

　　　W_{s1}、W_{s2}——钢梁截面上翼缘板边缘相下翼缘板边缘的截面模量；

　　　　　$[\sigma_w]$——钢材的容许弯曲应力。

2）钢梁的抗剪强度验算

钢梁截面的抗剪强度计算公式为：

$$\tau_s = \frac{(V_{g1} + V_{q1})S_s}{I_s t_w} \leqslant [\tau] \tag{5-21-3}$$

3）钢梁的刚度验算

$$f = \frac{5g_1 l^4}{384 EI_s} \leqslant \frac{l}{600} \tag{5-21-4}$$

2. 第二受力阶段验算

1）组合梁的抗弯强度验算

当混凝土强度达到设计强度的 75% 以上后，组合梁承受二期恒载 g_2 和活载 q_2，强度计算公式为：

钢筋混凝土板上边缘的混凝土抗压强度验算

$$\sigma_{c1} = \frac{M_{g2} + M_{q2}}{\alpha_{ES} W_{o1}} \leqslant [\sigma_c] \tag{5-21-5}$$

钢梁上边缘强度验算

$$\sigma_{s1} = \frac{M_{g1}}{W_{s1}} + \frac{M_{g2} + M_{q2}}{I_0} y_{s0} \leqslant [\sigma_w] \tag{5-21-6}$$

钢梁下边缘抗拉强度验算

$$\sigma_{s1} = \frac{M_{g1}}{W_{s2}} + \frac{M_{g2} + M_{q2}}{W_{o2}} \leqslant [\sigma_w] \tag{5-21-7}$$

2）组合梁的抗剪强度验算

$$\tau_s = \frac{V_{g1} S_{s1}}{I_s t_w} + \frac{(V_{g2} + V_{q2})S_{o1}}{I_o t_w} \leqslant [\tau] \tag{5-21-8}$$

3）组合梁的刚度验算

$$f = \frac{5(g_1 + g_2)l^4}{384 EI_{oc}} + \frac{5q_2 l^4}{384 EI_o} \leqslant \frac{l}{600} \tag{5-21-9}$$

式中：I_{oc}——考虑徐变时组合梁的换算截面惯性矩。

第三节　连接件的设计与构造要求

一、连接件的设计

按《公路桥涵钢结构及木结构设计规范》（JTJ 025—86），采用弹性理论计算方法。钢梁与混凝土板之间的纵向水平剪力，由抗剪连接件承受，单位长度上的纵向水平剪力为：

$$T = \frac{VS}{I_o} \tag{5-21-10}$$

1. 单个抗剪连接件的容许承载力计算

1）栓钉连接件

当栓钉长度与钉杆直径之比大于 4 时，栓钉的容许抗剪承载力为：

$$[N_v] = 0.38 A_s \sqrt{E_c f_c} \leqslant 0.45 A_s \gamma f \tag{5-21-11}$$

2）槽钢连接件

$$[N_v] = 0.23(t_f + 0.5 t_w) l \sqrt{E_c f_c} \tag{5-21-12}$$

3）弯筋连接件

$$[N_v] = 0.77A_s f_{st} \tag{5-21-13}$$

2. 抗剪连接件数量的确定

假定连接件在钢梁上的数量可按梁跨度范围内的平均剪力计算并等间距布置，则数量为：

$$n \geqslant \frac{Ta_n}{[N_v]} \tag{5-21-14}$$

式中：a_n——连接件间距。

按剪力分区段进行分别计算，则区段上连接件数量为：

$$n \geqslant \frac{a_n \left(\dfrac{V_g S_{oc}}{I_{oc}} + \dfrac{V_q S_o}{I_o} \right)}{[N_v]} \tag{5-21-15}$$

二、连接件构造要求

对于栓钉：直径为 8~25mm，常用直径为 16~19mm，不宜超过被焊钢梁翼缘厚度的 2.5 倍。栓钉长度不小于 $4d$。栓钉作成大头，直径不得小于 $1.5d$。沿梁跨度方向的最小间距为 $6d$，垂直梁跨度方向的最小间距为 $4d$。

型钢连接：通常将短槽钢、角钢或方钢焊接在钢梁上。槽钢常用的规格有 [80、[100 及 [120，槽钢的翼缘肢尖方向应与混凝土板中水平剪应力方向一致；采用角钢时，最好在竖肢上用加强板；方钢的规格为 25mm×25mm 及 50mm×38mm，必须加焊不小于 12mm 的箍筋。型钢连接件之间的间距不得超过混凝土板厚的 8 倍、不得小于连接件计算高度的 3.5 倍。

弯钢筋连接件：弯筋焊接在钢梁上翼缘并伸入钢筋混凝土板中，在组合梁上对称布置。弯筋连接件为的直径 12~20mm 的 R235 或 HRB335 级钢筋，弯起角度 30°或 45°，弯折方向与混凝土板中纵向水平剪应力方向一致，并在末端作成弯勾。每个弯筋从弯折点算起的总长度不宜小于 $25d$，水平段不应小于 $10d$，弯起筋间距不得小于 0.7 也不得大于 2 倍钢筋混凝土板的厚度。

连接件抗掀起端头的底面应比混凝土板下部的纵向钢筋高出 30mm；连接件的外侧边与钢梁翼缘边缘之间的距离不应小于 20mm，与混凝土翼缘边之间的距离不应小于 100mm；连接件顶面的混凝土保护层厚度不得小于 20mm。

第四节 问题释义与算例

一、问题释义

1. 怎样考虑温差、混凝土收缩及徐变对组合梁的影响？

按《公路桥涵钢结构及木结构设计规范》（JTJ 025—86）的规定。

（1）联合梁内钢梁和混凝土桥面板间的计算温差，一般采用 10~15℃，在有可能发生更显著的温差的情况下则另作考虑。此项温差假定沿钢梁截面的全部高度内不变。

（2）计算混凝土收缩时，应考虑徐变的影响。无可靠技术资料作依据时，对整体浇筑的钢筋混凝土桥面板，可按相应于温度降低 15~20℃ 考虑；对分段浇筑的钢筋混凝土桥面板，可按相应于温度降低 $10\sim15℃$ 考虑；对预制的钢筋混凝土桥面板不考虑混凝土的收缩。

（3）考虑混凝土徐变时，如无可靠技术资料作依据时，也可近似地在计算公式中引用"有效弹性模量" $E_{ce}=kE_c$，计算结构自重对徐变影响时 $k=0.4$，计算混凝土收缩对徐变影响时 $k=0.5$。活荷载对徐变的影响不予考虑。计算徐变时，钢与混凝土的有效弹性模量之比为 α_{ES}/k，相应的混凝土板换算面积为 $A_{cs}=kA_c/\alpha_{ES}$。

2. 单个抗剪连接件的容许承载力的确定思路。

《公路桥涵钢结构及木结构设计规范》（JTJ 025—86）对单个连接件的容许（抗剪）承载力 $[N_v]$ 没有规定，其值可根据试验资料得到，也可参考我国《钢结构设计规范》（GB 50017—2003）的规定。但是我国《钢结构设计规范》（GB 50017—2003）采用极限状态设计法，而《公路桥涵钢结构及木结构设计规范》（JTJ 025—86）却采用容许应力设计方法，为此将《钢结构设计规范》（GB 50017—2003）规定的单个抗剪连接件承载力设计值公式作简单修正后，供桥梁设计采用，其材料的强度设计值定义按《钢结构设计规范》（GB 50017—2003）采用。

3. 组合梁的优点及缺点。

简支钢—混凝土组合梁是组合梁中最为常见的一种构件形式，它具有以下优点：

（1）组合梁与钢梁方案相比：可节省钢材 $20\%\sim40\%$，降低每平方米造价 $10\%\sim40\%$；增大截面刚度；减小梁的挠度 $1/3\sim1/2$；提高自振频率。国内外实践表明，对于某些承受竖向低频振动荷载的大跨平台结构，采用钢梁方案时，往往要发生共振。这时，若在不增加钢梁截面尺寸的前提下，将混凝土板与钢梁组合在一起，就可以提高梁的刚度，增加自振频率，避开共振频率区。

（2）组合梁与钢筋混凝土梁方案相比：可以减小结构高度。目前，国内的多项改建与扩建工程，都采用了组合梁的结构方案，使净空高度受限制的问题获得了圆满的解决。此外，组合梁方案与钢筋混凝土梁方案相比，除可省去梁身混凝土外，还可以自由地用焊接固定管线装置。

（3）组合梁方案由于它的整体性强，抗剪性能好，因此表现出良好的耐振性能。我国在 20 世纪 60 年代采用组合梁方案设计建造的某煤矿井塔结构，使用中常年受振动作用，但至今仍完好无恙，这说明组合梁具有良好的耐振性能。

（4）利用钢梁作混凝土楼板的模板支撑，可以节约模材，加快施工进程。

连续钢—混凝土组合梁除了具有简支组合梁的优点外，还可以进一步提高负载能力、减小变形、增大使用跨度。

组合梁的不足之处主要表现为：

（1）耐火性能差，对于防火要求较高的结构，需对钢梁涂防火材料或采用其他防火措施。

（2）在钢梁的制作过程中需要增加连接件的焊接工艺，有的连接件在钢梁吊装就位后还需进行现场校正。此外，在钢梁焊接上连接件后，吊装时不便于在其上行走。

二、算例

如图 5-21-3 所示钢—混凝土组合梁截面，混凝土翼缘计算宽度 $b_f'=1300mm$，翼缘厚度 $h_f'=80mm$，承托厚 $t_1=120mm$，混凝土强度等级为 C20（$[\sigma_c]=8.82MPa$），采用 I20b 工字钢梁，其截面面积 $A_s=3.95\times10^3 mm^2$，惯性矩 $I_s=2.5\times10^7 mm^4$，钢材为 Q235 钢

（$[\sigma_w]$ =145MPa）。求：（1）在 $M=110\mathrm{kN\cdot m}$ 的弯矩作用下，钢梁底边处的拉应力和混凝土翼缘顶边处的压应力。（2）确定梁的弹性抗弯承载力。

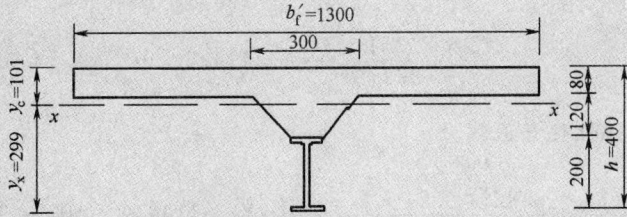

图 5-21-3　组合梁截面（尺寸单位：mm）

解题思路：确定混凝土翼缘换算宽度，计算换算截面几何特征。根据力学概念及公式验算钢梁下边缘、混凝土上边缘的应力；计算梁的弹性抗弯承载力。

解：1）求截面几何特征

Q235 钢与 C20 混凝土的弹性模量比　　　　$\alpha_{ES}=\dfrac{E_s}{E_c}=\dfrac{2.1\times10^5}{2.55\times10^4}=8.24$

混凝土翼缘换算宽度　　　　$b'_{fs}=\dfrac{1}{\alpha_{ES}}b'_f=\dfrac{1}{8.24}\times1300=157.86\mathrm{mm}$

梁的总高度　　　　$h=h_s+h'_f+t_1=200+80+120=400\mathrm{mm}$

混凝土翼缘截面形心到梁底边的距离　　　　$h-\dfrac{h'_f}{2}=400-\dfrac{80}{2}=360\mathrm{mm}$

钢梁截面形心到梁底边的距离　　　　$\dfrac{h_s}{2}=100\mathrm{mm}$

组合梁中性轴（形心轴）到梁底边的距离（不计承托部分）

$$y_x=\dfrac{b'_{fs}h'_f(h-h'_f/2)+A_s h_s/2}{b'_{fs}h'_f+A_s}$$

$$=\dfrac{157.86\times80\times360+3.95\times10^3\times100}{157.86\times80+3.95\times10^3}=299\mathrm{mm}$$

换算截面惯性矩

$$I_0=\dfrac{1}{12}b'_{fs}h'^3_f+b'_{fs}h'_f(h-y_x-h'_f/2)^2+I_s+A_s(y_s-h_s)^2$$

$$=\dfrac{1}{12}\times157.86\times80^3+157.86\times80\times(400-299-80/2)^2$$

$$+2.5\times10^7+3.95\times10^4\times(299-200/2)^2$$

$$=2.361\times10^8\mathrm{mm^4}$$

2）验算钢梁和混凝土应力

（1）钢梁底边缘应力验算：

$$\sigma_{s2}=\dfrac{My_x}{I_o}=\dfrac{110\times10^6\times299}{2.361\times10^8}=139.3\mathrm{MPa}<[\sigma_w]=145\mathrm{MPa}$$

（2）混凝土上边缘应力验算：

$$\sigma_{s2}=\dfrac{My_c}{\alpha_{EC}I_o}=\dfrac{110\times10^6\times(400-299)}{8.24\times2.361\times10^8}=5.71\mathrm{MPa}<[\sigma_c]=8.82\mathrm{MPa}$$

钢梁和混凝土应力均满足要求。

3) 计算组合梁的弹性抗弯承载力

(1) 钢梁的弹性抗弯承载力：

$$M_s = \frac{[\sigma_w]I_o}{y_x} = \frac{145 \times 2.361 \times 10^8}{299} = 114.5 \times 10^6 = 114.5 \text{kN} \cdot \text{m}$$

(2) 混凝土的弹性抗弯承载力：

$$M_s = \frac{[\sigma_c]\alpha_{ES}I_o}{y_c} = \frac{8.82 \times 8.24 \times 2.361 \times 10^8}{400 - 299} = 169.9 \times 10^6 = 169.9 \text{kN} \cdot \text{m}$$

钢梁的强度控制组合梁的承载力，弹性容许承载力为 $M = 114.5 \text{kN} \cdot \text{m}$

第五节 综合训练及参考答案

一、综合训练

1. 填空题

(1) 组合构件是指（　　）或多种不同（　　）结合成整体而共同工作的构件，如钢—混凝土组合构件是采用（　　）和（　　）组合，并通过可靠措施使之形成整体受力的构件。

(2) 在工程中，采用的钢—混凝土组合构件有（　　）组合梁、（　　）组合柱、（　　）组合板、（　　）组合构件、（　　）构件等五大类。

(3) 与钢板梁相比，钢—混凝土组合梁具有以下优点（　　）、（　　）、（　　）、（　　）、（　　）和组合梁桥在活荷载作用下噪声小。

(4) 钢—混凝土组合梁的计算方法可分为（　　）以及考虑截面塑性变形发展的（　　）。《公路桥涵钢结构及木结构设计规范》(JTJ 025—86) 对钢—混凝土组合梁，采用的是（　　），即（　　）。

(5) 组合梁的截面验算包括（　　）、（　　）和（　　）的验算。

(6) 组合梁的抗剪连接件常用的类型有（　　）、（　　）和（　　）等机械结合的抗剪连接件。

2. 问答题

(1) 组合梁中采用钢材和混凝土有怎样的要求？

(2) 怎样考虑组合梁的稳定性？

(3) 组合梁的刚度验算特点怎样？

3. 计算题

如图 5-21-3 所示钢—混凝土组合梁截面，混凝土翼缘计算宽度 $b_f' = 1300\text{mm}$，翼缘厚度 $h_f' = 80\text{mm}$，承托厚 $t_1 = 120\text{mm}$，混凝土强度等级为 C20（$[\sigma_c] = 8.82\text{MPa}$），采用 I20b 工字钢梁，其截面面积 $A_s = 3.95 \times 10^3 \text{mm}^2$，惯性矩 $I_s = 2.5 \times 10^7 \text{mm}^4$，钢材为 Q235 钢（$[\sigma_w] = 145\text{MPa}$）。求：(1) 在 $M = 100\text{kN} \cdot \text{m}$ 的弯矩作用下，钢梁底边处的拉应力和混凝土翼缘顶边处的压应力。(2) 确定梁的弹性抗弯承载力。

二、参考答案

1. 填空题

(1) 两种　材料　钢材　混凝土　钢筋混凝土

(2) 钢与混凝土　钢管混凝土　压型钢板与混凝土　型钢混凝土　外包钢混凝土

(3) 受力合理　抗弯承载力高　梁的刚度大　整体稳定性和局部稳定性好　施工方便

(4) 弹性理论计算方法　塑性计算方法　弹性理论计算方法　容许应力法

(5) 应力　变形　稳定性

(6) 栓钉　型钢　弯起钢筋

2. 问答题

(1) 答：组合梁中的钢筋混凝土板，其混凝土强度等级不宜低于 C20（现场浇筑）或 C30（预制）强度等级混凝土；板中的钢筋可采用 B235 级钢筋、HBB335 级钢筋。组合梁中的钢梁一般采用 Q235 钢和 Q345 钢。

(2) 答：组合梁的整体稳定和局部稳定问题并不突出，这是因为钢梁的上翼缘与钢筋混凝土板连接，钢梁不会发生整体失稳，其上翼缘也不会发生局部失稳。组合梁的腹板高度较小，一般可满足不设加劲肋的条件，并且钢梁以拉应力为主而压应力较小，不设加劲肋的条件还可放宽。因此，组合梁中钢梁的整体稳定和局部稳定一般是可以保证的。当必须验算钢梁的整体稳定和局部稳定时，按钢板梁的方法进行验算。因此，组合梁主要验算其强度和刚度，并应结合组合梁的施工方法进行。

(3) 答：第一受力阶段，梁的挠度计算按荷载的短期效应组合，仅考虑施工阶段的恒载作用下的挠度。第二受力阶段，梁的挠度计算按荷载的短期效应组合，并考虑恒载的长期作用（徐变）影响，挠度为记入第一阶段恒载与第二阶段恒载共同长期作用下和第二阶段活荷载短期作用下（不考虑徐变）的挠度。

3. 计算题

1) 求截面几何特征

Q235 钢与 C20 混凝土的弹性模量比　　　　　　　　　$\alpha_{ES} = 8.24$

混凝土翼缘换算宽度　　　　　　　　　　　　　　　　$b'_{fs} = 157.86\text{mm}$

梁的总高度　　　　　　　　　　　　　　　　　　　　$h = 400\text{mm}$

混凝土翼缘截面形心到梁底边的距离　　　　　　　　　360mm

钢梁截面形心到梁底边的距离　　　　　　　　　　　　$\dfrac{h_s}{2} = 100\text{mm}$

组合梁中性轴（形心轴）到梁底边的距离（不计承托部分）　$y_x = 299\text{mm}$

换算截面惯性矩　　　　　　　　　　　　　　　　　　$I_o = 2.361 \times 10^8 \text{mm}^4$

2) 验算钢梁和混凝土应力

(1) 钢梁底边缘应力验算：$\sigma_{s2} = 126.7\text{MPa} < [\sigma_w] = 145\text{MPa}$

(2) 混凝土上边缘应力验算：$\sigma_{s2} = 5.3\text{MPa} < [\sigma_c] = 8.82\text{MPa}$

钢梁和混凝土应力均满足要求。

3) 计算组合梁的弹性抗弯承载力

(1) 钢梁的弹性抗弯承载力：$M_s = 114.5\text{kN} \cdot \text{m}$

(2) 混凝土的弹性抗弯承载力：$M_s = 167.0\text{kN} \cdot \text{m}$

弹性容许承载力为：$M = 114.5\text{kN} \cdot \text{m}$

附录1 模 拟 试 题

模 拟 试 题 一

一、填空题（20×1 分＝20 分）

1. 混凝土强度等级是按（　　）确定的。

2. 影响斜截面抗剪强度的最主要因素是（　　）。

3. 钢筋混凝土偏压构件的大小偏心的本质区别是（　　）。

4. 钢筋混凝土构件中剪切破坏的类型有（　　）、（　　）、（　　）。

5. 钢筋混凝土梁设计时出现 $x > \xi_b h_0$，可采用（　　）、（　　）、（　　）方法解决。

6. 绘制材料弯矩抵抗图，是为了确定钢筋的（　　）、（　　）位置，和保证梁截面的（　　）。

7. 钢筋混凝土受弯构件的截面面积与钢筋用量相同时，钢筋的直径细、根数多者的裂缝形式为（　　）。

8. 换算截面应该与原有的实际截面具有相同的（　　）且不改变原来的（　　）。

9. 钢筋在冷拉时，同时控制（　　）和（　　）称为"双控"。

10. 根据预应力度不同，将配筋混凝土分成（　　）、（　　）和（　　）。

二、名词解释（5×4 分＝20 分）

1. 混凝土的徐变

2. 永久荷载

3. 单向板

4. 张拉控制应力

5. 松弛

三、简答题（4×5 分＝20 分）

1. 适筋梁的破坏过程和性质是什么？

2. 减少受弯构件裂缝宽度的主要措施有哪些？

3. 预应力混凝土中预应力损失有哪些？

4. 为什么预应力混凝土梁可以推迟裂缝的出现？

四、计算题（40 分）

1. 已知一矩形截面梁，截面尺寸 $b \times h = 40\text{cm} \times 90\text{cm}$，承受计算弯矩 $M_d = 800\text{kN} \cdot \text{m}$，拟采用 C30 混凝土，8Φ28 的 HRB335 级钢筋所提供钢筋截面面积为 $A_s = 49.26\text{cm}^2$，$a_s = 6.0\text{cm}$。试判断该截面是否可以安全承载。（8 分）

2. 已知简支梁的计算跨径 $L = 12.6\text{m}$，两主梁中心距为 2.1m，其截面尺寸如附图 1-1 所示。混凝土为 C30，HRB400 级钢筋，所承受的弯矩组合设计值 $M_d = 2800\text{kN} \cdot \text{m}$。设

$a_s = 7\text{cm}$,求受拉钢筋截面面积 A_s。(12 分)

3. 有一矩形截面试验梁，截面尺寸为 $12.3\text{cm} \times 25.8\text{cm}$，$E_s = 1.96 \times 10^5\text{MPa}$，C25 级混凝土，采用 2 Φ 16 螺纹钢筋 $A_s = 4.02\text{cm}^2$，使用荷载所用下的弯矩 $M = 19.06\text{kN} \cdot \text{m}$，$h_0 = 23.13\text{cm}$。梁在荷载作用下最大裂缝宽度的测量值为 $W_f = 0.144\text{mm}$。试计算短期荷载（不考虑冲击荷载）作用时的最大裂缝宽度 W_{fk}，并将其与测量值进行比较。(8 分)

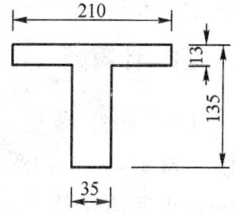

附图 1-1 （尺寸单位：cm）

4. 已知钢筋混凝土柱的截面 $h \times b = 50\text{cm} \times 40\text{cm}$，构件计算长度 $l_0 = 2.5\text{m}$，取 $\eta = 1.0$，混凝土强度等级为 C20，HRB335 级钢筋，$\xi_b = 0.56$，$f_{sd} = f'_{sd} = 2800\text{MPa}$，承受纵向计算轴力 $N_d = 400\text{kN}$，计算弯矩 $M_d = 240\text{kN} \cdot \text{m}$。结构重要性系数 $\gamma_0 = 1.1$。设 $a_s = a'_s = 4\text{cm}$，试求按不对称配筋时钢筋的截面面积 A_s 及 A'_s。(12 分)

模拟试题二

一、填空题（20×1 分＝20 分）

1. 结构极限状态包括（　　）和（　　）。

2. 钢筋混凝土受弯构件按 $\rho = A_s/bh_0$ 的大小，正截面的破坏表现为（　　）、（　　）和（　　）。

3. 反映钢筋塑性性能的指标是（　　）和（　　）。

4. 钢筋混凝土偏压构件的大小偏心的本质区别是（　　）。

5. 钢筋混凝土梁正截面设计时，（　　）是为了保证不出现超筋破坏，（　　）是为了保证不出现少筋破坏。

6. 可通过限制（　　）的方法，防止梁发生斜压破坏；规定（　　）来防止梁发生斜拉破坏。

7. 可通过 M_d 与（　　）的大小关系，来判断 T 形梁的类型。

8. 预应力混凝土结构中，对钢筋的要求是（　　）、（　　）、（　　）、（　　）。

9. 预拱度等于（　　）和（　　）所产生的竖向挠度。

10. 克服应力松弛的办法是对钢筋进行（　　）。

二、名词解释（5×4 分＝20 分）

1. 混凝土的收缩

2. 可变荷载

3. 翼缘板的有效工作宽度

4. 预应力损失

5. 预应力度

三、简答题（4×5 分＝20 分）

1. 钢筋与混凝土协同工作的条件有哪些？

2. 大偏心受压钢筋混凝土柱的破坏过程怎样？

3. 钢筋混凝土剪切构件的破坏类型，其承载能力的排序情况怎样？

4. 预应力混凝土结构中，为什么先张法的 σ_{con} 大于后张法的 σ_{con}？

四、计算题（40 分）

1. 已知矩形截面尺寸 $b \times h = 250mm \times 50mm$，考虑荷载安全系数后的计算弯矩 $M_d = 136kN \cdot m$，拟采用 C30 混凝土，HRB335 级钢筋，结构重要性系数 $\gamma_0 = 1.1$。设 $a_s = 4cm$，求所需钢筋截面面积 A_s。（8 分）

2. 有 T 形截面梁，截面尺寸如附图 1-2 所示，所承受的计算弯矩 $M_d = 136kN \cdot m$，拟采用 C35 混凝土，HRB335 级钢筋。取 $a_s = 70mm$，求 A_s。（12 分）

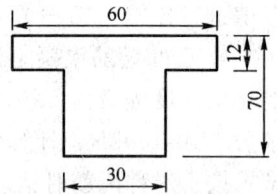

3. 已知标准跨径为 20m 的公路装配式钢筋混凝土 T 梁桥，梁内纵向受拉钢筋为 $8 \Phi 32 + 4 \Phi 16$ 螺纹钢筋 $A_s = 6334 + 804 = 7238mm^2$，T 形梁的梁肋宽度 $b = 180mm$，受压边边缘至钢筋重心的距离 $h_0 = 1200mm$，外排钢筋的应力 $\sigma_s = 197MPa$，$E_s = 2 \times 10^5 MPa$，恒载弯矩 M_d 与总弯矩 M 之比为 0.545，最大容许裂缝宽度 $[W_{fk}] = 0.25mm$。试验算该 T 梁在短期静荷载（不计冲击力）作用和长期荷载作用时的最大裂缝宽度。（10 分）

附图 1-2　（尺寸单位：cm）

4. 某桥立柱用混凝土预制砌块砌筑，安全等级一级（$\gamma_0 = 1.1$）。柱的截面尺寸 $b \times h = 600mm \times 800mm$，采用 C30 混凝土预制块、M10 水泥砂浆砌筑（$f_{cd} = 5.06MPa$），柱高 6m，两端铰支。作用效应基本组合轴向力设计值 $N_d = 600kN$，弯矩设计值 $M_{yd} = 100kN \cdot m$，$M_{xd} = 0$，y 轴为截面的长边方向。计算柱的承载力是否满足要求。（10 分）

模拟试题三

一、填空题（20×1 分 = 20 分）

1. 混凝土的基本强度指标有立方体抗压强度、（　　）和（　　）。

2. 钢筋混凝土受弯构件正截面的工作状态可分为（　　）阶段、（　　）阶段和（　　）阶段。

3. 影响钢筋混凝土梁斜截面抗剪的因素有（　　）、（　　）、（　　）、（　　）。

4. 纵向弯曲系数最主要的影响因素是（　　）。

5. 偏心受压构件在截面设计时，取 $x = \xi_b h_0$ 所需的用钢量比 $x < \xi_b h_0$ 的（　　）。

6. 圆形截面偏心受压构件钢筋一般沿圆周作（　　）布置。

7. 预应力混凝土结构中，对混凝土的要求是高强、（　　）、（　　）和（　　）。

8. 圬工拱结构的截面承载力计算和整体承载力计算，两者采用的（　　）是一致的，但应用的情况不一样。砌体拱圈取 $\beta_x = \beta_y = $（　　）。

9. 钢结构的连接方法可分为（　　）、铆接、（　　）连接和（　　）连接。

二、名词解释（5×4 分 = 20 分）

1. 混凝土变形模量

2. 偶然荷载

3. 双向板

4. 消压弯矩

5. 永存预加力

三、简答题（4×5分＝20分）

1. 钢筋和混凝土之间粘结力的来源是什么？

2. 混凝土强度等级、配筋状况、构件截面尺寸完全相同的钢筋混凝土结构与预应力钢筋混凝土结构哪一种承载力高，为什么？

3. 简述分布钢筋的作用。

4. 怎样考虑预应力混凝土构件中 σ_{con} 的取值？

四、计算题（40分）

1. 有一截面尺寸为 25cm×60cm 矩形梁，所承受的最大计算弯矩 $M_d＝295$kN·m，拟采用 C20 混凝土，HRB235 级钢筋配筋。设 $a_s＝7$cm，$a_s'＝4$cm。试确定截面配筋。（10分）

2. 轴心受压平台柱，采用焊接 H 字形截面，截面尺寸如附图 1-3 所示，柱两端铰接，柱高 6m，承受的轴心压力设计值为 5000kN，翼缘为焰切边，钢材为 Q235，焊条为 E43 系列，手工焊。验算该柱是否满足要求。

3. 已知某柱 $b×h＝40$cm×60cm，$N_d＝840$kN，$M_d＝394.8$kN·m，C25 级混凝土，HRB335 级钢筋，$\eta＝1.0$，采用对称配筋，设 $a_s＝a_s'＝4$cm，求 A_s、A_s'。（10分）

4. 预制钢筋混凝土简支 T 梁截面高度 $h＝1.30$m，翼缘板计算宽度 $b_f'＝1.52$m，其他尺寸如附图 1-4 所示。C30 级混凝土，HRB335 级钢筋。结构重要性系数 $\gamma_0＝1.0$，跨中截面弯矩组合设计值 $M_d＝2100$kN·m，设 $a_s＝12$cm。试进行配筋计算。（9分）

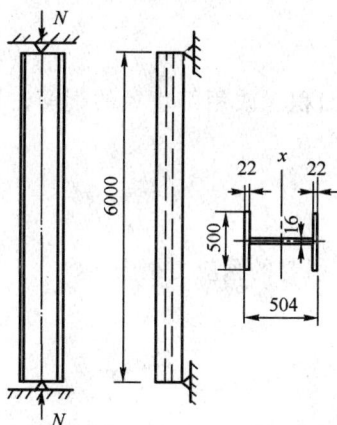

附图 1-3 （尺寸单位：mm）

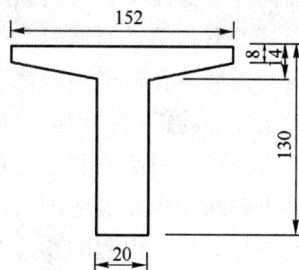

附图 1-4 （尺寸单位：cm）

模拟试题一答案

一、填空题（20×1分＝20分）

1. 混凝土立方体抗压强度标准值

2. 剪跨比

3. 受拉钢筋是否屈服

4. 斜压破坏　剪压破坏　斜拉破坏

5. 加大截面尺寸　提高混凝土的强度等级　采用双筋截面

6. 切断　弯起位置　强度

7. 密而窄

8. 承载能力　变形条件

9. 拉应力　冷拉伸长率

10. 全预应力混凝土　部分预应力混凝土　普通钢筋混凝土

二、名词解释（5×4 分＝20 分）

1. 混凝土在长期不变的荷载作用下，混凝土的应变随时间增长的现象。

2. 在结构的使用期间，其值不随时间变化，或其变化与平均值相比可以忽略不计，或其变化是单调的并能趋于限值的荷载。

3. 当板仅为两边支承，或者虽为四边支承，但长边与短边的比值大于或等于 2 时，称之为单向板。

4. 张拉钢筋进行锚固前，张拉千斤顶所指示的总拉力除以预应力钢筋截面面积所求得的钢筋的应力值。

5. 受力后长度保持不变，钢的应力随时间增长而降低的现象。

三、简答题（4×5 分＝20 分）

1. 破坏特征：钢筋先屈服，然后混凝土才弯曲受压而破坏。破坏前有明显的裂缝与挠度，具有明显的预兆。

性质：塑性破坏。

2. 提高混凝土强度等级、增加纵向受拉钢筋截面面积、改用细直径的钢筋、采用变形钢筋、增加构件截面面积、采用预应力混凝土构件。

3. ①锚具变形和钢筋回缩引起的预应力损失。

②预应力钢筋与孔道壁间摩擦引起的预应力损失。

③混凝土加热养护时，预应力钢筋与张拉台座温差引起的预应力损失。

④钢筋应力松弛引起的预应力损失。

⑤混凝土收缩、徐变引起的预应力损失。

⑥钢筋挤压混凝土引起的预应力损失。

4. 虽然在消压状态后，预应力混凝土梁的受力情况，就同普通钢筋混凝土梁一样。但是，预应力混凝土梁比同截面、同材料的普通钢筋混凝土梁的抗裂弯矩多了一个消压弯矩。所以，可以推迟裂缝的出现。

四、计算题（40 分）

1. 解：钢筋 $f_{sd}=280\text{MPa}$，混凝土 $f_{cd}=13.8\text{MPa}$，$\xi_b=0.56$。

（1）计算混凝土受压区高度：

$$x=\frac{f_{sd}A_s}{f_{cd}b}=\frac{280\times49.26}{13.8\times40}=24.99\text{cm}$$

$$h_0 = h - a_s = 90 - 6 = 84 \text{cm}$$

$$x < \xi_b h_0 = 0.56 \times 84 = 47.04 \text{cm} \qquad \text{满足要求。}$$

（2）计算截面所能承受的最大弯矩值并作比较：

$$M_{db} = f_{cd} b x \left(h_0 - \frac{x}{2} \right)$$

$$= 13.8 \times 10^6 \times 40 \times 10^{-2} \times 24.99 \times 10^{-2} \times \left(84 - \frac{24.99}{2} \right) \times 10^{-2}$$

$$= 987360 \text{N} \cdot \text{m} = 987.36 \text{kN} \cdot \text{m} > M_d = 800 \text{kN} \cdot \text{m} \text{ 安全。}$$

2. 解： 1）确定翼缘板计算宽度 b_f'

（1）简支梁计算跨径的 $\frac{1}{3}$ 为：

（2）主梁中心距为 210cm

（3）$b + 12h_f' = 35 + 12 \times 13 = 191 \text{cm}$

所以，取翼缘板的计算宽度 $b_f' = 191 \text{cm}$。

2）判断 T 形截面类型

假定受拉钢筋布置成两排，取 $a_s = 7 \text{cm}$，$h_0 = h - a_s = 135 - 7 = 128 \text{cm}$

判断截面类型：

$$f_{cd} b_f' h_f' \left(h_0 - \frac{h_f'}{2} \right) = 13.8 \times 191 \times 13 \times \left(128 - \frac{13}{2} \right) = 4163.25 \text{kN} \cdot \text{m} > M_d = 2800 \text{kN} \cdot \text{m}$$

中性轴在翼缘板内，属于第一类 T 形梁，应按 $b_f' \cdot h = 191 \times 135 \text{cm}$ 的矩形截面进行计算。

3）计算混凝土受压区高度 x

根据公式：

$$x = h_0 - \sqrt{h_0^2 - \frac{2M_d}{f_{cd} b_f'}} = 128 - \sqrt{128^2 - \frac{2 \times 2800 \times 10^3}{13.8 \times 191}} = 8.59 \text{cm}$$

$$< \xi_b h_0 = 0.53 \times 128 = 67.84 \text{cm}$$

$$< h_f' = 13 \text{cm}$$

由公式求得所需受拉钢筋截面面积为：

$$A_s = \frac{f_{cd} b_f' x}{f_{sb}} = \frac{13.8 \times 191 \times 10.29}{330} = 82.19 \text{cm}^2$$

3. 解： 求配筋率 ρ：

$$\rho = \frac{A_s}{b h_0} = \frac{4.02}{12.3 \times 23.13} = 0.0141$$

求受拉钢筋的应力 σ_s：

$$\sigma_s = \frac{M_s}{0.87 A_s h_0} = \frac{19.06 \times 10^5}{0.87 \times 4.02 \times 23.13} = 235.61 \text{MPa}$$

$$C_1 = 1, C_2 = 1, C_3 = 1.5$$

求最大裂缝宽度 W_{fk}：

$$W_{fk} = C_1 C_2 C_3 \frac{\sigma_s}{E_s} \left(\frac{30 + d}{0.28 + 10\mu} \right)$$

$$= 1.15 \times \frac{235.61}{1.96 \times 10^5} \left(\frac{30 + 16}{0.28 + 10 \times 0.0141} \right) = 0.151 \text{mm}$$

最大裂缝宽度的测量值与计算值之比为：

$$\frac{W_f}{W_{fk}} = \frac{0.144}{0.151} = 0.95$$

可见对此试验梁来说，计算值与试验值符合程度较好。

4. 解：1）计算 e_0

设 $a_s = a_s' = 40mm$，则 $h_0 = 460mm$

$\eta e_0 = 1.0 \times \frac{240}{400} = 600mm > 0.3h_0 = 0.3 \times 460 = 138mm$，故按大偏心计算。

$e = \eta e_0 + 0.5h - a_s = 600 + 250 - 40 = 810mm$

2）计算 A_s'

$$A_s' = \frac{\gamma_0 N_d e - f_{cd} b h_0^2 \xi_b (1 - 0.5\xi_b)}{f_{sd}'(h_0 - a_s')}$$

$$= \frac{1.1 \times 400 \times 10^3 \times 810 - 9.2 \times 400 \times 460^2 \times 0.56(1 - 0.5 \times 0.56)}{280 \times (460 - 40)}$$

$$= 361mm^2 < 0.2\% b h_0 = 368mm^2$$

所以取 $A_s' = 368mm^2$

3）计算 A_s

$$A_s = \frac{f_{cd} b h_0 \xi_b + f_{sd}' A_s' - \gamma_0 N_d}{f_{sd}}$$

$$= \frac{9.2 \times 400 \times 460 \times 0.56 + 280 \times 368 - 1.1 \times 400 \times 10^3}{280}$$

$$= 2182.17mm^2$$

模拟试题二答案

一、填空题（20×1 分＝20 分）

1. 承载能力极限状态　正常使用极限状态
2. 适筋破坏　超筋破坏　少筋破坏
3. 伸长率　冷弯性能
4. 受拉钢筋是否屈服
5. $x \leqslant \xi_b h_0$、$\rho \geqslant \rho_{min}$
6. 截面最小尺寸　最小配筋率
7. $\frac{1}{\gamma_0} f_{cd} b_f' h_f' \left(h_0 - \frac{h_f'}{2}\right)$
8. 高强　良好的塑性　良好的加工性能　良好的可焊性
9. 结构重力　半个汽车荷载
10. 超张拉

二、名词解释（5×4 分＝20 分）

1. 混凝土在空气中结硬时体积减小的现象。
2. 在结构的使用期间，其值随时间变化，且其变化与平均值相比不可以忽略的荷载。

3. 将不均匀的压应力按最大压应力折合成分布在一定宽度范围内的均匀压应力，此宽度称为翼缘板的有效工作宽度或计算宽度。

4. 由于施工材料性能及环境等因素的影响，引起预应力钢筋中的预应力下降，通常称此为预应力损失。

5. 由预加应力的大小确定的消压弯矩与外荷载产生的弯矩的比值。

三、简答题 （4×5 分＝20 分）

1. 混凝土与钢筋有相近的线膨胀系数；混凝土与钢筋之间良好的粘结力；混凝土对钢筋有保护作用。

2. 远离轴向力一侧混凝土出现水平裂缝；远离轴向力一侧的受拉钢筋屈服；受压区混凝土达到极限压应变 0.0033。

3. 斜压破坏；剪压破坏；斜拉破坏。其大小关系为：斜压破坏＞剪压破坏＞斜拉破坏。

4. 在先张法中预应力筋压缩混凝土时混凝土出现弹性压缩，由于混凝土与预应力筋的应变保持一致使预应力筋的应力下降；后张法中混凝土弹性压缩在张拉预应力筋的过程中完成，不引起预应力筋的应力下降。

四、计算题 （40 分）

1. 解：设 $a_s = 40$mm，则梁的有效高度 $h_0 = 500 - 40 = 460$mm（按布置一排钢筋估算）。

$$x = h_0 - \sqrt{h_0^2 - \frac{2\gamma_0 M_d}{f_{cd} b}}$$

代入数值得：

$$x = 460 \times 10^{-3} - \sqrt{(460 \times 10^{-3})^2 - \frac{2 \times 1.1 \times 136 \times 10^3}{13.8 \times 10^6 \times 250 \times 10^{-3}}}$$

$$= 0.107\text{m} = 107\text{mm}$$

$$< \xi_b h_0 = 0.56 \times 460 = 257.6\text{mm}$$

可得钢筋截面面积：

$$A_s = \frac{f_{cd} b x}{f_{sd}} = \frac{13.8 \times 250 \times 107}{280} = 1318.4\text{mm}^2$$

2. 解：假设受拉钢筋排成二排，取 $a_s = 70$mm，梁的有效高度 $h_0 = 700 - 70 = 630$mm，翼缘计算宽度 $b_f' = b + 12 h_f' = 300 + 12 \times 120 = 1740$mm＞600mm，故取 $b_f' = 600$mm。

根据公式判断截面类型：

$$f_{cd} b_f' h_f' \left(h_0 - \frac{h_f'}{2}\right) = 16.1 \times 10^6 \times 600 \times 10^{-3} \times 120 \times 10^{-3} \times \left(630 - \frac{120}{2}\right) \times 10^{-3}$$

$$= 660.7 \times 10^3 \text{kN} \cdot \text{m} < M_d = 682 \text{kN} \cdot \text{m}$$

故应按第二类 T 形截面计算。

由公式求得混凝土受压区高度

$$M_d = f_{cd} bx \left(h_0 - \frac{x}{2}\right) + f_{cd}(b_f' - b) h_f' \left(h_0 - \frac{h_f'}{2}\right)$$

待入数据，整理后得：

$$682 \times 10^3 = 16.1 \times 30 x \left(63 - \frac{x}{2}\right) + 16.1 \times (60 - 30) \times 12 \left(63 - \frac{12}{2}\right)$$

$$x^2 - 126x + 1456.02 = 0 \text{ 解之得 } x = 12.87\text{cm} < \xi_b h_0 = 0.56 \times 630 = 352.8\text{mm}$$
$$> h'_f = 12\text{cm}$$

由公式求得所需受拉钢筋截面面积为：

$$A_s = \frac{f_{cd}bx + f_{cd}(b'_f - b)h'_f}{f_{sd}}$$

$$= \frac{16.1 \times 30 \times 12.87 + 16.1 \times (60 - 30) \times 12}{280} = 42.90\text{cm}^2$$

3. 解：$A_s = 6334 + 804 = 7238\text{mm}^2$

$\rho = \dfrac{A_s}{bh_0} = 0.0335 > 0.02$，故计算时取 $\rho = 0.02$ 进行计算

钢筋换算直径为：$d_e = \dfrac{\sum n_i d_i^2}{\sum n_i d_i} = \dfrac{4 \times 16 + 8 \times 32^2}{4 \times 16 + 8 \times 32} = 28.8\text{mm}$

现 $C_1 = 1$，$C_3 = 1$，对于短期静荷载 $C_2 = 1$

最大裂缝宽度为：

$$W_{fk} = C_1 C_2 C_3 \frac{\sigma_s}{E_s} \left(\frac{30 + d_e}{0.28 + 10\rho} \right) = \frac{197}{2 \times 10^5} \left(\frac{30 + 28.8}{0.28 + 10 \times 0.02} \right) = 0.12\text{mm}$$

$$< [W_{fk}] = 0.25\text{mm}$$

在长期荷载作用时：

$$C_2 = 1 + 0.5 \frac{N_c}{N_s} = 1 + 0.5 \times 0.545 = 1.2725$$

最大裂缝宽度为：

$$W_{fk} = 1.2725 \times 0.12 = 0.1527\text{mm} < [W_{fk}] = 0.25\text{mm}$$

4. 解：1) 轴向力偏心距计算

$$e_x = 0$$

$$e_y = \frac{M_{yd}}{N_d} = \frac{100}{600} = 0.167\text{m} = 167\text{mm}$$

$$e_y < 0.6s = 0.6 \times 800/2 = 240\text{mm}，满足偏心距限值要求。$$

2) 长细比计算

矩形截面回转半径　$i_x = h/\sqrt{12} = 800/\sqrt{12} = 231\text{mm}$

$$i_y = b/\sqrt{12} = 600/\sqrt{12} = 173\text{mm}$$

x 方向的长细比　$\beta_x = \dfrac{\gamma_\beta l_0}{3.5 i_y} = \dfrac{1.0 \times 6.0 \times 10^3}{3.5 \times 173} = 9.91$

y 方向的长细比　$\beta_y = \dfrac{\gamma_\beta l_0}{3.5 i_x} = \dfrac{1.0 \times 6.0 \times 10^3}{3.5 \times 231} = 7.42$

3) 计算承载力影响系数

砂浆强度等级大于 M5，$\alpha = 0.002$。矩形截面，截面形状系数 $m = 8.0$

x 方向受压承载力影响系数

$$\varphi_x = \frac{1 - \left(\frac{e_x}{x} \right)^m}{1 + \left(\frac{e_x}{i_y} \right)^2} \cdot \frac{1}{1 + \alpha \beta_x (\beta_x - 3) \left[1 + 1.33 \left(\frac{e_x}{i_y} \right)^2 \right]}$$

$$= \frac{1}{1 + \alpha \beta_x (\beta_x - 3)} = \frac{1}{1 + 0.002 \times 9.91 \times (9.91 - 3)} = 0.8795$$

y 方向受压承载力影响系数

$$\varphi_y = \frac{1-\left(\dfrac{e_y}{y}\right)^m}{1+\left(\dfrac{e_y}{i_x}\right)^2} \cdot \frac{1}{1+\alpha\beta_y(\beta_y-3)\left[1+1.33\left(\dfrac{e_y}{i_x}\right)^2\right]}$$

$$= \frac{1-\left(\dfrac{167}{800/2}\right)^8}{1+\left(\dfrac{167}{231}\right)^2} \times \frac{1}{1+0.002\times7.42\times(7.42-3)\times\left[1+1.33\times\left(\dfrac{167}{231}\right)^2\right]}$$

$$= 0.5905$$

受压构件承载力影响系数

$$\varphi = \frac{1}{\dfrac{1}{\varphi_x}+\dfrac{1}{\varphi_y}-1} = \frac{1}{\dfrac{1}{0.8795}+\dfrac{1}{0.5905}-1} = 0.5463$$

4）柱的承载力计算

$$N_u = \varphi A f_{cd}/\gamma_0 = 0.5463 \times 600 \times 800 \times 5.06 \div 1.1$$

$$= 1206.23 \times 10^3 \text{N} = 1206.23 \text{kN} > N_d = 600 \text{kN}$$

柱的承载力满足要求。

模拟试题三答案

一、填空题（20×1 分 $= 20$ 分）

1. 轴心抗压强度　轴心抗拉强度
2. 整体工作　带裂缝工作　破坏
3. 荷载形式　截面尺寸　纵筋　腹筋多少
4. 构件的长细比
5. 少
6. 等距
7. 徐变收缩小　快硬　早强
8. 公式　3
9. 焊接　普通螺栓　高强度螺栓

二、名词解释（5×4 分 $= 20$ 分）

1. 是连接原点至某应力处的割线与横坐标的倾角的正切。
2. 在结构使用期间不一定出现，一旦出现，其值很大且持续时间很短的荷载。
3. 当板支承于四个边上且其长边与短边的比值小于 2 时，称之为双向板。
4. 由外荷载引起，恰好使构件控制截面受拉边缘应力为零时的弯矩。
5. 扣除全部预应力损失后钢筋中所存余的预应力合力。

三、简答题（4×5 分 $= 20$ 分）

1. 混凝土与钢筋之间的化学胶着力；混凝土与钢筋之间的摩擦力；混凝土与钢筋之间

的机械咬合力。

2. 理论承载力应该是一样的。混凝土梁的破坏弯矩主要与构建的组成材料和受力性能有关，而与是否在受拉区钢筋中施加预拉应力的关系不大。其破坏弯矩值与同条件的普通钢筋混凝土梁的破坏弯矩值几乎相同。

3. ①将荷载更均匀地分配传递给受力钢筋；②防止因混凝土收缩和温度变化而出现的裂缝；③在施工中将交叉处绑扎或点焊来固定住钢筋位置。

4. 不能过低，否则达不到预期的预应力效果；不能过高，否则预应力筋产生过大的塑性变形，预应力筋被破坏、反拱过大、混凝土被压碎。

四、计算题（40 分）

1. 解：假设 $a_s = 7\text{cm}$，$a_s' = 4\text{cm}$，$h_0 = 60 - 7 = 53\text{cm}$

从充分利用混凝土抗压强度出发，即取 $x = \xi_b h_0 = 0.56 \times 53 = 29.68\text{cm}$ 分别代入公式得：

$$A_s' = \frac{\gamma_0 M_d - f_{cd} b h_0^2 \xi_b (1 - 0.5\xi_b)}{f_{sd}'(h_0 - a_s')}$$

$$= \frac{295 \times 10^3 - 0.56 \times 9.2 \times 25 \times 53^2 \times (1 - 0.5 \times 0.56)}{280 \times (53 - 4)} = 2.52\text{cm}^2$$

$$A_s = \frac{f_{cd} \xi_b h_0 b}{f_{sd}} + \frac{f_{sd}'}{f_{sd}} A_s' = \frac{9.2 \times 0.56 \times 53 \times 25}{280} + \frac{280}{280} \times 2.52 = 26.90\text{cm}^2$$

2. 解：已知 $l_x = l_y = 4.2\text{m}$

1）计算截面特性

$$A = 2 \times 50 \times 2.2 + 46 \times 1.6 = 293.6\text{cm}^2$$

$$I_x = 2 \times 50 \times 2.2 \times 24.1^2 + 1.6 \times 46^3/12 = 140756.3\text{cm}^4$$

$$I_y = 2 \times 2.2 \times 50^3/12 = 45833.3\text{cm}^4$$

$$i_x = \sqrt{I_x/A} = 21.9\text{cm} \qquad i_y = \sqrt{I_y/A} = 12.5\text{cm}$$

2）验算整体稳定、刚度和局部稳定性

（1）刚度验算：

$$\lambda_x = l_x/i_x = 600/21.9 = 27.4 < [\lambda] = 150$$

$$\lambda_y = l_y/i_y = 600/12.5 = 48 < [\lambda] = 150$$

刚度满足要求。

（2）稳定性验算：

$\lambda_x = 27.4$ 时 $\varphi_1 = 0.900$

$\lambda_y = 48$ 时 $\varphi_1 = 0.8378$

$$\sigma = \frac{N}{A} = \frac{3000 \times 10^3}{293.6 \times 10^2} = 102.18\text{MPa} \leqslant \varphi_1[\sigma] = 0.8378 \times 140 = 117.292\text{MPa}$$

稳定性满足要求。

（3）局部稳定性验算：

翼缘宽厚比为 $\dfrac{b_f}{t_f} = (250 - 8)/22 = 11$

$\lambda_y = 48 < 60$，翼缘宽厚比不能超过 14，且不超过 $0.15\lambda + 5 = 12.2$。翼缘局部稳定性满足要求。

腹板高厚比为 $\dfrac{b_w}{t_w}=460/16=28.75$

$\lambda_y=48<50$，腹板高厚比不能超过 35。腹板局部稳定性满足要求。

所选截面的整体稳定、刚度和局部稳定都满足要求。

3. 解： $e_0=\dfrac{M_d}{N_d}=\dfrac{39480}{840}=47\text{cm}>0.3h_0=0.3\times56=16.8\text{cm}$ ，故按大偏心考虑。

$$e=\eta\cdot e_0+\dfrac{h}{2}-a_s=1.0\times47+\dfrac{60}{2}-4=73\text{cm}=0.73\text{m}$$

$$x=\dfrac{N_d\gamma_0}{f_{cd}b}=\dfrac{840\times10^3\times1.0}{11.5\times400}=182.6\text{mm}<\xi_bh_0=0.56\times400=224$$

$$A_s=A_s'=\dfrac{N_de-f_{cd}bx(h_0-0.5x)}{f_{sd}'(h_0-a_s')}=18.46\text{cm}^2$$

$$=\dfrac{840\times10^3\times730-11.5\times400\times182.6\times(560-0.5\times182.6)}{280\times(560-40)}$$

$$=1507.63\text{mm}^2$$

4. 解： $h_f'=\dfrac{80+140}{2}=110\text{mm}$，设 $a_s=12\text{cm}$

则截面有效高度 $h_0=1300-120=1180\text{mm}$

判断 T 形截面类型：

$$f_{cd}b_f'h_f'\left(h_0-\dfrac{h_f'}{2}\right)=13.8\times10^6\times1520\times10^{-3}\times110\times10^{-3}\times\left(1180-\dfrac{110}{2}\right)\times10^{-3}$$

$$=2595.78\times10^3\text{kN}\cdot\text{m}>M_d=2100\text{kN}\cdot\text{m}$$

故属于第一类 T 形截面。

求受压区高度 x：

$$2100\times10^6=13.8\times1520x\left(1180-\dfrac{x}{2}\right)x^2-2360x+200229=0$$

$$x=88.13\text{mm}<h_f'=110\text{mm}$$

求受拉钢筋面积 A_s：

$$A_s=\dfrac{f_{cd}b_f'x}{f_{sd}}=\dfrac{13.8\times1520\times88.13}{280}\approx6602\text{mm}^2=66.02\text{cm}^2$$

附录2 附 表

混凝土的强度（MPa） 附表1

强度种类 强度等级	强度标准值		设 计 值	
	轴心抗压 f_{ck}	轴心抗拉 f_{tk}	轴心抗压 f_{cd}	轴心抗拉 f_{td}
C15	10.0	1.27	6.9	0.88
C20	13.4	1.54	9.2	1.06
C25	16.7	1.78	11.5	1.23
C30	20.1	2.01	13.8	1.39
C35	23.4	2.20	16.1	1.52
C40	26.8	2.40	18.4	1.65
C45	29.6	2.51	20.5	1.74
C50	32.4	2.65	22.4	1.83
C55	35.5	2.74	24.4	1.89
C60	38.5	2.85	26.5	1.96
C65	41.5	2.93	28.5	2.02
C70	44.5	3.00	30.5	2.07
C75	47.4	3.05	32.4	2.10
C80	50.2	3.10	34.6	2.14

注：计算现浇钢筋混凝土轴心受压及偏心受压构件时，如截面的长边或直径小于300mm，表中混凝土的强度应乘以系数0.8；当构件质量（混凝土成型、截面和轴线尺寸等）确有保证时，可不受此限。

混凝土的弹性模量（MPa） 附表2

混凝土的强度等级	E_c	混凝土的强度等级	E_c
C20	2.55×10^4	C55	3.55×10^4
C25	2.80×10^4	C60	3.60×10^4
C30	3.00×10^4	C65	3.65×10^4
C35	3.15×10^4	C70	3.70×10^4
C40	3.25×10^4	C75	3.75×10^4
C45	3.35×10^4	C80	3.80×10^4
C50	3.45×10^4		

注：1. 当采用引气剂及较高砂率的泵送混凝土且无实测数据时，表中 E_c 值应乘以折减系数0.95。

2. 混凝土的剪变模量按表中的 E_c 值得0.4倍取用。

3. 混凝土的泊松比可采用0.2。

普通钢筋抗拉强度标准值（MPa） 附表3

钢 筋 种 类	符 号	f_{sk}
R235（$d=8\sim20$）	φ	235
HRB335（$d=6\sim50$）	Φ	335
HRB400（$d=6\sim50$）	Φ	400
KL400（$d=8\sim40$）	Φ^R	400

注：表中 d 是指国家标准中的钢筋公称直径。

预应力钢筋抗拉强度标准值（MPa）

钢 筋 种 类			符　　号	f_{pk}
钢绞线	1×2 （二股）	$d=8.0$、10.0 $d=12.0$	ϕ^s	1470、1570、1720、1860、 1470、1570、1720
	1×3 （三股）	$d=8.6$、10.8 $d=12.9$		1470、1570、1720、1860、 1470、1570、1720
	1×7 （七股）	$d=9.5$、11.1、12.7 $d=15.2$		1860、 1720、1860
消除应力钢丝	光面钢丝	$d=4$、5 $d=6$	ϕ^w	1470、1570、1670、1770 1570、1670
	螺旋肋钢丝	$d=7$、8、9	ϕ^H	1470、1570
	刻痕钢丝	$d=5$、7	ϕ^1	1470、1570
精轧螺纹钢筋		$d=40$ $d=18$、25、32	JL	540 540、785、930

注：表中 d 是指国家标准中钢绞线、钢丝的公称直径和精轧螺纹钢筋的公称直径。

普通钢筋强度设计值（MPa）

钢 筋 种 类	符　　号	f_{sk}	f_{sd}	f'_{sd}
R235（$d=8\sim20$）	ϕ	235	195	195
HRB335（$d=6\sim50$）	$\underline{\phi}$	335	280	280
HRB400（$d=6\sim50$）	$\mathbf{\phi}$	400	330	330
KL400（$d=8\sim40$）	$\mathbf{\phi}^R$	400	330	330

注：1. 表中 d 是指国家标准中的钢筋公称直径。

2. 钢筋混凝土轴心受拉和小偏心受拉构件的受拉钢筋强度大于 280MPa，仍应取用 280MPa；其他构件的受拉钢筋强度大于 330MPa 时，仍应按 330MPa 取用。

3. 构件中配有不同种类的钢筋时，每种钢筋应采用各自的强度计算值。

预应力钢筋抗拉、抗压强度设计值（MPa）

钢 筋 种 类	f_{pd}	f'_{pd}	
钢绞线 1×2（二股） 1×3（三股） 1×7（七股）	$f_{pd}=1470$	1000	390
	$f_{pk}=1570$	1070	
	$f_{pk}=1720$	1170	
	$f_{pk}=1860$	1260	
消除应力钢丝 和螺旋肋钢丝	$f_{pk}=1470$	1000	410
	$f_{pk}=1570$	1070	
	$f_{pk}=1670$	1140	
	$f_{pk}=1770$	1200	
刻痕钢丝	$f_{pk}=1470$	1000	410
	$f_{pk}=1570$	1070	
精轧螺纹钢筋	$f_{pk}=540$	450	400
	$f_{pk}=785$	650	
	$f_{pk}=930$	770	

钢筋的弹性模量（MPa）　　　　　　　　　　附表 7

钢 筋 种 类	E_s 或 E_p	钢 筋 种 类	E_s 或 E_p
R235	2.1×10^5	消除应力光面钢丝、螺旋肋钢丝、刻痕钢丝	2.05×10^5
HRB335、HRB400、KL400、精轧螺纹钢筋	2.0×10^5	钢绞线	1.95×10^5

混凝土相对界限受压区高度 ξ_b　　　　　　　附表 8

钢筋种类	混凝土强度等级	C50 及以下	C55、C60	C65、C70	C75、C80
普通钢筋	R235	0.62	0.60	0.58	—
	HRB335	0.56	0.54	0.52	—
	HRB400、KL400	0.53	0.51	0.49	—
预应力钢筋	钢绞线、钢丝	0.40	0.38	0.36	0.35
	精轧螺纹钢筋	0.40	0.38	0.36	—

注：截面受拉区内配置不同种类钢筋的受弯构件，其 ξ_b 值应选用相应于各种钢筋的较小者。

每米板宽度内钢筋截面面积表　　　　　　　　附表 9

钢筋间距（mm）	当钢筋直径（mm）为下列数值时的钢筋的截面面积（mm²）										
	6	7	8	10	12	14	16	18	20	22	24
70	404	550	718	1122	1616	2199	2873	3636	4487	5430	6463
75	377	513	670	1047	1508	2052	2681	3393	4188	5081	6032
80	353	481	628	982	1414	1924	2514	3181	3926	4751	5655
85	333	453	591	924	1331	1811	2366	2994	3695	4472	5322
90	314	428	559	873	1257	1711	2234	2828	3490	4223	5027
95	298	405	529	827	1190	1620	2117	2679	3306	4000	4762
100	283	385	503	785	1131	1539	2011	2545	3141	3801	4524
105	269	367	479	748	1077	1466	1915	2424	2991	3620	4309
110	257	350	457	714	1028	1399	1828	2314	2855	3455	4113
115	246	335	437	683	984	1339	1749	2213	2731	3305	3934
120	236	321	419	654	942	1283	1676	2121	2617	3167	3770
125	226	308	402	628	905	1232	1609	2036	2513	3041	3619
130	217	296	387	604	870	1184	1547	1958	2416	2924	3480
135	209	285	372	582	838	1140	1490	1885	2327	2816	3351
140	202	275	359	561	808	1100	1436	1818	2244	2715	3231
145	195	265	347	542	780	1062	1387	1755	2166	2621	3120
150	189	257	335	524	754	1026	1341	1697	2084	2532	3016
155	182	249	324	507	730	993	1297	1643	2027	2452	2919
160	177	241	314	491	707	962	1257	1590	1964	2376	2828
165	171	233	305	476	685	933	1219	1542	1904	2304	2741
170	166	226	296	462	665	905	1183	1497	1848	2236	2661
175	162	220	287	449	646	876	1149	1454	1795	2172	2585
180	157	214	279	436	628	855	1117	1414	1746	2112	2513
185	153	208	272	425	611	832	1087	1376	1694	2035	2445
190	149	203	265	413	595	810	1058	1339	1654	2001	2381
195	145	197	258	403	580	789	1031	1305	1611	1949	2322
200	141	192	251	393	565	769	1005	1272	1572	1901	2262

钢筋的计算截面面积及理论质量

附表 10

公称直径 (mm)	外径 (mm)	不同根数钢筋的计算截面面积 (mm²)									单根钢筋理论质量 (kg/m)
		1	2	3	4	5	6	7	8	9	
4	—	12.6	25	38	50	63	75	88	101	113	0.098
6	7.0	28.3	57	85	113	142	170	198	226	254	0.222
8	9.3	50.3	101	151	201	251	302	352	402	452	0.399
10	11.6	78.5	157	236	314	393	471	550	628	707	0.617
12	13.9	113.1	226	339	452	566	679	792	905	1018	0.888
14	16.2	153.9	308	462	616	770	924	1078	1232	1385	1.208
16	18.4	201.1	402	603	804	1005	1206	1407	1608	1809	1.580
18	20.5	254.5	509	763	1018	1272	1526	1781	2036	2290	1.998
20	22.7	314.2	628	942	1256	1570	1884	2200	2513	2827	2.460
22	25.1	280.1	760	1140	1520	1900	2281	2661	3041	3421	2.980
24	—	452.4	905	1356	1810	2262	2714	3167	3619	4071	3.551
25	28.4	490.9	982	1473	1964	2454	2945	3436	3927	4418	3.850
26	—	530.9	1062	1593	2124	2655	3186	3717	4247	4778	4.168
28	31.6	615.8	1232	1847	2463	3079	3695	4310	4926	5542	4.833
30	—	706.9	1413	2121	2827	3534	4241	4948	5655	6362	5.549
32	35.8	804.2	1608	2413	3217	4021	4826	5630	6434	7238	6.310
34	—	907.9	1816	2724	3632	4540	5447	6355	7263	8171	7.127
36	40.2	1017.9	2036	3054	4072	5089	6107	7125	8143	9161	7.990
38	—	1134.4	2268	3402	4536	5671	6805	7939	9073	10207	8.003
40	44.5	1256.6	2513	3770	5027	6283	7540	8796	10053	11310	9.865
50	54.9	1964	3928	5892	7856	9820	11784	13748	15712	17676	15.42

预应力钢筋公称截面面积和公称质量

附表 11

钢筋种类及公称直径 (mm)			截面面积 (mm²)	公称质量 (kg/m)
钢绞线	1×2	8.0	25.3	0.199
		10.0	39.5	0.310
		12.0	56.9	0.447
	1×3	8.6	37.4	0.295
		10.8	59.3	0.456
		12.9	85.4	0.671
	1×7 标准型	9.5	54.8	0.432
		11.1	74.2	0.580
		12.7	98.7	0.774
		15.2	139.0	1.101

钢筋种类及公称直径（mm）		截面面积（mm²）	公称质量（kg/m）
钢丝	4	12.57	0.099
	5	19.63	0.154
	6	28.27	0.222
	7	38.48	0.302
	8	50.26	0.394
	9	63.62	0.499
精轧螺纹钢筋	18	254.5	2.1
	25	490.9	4.1
	32	804.2	6.6
	40	1247.0	10.3

注：钢绞线工程截面面积计算

(1) 1×2 结构钢绞线 $A = 2 \times \dfrac{\pi d^2}{4} / \cos\alpha$

(2) 1×3 结构钢绞线 $A = 3 \times \dfrac{\pi d^2}{4} / \cos\alpha$

(3) 1×7 结构钢绞线 $A = A_0 + 6\dfrac{\pi d^2}{4} / \cos\alpha = A_0\left[1 + \dfrac{6}{\cos\alpha} \times \dfrac{d^2}{d_0^2}\right]$

式中：A——钢绞线工程截面面积（mm²）；

α——捻角度；

A_0——中心钢丝截面面积（mm²）；

d——外层钢丝直径（mm）；

d_0——中心钢丝直径（mm）。

普通钢筋和预应力直线钢筋最小混凝土保护层厚度（mm）　　附表12

序　号	构件类型	环境条件		
		I	II	III、IV
1	基础、桩基承台（1）基坑底面有垫层或侧面有模版（受力钢筋）（2）基坑底面无垫层或侧面无模版	40 60	50 75	60 85
2	墩台身、挡土结构、涵洞、梁、板、拱圈、拱上建筑（受力钢筋）	30	40	45
3	人行道构件、栏杆（受力钢筋）	20	25	30
4	箍筋	20	25	30
5	缘石、中央分割带、护栏等行车道等构件	30	40	45
6	收缩、温度、分布、防裂等表层钢筋	15	20	25

注：1. 对于环氧树脂涂层钢筋，可按环境类别 I 采用。

2. 后张法预应力混凝土锚具，其最小混凝土保护层厚度，I、II 及 III（IV）环境类别，分别为40、45及50mm。

3. 先张法预应力钢筋端部应加保护，不得外露。

4. I 类环境是指非寒冷或寒冷地区的大气环境，与无侵蚀性的水或土接触的环境条件；

II 类环境是指非严寒地区的大气环境，与无侵蚀性的水或土接触的环境条件；使用除冰盐环境；滨海环境条件；

III 类环境是指海水环境；

IV 类环境是指受人为或自然侵蚀物质影响的环境。

钢筋混凝土构件中纵向受力钢筋的最小配筋率（%）

附表 13

受力类型		最小配筋百分率
受压构件	全部纵向钢筋	0.5
	一侧纵向钢筋	0.2
受弯构件、偏心受拉构件及轴心受拉构件的一侧钢筋		0.2 和 $45f_{td}/f_{sd}$ 中较大值
受扭构件		$0.08f_{td}/f_{sd}$（纯扭时），$0.08(2\beta_t-1)f_{td}/f_{sd}$ 剪扭时

圆形截面钢筋混凝土偏压构件正截面抗压承载力计算系数

附表 14

ξ	A	B	C	D	ξ	A	B	C	D
0.20	0.3244	0.2628	−1.5296	1.4216	0.81	2.1540	0.5810	1.6811	1.0934
0.21	0.3481	0.2787	−1.4676	1.4623	0.82	2.1845	0.5717	1.7228	1.0663
0.22	0.3723	0.2945	−1.4074	1.5004	0.83	2.2148	0.5620	1.7635	1.0398
0.23	0.3969	0.3103	−1.3486	1.5361	0.84	2.2450	0.5519	1.8029	1.0139
0.24	0.4219	0.3259	−1.2911	1.5697	0.85	2.2749	0.5414	1.8413	0.9886
0.25	0.4473	0.3413	−1.2348	1.6012	0.86	2.3047	0.5304	1.8786	0.9639
0.26	0.4731	0.3566	−1.1796	1.6307	0.87	2.3342	0.5191	1.9149	0.9397
0.27	0.4992	0.3717	−1.1254	0.6584	0.88	2.3636	0.5073	1.9503	0.9161
0.28	0.5258	0.3865	−1.0720	1.6483	0.89	2.3927	0.4952	1.9846	0.8930
0.29	0.5526	0.4011	−1.0194	1.7086	0.90	2.4215	0.4828	2.0181	0.8704
0.30	0.5798	0.4155	−0.9675	1.7313	0.91	2.4501	0.4699	2.0507	0.8483
0.31	0.6073	0.4295	−0.9163	1.7524	0.92	2.4785	0.4568	2.0824	0.8266
0.31	0.6351	0.4433	−0.8656	1.7721	0.93	2.5065	0.4433	2.4432	0.8055
0.33	0.6631	0.4568	−0.8154	1.7903	0.94	2.5343	0.4295	2.1433	0.7847
0.34	0.6915	0.4699	−0.7657	1.8071	0.95	2.5618	0.4155	2.1726	0.7645
0.35	0.7201	0.4828	−0.7165	1.8225	0.96	2.5890	0.4011	2.2012	0.7446
0.36	0.7489	0.4952	−0.6676	1.8366	0.97	2.6158	0.3865	2.2290	0.7251
0.37	0.7780	0.5073	−0.6190	1.8494	0.98	2.6424	0.3717	2.2561	0.7061
0.38	0.8074	0.5191	−0.5707	1.8609	0.99	2.6685	0.3566	2.2825	0.6874
0.39	0.8369	0.5304	−0.5227	1.8711	1.00	2.6943	0.3413	2.3082	0.6692
0.40	0.8667	0.5414	−0.4749	1.8801	1.01	2.7112	0.3311	2.3333	0.6513
0.41	0.8966	0.5519	−0.4273	1.8878	1.02	2.7277	0.3209	2.3578	0.6337
0.42	0.9268	0.5620	−0.3798	1.8943	1.03	2.7440	0.3108	2.3817	0.6165
0.43	0.9571	0.5717	−0.3323	1.8996	1.04	2.7598	0.3006	2.4049	0.5997
0.44	0.9876	0.5810	−0.2850	1.9036	1.05	2.7754	0.2906	2.4276	0.5823
0.45	1.0182	0.5898	−0.2377	1.9065	1.06	2.7906	0.2806	2.4497	0.5670
0.46	1.0490	0.5982	−0.1903	1.9081	1.07	2.8054	0.2707	2.4713	0.5512
0.47	1.0799	0.6061	−0.1429	1.9084	1.08	2.8200	0.2609	2.4924	0.5356
0.48	1.1110	0.6136	−0.0954	1.9075	1.09	2.8341	0.2511	2.5129	0.5204
0.49	1.1422	0.6206	−0.0478	1.9053	1.10	2.8480	0.2415	2.5330	0.5055

ξ	A	B	C	D	ξ	A	B	C	D
0.50	1.1735	0.6271	−0.0000	1.9018	1.11	2.8615	0.2319	2.5525	0.4908
0.51	1.2049	0.6331	0.0480	1.8971	1.12	2.8747	0.2225	2.5716	0.4765
0.52	1.2364	0.6386	0.0963	1.8909	1.13	2.8876	0.2132	2.5902	0.4624
0.53	1.2680	0.6437	0.1450	1.8834	1.14	2.9001	0.2040	2.6084	0.4486
0.54	1.2996	0.6483	0.1941	1.8744	1.15	2.9123	0.1949	2.6261	0.4351
0.55	1.3314	0.6523	0.2436	1.8639	1.16	2.9242	0.1860	2.6434	0.4219
0.56	1.3632	0.6559	0.2937	1.8519	1.17	2.9357	0.1772	2.6603	0.4089
0.57	1.3950	0.6589	0.3444	1.8381	1.18	2.9469	0.1685	0.6767	0.3961
0.58	1.4269	0.6615	0.3960	1.8226	1.19	2.9578	0.1600	2.6928	0.3836
0.59	1.4589	0.6635	0.4485	1.8052	1.20	2.9684	0.1517	2.7085	0.3714
0.60	1.4908	0.6651	0.5021	1.7856	1.21	2.9787	0.1435	2.7238	0.3594
0.61	1.5228	0.6661	0.5571	1.7636	1.22	2.9886	0.1355	2.7387	0.3476
0.62	1.5548	0.6666	0.6139	1.7387	1.23	2.9982	0.1277	2.7532	0.3361
0.63	1.5868	0.6666	0.6734	1.7103	1.24	3.0075	0.1201	2.7675	0.3248
0.64	1.6188	0.6661	0.7373	1.6763	1.25	3.0165	0.1126	2.7813	0.3137
0.65	1.6508	0.6651	0.8080	1.6363	1.26	3.0252	0.1053	2.7948	0.3028
0.66	1.6827	0.6635	0.8766	1.5933	1.27	3.0336	0.0982	2.8080	0.2922
0.67	1.7147	0.6615	0.9430	1.5534	1.28	3.0417	0.0914	2.8209	0.2818
0.68	1.7466	0.6589	1.0071	1.5146	1.29	3.0495	0.0847	2.8335	0.2715
0.69	1.7784	0.6559	1.0692	1.4769	1.30	3.0569	0.0782	2.8457	0.2615
0.70	1.8102	0.6523	1.1294	1.4402	1.31	3.0641	0.0719	2.8276	0.2517
0.71	1.8420	0.6483	1.1876	1.4045	1.32	3.0709	0.0659	2.8693	0.2421
0.72	1.8736	0.6437	1.2440	1.3697	1.33	3.0775	0.0600	2.8806	0.2327
0.73	1.9052	0.6386	1.2987	1.3358	1.34	3.0837	0.0544	2.8917	0.2235
0.74	1.9367	0.6331	1.3517	1.3028	1.35	3.0897	0.0490	2.9024	0.2145
0.75	1.9681	0.6271	1.4030	1.2706	1.36	3.0954	0.0439	2.1929	0.2057
0.76	1.9994	0.6206	1.4529	1.2392	1.37	3.1007	0.0389	2.9232	0.1970
0.77	2.0306	0.6136	1.5013	1.2086	1.38	3.1058	0.0343	2.9331	0.1886
0.78	2.0617	0.6061	1.5482	1.1787	1.39	3.1106	0.0298	2.9428	0.1803
0.79	2.0926	0.5982	1.5938	1.1496	1.40	3.1150	0.0256	2.9523	0.1722
0.80	2.1234	0.5898	1.6381	1.1212	1.41	3.1192	0.0217	2.9615	0.1643

系数 k 和 μ　　　　附表 15

管道成型方式	k	μ	
		钢绞线、钢丝束	精轧螺纹钢筋
预埋金属波纹管	0.0015	0.20~0.25	0.50
预埋塑料波纹管	0.0015	0.14~0.17	—
预埋铁皮管	0.0030	0.35	0.40
预埋钢管	0.0010	0.25	—
抽心成型	0.0015	0.55	0.60

锚具变形、钢筋回缩和接缝压缩值（mm）　　　　　　　　　附表 16

锚具、接缝类型		Δl	锚具、接缝类型	Δl
钢丝束的钢制锥形锚具		6	镦头锚具	1
夹片式锚具	有顶压时	4	每块后加垫板的缝隙	1
	无顶压时	6	水泥砂浆接缝	1
带螺帽锚具的螺帽缝隙		1	环氧树脂砂浆接缝	1

混凝土收缩应变和徐变系数终极值　　　　　　　　　附表 17

混凝土收缩应变终极值 $\varepsilon_{cs}(t_u, t_0) \times 10^3$

传力锚固龄期 (d)	$40\% \leqslant RH < 70\%$				$70\% \leqslant RH < 99\%$			
	理论厚度 h (mm)				理论厚度 h (mm)			
	100	200	300	≥600	100	200	300	≥600
3~7	0.50	0.45	0.38	0.25	0.30	0.26	0.23	0.15
14	0.43	0.41	0.36	0.24	0.25	0.24	0.21	0.14
28	0.38	0.38	0.34	0.23	0.22	0.22	0.20	0.13
60	0.31	0.34	0.32	0.22	0.18	0.20	0.19	0.12
90	0.27	0.32	0.30	0.21	0.16	0.19	0.18	0.12

混凝土徐变系数终极值 $\phi(t_u, t_0)$

传力锚固龄期 (d)	$40\% \leqslant RH < 70\%$				$70\% \leqslant RH < 99\%$			
	理论厚度 h (mm)				理论厚度 h (mm)			
	100	200	300	≥600	100	200	300	≥600
3	3.78	3.36	3.14	2.79	2.73	2.52	2.39	2.20
7	3.23	2.88	2.68	2.39	2.32	2.15	2.05	1.88
14	2.83	2.51	2.35	2.09	2.04	1.89	1.79	1.65
28	2.48	2.20	2.06	1.83	1.79	1.65	1.58	1.44
60	2.14	1.91	1.78	1.58	1.55	1.43	1.36	1.25
90	1.99	1.76	1.65	1.46	1.44	1.32	1.26	1.15

注：1. 表中 RH 代表桥梁所处环境的年平均相对湿度（%）。

2. 表中理论厚度 $h = 2A/u$，A 为构件截面面积，u 为构件与大气接触的周边长度，当构件为变截面时，均可取其平均值。

3. 本表适用于由硅酸盐水泥或快硬水泥配制而成的混凝土，是按强度等级 C40 混凝土计算所得。对 C50 及以上混凝土，表列数值应乘以 $\sqrt{\dfrac{32.4}{f_{ck}}}$，式中 f_{ck} 为混凝土轴心抗压强度标准值（MPa）。

4. 本表适用于季节性变化的平均温度 $-20 \sim +40℃$。

5. 构件的实际传力锚固龄期、加载龄期或理论厚度为表列数值中间值时，收缩应变和徐变系数可直线内插取值。

6. 分段施工或结构体系转换中，当需计算阶段应变和徐变系数时，可按《桥规》附录 F 提供的方法进行。

部分预应力混凝土 B 类构件裂缝宽度限值　　　　　　　　　附表 18

环 境 条 件	采用钢丝或钢绞线的预应力混凝土构件	采用精轧螺纹钢筋的预应力混凝土构件
Ⅰ类及Ⅱ类环境	0.10mm	0.20mm
Ⅲ类及Ⅳ类环境	不得进行带裂缝的 B 类构件设计	0.15mm

混凝土名义拉应力（MPa）

附表 19

构 件 类 别	裂缝宽度限值 (mm)	混凝土强度等级		
		C30	C40	≥C50
后张法构件	0.1	3.2	4.1	5.0
	0.15	3.5	4.6	5.6
	0.20	3.8	5.1	6.2
	0.25	4.1	5.6	6.7
先张法构件	0.10	—	4.6	5.5
	0.15	—	5.3	6.2
	0.20	—	6.0	6.9
	0.25	—	6.5	7.5

石材强度设计值（MPa）

附表 20

强度类别 \ 强度等级	MU120	MU100	MU80	MU60	MU50	MU40	MU30
抗压 f_{cd}	31.78	26.49	21.19	15.89	13.24	10.59	7.95
弯曲抗拉 f_{tmd}	2.18	1.82	1.45	1.09	0.91	0.73	0.55

混凝土强度设计值（MPa）

附表 21

强度类别 \ 强度等级	C40	C35	C30	C25	C20	C15
轴心抗压 f_{cd}	15.64	13.69	11.73	9.78	7.82	5.87
弯曲抗拉 f_{tmd}	1.24	1.14	1.04	0.92	0.80	0.66
直接抗剪 f_{vd}	2.48	2.28	2.09	1.85	1.59	1.32

混凝土预制块砂浆砌体抗压强度设计值 f_{cd}（MPa）

附表 22

砌块强度	砂浆强度					砂浆强度
	M20	M15	M10	M7.5	M5	0
C40	8.25	7.04	5.84	5.24	4.64	2.06
C35	7.71	6.59	5.47	4.90	4.34	1.93
C30	7.14	6.10	5.06	4.54	4.02	1.79
C25	6.25	5.57	4.62	4.14	3.67	1.63
C20	5.83	4.98	4.13	3.70	3.28	1.46
C15	5.05	4.31	3.58	3.21	2.84	1.26

块石砂浆砌体抗压强度设计值 f_{cd}（MPa）

附表 23

砌块强度	砂浆强度					砂浆强度
	M20	M15	M10	M7.5	M5	0
MU120	8.42	7.19	5.96	5.35	4.73	2.10
MU100	7.68	6.56	5.44	4.88	4.32	1.92
MU80	6.87	5.87	4.87	4.37	3.86	1.72
MU60	5.95	5.08	4.22	3.78	3.35	1.49
MU50	5.43	4.64	3.85	3.45	3.05	1.36
MU40	4.86	4.15	3.44	3.09	2.73	1.21
MU30	4.21	3.59	2.98	2.67	2.37	1.05

注：对各类石砌体，应按表中数值分别乘以下列系数：细料石砌体 1.5；半细料石砌体 1.3；粗料石砌体 1.2；干砌块石可采用砂浆强度为零时的抗压强度设计值。

片石砂浆砌体的抗压强度设计值 f_{cd}（MPa）

砌块强度	砂浆强度					砂浆强度
	M20	M15	M10	M7.5	M5	0
MU120	1.97	1.68	1.39	1.25	1.11	0.33
MU100	1.80	1.54	1.27	1.14	1.01	0.30
MU80	1.61	1.37	1.14	1.02	0.90	0.27
MU60	1.39	1.19	0.99	0.88	0.78	0.23
MU50	1.27	1.09	0.90	0.81	0.71	0.21
MU40	1.14	0.97	0.81	0.72	0.64	0.19
MU30	0.98	0.84	0.70	0.63	0.55	0.16

注：干砌片石砌体可采用砂浆强度为零时的抗压强度设计值。

钢材的容许应力

应力种类	钢 号						
	Q235	Q345	ZG25II	ZG35II	ZG45II	45 号钢	35 号钢
轴向应力 $[\sigma]$	140	200	130	150	170	210	—
弯曲应力 $[\sigma_w]$	145	210	135	155	180	220	220
剪应力 $[\tau]$	85	120	80	90	100	125	110
端部承压应力（磨光顶紧）	210	300	—	—	—	—	—
紧密接触承压应力（接触圆弧中心角为 2×45°）	70	100	65	75	85	105	105
自由接触承压应力	5.5	8.0	5.0	6.0	7.0	8.5	8.5
节点销子的孔壁承压应力	210	300	195	225	255	—	180
节点销子的弯曲应力	240	340	—	—	—	360	—

粗制螺栓、铆钉容许应力

类 别	应力种类		
	剪应力	承压应力	拉应力
粗制螺栓	80	170	110
工厂铆钉	110	280	90
工地铆钉	100	250	80

注：平头螺钉的容许应力应降低 20%。

普通螺栓的标准直径及其截面面积

螺栓外径（mm）	10	12	14	16	18	20	22	24	27	30	36
螺栓内径（mm）	8.051	9.727	11.400	13.400	14.750	16.750	18.750	20.100	23.100	25.450	30.80
螺栓毛面积（mm²）	0.785	1.130	1.540	2.010	2.543	3.140	3.799	4.521	5.722	7.065	10.17
螺栓净面积（mm²）	0.509	0.744	1.020	1.408	1.708	2.182	2.740	3.165	4.180	5.060	7.440

钢构件容许最大长细比

杆　件		长　细　比
主桁杆件	受压弦杆 受压或受压—拉弦杆	100
	仅受拉力的弦杆	130
	仅受拉力的腹杆	180
联结系杆件	纵向联结系、支点处横向联结系和制动联结系的受压或 受压—拉杆件	130
	中间横向联结系受压或压—拉杆件	150
	各种联结的受拉杆件	200

轴心受压钢构件的纵向弯曲系数

焊接 H 形（验算翼板平面内总稳定性） 及焊接 T 形构件			焊接 H 形（验算腹板平面内总稳定性）、 焊接箱形及铆接构件		
λ	φ_1		λ	φ_1	
	Q235	Q345		Q235	Q345
0～30	0.900	0.897	0～30	0.900	0.900
40	0.877	0.841	40	0.900	0.877
50	0.828	0.775	50	0.867	0.826
60	0.772	0.705	60	0.824	0.766
70	0.713	0.630	70	0.773	0.695
80	0.651	0.547	80	0.715	0.616
90	0.583	0.483	90	0.651	0.529
100	0.521	0.426	100	0.581	0.450
110	0.469	0.376	110	0.510	0.391
120	0.422	0.330	120	0.446	0.333
130	0.380	0.288	130	0.396	0.291
140	0.341	0.248	140	0.347	0.258
150	0.305	0.222	150	0.308	0.227

注：λ——构件长细比。

钢压杆单板（或板束）的宽度 b 与厚度 t 之比

序　号	杆件类型及板束位置		杆件长细比 λ	b/t	
				Q235	16Mn
1	箱形杆	桁梁平面内	≤60	≤35	≤30
			>60	0.6λ，但不大于 50	0.5λ，但不大于 45
2	箱形杆 H 形杆	垂直于桁梁平面	≤50	≤35	≤30
			>50	0.6λ+5，但不大于 50	0.5λ+5，但不大于 45
3	H 形或 T 形 （伸出肢无镶边）	铆接杆		≤12	≤10
		焊接杆	≤60	≤14 0.15λ+5	≤12 0.2λ
			>60	主要杆件≯18 次要杆件≯20	
4	铆接杆角 钢伸出肢	受轴向力的 主要杆件		≤12	
		支撑及次要杆件		≤16	

参 考 文 献

[1] 公路桥涵设计通用规范（JTG D60—2004）. 北京：人民交通出版社，2004.

[2] 公路钢筋混凝土及预应力混凝土桥涵设计规范（JTG D62—2004）. 北京：人民交通出版社，2004.

[3] 公路圬工桥涵设计规范（JTG D61—2005）. 北京：人民交通出版社，2005.

[4] 公路桥涵钢结构及木结构设计规范（JTJ 025—86）. 北京：人民交通出版社，1988.

[5] 混凝土结构设计规范（GB 50010—2002）. 北京：中国建筑工业出版社，2002.

[6] 钢结构设计规范（GB 50017—2003）. 北京：中国建筑工业出版社，2003.

[7] 砌体结构设计规范（GB 50003—2001）. 北京：中国建筑工业出版社，2001.

[8] 张树仁，郑绍珪，黄侨，鲍卫刚，等. 钢筋混凝土及预应力混凝土桥梁结构设计原理. 北京：人民交通出版社，2004.

[9] 叶见曙. 结构设计原理. 北京：人民交通出版社，2005.

[10] 陈绍番，顾强. 钢结构. 北京：中国建筑工业出版社，2003.

[11] 黄侨，王永平. 桥梁混凝土结构设计原理计算示例. 北京：人民交通出版社，2006.

[12] 袁伦一、鲍卫刚. 公路钢筋混凝土及预应力混凝土桥涵设计规范（JTG D62—2004）条文应用算例. 北京：人民交通出版社，2004.

[13] 杨福源，冯国明，叶见曙. 结构设计原理计算示例. 北京：人民交通出版社，1996.